Strategischer Einkauf und Supply-Strategie

W0291716

Gerhard Heß

Strategischer Einkauf und Supply-Strategie

Schrittweise Entwicklung des strategischen Einkaufs mit der 15M-Architektur 2.0

4. Auflage

Springer Gabler

Gerhard Heß
Technische Hochschule Nürnberg
Georg Simon Ohm
Nürnberg, Deutschland

ISBN 978-3-658-16214-6 ISBN 978-3-658-16215-3 (eBook)
DOI 10.1007/978-3-658-16215-3

Die Deutsche Nationalbibliothek verzeichnet diese Publikation in der Deutschen Nationalbibliografie; detaillierte bibliografische Daten sind im Internet über http://dnb.d-nb.de abrufbar.

Springer Gabler
1–3.Aufl.: © Eigenverlag 2012, 2014, 2016
4.Aufl.: © Springer Fachmedien Wiesbaden GmbH 2017
Die bisherigen Ausgaben sind unter dem Titel „Leitfaden zur nachhaltigen Entwicklung des strategischen Einkaufs“ erschienen.
Das Werk einschließlich aller seiner Teile ist urheberrechtlich geschützt. Jede Verwertung, die nicht ausdrücklich vom Urheberrechtsgesetz zugelassen ist, bedarf der vorherigen Zustimmung des Verlags. Das gilt insbesondere für Vervielfältigungen, Bearbeitungen, Übersetzungen, Mikroverfilmungen und die Einspeicherung und Verarbeitung in elektronischen Systemen.
Die Wiedergabe von Gebrauchsnamen, Handelsnamen, Warenbezeichnungen usw. in diesem Werk berechtigt auch ohne besondere Kennzeichnung nicht zu der Annahme, dass solche Namen im Sinne der Warenzeichen- und Markenschutz-Gesetzgebung als frei zu betrachten wären und daher von jedermann benutzt werden dürften.
Der Verlag, die Autoren und die Herausgeber gehen davon aus, dass die Angaben und Informationen in diesem Werk zum Zeitpunkt der Veröffentlichung vollständig und korrekt sind. Weder der Verlag noch die Autoren oder die Herausgeber übernehmen, ausdrücklich oder implizit, Gewähr für den Inhalt des Werkes, etwaige Fehler oder Äußerungen. Der Verlag bleibt im Hinblick auf geografische Zuordnungen und Gebietsbezeichnungen in veröffentlichten Karten und Institutionsadressen neutral.

Lektorat: Susanne Kramer

Springer Gabler ist Teil von Springer Nature
Die eingetragene Gesellschaft ist Springer Fachmedien Wiesbaden GmbH
Die Anschrift der Gesellschaft ist: Abraham-Lincoln-Str. 46, 65189 Wiesbaden, Germany

Vorwort

Will der Einkauf im Unternehmen ein strategischer Player sein, muss er ernsthaft zum Geschäftserfolg des Unternehmens und zur strategischen Wettbewerbsposition beitragen. Dazu braucht es eine Supply-Strategie, die einen wesentlichen Beitrag zur Umsetzung der Unternehmensstrategie leistet.

Wie strategisch und wie systematisch ist Ihr strategischer Einkauf? Verfügen Sie über durchgängige Strategien für die wichtigsten Materialgruppen sowie für die Top-Lieferanten? Sind die Einkaufsstrategien mit der Qualität, der Logistik und der Entwicklung abgestimmt? Sind sie auch mit der Unternehmensstrategie verknüpft? Werden die Strategien auch konsequent und nachhaltig umgesetzt?

Im vorliegenden Leitfaden „Strategischer Einkauf und Supply-Strategie" wird mit der 15M-Architektur der Supply-Strategie ein praxisbewährtes Konzept zur Formulierung und Umsetzung von Supply-Strategien vorgestellt. Mit diesem Konzept wird gleichzeitig auch der strategische Einkauf schrittweise zum wirklich strategischen Einkauf entwickelt. Die 15M-Architektur wurde in der Unternehmenspraxis in Zusammenarbeit mit Unternehmen unterschiedlicher Größe in den Jahren 2005 bis 2008 entwickelt. Es waren Unternehmen vom kleinen Mittelständler mit eineinhalb strategischen Einkäufern bis hin zum multinationalen Großkonzern beteiligt.

Seit der Veröffentlichung im Jahr 2008 hat sich die 15M-Architektur jenseits des Einsatzes in der Industrie in vielfältigen weiteren Anwendungssituationen bewährt, z. B. in Dienstleistungsunternehmen (Versicherung), im Handel, bei indirektem Material oder beim unternehmensübergreifenden Pooling. Besonders hilfreich hat sich die 15M-Architektur auch in großen mittelständisch orientierten Unternehmen mit divisionalisierten Organisationsstrukturen gezeigt. Dies illustrieren die beiden Fallbeispiele zu Phoenix Contact GmbH & Co. KG sowie zu Atotech Deutschland GmbH in Kap. 8 und Kap. 9.

In zehn Jahren praktischer Bewährung haben vielfältige Ideen zur Verbesserung und Fortentwicklung der 15M-Architektur gekeimt. Vertiefende Methoden und Instrumente konnten in Praxisprojekten ausgearbeitet und systematisch getestet werden. Versteckte Aspekte des strategischen Einkaufs konnten ihrer praktischen Priorität entsprechend besser positioniert werden. Die Begrifflichkeit konnte geschärft werden. So wurde im Jahr 2016 die Version 2.0 der 15M-Architektur der Supply-Strategie präsentiert, gleichsam das Kondensat aus zehn Jahren Erfahrung. Die Änderungen der Version 2.0 gegenüber der Version 1.0 der 15M-Architektur werden in Abschn. 2.7 ausführlich erläutert.

▶ Die 15M-Architektur wurde im Jahr 2008 in Buchform (Heß, Gerhard: Supply-Strategien in Einkauf und Beschaffung, 2. Aufl. Wiesbaden 2010) veröffentlicht. Diese Beschreibung ist sehr umfassend und tief gehend und soll verantwortliche Praktiker unterstützen, die 15M-Architektur im Unternehmen einzuführen. Aufgrund des Umfangs (450 Seiten) und des angestrebten Tiefgangs ist es allerdings mühsam, mit diesem Werk einen ersten Gesamteindruck zur 15M-Architektur zu bekommen. Denken Sie beispielsweise an eine Straßenkarte im Maßstab 1:25.000. Diese Karte ist sehr hilfreich, wenn man sich in unbekannten und unübersichtlichen Gebieten sicher zu einem Ziel bewegen will. Für die Bestimmung der Reiseroute von Oslo nach Rom ist es aber sinnvoll, zunächst mit einer Übersichtskarte im Maßstab von vielleicht 1:400.000 die Hauptroute zu bestimmen, bevor man mit der Detailplanung beginnt. Mit diesem Buch soll deshalb ein pragmatischer Überblick zur 15M-Architektur und ihrer Anwendung im Unternehmen geschaffen werden. So ergänzen sich der vorliegende Leitfaden „Strategischer Einkauf und Supply-Strategie", der einen fundierten Überblick zur 15M-Architektur anbietet, und das detaillierte Werk „Supply-Strategie in Einkauf und Beschaffung".

Der Leitfaden „Strategischer Einkauf und Supply-Strategie" wurde erstmalig im Jahr 2012 im Eigenverlag publiziert. In seiner 3. Auflage im Jahr 2016 wurde erstmalig die Version 2.0 der 15M-Architektur vorgestellt. Die 3. Auflage wurde gegenüber der zweiten Auflage vollkommen überarbeitet. Mit der vorliegenden 4. Auflage im Springer-Verlag soll das Buch einem breiteren Publikum zugänglich gemacht werden. Neben vielen kleinen Anpassungen erfolgte in diesem Rahmen eine gründliche Revision der Abschnitte zur Lieferantenstrategie (Kap. 5) sowie zur Implementierung der 15M-Architektur (Kap. 10).

Der Schwerpunkt der Anwendung liegt heute bei mittelständisch geprägten Unternehmen mit einem Einkaufsvolumen zwischen 10 Mio. € und 10 Mrd. €. Dieses sehr breite Anwendungsspektrum ist aufgrund der guten Skalierbarkeit des Konzeptes möglich.

▶ Die 15M-Architektur ist geschäftsartenunabhängig, branchenunabhängig und sektorenunabhängig, d. h. gleichermaßen für Industrie, Dienstleistung und Handel geeignet.

Die Einsatzbereiche der 15M-Architektur lassen sich nach der Organisationsstruktur folgendermaßen strukturieren:

- **Zentral geführte Einkaufsabteilung:** Die 15M-Architektur richtet sich zunächst an zentral geführte Einkaufsabteilungen, die Rahmen-, Markt-, Lieferanten- und Prozessstrategien nachhaltig entwickeln. Dies gilt gleichermaßen für Unternehmen mit einem zentralen Einkauf wie auch für einen eigenständig handelnden Einkauf in einem divisionalisierten Unternehmen.
- **Einkaufsabteilungen im Konzernverbund:** Die 15M-Architektur hat sich auch in divisionalisierten Unternehmen mit mehreren Einkaufsabteilungen sehr gut bewährt. Die Abstimmung der Abteilungen ist je nach Zentralisierungsgrad zu organisieren. Bei einer eher zentralen Struktur wird eine gemeinsame Supply-Strategie entwickelt und der Beitrag der einzelnen Divisionen zur Umsetzung der Strategie herausgearbeitet.
  Bei eher dezentralen Strukturen kann jede Einkaufsabteilung eigene Rahmen-, Markt- und Lieferantenstrategien entwickeln. Die Strategie auf Konzernebene ist dann subsidiär und drückt das Bemühen um Bündelungseffekte aus. Beispielsweise können in den Materialgruppenteams für ausgewählte Materialgruppen unternehmensweite strategische Projekte beschlossen werden.
  Die gemeinsame Architektur führt zu einer einheitlichen Sprache und vereinfacht somit die Abstimmung zwischen den Divisionen. Beispielsweise sind die Markt- und Lieferantenstrategien gleichartig aufgebaut, sodass sich Abstimmgespräche nicht erst um formale, sondern direkt um fachliche Fragen kümmern können. Darüber hinaus können die einzelnen Divisionen den Ausbau der Supply-Strategie mit unterschiedlichen Prioritäten vorantreiben. Die Architektur stellt sicher, dass die verschiedenen Lösungen zusammenpassen.

Der Leitfaden „Strategischer Einkauf und Supply-Strategie" richtet sich insbesondere an folgende Zielgruppen:

- **Verantwortliche Einkaufspraktiker,** die ihren strategischen Einkauf systematisch fortentwickeln möchten. Sie erhalten einen Überblick zur 15M-Architektur und eine Anleitung, diese im Unternehmen schrittweise umzusetzen.
- **Einkaufsmitarbeiter und Mitarbeiter in Funktionen mit Lieferantenkontakt,** die in einfacher Weise Einkaufsinstrumente und deren Zusammenspiel verstehen möchten. Typisch hierfür sind Facheinkäufer, Projekteinkäufer oder strategische Einkäufer, die für bestimmte Beschaffungsmärkte bzw. Materialgruppen verantwortlich sind und für ihre Märkte eine Strategie entwickeln und Lieferanten managen sollen.

- **Mitarbeiter im Vertrieb,** die verstehen möchten, wie die andere Seite am Verhandlungstisch denkt und sich aussteuert.
- **Studierende der Betriebswirtschaft, im Wirtschaftsingenieurwesen und in technischen Studiengängen,** die sich im Bereich des Supply Chain Managements professionalisieren möchten. Sie erhalten einen auf strategische Inhalte – weniger auf logistische Inhalte – ausgerichteten Überblick, wie die Lieferkette gesteuert werden kann. Dabei wird gleichermaßen auf Systematik und Praxisnähe geachtet.

Lieber Leser, liebe Leserin, ich hoffe, dieses Buch gibt Ihnen einige Impulse, den strategischen Einkauf und Supply-Strategien in Ihrem Unternehmen nachhaltig und systematisch zu entwickeln. Insbesondere ist es ein Anliegen des Instituts für Beschaffungsstrategie, mit der 15M-Architektur eine stärkere strategische Ausrichtung im Einkauf zu fördern, Einkaufsstrategien intensiver mit der Unternehmensstrategie zu verknüpfen und den Wertbeitrag des Einkaufs für den Geschäftserfolg des Unternehmens transparent zu machen. Das sind natürlich große und weitreichende Ziele. Mit der 15M-Architektur können sich Unternehmen auf den Weg machen und mit kleinen Schritten den Einkauf zu einem strategischen Player im Unternehmen entwickeln.

Wie das Institut für Beschaffungsstrategie Sie bei der Entwicklung des strategischen Einkaufs und bei der Formulierung und Umsetzung von Supply-Strategien unterstützen kann, wird in Abschn. 10.3 ausgeführt. Auf der Homepage www.beschaffungsstrategie.de finden Sie Informationen zu aktuellen Entwicklungen rund um die 15M-Architektur.

Es würde mich sehr freuen, wenn Sie die Grundidee und die Logik der 15M-Architektur der Supply-Strategie als gut nachvollziehbar und für Ihre Praxis als hilfreich einstufen können. Sollten Sie auch auf dem Weg sein oder sich auf den Weg machen wollen, den strategischen Einkauf und Supply-Strategien – vielleicht sogar mit der 15M-Architektur – nachhaltig zu entwickeln, freuen wir uns über Ihren Kontakt.

Gerhard Heß
Institut für Beschaffungsstrategie
hess@beschaffungsstrategie.de
http://www.beschaffungsstrategie.de

Inhaltsverzeichnis

Supply-Strategie in der Praxis 1

Was ist eine Strategie? Was ist eine für die Einkaufspraxis sinnvolle Strategie? Im folgenden Kapitel wird ein pragmatisches Verständnis von Strategie und Supply-Strategie entwickelt. Wesentliche Eigenschaften von Strategien – vorsteuernd, langfristorientiert, sachzielorientiert, regelbrechend – werden konkretisiert, um die strategische Denkhaltung zu verstehen und zu schärfen. Anschließend werden zwölf Anforderungen an eine gute Supply-Strategie und an das dahinter liegende Strategiekonzept vorgestellt. Eingangs werden die grundlegende Idee, die Zielsetzung und der Aufbau des Leitfadens erläutert.

1.1 Grundidee, Ziel und Aufbau des Buches

Grundidee

In diesem Buch wird ein praxisbewährtes Konzept zur Evolution des strategischen Einkaufs und von Supply-Strategien vorgestellt, mit dem der strategische Einkauf schrittweise zum wirklich strategischen Einkauf entwickelt wird. Dem Konzept liegt folgende einfache Logik zugrunde:

Steuerungslogik: Die Zielsetzung des Einkaufs, besser ausgedrückt der Wertbeitrag des Einkaufs für den Geschäftserfolg, wird definiert. Mit Strategien über die Ebenen Gesamteinkauf, Beschaffungsmärkte (entspricht Materialgruppen), Lieferanten und Prozesse wird der Wertbeitrag konkretisiert. Mit strategischen Programmen, Projekten und Maßnahmen werden die Strategien für die Umsetzung konkretisiert. Mit Zielen und Kennzahlen, die auf Materialgruppen, Lieferanten und Prozesse heruntergebrochen werden, werden die Strategieumsetzung und der Einkaufserfolg transparent gemacht und gesteuert.

© Springer Fachmedien Wiesbaden GmbH 2017
G. Heß, *Strategischer Einkauf und Supply-Strategie*,
DOI 10.1007/978-3-658-16215-3_1

Ganzheitlichkeit: Aus Sicht des Einkaufs wird die Versorgung des Unternehmens ganzheitlich betrachtet. Besondere Aufmerksamkeit wird auf die Verknüpfung zur Unternehmensstrategie sowie auf die Schnittstellen zwischen den verschiedenen Steuerungsebenen im Einkauf (= Markt, Lieferant, Prozess) gelegt. Das Zusammenspiel der beteiligten Abteilungen, z. B. Einkauf, Logistik, Qualität, Entwicklung, steht ebenso im Fokus. Aufgrund dieser übergreifenden Sicht wird im Leitfaden von Supply Management statt von Einkauf und von Supply-Strategie statt von Einkaufsstrategie gesprochen.

Evolutionäre Sicht: Kein Unternehmen ist in der Lage, in einem Schritt einen perfekten strategischen Einkauf aufzubauen. Hier wird ein ganzheitliches Idealkonzept zum Supply Management vorgestellt und aufgezeigt, wie dieses schrittweise im Unternehmen umgesetzt werden kann. Es wird dabei davon ausgegangen, dass jedes Unternehmen bereits – mehr oder minder gute – strategische Elemente im Supply Management besitzt. In Konzernstrukturen können sogar mehrere teils widersprüchliche Herangehensweisen vorliegen. So muss zunächst das bestehende Supply Management analysiert und daraufhin eine unternehmensindividuelle Rahmenstrategie entwickelt werden. In einem schrittweisen Evolutionsprozess wird der strategische Einkauf systematisch aufgebaut. Der Weg vom Anfänger zum Strategie-Profi kann so mehrere Jahre dauern. Aber bereits die ersten Schritte bringen einen erheblichen Wertbeitrag.

Ziel und Aufbau

Ziel dieses Buches ist es, einen fundierten Überblick zu geben, wie Unternehmen ihren strategischen Einkauf und ihre Supply-Strategie mit der 15M-Architektur schrittweise entwickeln können.

► Für vertiefende Hinweise sei nochmals (vgl. Vorwort) auf das Grundlagenwerk zur 15M-Architektur der Supply-Strategie verwiesen: Heß, Gerhard: Supply-Strategien in Einkauf und Beschaffung – Systematischer Ansatz und Praxisfälle, 2. Aufl. Wiesbaden 2010.

Im ersten Abschnitt wird ein pragmatisches Verständnis von Supply-Strategie vorgestellt. Ferner werden die Anforderungen formuliert, die von einer guten Supply-Strategie erfüllt werden sollten.

In Kap. 2 wird ein Überblick über die 15M-Architektur und das dahinterliegende Steuerungskonzept vermittelt. Insbesondere wird auch auf den Umgang mit Risiken und die Integration des Risikomanagements in die 15M-Architektur eingegangen.

Anschließend werden die fünf Strategiebausteine der 15M-Architektur und ihre Anwendung in Unternehmen detailliert beschrieben. Der erste Strategiebaustein, die „Rahmenstrategie", umfasst die strategische Ausrichtung des gesamten Supply Managements (Kap. 3). In den „Marktstrategien" werden die strategischen Vorgehensweisen in den einzelnen Beschaffungsmärkten (entspricht den Materialgruppen wie Gussmarkt, Markt für Stanz- und Biegeteile) formuliert (Kap. 4). Das Lieferantenmanagement, der dritte Strategiebaustein, beschreibt die Bewertung, die Freigabe, die Klassifizierung von Lieferanten und in der Konsequenz die Entwicklung von „Lieferantenstrategien“ (Kap. 5). Die strategische Fortentwicklung der Beschaffungsprozesse ist Gegenstand im vierten Strategiebaustein „Prozessstrategien“ (Kap. 6). Im Performance Management erfolgt die Steuerung des strategischen Einkaufs. Zum einen sind die vier Strategieebenen insbesondere mit Hilfe von Zielen, Kennzahlen und Maßnahmen zu steuern (entspricht dem Einkaufscontrolling). Zum zweiten wird die Fortentwicklung des Managementsystems im strategischen Einkauf auf Basis des 15M-Reifegradmodells selbst thematisiert (Kap. 7).

In Kap. 8 und 9 zeigen zwei umfangreiche Fallstudien zu den Firmen Phoenix Contact GmbH & Co. KG sowie zu Atotech Deutschland GmbH den praktischen Einsatz der 15M-Architektur der Supply-Strategie. Abschließend werden Hinweise und Tipps zur Implementierung der 15M-Architektur in Unternehmen gegeben. In diesem Rahmen werden auch Informationen und Hilfsmittel rund um die 15M-Architektur vorgestellt (Kap. 10). In Kap. 11 sind die wichtigsten Begriffe im Sinne eines Glossars zusammengestellt.

1.2 Brauchen Sie eine Supply-Strategie?

Die strategische Bedeutung des Einkaufs hat sich in den letzten Jahren explosionsartig erhöht, wie an den folgenden Entwicklungen beispielhaft zu erkennen ist:

- **Reduzierung der Wertschöpfungs- und Entwicklungstiefe:** Die Unternehmen konzentrieren sich auf ihre Kernkompetenzen. So sinkt die eigene Wertschöpfungstiefe durchschnittlich auf 50 % (Stollenwerk 2016, S. 23), häufig sogar auf einen Wert von gerade einmal 20 % bis 40 %. Damit steigt der Materialanteil, der durch den Einkauf zu verantworten ist. Allerdings vergrößert sich damit nicht nur das im Einkauf betreute Kostenvolumen. Vielmehr werden somit auch zunehmend komplexere und spezifischere Komponenten und Module beschafft. Die Verlagerung von Entwicklungsleistungen auf Lieferanten sowie Value-Sourcing-Aktivitäten sind die logische Folge. Lieferanten werden zum strategischen Partner, der wesentlich zur Leistungsfähigkeit und zur Einzigartigkeit der eigenen Produkte beiträgt. Enge, teils exklusive Lieferantenpartnerschaften werden erfolgsentscheidend.
- **Globale Produktionsnetzwerke und Supply Chains:** Getrieben durch die Globalisierung der Absatzmärkte müssen Unternehmen ihre Produktions- und Beschaffungsnetzwerke globalisieren. Hierbei müssen durch den Einkauf Absatznähe, lokale Flexibilität und weltweite Bündelungsvorteile gleichermaßen realisiert werden. Ein globales Materialgruppen- und Lieferantenmanagement, das diesen Anforderungen gerecht wird, wird zum strategischen Erfolgsfaktor.
- **Zunehmende Bedeutung des Risikomanagements:** Die zunehmend enge Verflechtung der Volkswirtschaften und die globale Optimierung von Supply Chains führen zu einer dramatischen Erhöhung des Risikos. Ein lokales Erdbeben oder nationale

politische Beben können in optimierten Supply Chains Dominoeffekte mit katastrophalen Konsequenzen auslösen. Eine schleichende Autokratisierung bei einem wichtigen Handelspartner kann politische Handelsbeziehungen beschädigen und Investitionen in Lieferantenpartnerschaften obsolet werden lassen. Wann ist der richtige Zeitpunkt, Konsequenzen zu ziehen? Die systematische Analyse, Überwachung und Steuerung der Risiken in der Lieferkette wird überlebensnotwendig und somit zur strategischen Herausforderung.
- **Digitalisierung der Zusammenarbeitsprozesse (Einkauf 4.0):** Die rasante Vernetzung und Digitalisierung der Unternehmensprozesse eröffnete in der Zusammenarbeit mit Lieferanten völlig neue Potenziale. Lieferanten können somit effizient in Entwicklungs-, Produktions- und Vertriebsprozesse eingebunden werden und umfassende Lösungen statt isolierte Produkte anbieten. Der Einkauf als Schnittstellenmanager sollte hierbei zum Wohle des Unternehmens eine Treiberrolle übernehmen (vgl. VDMA 2016; Kleemann und Glas 2017).

Obwohl der Einkauf aufgrund dieser Entwicklungen einen ganz erheblichen Wertbeitrag zur strategischen Wettbewerbsposition und zum Unternehmenserfolg leistet bzw. leisten könnte, gelingt es dem Einkauf in vielen Unternehmen nicht, einen entsprechenden strategischen Einfluss auszuüben. Oft wird über die Ignoranz der Geschäftsführung und der Kollegen geklagt, die nicht bereit sind, den wahren Wert des Einkaufs zu erkennen.

Von außen betrachtet drängt sich allerdings oft ein anderer Eindruck auf. Soll der Einkauf im Unternehmen als strategisch bedeutsam wahrgenommen werden, muss er auch seiner Rolle gerecht werden. Er muss einen wesentlichen Wertbeitrag für die strategische Positionierung des Unternehmens in seinen Absatzmärkten sowie für den Unternehmenserfolg leisten und – das ist häufig noch wichtiger – diesen auch nachweisen und glaubhaft kommunizieren (vgl. Bräkling und Oidtmann 2012).

Hierzu genügt es aber keinesfalls, mit Hilfe einiger Quick Wins und hübscher Verhandlungserfolge die Materialkosten zu senken. Ganz im Gegenteil: Erhebliche Quick Wins und Verhandlungserfolge sind ein Zeichen für strategische Desorientierung und eine schwache Performance in der Vergangenheit.

▶ Will der Einkauf zu einem strategisch bedeutsamen Aktionszentrum im Unternehmen werden, benötigt er eine Strategie, die aus der Unternehmensstrategie abgeleitet ist. Er muss einen Beitrag zur strategischen Entwicklung des Unternehmens und zum aktuellen Unternehmenserfolg leisten und in Plan und Ist transparent aufzeigen. Er benötigt also eine Einkaufsstrategie und ein Performance Management zur Formulierung, zur Dokumentation und zur Umsetzung der Strategie.

1.3 Pragmatisches Verständnis einer Supply-Strategie[1]

„Strategie“ ist einerseits ein Modewort, das in der Praxis häufig nichtssagend verwendet wird, und andererseits ein Objekt der wissenschaftlichen Begierde, das vom wirklichen Leben der Unternehmenspraxis entkoppelt ist. Der pragmatische Kern des Strategiebegriffs ist aber gleichermaßen für die Praxis überlebensnotwendig wie auch einfach zu verstehen, wie die folgende Sport-Metapher veranschaulicht:

Die olympische Goldmedaille gewinnt der Sieger im olympischen Wettkampf. Das ist ein völlig „operatives“ Geschäft – wer etwa am schnellsten rennt, gewinnt. Sind Sie allerdings Mitglied eines nationalen olympischen Komitees (Einkaufsleitung) und für das erfolgreiche Abschneiden Ihrer Sportler (Einkäufer) verantwortlich, wird es nicht genügen, vor dem Wettkampf aufmunternde Worte an die Sportler zu richten. Selbst wenn Sie Prämien vor den Spielen ausloben, die Auswahl der Sportler gut organisieren und ideale Rahmenbedingungen während des Wettkampfs schaffen, kommt das zu spät. Ihre Arbeit muss erheblich früher starten: Sie müssen beispielsweise über Jahre hinweg exzellente Trainingsbedingungen bereitstellen. Sie müssen eine hervorragende Jugendarbeit aufbauen. Vielleicht sorgen Sie sogar dafür, dass neue Sportarten olympisch werden, in denen Ihr Land hervorragend ist. Zusammengefasst: Sie benötigen eine langfristige Strategie, um die Voraussetzungen zu schaffen, dass in einer konkreten Olympiade Ihre Sportnation überdurchschnittlich erfolgreich sein kann.

▶ **Strategie, pragmatisch ausgedrückt:** Die Strategie umfasst die grundlegenden Entscheidungen und Maßnahmen, mit denen heute die Voraussetzungen für den zukünftigen Erfolg (in der Regel der nächsten zwei bis fünf Jahre) geschaffen werden sollen.

Dieses einfache Verständnis von Strategie soll folgendermaßen präzisiert werden.

1. Zum Strategieverständnis

Im Unternehmensumfeld spricht man üblicherweise von Erfolgspotenzialen statt von Voraussetzungen. Die Strategie soll Potenziale für den operativen Erfolg schaffen, indem das Unternehmen im operativen Geschäft gegenüber seinen Wettbewerbern über eine überlegene Startposition verfügt. Hat das Unternehmen beispielsweise gegenüber seinen Wettbewerbern eine überlegene Kostenposition, hat das Unternehmen in konkreten Ausschreibungen hervorragende Gewinnchancen. Die grundlegende Aussage der Strategie ist: Wer es versäumt, sich für den zukünftigen Wettbewerb vorzubereiten, wird nicht bestehen können (Gälweiler 1976, 1986, S. 26).

Es lassen sich drei Bereiche erkennen, in denen Unternehmen Erfolgspotenziale aufbauen müssen. (Diese Bereiche orientieren sich an den Hauptströmungen der präskriptiven Strategieforschung, vgl. z. B. Steinmann et al. 2013, S. 157 ff.; Hungenberg 2014):

[1]Zur tief gehenden Analyse des Begriffs der Supply-Strategie vgl. Heß (2010, S. 19–38).

- **Wettbewerbsstrategie und Wettbewerbsvorteile:** In den Absatzmärkten müssen Wettbewerbsvorteile entwickelt werden. Diese können auf Leistungen basieren, wie z. B. besonders innovative und leistungsfähige Produkte oder kurze und flexible Lieferzeiten (Differenzierungsstrategie). Alternativ kann eine überlegene Kostenposition im Markt angestrebt werden, sodass das Unternehmen trotz Preiskampf noch Gewinne erzielt (Kostenführerschaftsstrategie). Ferner führt ein besonders zielgerichtetes Angebot für ausgewählte Marktnischen zu Wettbewerbsvorteilen in der jeweiligen Marktnische. In der Wettbewerbsstrategie wird ein stimmiges Bündel erstrebenswerter Wettbewerbsvorteile identifiziert und angestrebt.
- **Unternehmensstrategie und Wahl attraktiver Märkte:** Die Wahl attraktiver Märkte sowie der Rückzug aus wenig attraktiven Märkten sind entscheidend für den Unternehmenserfolg. In wenig attraktiven Märkten werden selbst die besten Wettbewerber nur geringe bzw. vielleicht sogar negative Renditen erzielen. Zu beachten sind natürlich Verbundeffekte zwischen den Märkten. Mit Marktportfolios oder Wettbewerbsanalysen wird versucht, ein in sich schlüssiges attraktives Portfolio bedienter Märkten zu entwickeln. Dabei muss das finanzielle Gleichgewicht aus strategischen Investitionen und Ernten beachtet werden.
- **Kernkompetenzmanagement und Kernkompetenzen:** Im sogenannten resource-based View der Strategieforschung wird der strategische Betrachtungshorizont nochmals erweitert. Es soll ein Bündel an Kernkompetenzen entwickelt werden, sodass neue Märkte bzw. Marktchancen sehr schnell und sehr professionell genutzt werden können. Nur wer über die richtigen Ressourcen bzw. Kompetenzen verfügt, wird neue Marktchancen erfolgreich erschließen können.

Zusammenfassend kann festgehalten werden: Die Strategie zielt auf die Schaffung und Sicherung von Erfolgspotenzialen, d. h. auf die Entwicklung einer hervorragenden Ausgangssituation für das operative Management. Hierzu müssen Wettbewerbsvorteile in bedienten Märkten aufgebaut werden, attraktive Märkte entwickelt bzw. unattraktive Märkte bereinigt werden sowie ein schlüssiges Bündel an Kernkompetenzen bereitgestellt werden.

2. Zum Verständnis der Supply-Strategie

Die Unternehmens- und Wettbewerbsstrategien sowie das Kernkompetenzmanagement müssen in den verschiedenen Funktionalbereichen (z. B. Marketing, Beschaffung, Personal) konkretisiert werden. Sie sind im großen Umfang für die Strategieimplementierung verantwortlich. Es soll in diesem Zusammenhang von Funktionalstrategien gesprochen werden, da – analog zum Strategiebegriff – in der Regel erhebliche strategische Spielräume bestehen und eine ganzheitliche Ausrichtung der jeweiligen Funktion angestrebt wird (vgl. auch unten „Anmerkung zum Begriff einer Funktionalstrategie") (zum Strategieverständnis in Einkauf und Beschaffung vgl. Heß 2010, S. 19 ff.; Arnold 2007; Büsch 2012, S. 107 ff.; Large 2013, S. 30 ff.; van Weele und Eßig 2017, S. 223 ff.).

In diesem Sinne ist die Supply-Strategie die Funktionalstrategie für die Versorgung des Unternehmens, mit der die Strategien des Unternehmens im Versorgungsbereich konkretisiert und unterstützt werden sollen. Analog zur Strategiedefinition kann eine Supply-Strategie folgendermaßen definiert werden:

▶ **Supply-Strategie:** Die Supply-Strategie ist ein in sich schlüssiges Bündel von Richtungsentscheidungen und daraus abgeleiteten Zielsetzungen und Maßnahmen zur Schaffung und Sicherung von Erfolgspotenzialen in der Versorgung des Unternehmens mit Gütern und Leistungen.

Die Erfolgspotenziale in der Versorgung stellen die Voraussetzungen dafür dar, dass das Unternehmen zukünftig (in zwei bis fünf Jahren) erfolgreich versorgt werden kann. „Erfolgreich" kann in zwei Richtungen ausdifferenziert werden:

- **Strategiebeitrag:** Die Supply-Strategie unterstützt die Entwicklung von Erfolgspotenzialen des Unternehmens, z. B. Aufbau eines Innovationspartners zur Unterstützung der Innovationsstrategie des Unternehmens.
- **Grundwettbewerbsfähigkeit:** Jenseits der grundlegenden strategischen Ausrichtung impliziert jede Strategie auch, die grundlegende Wettbewerbsfähigkeit des Unternehmens im Auge zu behalten (= Grundwettbewerbsfähigkeit des Unternehmens). Beispielsweise muss auch der Innovationsführer seine Kostenposition kontrollieren, um mit seiner Strategie erfolgreich zu sein. In diesem Sinne trägt die Supply-Strategie dazu bei, über potenzialorientierte Maßnahmen die Grundwettbewerbsfähigkeit zu stärken, z. B. durch die Entwicklung einer günstigen Kostenposition bei wichtigen Lieferanten.

In diesem Rahmen gilt es auch, sich rechtzeitig auf neue Beschaffungsmärkte vorzubereiten bzw. sich aus obsoleten Beschaffungsmärkten zurückzuziehen. Beispiele strategischer Entscheidungen im Supply Management sind:

- **Markteintritt China:** Markteintritt in den chinesischen Zuliefermarkt mit Aufbau einer Einkaufsorganisation in China und Entwicklung von chinesischen Lieferanten im Bereich Komponentenmontagen.
- **Kanban-Anbindung:** Unterstützung der Wettbewerbsstrategie „Verkürzung der Lieferzeit von Standardprodukten" durch Aufbau einer Kanban-Anbindung aller Komponenten-Lieferanten im Geschäftsfeld Standardprodukte.
- **Aufbau Projekteinkauf und Lieferantenfrüheinbindung:** Neustrukturierung des Entwicklungsprozesses mit Aufbau eines Projekteinkaufs und von Entwicklungspartnerschaften mit Lieferanten.
- **Aufbau Materialgruppenmanagement:** Entwicklung eines Materialgruppenmanagements zur Nutzung von konzernweiten Bündelungsvorteilen.

Anmerkung zum Begriff der Funktionalstrategie:
In der Strategieforschung wird der Begriff „Funktionalstrategie", analog auch Begriffe wie „Supply-Strategie", mit der Begründung abgelehnt, dass das klassische Strategiekonzept gerade funktionsübergreifend angelegt ist und die Funktionsbereiche der Strategieebene nachgelagert darauf aufbauend strategische Programme zur Strategieumsetzung in konkretes Handeln entwickeln sollen. Insofern wird von strategischen Programmen statt von Funktionalstrategien gesprochen (vgl. Steinmann et al. 2013, S. 162 f.; vgl. auch Schuh et al. 2014, S. 88 ff.).

Aus Sicht der Funktionalbereiche erscheint ein Begriff wie Funktionalstrategie bzw. Supply-Strategie trotz der nachgelagerten Position zur Unternehmens- und Wettbewerbsstrategie sinnvoll. So gibt es innerhalb einer guten Unternehmens- und Wettbewerbsstrategie für bedeutsame Funktionalbereiche erhebliche (strategische) Spielräume zur Schaffung und Sicherung von Erfolgspotenzialen des Unternehmens. Ferner ist die Komplexität innerhalb eines bedeutsamen Funktionalbereichs so hoch, dass eine ganzheitliche Ausrichtung dringend erforderlich ist. Einzelne strategische Programme laufen Gefahr, sich zu verselbstständigen und die Ganzheitlichkeit zu vernachlässigen. Letztlich erscheint der Begriff einer Supply-Strategie auch semantisch prägnanter und somit für die Implementierung unterstützend.

Zur Konkretisierung des Begriffs der Supply-Strategie sollen drei Aspekte präzisiert werden. 1) Weshalb wird nicht von Einkauf oder Beschaffung bzw. von Einkaufs- bzw. Beschaffungsstrategie gesprochen? Was bedeutet Supply konkret? 2) Welche Konsequenzen ergeben sich aus der langfristigen Ausrichtung bzw. dem Investitionscharakter von Strategien, insbesondere von Supply-Strategien? 3) Ferner soll auf die Einzigartigkeit bzw. den Sachzielcharakter von Strategien hingewiesen werden.

1. Supply und Supply Management:
Supply Management bezeichnet die betriebliche Funktion zur Versorgung des Unternehmens mit Gütern und Leistungen. (Arnold 1997, S. 3 ff.; Kaufmann 2002, S. 9 ff.) (Zur Abgrenzung der Begrifflichkeiten Einkauf, Beschaffung und Supply Management vgl. den Kasten „Begriffe der Versorgung".) Dabei wird Supply Management in zweifacher Weise sehr umfassend verstanden:

- **Leistungsspektrum:** Das Spektrum der Beschaffungsobjekte wird sehr breit definiert: Direkte Materialien, indirekte Materialien, Investitionsgüter, Energie, Handelsware. In der Regel nicht durch das Supply Management gesteuert wird die Beschaffung von Kapital und Finanzleistungen, Personal (Ausnahmen Arbeitnehmerüberlassung) und ausgewählte Rechte und Lizenzen (Ausnahme Software). Natürlich muss in jedem Unternehmen firmenspezifisch das Spektrum an Leistungen bestimmt werden, die über das Supply Management beschafft werden sollen.

- **Aufgabenspektrum:** Ebenso umfassend wird das Aufgabenspektrum im Supply Management definiert. Ziel ist es, alle Prozesse an den Schnittstellen zu den Lieferanten integriert auszusteuern. Somit fallen nicht nur alle Beschaffungsprozesse, sondern auch Prozesse zur Lieferantenfrüheinbindung in den Entwicklungsprozess, zur Steuerung der Lieferantenqualität oder zur logistischen Abwicklung in die Verantwortung des Supply Managements.

▶ **Supply Management:** Das Supply Management zielt auf die ganzheitliche Gestaltung und Steuerung der Versorgung eines Unternehmens mit Gütern und Leistungen und muss deshalb eine umfassende Integrationskraft entfalten (Heß 2010, S. 20 ff.):

- Integration von Gestaltungsfeldern und Einzelprojekten
- Cross-funktionale (= abteilungsübergreifende) Integration innerhalb der Versorgungsprozesse
- Integration über Organisationseinheiten
- Integration der Lieferanten und der Marktpartner
- Integration in die Unternehmens- und Wettbewerbsstrategie

Im Supply Management werden also zwischen den beteiligten Abteilungen die unterschiedlichen Aufgaben an der Schnittstelle zu den Lieferanten abgestimmt. Die Supply-Strategie ist dabei ein wesentliches Instrument, um eine ganzheitliche Ausrichtung in den Supply-Märkten und gegenüber den Lieferanten zu entwickeln. Es wird vorgeschlagen, dass in der Regel der Einkauf als strategischer Gestalter der Lieferketten, die abteilungsübergreifende Formulierung und Implementierung einer Supply-Strategie koordiniert. Dabei hat der Einkauf die unterschiedlichen Interessen aktiv aufeinander abzustimmen (vgl. die Ausführungen zum Anforderungsmanagement in Abschn. 3.1.4).

Weshalb wird empfohlen, von einer Supply-Strategie statt von einer Einkaufsstrategie zu sprechen?
Eine Strategie hat den Anspruch, einen umfassenden und ganzheitlichen Blick auf die zukünftige Entwicklung des Unternehmens zu richten. So soll auch die Versorgung des Unternehmens mit Leistungen unter Beachtung der vielfältigen Blickwinkel insgesamt betrachtet werden, d. h. gleichermaßen unter einkäuferischen, logistischen, qualitätsorientierten und technischen Aspekten. Der Begriff „Supply Management" ist im Bereich der Versorgung der Begriff, der den cross-funktionalen Ansatz einer Strategie am besten verdeutlicht.

Darüber hinaus ist noch ein psychologisches Argument zu beachten: Ist es die Aufgabe des Einkaufs, eine abteilungsübergreifende Einkaufsstrategie zu entwickeln, wird es schwierig, die anderen Abteilungen zur Mitarbeit zu motivieren. Warum soll es die Aufgabe der Logistik sein, bei einer Einkaufsstrategie mitzuarbeiten? Ferner kann leicht der Verdacht aufkommen, für die Interessen des Einkaufs instrumentalisiert zu werden. Der Begriff „Supply-Strategie" soll Neutralität vermitteln.

So soll folgend stets von einer Supply-Strategie statt von einer Einkaufs- bzw. Beschaffungsstrategie gesprochen werden. Konsequenterweise ergeben sich die Begriffe Supply Management (statt Einkauf und Beschaffung) und Supply-Märkte (statt Beschaffungsmärkte).

Begriffe im Bereich der Versorgung

Die Begriffe im Bereich der Versorgung werden sehr uneinheitlich verwendet. Im Folgenden wird die grundlegende Ausrichtung der Begriffe skizziert (zu umfassenden Definitionen vgl. Kaufmann 2002, S. 9 ff.; Arnold 1997, S. 1 ff.; Schulte 2017, S. 2 f.; Heß 2010, S. 21):

Beschaffung/Procurement

Beschaffung wird einerseits als umfassender Begriff der Versorgung, andererseits eher eng im Sinne einer marktbezogenen bzw. kaufmännischen Sicht der Versorgung des Unternehmens mit Gütern und Leistungen verstanden.

Einkauf/Purchasing

Einkauf wurde (und wird teilweise noch) mit der operativen kaufmännischen Abwicklung von Einkäufen verbunden. Mit der Entwicklung zum strategischen Einkauf weitete sich der Fokus umfassend auf alle kaufmännischen und vertraglichen Aspekte in der Versorgung aus. Damit nähern sich die Begriffe Einkauf, Beschaffung und Supply Management an.

Logistik

Die Logistik konzentriert sich auf die Planung, Steuerung und Realisierung des (physischen) Materialflusses innerhalb und zwischen Unternehmen und die damit verbundenen Informations- und Zahlungsströme. Logistik weitet den Blick über die Unternehmensgrenzen hinaus aus und nähert sich damit dem Begriff des Supply Chain Managements an.

Materialwirtschaft

Im Rahmen der Materialwirtschaft wird die objektbezogene Sicht der Versorgung des Unternehmens mit Materialien betont. Während die klassische Materialwirtschaft sich auf die Versorgung des Unternehmens konzentriert, weitet die integrierte Materialwirtschaft den Blick – analog zur Logistik – auf die ganze Wertkette und nähert sich damit auch dem Begriff Supply Chain Management an.

Supply Chain Management

Das Supply Chain Management betrachtet und optimiert unternehmensübergreifende Wertschöpfungsketten bzw. Wertschöpfungsnetzwerke im Hinblick auf den

Material-, Informations- und Geldfluss. Auch wenn die Firmierung von Liefernetzwerken angesprochen wird, liegt der zentrale Fokus auf Logistikaspekten und den damit verbundenen Fragestellungen zu den Informationsflüssen.

2. Vorsteuerungscharakter, Langfristorientierung und Investitionscharakter
Wie oben ausgeführt zielt die Strategie auf die Entwicklung und Sicherung von Erfolgspotenzialen, die für das zukünftige Geschäft eine hervorragende Ausgangsposition schaffen sollen. In diesem Sinne sind Strategien „vorsteuernd". Dabei muss die Entwicklung von Erfolgspotenzialen in der Regel mehrjährig angelegt werden. Wesentliche Verbesserungsmaßnahmen mit großer Tragweite lassen sich selten innerhalb eines Geschäftsjahres realisieren. Zur völligen Umsetzung solcher Maßnahmen ist ein Zeithorizont von zwei oder mehreren Jahren erforderlich. Hierzu ist meist ein erheblicher Einsatz von Management- und Mitarbeiterkapazität sowie Geldmitteln (z. B. für IT, Reisen, Tests) erforderlich. Hieraus folgt wiederum, dass jeder kurzfristige Schwenk die getätigten Aufwendungen entwerten kann, bevor sie ihre Wirkung entfalten konnten.

Der strategische Charakter der Projekte bedeutet ferner, dass die Erträge erst in zukünftigen Perioden zu erwarten sind. Hierin steckt der Investitionscharakter von Strategie: Es müssen heute in erheblichem Umfang Zeit und Geld in die Strategie investiert werden, damit in Folgeperioden die aufgebauten Erfolgspotenziale geerntet werden können. Dies macht den grundsätzlichen Unterschied zu sogenannten Quick Wins und Verhandlungserfolgen aus, die – zum Teil zulasten der Zukunft – im aktuellen Geschäftsjahr eine Ergebnisverbesserung bewirken sollen. Allerdings sind Quick Wins – wie der Name sagt – schnell geerntet. Sobald das Supply Management über drei, vier Jahre erfolgreich arbeitet, gibt es keine wesentlichen Quick Wins mehr. Für Einkaufsprofis bleibt also nur der mühsame Weg einer Strategieentwicklung.

> Nur ein völlig unfähiger Einkauf kann über die Realisierung von Quick Wins einen erheblichen Beitrag zum Geschäftserfolg liefern. Sobald das Supply Management eine erste Professionalität aufweist, sind die Quick Wins abgeerntet und strategische Maßnahmen und eine Supply-Strategie erforderlich, um wesentliche Wertbeiträge zu erzielen.

Zum langfristigen Investitionscharakter einer Supply-Strategie seien zwei Aspekte angemerkt:

- Häufig wird kritisch angemerkt, dass aufgrund des Langfristcharakters von Strategie in sehr dynamischen Märkten keine Strategieentwicklung möglich ist; letztlich bedeute dies ein „Hase-Igel-Wettrennen": Bevor die Strategie umgesetzt ist, hat sich der Markt schon wieder verändert und die geplante Strategie ist obsolet.

  Im Extremfall kann es eine solche Situation geben, sodass keinerlei Strategie möglich ist. In der Regel sollten gerade auch in dynamischen Märkten Strategien mit

hoher Agilität und Reagibilität möglich sein, wie folgendes Beispiel illustriert. Angenommen es ändern sich die Terms of Trades der Beschaffungsregionen sehr schnell, sodass ein häufiger Wechsel der Bezugsregionen vorteilhaft ist. Dann wird eine Supply-Strategie stets zu spät kommen, die versucht, die richtige Bezugsregion zu entwickeln. Die Strategie muss vielmehr auf die Erhöhung der Agilität ausgerichtet werden, d. h. darauf, möglichst schnell von einem Land in ein anderes wechseln zu können. Das Unternehmen mit der höchsten Agilität wird in einem solchen Markt über erhebliche Erfolgspotenziale verfügen.
- Der Investitionscharakter von Strategie führt dazu, dass heute Zeit und Geld für Erfolge zukünftiger Perioden aufgewendet werden müssen. Da derartige Investitionen regelmäßig nicht aktiviert werden können, vernichtet Strategie im aktuellen Geschäftsjahr Gewinne. Dieser Umstand führt dazu, dass die Strategieformulierung und -umsetzung in manchen Unternehmen vernachlässigt wird. – Das rächt sich allerdings wenige Jahre später.

  Konsequenz dieser Überlegung ist, dass in den Controlling- und den Anreizsystemen des Unternehmens der Strategiefortschritt und -erfolg gemessen und honoriert werden muss. Hierauf wird unten ausführlich eingegangen.

3. Sachzielorientierung, Einzigartigkeit und regelbrechend
Alle (wettbewerbsorientierten) Unternehmen streben nach Rentabilität, Liquidität und davon abgeleitet nach Gewinn, Umsatz und der Reduzierung der Kosten. Diese sogenannten Formalziele sind für alle Unternehmen grundsätzlich gleich. In der Strategie formulieren die Unternehmen ihren Weg, wie sie langfristig die Formalziele sichern möchten. Wie oben ausgeführt werden beispielsweise in Wettbewerbsstrategien Ideen entwickelt, wie den Kunden eine überlegene Leistung geboten werden kann. Man denke beispielsweise an innovative und technisch vorteilhafte Produkteigenschaften oder an eine sehr zuverlässige und flexible Belieferung. Hierbei handelt es sich in einer Strategie um Zielsetzungen aus den Leistungsprozessen, sodass von Sachzielen gesprochen wird.

Da der Erfolg einer Strategie davon abhängt, sich gegenüber den Wettbewerbern durchzusetzen, zielt eine gute Strategie immer auf Einzigartigkeit. Nur wenn die Leistung oder die Kostenposition des Unternehmens besser als die von den Wettbewerbern ist, kann sich das Unternehmen am Markt durchsetzen und wird die angestrebten Formalziele erreichen können.

Auf der Suche nach Einzigartigkeit werden bestehende Marktregeln systematisch hinterfragt. Aufgrund veränderter Rahmenbedingungen könnte es vorteilhaft sein, bestehende Marktgesetze zu brechen. Die Speedfactory von adidas ist ein anschauliches Beispiel: Erstmalig wurde die Turnschuhproduktion von Asien zu einem Lieferanten in Ansbach/Deutschland zurück verlagert. Die Automation im Rahmen von Industrie 4.0 ermöglicht völlig neue Produktionsprozesse und Prozesse der Zusammenarbeit mit Lieferanten. Die günstigen Arbeitskosten verlieren damit an Bedeutung. Die steigende Flexibilität und insbesondere auch die Individualität der Produktgestaltung können sich zum neuen Erfolgskriterium entwickeln (vgl. www.adidas-group.com).

▶ Eine gute Strategie prüft stets die bestehenden Marktregeln – alles was „definitiv" gilt. Im Brechen von etablierten Marktregeln finden sich regelmäßig die größten Chancen. Wer als erster Potenziale einer Veränderung erkennt und nutzt, baut erhebliche Wettbewerbsvorteile auf.

1.4 Anforderungen an eine gute Supply-Strategie

Eine gute Supply-Strategie und somit ein gutes Konzept zur Entwicklung von Supply-Strategien sollten folgenden Anforderungen gerecht werden (vgl. Abb. 1.1).

1. Anforderung: Ganzheitlichkeit

▶ Haben Sie eine ganzheitliche Supply-Strategie, in der Marktstrategien, Lieferantenstrategien und Prozessstrategien aufeinander und mit der strategischen Ausrichtung des Supply Managements abgestimmt sind?

In vielen Unternehmen wird die Strategieentwicklung im Supply Management mit Hilfe von durchaus sehr beachtlichen Einzelprojekten vorangetrieben, beispielsweise ein Projekt zur Globalisierung des Einkaufs, ein weiteres Projekt zur Steigerung der Lieferantenqualität, ein weiteres Projekt zur Reduzierung der Lieferantenzahl usw. Problematisch an dieser Vorgehensweise ist, dass die einzelnen Projekte nicht aufeinander abgestimmt, teilweise sogar widersprüchlich sind. Ein zweites Problem liegt in der mangelnden Nachhaltigkeit. Wenn ein Projekt abgeschlossen ist, folgt das nächste. Eine nachhaltige Fortentwicklung der grundlegenden Aufgabenstellungen, z. B. Lieferantenqualität, Global Sourcing, unterbleibt nur zu oft.

Ganzheitlichkeit der Supply-Strategie bedeutet, dass alle Bausteine der Supply-Strategie, z. B. Marktstrategien, Lieferantenbewertung, Lieferantenstrategien, Prozessstrategien,

Eine gute Supply-Strategie ist

1. ganzheitlich ausgerichtet
2. aus der Unternehmens- und Wettbewerbsstrategie abgeleitet
3. kundenorientiert und nachhaltig
4. in cross-funktionaler Zusammenarbeit entwickelt und gesteuert
5. aspektweise in partnerschaftlicher Zusammenarbeit mit Lieferanten entwickelt und gesteuert
6. an der Mitarbeiterentwicklung ausgerichtet
7. an der Umsetzung orientiert
8. modular aufgebaut, um die schrittweise Umsetzung zu unterstützen
9. skalierbar
10. an der Nutzung von konzernweiten Synergien ausgerichtet
11. achtsam und agil gegenüber Supply-Risiken
12. dokumentiert

Abb. 1.1 Anforderungen an eine gute Supply-Strategie

Einkaufscontrolling, Risikomanagement, Nachhaltigkeit usw., systematisch aufeinander abgestimmt sind. Dem Anspruch nach sind alle relevanten Bausteine eines strategischen Einkaufs zu berücksichtigen. Ganzheitlichkeit der Supply-Strategie bedeutet auch, über einen ganzheitlichen Bauplan (= ein ganzheitliches Konzept) zu verfügen, wie das Supply Management zur Entwicklung einer systematischen Supply-Strategie schrittweise fortentwickelt werden soll (siehe Anforderung 8).

2. Anforderung: Bezug zu Unternehmens- und Wettbewerbsstrategien

▶ Orientiert sich Ihre Supply-Strategie an der Strategie Ihres Unternehmens?

Die Supply-Strategie ist auf die Unternehmens- und Wettbewerbsstrategien hin auszurichten und soll diese in Bezug auf die Versorgung des Unternehmens mit Leistungen konkretisieren. Ist beispielsweise die schnelle und flexible Belieferung der Abnehmer eine wesentliche strategische Stoßrichtung des Unternehmens, wird in der Regel die flexible Einbindung von Lieferanten eine wesentliche strategische Ausrichtung in der Supply-Strategie. Ein Innovationsführer wird besonders auf Innovationsbeiträge der Beschaffungsmärkte bzw. der Lieferanten achten. Die Supply-Strategie sollte in Folge an der Gewinnung von Innovationsbeiträgen ausgerichtet werden und beispielsweise Innovationspartnerschaften mit Lieferanten entwickeln.

3. Anforderung: Kundenorientierung und Nachhaltigkeit

▶ Wie werden in Ihrem Unternehmen die Anforderungen der externen Kunden sowie ökologische und soziale Anforderungen der Nachhaltigkeit in der Supply-Strategie berücksichtigt?

Eng mit der zweiten Anforderung ist die dritte Anforderung der Kundenorientierung und Nachhaltigkeit verknüpft: Die Supply-Strategie hat sich an den Anforderungen der (externen) Kunden auszurichten. Dies erfolgt in der Regel indirekt über die Wettbewerbsstrategien der Geschäftsfelder oder wird direkt über das Marketing vermittelt. Ist der Kunde – wie oben bereits beispielhaft angeführt wurde – an besonders hoher Flexibilität interessiert, werden die Anforderungen in der Supply-Strategie erfasst, konkretisiert und ggf. bedient. Eine gute Strategie sollte die Anforderungen der Kunden systematisch berücksichtigen.

Gegebenenfalls kann die Kundenorientierung im Supply Management aber auch sehr direkt einfließen, wie die folgenden Beispiele zeigen: Handelsware wird ohne Verarbeitung direkt an den Kunden veräußert, sodass die Anforderungen der Kunden unmittelbar in der Beschaffung umgesetzt werden müssen. Insofern ist im Handel das Supply Management eng mit Vertrieb und Marketing verknüpft. Im Industrieunternehmen kann bei kundenindividuellen Zukaufkomponenten eine direkte Verknüpfung zwischen Kunde und Supply Management bzw. Lieferant sinnvoll sein. So kann das Supply Management bzw. der Lieferant direkt die kundenspezifische Auslegung der Komponenten vornehmen, falls hier eine spezifische Kompetenz erforderlich ist, die im Vertrieb bzw. im Engineering nicht verfügbar ist. Beispielsweise kann die richtige Auslegung von Kabeln bei kundenindividuellen Elektrobauteilen durch den Lieferanten bzw. durch das Supply Management vorgenommen werden.

Jenseits der Kunden gewinnen weitere externe Stakeholder im Supply Management an Bedeutung. Besonders erwähnenswert sind Stakeholder, die Nachhaltigkeitsansprüche gegenüber dem Unternehmen vertreten. Insofern sind – abgestimmt mit der Nachhaltigkeitspolitik des Unternehmens – soziale und ökologische Anforderungen in der Supply-Strategie aufzunehmen und in den Liefernetzwerken zur Geltung zu bringen. Eine gute Supply-Strategie muss diese Anforderungen systematisch erfassen, bewerten und ggf. in die Supply-Strategie integrieren.

4. Cross-funktionale Zusammenarbeit

> Wie gut arbeiten die cross-funktionalen Partner (z. B. Logistik, Qualität, Entwicklung, Produktion, Marketing, Supply Management) in Ihrem Unternehmen im Rahmen der Formulierung und der Umsetzung der Supply-Strategie zusammen?

Wie bereits erwähnt, sollten bei der Formulierung und Umsetzung der Supply-Strategie alle Abteilungen beteiligt werden, die an der Schnittstelle zu den Lieferanten aktiv sind, z. B. Einkauf, Logistik, Qualität, Entwicklung. Um die Bereitschaft der Abteilungen zur Zusammenarbeit zu stärken, sollte von einer Supply-Strategie statt von einer Einkaufs- oder Beschaffungsstrategie gesprochen werden.

Diese Anforderung kann zu Beginn eines Projektes zur nachhaltigen Entwicklung von Supply-Strategien die Projektkomplexität immens steigern und das Projekt deshalb gefährden. Aus diesem Grund empfiehlt es sich, in den ersten Evolutionsschritten zur Entwicklung der Supply-Strategie nur sehr vorsichtig weitere Abteilungen in den Strategieformulierungsprozess einzubinden. Schrittweise sollte dann der Kreis der beteiligten Abteilungen erweitert werden (vgl. Anforderung 8).

5. Anforderung: Partnerschaftliche Zusammenarbeit mit Lieferanten

> Nutzen Sie alle Potenziale partnerschaftlicher Lieferantenbeziehungen? Werden wertschöpfende Partnerschaften identifiziert und umgesetzt? Verfügen Sie über Partnerschaftskonzepte, die gleichermaßen die Integration der Partner unterstützen und die Abhängigkeit von den Partnern verhindern?

Partnerschaftliche Zulieferbeziehungen bergen erhebliche Potenziale, z. B. aufgrund optimierter und ausgereifter Prozesse bzw. aufgrund der Reduzierung redundanter Ressourcen (z. B. in der Qualitätssicherung oder in der Entwicklung). In einer guten

Supply-Strategie sind derartige Partnerschaftspotenziale systematisch zu identifizieren. Dabei ist die Vorteilhaftigkeit einer partnerschaftlichen gegenüber einer wettbewerbsorientierten Zusammenarbeit kritisch abzuwägen.

Darüber hinaus sind Geschäftsmodelle und Prozesse für partnerschaftliche Zusammenarbeit zu entwickeln. Zum einen müssen die Partner – bis zu einem gewissen Grad – in die Supply-Strategie integriert werden. Zum anderen muss aber verhindert werden, vom Partner abhängig und damit erpressbar zu werden. Eine gute Supply-Strategie muss (ausgewählte, partnerschaftlich ausgerichtete) Lieferanten systematisch in die Formulierung und Implementierung der Supply-Strategie integrieren.

6. Anforderung: Mitarbeiterentwicklung

▶ Wie qualifiziert sind Ihre Mitarbeiter? Sind Ihre strategischen Einkäufer in der Lage, kreative Markt- und Lieferantenstrategien zu entwickeln und eigenständig umzusetzen?

An der Formulierung einer Supply-Strategie sind die strategischen Einkäufer maßgeblich zu beteiligen, da nur sie über die Fachkompetenz zur Ausdifferenzierung der Strategie, z. B. für die einzelnen Supply-Märkte, verfügen. Ferner sind sie letztlich für die Umsetzung der Strategie im Unternehmen und im Markt verantwortlich. Hieraus folgt, dass sich ein gutes Strategiekonzept an der aktuellen Qualifikation der Mitarbeiter orientieren muss. Nur so wird ein nachhaltiger Umsetzungserfolg möglich.

In der Konsequenz muss die Vorgehensweise zur Strategieformulierung für die Mitarbeiter einfach nachvollziehbar sein, sodass sie sich bei der Konkretisierung und Umsetzung der Supply-Strategie aktiv beteiligen können und wollen. Zum einen empfiehlt es sich deshalb, mit einem einfachen an der Mitarbeiterkompetenz orientierten Strategiekonzept zu starten, selbst wenn somit das Konzept nicht alle Potenziale ausschöpft. Wie sich im Laufe der Zeit die strategischen Fähigkeiten der Mitarbeiter entwickeln, sollte das Strategiekonzept ausdifferenziert werden und auch anspruchsvollere Fragestellungen angehen können (vgl. Anforderung 8). Zum anderen sollte die Mitarbeiterentwicklung direkt im Konzept berücksichtigt werden, d. h., die Mitarbeiter sollten bei der Einführung des Systems on-the-job geschult werden. Darüber hinaus empfiehlt es sich, mit Fortbildungsmaßnahmen Mitarbeiter gezielt zu entwickeln.

7. Anforderungen: Umsetzungsorientierung

▶ Ist Ihre Supply-Strategie umsetzungsorientiert ausformuliert, d. h. bis auf die Ebene von Kennzahlen und Maßnahmen heruntergebrochen?

Die Stärke eines guten Strategiekonzeptes liegt nicht nur in der Formulierung der Supply-Strategie, sondern insbesondere auch in deren nachhaltiger Umsetzung und Entwicklung. Die Strategien müssen widerspruchsfrei entwickelt und transparent dokumentiert werden. Von zentraler Bedeutung ist die Konkretisierung der Strategie mit eindeutigen

Zielen, Kennzahlen, Programmen, Projekten und Maßnahmen. Die Überwachung der Ziele und Aktivitäten sowie die Ableitung von Konsequenzen bei Abweichungen müssen durch ein gutes Strategiekonzept intensiv unterstützt werden.

8. Anforderung: Modularer Aufbau und schrittweise Implementierung

> Haben Sie einen modularen Bauplan, um Ihre Strategie – nach der verfügbaren Kapazität im Supply Management – schrittweise aufzubauen?

Die Entwicklung einer ganzheitlichen Strategie ist ein längerfristiger Prozess. Zwar werden die ersten Schritte nach kurzer Zeit Nutzen bringen. Allerdings sind sowohl die für die Strategieentwicklung verfügbare Management- und Mitarbeiterkapazität als auch die Mitarbeiterqualifikation in der Regel beschränkt. Ein schrittweiser Aufbau kann beispielsweise folgendermaßen aussehen: Anfangs wird mit der strategischen Ausrichtung des Supply Managements und wenigen ausgewählten Marktstrategien begonnen. Im zweiten Jahr wird das Spektrum der Marktstrategien erweitert und die Lieferantenbewertung sowie eine vereinfachte Lieferantenstrategie aufgebaut. Im dritten Jahr wird das Risikomanagement in den bestehenden Elementen der Strategie präzisiert. Auch Unternehmen mit einer hervorragenden Supply-Strategie werden mit immer weiteren Ideen das Supply Management fortentwickeln.

Das Strategiekonzept sollte deshalb modular aufgebaut sein, sodass die einzelnen Module schrittweise implementiert werden können. Innerhalb der Module sollten für die vorgeschlagenen Methoden und Instrumente Einstiegsvarianten existieren, mit denen die Mitarbeiterentwicklung unterstützt werden kann. Darüber hinaus sollte auch der Kreis der beteiligten Abteilungen sowie der integrierten Geschäftsfelder schrittweise ausgeweitet werden.

Ein gutes Strategiekonzept sollte die Geschwindigkeit der Strategieentwicklung an die aktuell verfügbaren Kapazitäten und Kompetenzen anpassen können. Dabei muss die Kompatibilität der ersten Umsetzungsschritte mit einer zukünftigen professionellen Version sichergestellt werden.

9. Anforderung: Skalierbarkeit

> Sind Ihre Supply-Strategie und Ihr Strategiekonzept in kleinen wie in großen Unternehmensbereichen anwendbar?

Ein gutes Strategiekonzept sollte für unterschiedliche Unternehmensgrößen skalierbar sein. Die unten vorgestellte 15M-Architektur der Supply-Strategie hat sich in Unternehmen mit 1,5 strategischen Einkäufern, intensiv im Mittelstand bei fünf bis 25 strategischen Einkäufern bis hin zu Konzernstrukturen bei einem Einkaufsvolumen von mehreren Milliarden Euro bewährt. Die Methoden und Instrumente müssen auf die Unternehmensgröße hin angepasst werden. Die Architektur bleibt allerdings erhalten.

Die Skalierbarkeit ist insbesondere auch für Unternehmen mit heterogenen und unterschiedlich großen Geschäftsfeldern erforderlich. Damit können sehr unterschiedlich ausgestattete Einkaufsabteilungen mit den gleichartigen Vorgehensweisen und Methoden arbeiten.

10. Anforderung: Nutzung konzernweiter Synergien

- Haben Sie konzernweit ein durchgängiges Strategiekonzept? Realisieren Sie konzernweit mögliche Synergien in der Zusammenarbeit verschiedener Konzerneinheiten?

Sobald im Unternehmen mehrere Einkaufsabteilungen mehr oder minder eigenverantwortlich einkaufen, stellt sich die Frage, wie Bündelungsvorteile und weitere Synergien einer Zusammenarbeit der unterschiedlichen Einkaufsabteilungen realisiert werden können. Ein Strategiekonzept sollte einen Rahmen bereitstellen, der genügend Freiheitsgrade aufweist, sodass sich sehr unterschiedliche Geschäftsbereiche mit sehr unterschiedlichen Anforderungen daran orientieren können. Ferner muss das Konzept in der Lage sein, möglichst weitgehend die vorhandenen Prozesse, Methoden und Instrumente der einzelnen Organisationseinheiten aufzunehmen und fortzuentwickeln. Insgesamt sollte das Strategiekonzept die Basis für eine konzernweite Zusammenarbeit im Supply Management schaffen.

11. Anforderung: Systematisch Risiken steuern

- Steuern Sie alle Risiken im Supply Management, in den Supply-Märkten, bei Lieferanten und in den Supply-Prozessen systematisch?

Jede Strategie bzw. jede Entscheidung (im Supply Management) ist durch unvollständige Information und Ungewissheit gekennzeichnet. Dabei sind Risiken im Supply Management allgegenwärtig. Nicht nur große Währungsturbulenzen oder Rohstoffverknappungen können gravierende Konsequenzen nach sich ziehen. Jeder Lieferant bzw. jeder Supply-Markt ist ein potenzieller Risikoträger. Selbst eine lokale Krise kann einen unbekannten Vorlieferanten in Schwierigkeiten und damit ganze Lieferketten zum Erliegen bringen.

Ein Strategiekonzept im Supply Management muss der Allgegenwärtigkeit von Risiken sowie der engen Verwobenheit von Risiken und Planung gerecht werden. Letztlich muss die Steuerung der Risiken in die Planung und Implementierung der Supply-Strategie integriert sein.

12. Anforderung: Dokumentation

- Sind Ihre Supply-Strategie und deren Umsetzungsfortschritt schriftlich dokumentiert?

Eine Supply-Strategie und deren Implementierungsstand müssen schriftlich dokumentiert sein. Nur so kann sich ein gemeinsames Verständnis zur Strategie bei allen Beteiligten entwickeln. Die schriftliche Fixierung vernichtet Interpretationsspielräume und vereinfacht damit die Abstimmung über die verschiedenen Beteiligten. Auf diese Weise gewinnt die Strategie an Verbindlichkeit. Gerade beim Wechsel von Führungskräften und Mitarbeitern unterstützt die schriftliche Dokumentation die Einarbeitung.

Die schriftliche Basis ist ferner notwendig, um die Supply-Strategie schrittweise fortzuentwickeln. Eine sehr allgemein formulierte Strategie mit einzelnen Leitsätzen sollten Menschen sich merken können und beherzigen. Mit zunehmender Differenzierung und einhergehender steigender Komplexität der Strategie wird es schwierig bis unmöglich, ohne Dokumentation alle Details im Überblick zu behalten. Folgendes Bild soll dies veranschaulichen: Nur wenige Menschen sind in der Lage, eine Schachpartie ohne Schachbrett auswendig nachzuspielen.

Literatur

Arnold, U. (1997). *Beschaffungsmanagement* (2. Aufl.). Stuttgart: Schäffer-Poeschel.

Arnold, U. (2007). Strategisches Beschaffungsmanagement. In U. Arnold, & G. Kasulke, (Hrsg.), *Praxishandbuch innovative Beschaffung* (S. 13–46). Weinheim: Wiley-VCH.

Bräkling, E., & Oidtmann, K. (2012). *Power in Procurement – Erfolgreich einkaufen – Wettbewerbsvorteile sichern – Gewinne steigern.* Wiesbaden: Gabler.

Büsch, M. (2012). *Praxishandbuch strategischer Einkauf – Methoden, Verfahren, Arbeitsblätter für professionelles Beschaffungsmanagement* (3. Aufl.). Wiesbaden: Gabler.

Gälweiler, A. (1976). Unternehmenssicherung und strategische Planung. *Zeitschrift für betriebswirtschaftliche Forschung, 6,* 362–379.

Gälweiler, A. (1986). *Unternehmensplanung – Grundlagen und Praxis.* Frankfurt: Campus.

Heß, G. (2010). Supply-Strategien in Einkauf und Beschaffung – Systematischer Ansatz und Praxisfälle (2. Aufl.). Wiesbaden: Springer.

Hungenberg, H. (2014). *Strategisches Management im Unternehmen – Ziele – Prozesse – Verfahren* (8. Aufl.). Wiesbaden: Springer.

Kaufmann, L. (2002). Purchasing and Supply Management – A Conceptual Framework. In D. Hahn & L. Kaufmann (Hrsg.), *Handbuch industrielles Beschaffungsmanagement* (2. Aufl., S. 3–33). Wiesbaden: Gabler.

Kleemann, F., & Glas, A. (2017). *Einkauf 4.0 – Digitale Transformation der Beschaffung.* Wiesbaden: Springer Fachmedien.

Large, R. (2013). *Strategisches Beschaffungsmanagement – Eine praxisorientierte Einführung mit Fallstudien* (5. Aufl.). Wiesbaden: Gabler.

Schuh, G., Kreimeier, M., Essig, J., & Schulte-Gehrmann, A.-L. (2014). Einkaufsstrategie. In G. Schuh (Hrsg.), *Einkaufsmanagement – Handbuch Produktion und Management 7* (2. Aufl., S. 75–118). Berlin: Springer.

Schulte, C. (2017). *Logistik – Wege zur Optimierung der Supply Chain* (7. Aufl.). München: Vahlen.

Steinmann, H., Schreyögg, G., & Koch, J. (2013). *Management* (7. Aufl.). Wiesbaden: Gabler.

Stollenwerk, A. (2016). *Wertschöpfungsmanagement im Einkauf – Analysen – Strategien – Methoden – Kennzahlen* (2. Aufl.). Wiesbaden: Springer.

VDMA (Hrsg.). (2016). *Einkauf 4.0 – Mehr als Digitalisierung.* Frankfurt a. M.: VDMA.

Van Weele, A., & Eßig, M. (2017). *Strategische Beschaffung – Grundlagen, Planung und Umsetzung eines integrierten Supply Management.* Wiesbaden: Springer.

Überblick über die 15M-Architektur

2

Die 15M-Architektur der Supply-Strategie ist ein ganzheitlicher, modular aufgebauter Ansatz zur nachhaltigen Entwicklung einer Supply-Strategie. Gleichzeitig dient sie auch als Konzept zur nachhaltigen Entwicklung des strategischen Einkaufs. Dabei steht 15M für 15 Module, aus denen sich die 15M-Architektur zusammensetzt. Es wird die grundlegende Idee der 15M-Architektur vorgestellt sowie ein Überblick über die fünf Strategiebausteine und die 15 Module der 15M-Architektur gegeben. Darüber hinaus werden wesentliche Managementaufgaben innerhalb der 15M-Architektur verankert, insbesondere die schrittweise Entwicklung des Supply Managements und der Supply-Strategie, die Umsetzungsorientierung sowie das Nachhaltigkeits- und Risikomanagement. Es werden die Änderungen zwischen der Version 1 und der Version 2 der 15M-Architektur vorgestellt und erläutert.

2.1 Idee einer Architektur der Supply-Strategie

Stellen Sie sich vor, Sie sollen eine neue europäische Schnellbahnlinie von Madrid über Paris, Berlin und Warschau nach Moskau bauen. Sie wissen, dass diese Aufgabe 20 Jahre dauern wird und in einzelnen Streckenabschnitten realisiert werden muss. Damit die vorhandenen Schnellbahnstrecken sinnvoll berücksichtigt werden können und die einzelnen Abschnitte zusammenpassen (vgl. Abb. 2.1), starten Sie mit einem Gesamtkonzept zur grundsätzlichen Streckenführung und zu wesentlichen organisatorischen und technischen Eckdaten. Anschließend können schrittweise die Streckenabschnitte realisiert werden, die aktuell den größten Nutzen versprechen. Die Gesamtarchitektur gewährleistet, dass sich diese in die gesamte Streckenführung richtig einfügen lassen (Heß 2010, S. 3 f.).

© Springer Fachmedien Wiesbaden GmbH 2017
G. Heß, *Strategischer Einkauf und Supply-Strategie*,
DOI 10.1007/978-3-658-16215-3_2

Abb. 2.1 Eine Gesamtarchitektur ist empfehlenswert. (Grafik: Georg Philipski)

Stellen Sie sich nun vor, Sie sollen in einem Unternehmen einen strategischen Einkauf oder besser ein Supply Management aufbauen oder systematisch fortentwickeln. Sie wissen, dass diese Aufgabe mehrere Jahre dauern wird und schrittweise realisiert werden muss. Damit die vorhandenen Konzepte, Methoden und Systeme sinnvoll berücksichtigt werden können und die einzelnen Verbesserungsprojekte zusammenpassen, starten Sie mit einer Gesamtarchitektur zum Aufbau ihrer Supply-Strategie. Anschließend können Sie die Bausteine und Module realisieren, die aktuell den größten Nutzen versprechen. Die Gesamtarchitektur gewährleistet, dass sich diese richtig einfügen lassen.

Eine solche Gesamtarchitektur zu entwickeln, ist allerdings nicht ganz einfach, wenn man die vielfältigen Aspekte einer Supply-Strategie bedenkt. Beispielsweise müssen Lieferanten bewertet und Lieferanten- bzw. Marktstrategien für die wesentlichen Materialgruppen entwickelt werden. Diese müssen mit der Unternehmensstrategie abgestimmt sein. Kritische Risiken sollten systematisch gesteuert werden. Der Beitrag zum Unternehmenserfolg sollte nachgewiesen werden, um den Aufwand für die Supply-Strategie zu rechtfertigen. Es müssen die Versorgungsprozesse optimiert, Mitarbeiter qualifiziert und eine passende Organisationsstruktur aufgebaut werden. Bei all diesen Aspekten sollte im Unternehmen eine Abstimmung mit den cross-funktionalen Partnern in Logistik, Engineering und Qualität sowie mit den global verteilten regionalen Einkaufsabteilungen erfolgen. Die Aufzählung kann beliebig fortgesetzt werden.

Die 15M-Architektur der Supply-Strategie unterstützt alle zwölf Anforderungen an eine gute Supply-Strategie, die in Abschn. 1.4 ausgeführt wurden. Folgende Aspekte sind nochmals hervorzuheben und zu präzisieren:

- **Ganzheitlicher Ansatz:** In der 15M-Architektur sind – dem Anspruch nach – alle Fragestellungen zur Entwicklung einer Supply-Strategie und des strategischen Einkaufs in ein ganzheitliches Konzept integriert. Die Beziehungen zwischen den einzelnen Fragestellungen werden besonders beachtet, z. B.: Wie verknüpft sich die Lieferantenstrategie mit der Supply-Marktstrategie? Bei der Entwicklung der 15M-Architektur wurde gleichermaßen auf Praxisnähe und Systematik wert gelegt. Letztlich ist die 15M-Architektur die Synthese aus systematischen Überlegungen, erprobt in vielfältigen Praxisprojekten. Da es sich im Grunde um ein systematisches Konzept handelt, sind neuartige Themen leicht zu integrieren. Beispielsweise kann ein Trendthema wie „Einkauf 4.0" problemlos in der 15M-Architektur verankert werden. Damit kann in einem Unternehmen Einkauf 4.0 innerhalb des Konzeptes angegangen und umgesetzt werden.
  Damit kann die 15M-Architektur – nach einer Prüfung – in der Regel ohne wesentliche Anpassung als Gesamtarchitektur für das Supply-Managementsystem eines Unternehmens übernommen werden.
- **Leitfaden:** Während die Gesamtarchitektur in der Regel übernommen werden kann, müssen die Ausdifferenzierung der Struktur sowie die inhaltliche Gestaltung der Strategie firmenspezifisch erfolgen. Beispielsweise kann der grundsätzliche Aufbau von Lieferantenbewertung und Lieferantenklassifizierung sowie deren Schnittstelle zur Marktstrategie aus der 15M-Architektur übernommen werden. Die inhaltliche Ausgestaltung der Lieferantenbewertung, z. B. welche Bewertungskriterien, wer bewertet, welche Konsequenzen gegenüber einem Lieferanten zu ziehen sind, müssen im Unternehmen entwickelt werden. In diesem Buch können hierzu keine Patentlösungen oder gar Normstrategien gegeben werden. Allerdings werden die Anwender der 15M-Architektur mit umfangreichen Checklisten und Tipps zur Vorgehensweise unterstützt. Im Beispiel: Es können eine strukturierte Checkliste mit möglichen Kriterien zur Lieferantenbewertung sowie Tipps zum Aufbau der Lieferantenbewertung gegeben werden.
- **Modularer Ansatz und schrittweise Vorgehensweise:** Aufgrund der Komplexität einer Supply-Strategie ist es niemals möglich, in einem Schritt mit einer großen Kraftanstrengung eine voll umfängliche Supply-Strategie bzw. einen exzellenten strategischen Einkauf aufzubauen. Vielmehr muss schrittweise vorgegangen werden. Der modulare Ansatz der 15M-Architektur erlaubt es, einzelne Module zu implementieren, ohne zukünftige Inkompatibilitäten zu riskieren. Die Architektur stellt sicher, dass die zunächst zurückgestellten Module später ohne Schnittstellenprobleme implementiert werden können. Beispielsweise kann ein Unternehmen mit der Formulierung von Marktstrategien beginnen. Problemlos können dann einige Zeit später die Lieferantenbewertung und eine Lieferantenstrategie aufgebaut werden.

Kaum ein Unternehmen startet die Entwicklung einer Supply-Strategie auf der grünen Wiese. Nahezu immer finden sich mehr oder minder gute Elemente einer Supply-Strategie, die natürlich weiter im Einsatz bleiben sollen. So wird empfohlen, zu Beginn einer Einführung der 15M-Architektur die bestehenden Elemente im strategischen Einkauf mit dem 15M-Reifegradmanagement in die modulare Struktur einzuordnen (vgl. Modul 15). Auf dieser Basis kann dann die Fortentwicklung der Strategie diskutiert werden. In den wenigen Fällen, in denen die bestehenden Strukturen zur 15M-Architektur nicht kompatibel sind, werden Übergangslösungen formuliert.
Die 15M-Architektur unterstützt den schrittweisen Aufbau der Supply-Strategie. Bestehende Elemente des strategischen Einkaufs können in der Regel problemlos integriert werden.

- **Unterstützung von Konzernstrukturen:** In Konzernstrukturen kann der modulare Aufbau von besonderem Nutzen sein. So können – je nach aktueller Situation – die Einkaufsabteilungen in den Divisionen mit unterschiedlichen Schwerpunkten die Supply-Strategie vorantreiben. Beispielsweise kann in einem Geschäftsfeld mit dem Lieferantenmanagement begonnen werden. In einem anderen Geschäftsfeld werden zunächst Marktstrategien formuliert. Durch die gemeinsame Architektur (z. B. durch die Modulstruktur und die definierte Sprache) wird gewährleistet, dass trotz unterschiedlicher Vorgehensweisen die verschiedenen Lösungen kompatibel sind.
  Die 15M-Architektur ermöglicht in Konzernstrukturen – je nach der bestehenden Ausgangssituation und den geschäftsfeldspezifischen Anforderungen – unterschiedliche Pfade der Entwicklung der Supply-Strategie.

2.2 Die fünf Strategiebausteine

Der grundlegende Aufbau einer Supply-Strategie leitet sich aus der folgenden einfachen Überlegung ab (vgl. Abb. 2.2, linke Seite).

Ein Unternehmen ist auf einem bzw. einigen wenigen Absatzmärkten aktiv und verfolgt auf diesen Märkten (hoffentlich) eine Unternehmens- und jeweils eine Wettbewerbsstrategie. Um seine Marktleistung zu produzieren, benötigt das Unternehmen wiederum selbst Leistungen, die es auf seinen Supply-Märkten beziehen muss. Supply-Märkte lassen sich häufig über die Materialgruppen definieren, z. B. Markt für Sitzsysteme, für Gussteile, für Verbindungselemente, für IT-Beratungsdienstleistungen. Üblicherweise sind Unternehmen in sehr vielen, sehr unterschiedlichen Supply-Märkten aktiv.

In den einzelnen Supply-Märkten bieten in der Regel mehrere Lieferanten ihre Leistungen an. In Abb. 2.2 werden die Lieferanten mithilfe der hellen Kreise innerhalb der Supply-Märkte symbolisiert.

Für eine strukturierte Zusammenarbeit zwischen dem Unternehmen und seinen Lieferanten sind effektive und effiziente Prozesse erforderlich, z. B. Ausschreibungs- und Vertragsmanagementprozesse, Prozesse der operativen Abwicklung von Bestellung und der

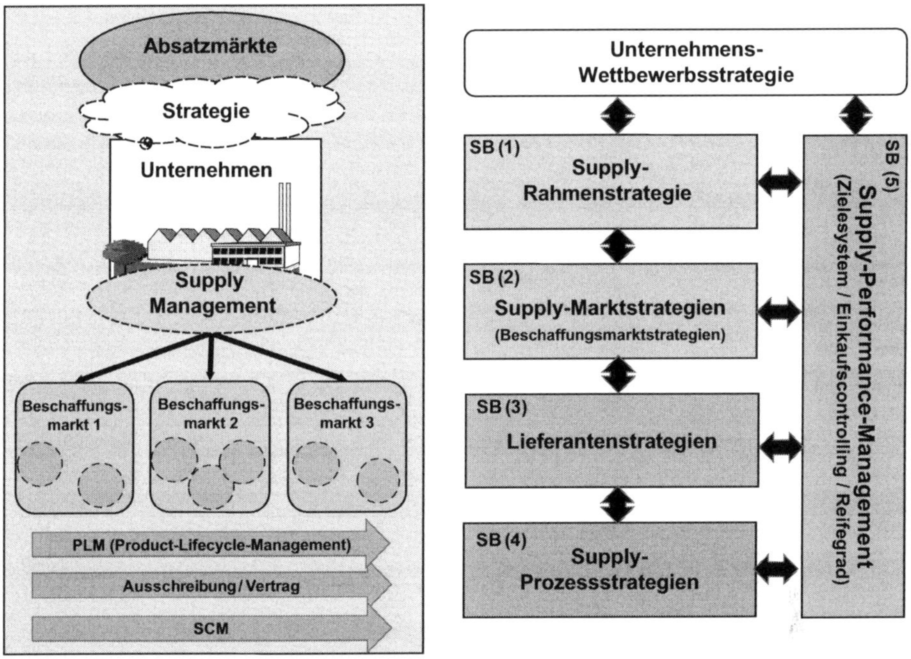

Abb. 2.2 Die fünf Strategiebausteine einer Supply-Strategie

logistischen Anlieferung im Supply-Chain-Management-Prozess (SCM), PLM-Prozess (Product Lifecycle-Management-Prozess).

Das Vorgehen auf den Supply-Märkten sowie gegenüber den einzelnen Lieferanten muss koordiniert und auf die Unternehmens- und die jeweilige Wettbewerbsstrategie bezogen werden. Die Supply-Prozesse sind strategisch auszurichten und zu optimieren. Diese Aufgaben erfolgen im Supply Management.

Aus diesen einfachen Überlegungen heraus lässt sich der Aufbau der Supply-Strategie mit fünf Strategiebausteinen (SB 1 bis SB 5) ableiten (vgl. rechte Seite in Abb. 2.2):

- **Supply-Marktstrategien:** Für jeden (wesentlichen) Supply-Markt wird eine Supply-Marktstrategie benötigt. Die Erfahrung zeigt, dass bei Mittelständlern häufig für 15 bis 20 strategisch bedeutsame Märkte eine Strategie definiert werden sollte. In Großunternehmen können weit über 100 Supply-Märkte strategierelevant sein.
- **Lieferantenstrategien:** Für die Top-Lieferanten sollte jeweils eine Strategie zur Entwicklung der Zusammenarbeit mit dem jeweiligen Lieferanten formuliert werden. Basis ist das Lieferantenmanagement beispielsweise mit der Lieferantenbewertung.
- **Supply-Prozessstrategien:** Für die Schlüsselprozesse sollten Strategien zu deren Optimierung und zur Sicherung des strategischen Fit zwischen Unternehmens- bzw. Wettbewerbsstrategie und der Supply-Strategie entwickelt werden.

- **Supply-Rahmenstrategie:** Die einzelnen Markt- und Lieferantenstrategien sind nicht voneinander unabhängig, sondern sind aufeinander abzustimmen. Ferner ist auch darauf zu achten, dass diese Strategien sowie die Optimierung der Supply-Prozesse hinreichend auf die Unternehmensstrategie ausgerichtet werden. In der Supply-Rahmenstrategie erfolgt die strategische Ausrichtung des Supply Managements.
- **Supply-Performance-Management:** Zur Steuerung der Supply-Strategie über die vier Ebenen hinweg ist ein Performance Management aufzubauen. Es werden die strategischen Ziele, die strategischen Maßnahmen sowie die Entwicklung der einzelnen Strategiebausteine überwacht und gesteuert. Ferner muss das gesamte Supply-Managementsystem systematisch fortentwickelt werden.

▶ Soweit Verwechslungen auszuschließen sind, wird im Folgenden vereinfachend von (SB 1) Rahmenstrategie, (SB 2) Marktstrategien, (SB 3) Lieferantenstrategien, (SB 4) Prozessstrategien und (SB 5) Performance Management gesprochen.

2.3 Die 15 Module

Die fünf Strategiebausteine werden mit 15 Modulen konkretisiert (vgl. Abb. 2.3). Die **modulare Struktur** ermöglicht einen schrittweisen Aufbau der Supply-Strategie. Es kann je nach Priorität und verfügbarer Kapazität mit einzelnen Modulen begonnen werden. Trotzdem wird durch die Architektur sichergestellt, dass spätere Bausteine sich mühelos einfügen lassen.

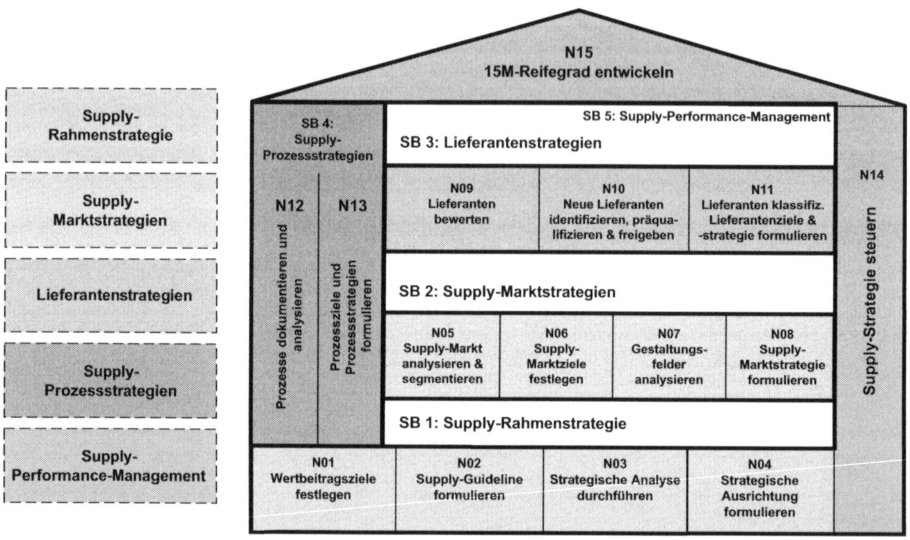

Abb. 2.3 Die 15M-Architektur der Supply-Strategie 2.0

Angemerkt sei, dass 15M im Namen der 15M-Architektur für die 15 Module steht. In der 15M-Architektur 1.0 wurden die Module mit Modul 1 = M01 bis Modul 15 = M15 durchnummeriert. Um Verwechslungen auszuschließen werden die Module in der neuen 15M-Architektur 2.0 mit Modul 1 = N01 bis Modul 15 = N15 bezeichnet. Dabei wurde N als nachfolgender Buchstabe von M gewählt und kann für „**n**eues Modul" stehen.

Strategiebaustein 1: Supply-Rahmenstrategie
In der Rahmenstrategie wird die grundsätzliche markt- und lieferantenübergreifende Ausrichtung im Supply Management vorgenommen. Dazu müssen die Anforderungen seitens des Unternehmens sowie von den bedeutsamen Stakeholdern identifiziert und bewertet werden. Ferner muss die aktuelle strategische Situation im Supply Management erfasst und analysiert werden. Daraufhin können die Supply-Rahmenstrategie formuliert und die strategischen Programme abgeleitet werden. Die Rahmenstrategie umfasst vier Module:

- **N01 Wertbeitragsziele festlegen:** Im ersten Schritt werden die Wertbeitragsziele des Supply Managements definiert. Sie beschreiben den Beitrag des Supply Managements zum Unternehmenserfolg. Ausgangspunkt sind die Unternehmens- und Wettbewerbsstrategien des Unternehmens, das Wertesystem und die Geschäftsziele. Ferner müssen die Anforderungen ausgewählter Stakeholder berücksichtigt werden, die ebenso einen Wertbeitrag für das Unternehmen leisten müssen. Wertbeitragsziele können qualitativ formuliert sein und sollten soweit möglich quantifiziert werden. Die Wertbeitragsziele legen die Basis für die Einkaufserfolgsmessung und werden im Performance Management (Modul N14, Supply-Strategie steuern, beinhaltet auch das Einkaufscontrolling) gesteuert.
- **N02 Supply-Guideline formulieren:** In diesem Modul wird die Leitidee zur Entwicklung des Supply Managements definiert. Dies kann beispielsweise in Form einer Supply-Vision oder in Form eines Supply-Leitbildes erfolgen.
- **N03 Strategische Analyse durchführen:** Zur Formulierung einer Supply-Strategie muss zunächst die strategische Ausgangssituation analysiert und dabei mögliche strategische Handlungsoptionen identifiziert werden. Typische Analysefelder sind beispielsweise das Management der Top-Risiken, die Identifikation der zukünftig bedeutsamen Supply-Märkte, die Definition der Prozesslandkarte.
- **N04 Strategische Ausrichtung formulieren:** Die strategische Ausrichtung des Supply Managements wird in Form von drei bis fünf strategischen Stoßrichtungen fixiert. Sloganhaft beschreiben diese die wesentlichen Ausrichtungen in der Supply-Strategie. Die strategischen Stoßrichtungen werden mit strategischen Programmen, Projekten und Maßnahmen konkretisiert. Es werden Strategietreiber definiert, d. h. Kennzahlen, die den Strategiefortschritt aufzeigen. Mit der Entwicklung von Strategy Maps können die strategischen Stoßrichtungen konkretisiert und visualisiert werden. Darüber hinaus werden die strategisch bedeutsamen Supply-Märkte sowie die strategisch bedeutsamen Supply-Prozesse definiert.

Strategiebaustein 2: Supply-Marktstrategien

In einer Marktstrategie wird die Strategie für einen Supply-Markt oder besonders bedeutsame Marktsegmente entwickelt. Die Märkte werden meist leistungsorientiert nach Materialgruppen definiert, z. B. Gussmarkt, Energiemarkt, Markt für IT-Beratungsdienstleistungen. Eine Marktstrategie umfasst vier Module, die letztlich die Schritte zur Formulierung der Marktstrategie abbilden:

- **N05 Supply-Markt analysieren und segmentieren:** Im Sinne der Beschaffungsmarktforschung wird der Supply-Markt näher analysiert und soweit erforderlich in Teilbereiche (Marktsegmente) segmentiert. Mit diesem Schritt soll eine – möglichst – umfangreiche Markttransparenz erzeugt werden.
- **N06 Supply-Marktziele festlegen:** Die Wertbeitragsziele (N01) und Strategietreiber (N04) werden auf die Supply-Märkte heruntergebrochen. Ferner werden die marktspezifischen Anforderungen der Stakeholder analysiert, priorisiert und konsolidiert. Gegebenenfalls werden weitere Treibergrößen für einzelne Supply-Märkte definiert.
- **N07 Gestaltungsfelder analysieren:** Mit Hilfe einer umfassenden Checkliste werden alle möglichen Gestaltungsfelder und Hebel im Supply-Markt auf ihre Relevanz hin geprüft und ggf. näher analysiert. Brainstorminghaft werden mögliche strategische Handlungsoptionen gesammelt und konkretisiert. Hierbei werden auch Risikoaspekte berücksichtigt. Dieser Schritt stellt das Herzstück der Marktstrategie dar.
- **N08 Supply-Marktstrategie formulieren:** Aus den hoffentlich vielen Verbesserungsideen in N07 wird die Strategie in Form von strategischen Stoßrichtungen abgeleitet. Kriterien für die Wahl der strategischen Stoßrichtungen sind das strategische Erfolgspotenzial sowie die Stimmigkeit mit der Unternehmens- und der Supply-Strategie. Die strategischen Stoßrichtungen sind mit Projekten und Maßnahmen zu konkretisieren.

Strategiebaustein 3: Lieferantenstrategien

In der Lieferantenstrategie werden die Leistungen und Potenziale **einzelner** Lieferanten analysiert und darauf aufbauend eine Strategie gegenüber den **einzelnen** Lieferanten abgeleitet. Während die Marktstrategie sich unter anderem mit der Lieferantenstruktur auseinandersetzt, z. B. Anzahl der Lieferanten im Markt oder Wahl der sinnvollen Beschaffungsregionen, zielt die Lieferantenstrategie auf die Steuerung der Zusammenarbeit mit jeweils einem konkreten Lieferanten. Die Lieferantenstrategie setzt sich aus drei Modulen zusammen:

- **N09 Lieferanten bewerten:** Die vergangenen Leistungen sowie die zukünftigen Potenziale der Lieferanten werden in diesem Modul bewertet. Sie dienen als Basis für die zukünftige Zusammenarbeit mit den Lieferanten.
- **N10 Neue Lieferanten identifizieren, präqualifizieren und freigeben:** Sollten neue Lieferanten benötigt werden, erfolgt mit diesem Modul deren Identifikation, Registrierung und Freigabe.

- **N11 Lieferanten klassifizieren, Lieferantenziele und -strategie formulieren:** Die Lieferanten werden nach Inhalt und Intensität der strategischen Zusammenarbeit klassifiziert. Die Klassifizierung legt die grundlegende Orientierung in der Lieferantenstrategie fest. Die Lieferantenstrategie beschreibt die zukünftige Ausrichtung in der Zusammenarbeit des Unternehmens mit einem bestimmten Lieferanten sowie die Ziele und Projekte, um die Zusammenarbeit voranzutreiben.

Strategiebaustein 4: Supply-Prozessstrategien

Mit den Prozessstrategien werden wesentliche Supply-Management-Prozesse optimiert und nachhaltig gesteuert. Dabei wird das tägliche Ausführen der operativen und taktischen Prozesse nicht als strategische Aufgabe begriffen, die Optimierung und nachhaltige Steuerung hingegen schon. Beispielsweise wird die Durchführung einer Ausschreibung (in der Regel) nicht als strategisch eingestuft, selbst wenn strategische Aspekte dabei berücksichtigt werden. Die Neustrukturierung des Ausschreibungsprozesses, z. B. in Zusammenhang mit einer neuen Software bzw. mit dem Ziel grundsätzlich strategische Aspekte in die Auswahlentscheidung einfließen zu lassen, und die Überwachung des Ausschreibungsprozesses mit Hilfe von Effizienzkriterien werden als strategische Aufgaben eingestuft und sind Gegenstand im Strategiebaustein Prozessstrategien.

Neben dem Einsatz von Geschäftsprozessoptimierungs- und Change-Managementmethoden steht hier auch häufig die Implementierung neuer DV-Systeme im Mittelpunkt. Es werden folgende zwei Module unterschieden:

- **N12 Prozesse dokumentieren und analysieren:** Die Supply-Prozesse müssen eindeutig und transparent beschrieben werden. Auf dieser Basis können Schwachpunkte identifiziert und Verbesserungsideen entwickelt werden.
- **N13 Prozessziele und Prozessstrategien formulieren:** Für bedeutsame Prozesse sollten aus den Wertbeitragszielen Prozessziele abgeleitet werden, z. B. spezifische Prozesskosten oder Prozesszeiten. Prozessstrategien in Form von strategischen Stoßrichtungen dienen dazu, die Effektivität und die Effizienz der Prozesse nachhaltig zu entwickeln.

Strategiebaustein 5: Supply-Performance-Management

Im Performance Management werden die vier anderen Strategiebausteine gesteuert. Es muss jeweils der Prozess der Strategieformulierung und -überwachung gesteuert und fortentwickelt werden. Darüber hinaus muss das Supply-Managementsystem mit der 15M-Reifegradsystematik selbst fortentwickelt werden.

- **N14 Supply-Strategie steuern:** In diesem Modul werden die vier anderen Strategiebausteine gesteuert. Es sind die Prozesse der Ziel- und Strategieformulierung zu gestalten und dabei die Ziele und Strategien über die Betrachtungsebenen zu kaskadieren. Ferner müssen die strategischen Ziele (Kennzahlen) und die strategischen Programme,

Projekte und Maßnahmen überwacht und gesteuert werden. Das Einkaufscontrolling ist Teil dieses Moduls. Als Leitidee liegt die regelkreisorientierte Steuerung und damit verknüpft die evolutionäre Entwicklung des Supply Managements zugrunde. Diese Idee wird in Abschn. 2.4 überblicksartig vorgestellt und in Kap. 7 detailliert beschrieben.

Neben den Steuerungsprozessen mit den Managementfunktionen Planung und Kontrolle sind in diesem Modul die weiteren Managementfunktionen im Supply Management zu analysieren und fortzuentwickeln, da diese die Basis für die strategische Steuerung darstellen. Konkret sind in diesem Rahmen die Aufbauorganisation zu gestalten, die personellen Voraussetzungen (Personalmanagement) zu schaffen und die Führung (inklusive Kommunikation) zu entwickeln (vgl. Steinmann et al. 2013).

- **N15 15M-Reifegrad entwickeln:** Mit dem 15M-Reifegradmanagement wird das Supply-Managementsystem selbst Gegenstand der Betrachtung. Mit der systematischen Analyse wird der aktuelle Stand der Managementprozesse analysiert und Ideen der Verbesserung identifiziert. Große Veränderungen werden innerhalb der Rahmenstrategie entwickelt. Kleine Verbesserungen werden innerhalb der Prozessstrategien angegangen. Mit dem 15M-Reifegradscore können Fortschritte in der Entwicklung des Supply-Managementsystems gemessen werden.

2.4 Evolution des Supply Managements und der Supply-Strategie

Die 15M-Architektur der Supply-Strategie ist evolutionär und nicht revolutionär angelegt. Revolutionäre Ansätze – häufig von Beratern getrieben – versuchen innerhalb kürzester Zeit umfassend die Strukturen, Prozesse und Systeme im Supply Management grundsätzlich zu verändern. Mit einem großen (Beratungs-)Projekt soll ein strategischer Einkauf aufgebaut werden. Die Mitarbeiter bleiben nicht selten auf der Strecke, entweder weil sie mit den Veränderungen nicht mitgehen können oder wollen oder weil erhebliche Personalrochaden durchgeführt werden. Nicht selten hat nach dem Abzug der Revolutionäre nur ein kleiner Teil der Neuerungen Bestand. Auch wenn die Struktur der 15M-Architektur als Idealmodell für einen solchen revolutionären Ansatz gut geeignet wäre, wird eine evolutionäre Vorgehensweise empfohlen (vgl. Institut für Beschaffungsstrategie 2017). Diese ist im Rahmen der 15M-Architektur angelegt und ausgearbeitet.

In der evolutionären Sicht ist der Erfolg einer Strategie ganz besonders von deren konsequenter Umsetzung und deren nachhaltiger Fortentwicklung abhängig. Es werden überschaubare strategische Schritte geplant und konsequent umgesetzt. Strategie wird aber nicht als ein einmaliges (großes) Projekt verstanden, sondern als eine dauerhafte Schrittfolge mit klarer Richtung. So folgt ein Schritt nach dem anderen. Größere und kleinere Schritte können sich abwechseln, je nach den Erfordernissen und den Möglichkeiten in der Organisation. Sich bietende Chancen – z. B. einer disruptiven Veränderung im Unternehmen oder im Markt – können genutzt werden, weil sie im Kontext der bisherigen Supply-Strategie sofort beurteilt werden können und weil der Prozess der Strategieentwicklung und -implementierung hervorragend gelebt wird. Strategie ist dann nicht mehr existenzbedrohend. Vielmehr haben Mitarbeiter gelernt, dass strategische Veränderungen ein Teil ihres „Tagesgeschäftes" sind, die sie besonders erfolgreich machen. Letztlich kann sogar ein Wettbewerb, um die besten Ideen entstehen.

Die Evolution der Supply-Strategie und des Supply Managements vollzieht sich damit auf zwei verknüpften Ebenen:

1. Die konsequente Umsetzung der Strategien mithilfe einer regelkreisorientierten Steuerung.
2. Die schrittweise Fortentwicklung der Strategie und des Supply-Managementsystems.

1. Regelkreisorientierte Steuerung der Strategien

Für jede Strategieebene – Rahmenstrategie, Marktstrategien, Lieferantenstrategien, Prozessstrategien – sollte ein systematischer Steuerungsprozess in Form eines Regelkreises aufgebaut werden (vgl. Abb. 2.4).

Für die Rahmenstrategie wird beispielsweise die strategische Ausgangssituation in Modul N03 ausführlich analysiert. Die grundlegenden Ziele werden mit den Wertbeitragszielen formuliert (N01). In N04 wird die strategische Ausrichtung und deren Konkretisierung bis auf die Ebene der Programme, Projekte, Maßnahmen sowie Kennzahlen

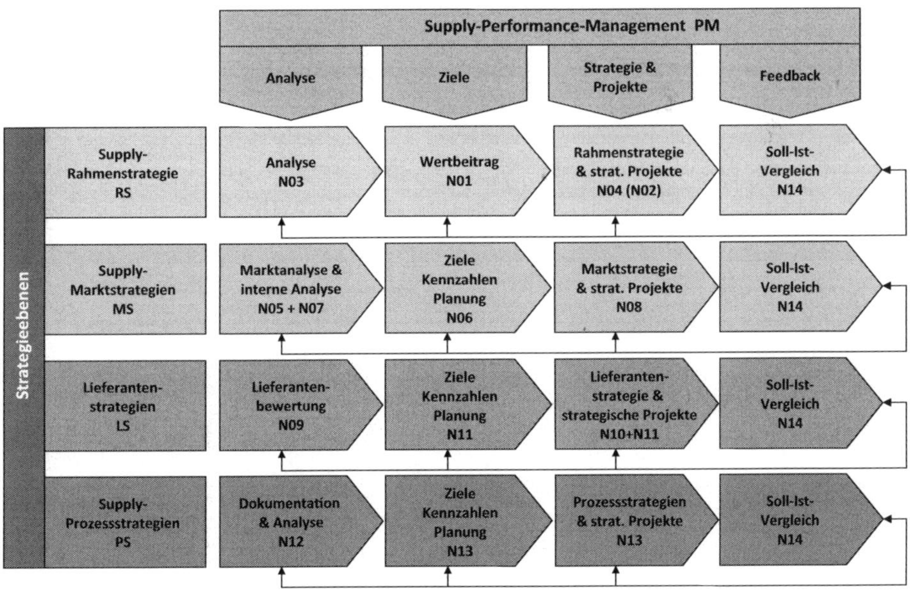

Abb. 2.4 Regelkreisorientierung zur Entwicklung der Supply-Strategie

vorgenommen. Der Umsetzungserfolg der Ziele und Maßnahmen sollte monatlich überwacht werden (N14). Soll-Ist-Abweichungen können sich beispielsweise aus persönlichen Umsetzungsschwächen, Veränderungen im Umfeld oder aus Fehleinschätzungen in der Planung ergeben. Aus dem Soll-Ist-Vergleich sind entsprechende Konsequenzen zu ziehen.

Die weiteren Strategieebenen Marktstrategien, Lieferantenstrategien und Prozessstrategien werden ebenso nach der gleichen Regelkreislogik gesteuert: **Analyse – Ziele – Maßnahmen – Soll-Ist-Vergleich – Rückkopplung.**

Darüber hinaus müssen die Strategien über die vier Strategieebenen vertikal abgestimmt werden. Beispielsweise sind die Wertbeitragsziele der Supply-Marktstrategien bzw. der Lieferanten aus den Wertbeitragszielen der Rahmenstrategie abzuleiten. Analoges gilt für die Analyse der Strategien sowie für die Ableitung der Programme und Projekte.

Im Performance Management (insbesondere Modul N14) werden die Steuerungsprozesse zusammengefasst. Aufgrund der starken Verwobenheit der Steuerungsprozesse erscheint es sinnvoll, die gesamte Steuerung der Supply-Strategie in einem Modul (N14) zusammenzufassen (vgl. Kap. 7).

Insbesondere bei dezentralen Einkaufsabteilungen, bei einer cross-funktionalen Zusammenarbeit und/oder einer globalen Verteilung der beteiligten Personen stellt die Integration der einzelnen Steuerungsprozesse eine große Herausforderung dar. In der Fallstudie zu Phoenix Contact GmbH & Co. KG in Kap. 8 findet sich ein Beispiel, wie in einer solch komplexen Situation die Steuerungsprozesse organisiert werden können.

2. Schrittweise Fortentwicklung der Strategie und des Supply-Managementsystems
Einmal im Jahr sollten die einzelnen Strategien fortgeschrieben werden. Häufig werden die bestehenden strategischen Ziele nur an das bereits Erreichte und an die Veränderungen in der Handlungssituation angepasst. Alle drei bis vier Jahre ergeben sich in der Regel neue größere strategische Herausforderungen. Auch bei diesen größeren Schritten sollte die Umsetzbarkeit im Auge behalten werden. Beispielsweise macht die Einführung von Marktstrategien mit detaillierten Kostenstrukturanalysen, zu denen die Mitarbeiter nicht in der Lage sind, aus evolutionärer Sicht keinen Sinn.

Die Planung und Steuerung der Folge von kleineren und größeren Entwicklungsschritten in der Supply-Strategie erfolgt mit der „Strategischen Story" im Rahmen der strategischen Ausrichtung (Modul N04, vgl. Abschn. 3.4). In der strategischen Story wird der Entwicklungspfad von der strategischen Ausgangssituation zur angestrebten Vision strukturiert. Dabei werden gleichermaßen die Methoden und Instrumente im Supply-Managementsystem wie auch die inhaltlich marktorientierten Zielsetzungen (z. B. Nutzung von Lieferanteninnovationen) schrittweise fortentwickelt. Das 15M-Reifegradmanagement (Kap. 7, Modul N15) unterstützt die Planung der Entwicklung des Supply-Managementsystems.

Folgendes sehr einfach gehaltenes fiktives Beispiel illustriert die evolutionäre Entwicklung der Supply-Strategie, insbesondere der Rahmenstrategie:

- **Ausgangslage:** Es handelt sich um ein mittelständisches Unternehmen mit global sieben Standorten und drei Divisionen. Der strategische Einkauf ist bisher wenig entwickelt. Seit einem Jahr wird eine kleine zentrale Einkaufsabteilung mit vier Mitarbeitern aufgebaut, die zukünftig strategische Potenziale heben soll. Darüber hinaus ist der Einkauf dezentral in den Werken verankert und weitgehend nur Bestellabwickler. Es gibt erste Ansätze einer Lieferantenbewertung, der Warengruppenschlüssel ist definiert, die Einkaufsprozesse sind mittelprächtig definiert und werden weitgehend gelebt. Erste Ansätze eines Einkaufscontrollings sind vorhanden.
- **Jahr 1:** Es werden in einfacher Weise eine Rahmenstrategie und Supply-Marktstrategien aufgebaut und umgesetzt. Zentrale Zielsetzung ist es, Bündelungserfolge über die Standorte hinweg zu realisieren. Dies gelingt auch sehr gut. Es wird das Einkaufscontrolling gestärkt, um die Einkaufserfolge transparent zu machen. Im Fokus steht die Senkung der Kosten. Die Verankerung einer strategischen Denkhaltung und die Kompetenzentwicklung der strategischen Einkäufer in der Zentrale haben große Priorität. Die Kommunikation zwischen operativem und strategischem Einkauf wird entwickelt. Mit anderen Bezugsgruppen wird nur sehr defensiv kommuniziert.
- **Jahr 2:** Die Rahmenstrategie und die Supply-Marktstrategien werden systematisch fortentwickelt. Das Spektrum der Hebel in den Marktstrategien wird ausgeweitet. Mit ersten Leuchtturmprojekten, die über Bündelungen hinausgehen, findet der Einkauf bei der Geschäftsführung und im Unternehmen Anerkennung. In ersten ausgewählten Materialgruppen werden quartalsweise Abstimmrunden zwischen Qualität, Logistik, operativem und strategischem Einkauf etabliert. Mit einem ersten ausgewählten Pilotprojekt bringt sich der Einkauf in den Entwicklungsprozess ein.
- **Jahr 3:** Die Rahmenstrategie und die Supply-Marktstrategien werden weiterhin systematisch fortentwickelt. Das Spektrum der betrachteten Supply-Märkte wird ausgeweitet. Erstmalig werden auch wichtige Materialgruppen im indirekten Einkauf in die Strategieentwicklung einbezogen. Aufgrund der Erfolge in den ersten beiden Jahren gelingt es, zwei Projekteinkäufer im Entwicklungsprozess zu etablieren. Neben der Kostensenkung, die weiterhin von zentraler Bedeutung ist, rückt nun der Innovationsbeitrag der Lieferanten verstärkt in den Fokus. Darüber hinaus wird die Lieferantenbewertung vitalisiert, indem erstmalig systematische Konsequenzen aus den Ergebnissen der Lieferantenbewertung gezogen werden. Diese werden innerhalb der mittlerweile gut etablierten cross-funktionalen Teams abgestimmt. Das Konzept einer Lieferantenklassifizierung und einer Lieferantenstrategie wird entwickelt und pilotiert.
- **Jahr 4:** Die Rahmenstrategie, die Supply-Marktstrategien und die Lieferantenstrategien werden auf mittlerweile gutem Niveau weiterhin ausgereift. Das Unternehmen startet eine Industrie-4.0-Initiative. Aufgrund seiner Strategiekompetenz übernimmt der Einkauf die Führung zu allen Aktivitäten, die auf die Beschaffungsmärkte gerichtet sind. Insbesondere wird die Digitalisierung der Supply-Prozesse intensiv vorangetrieben.

Das Beispiel ist kompakt gehalten und ein wenig idealisiert. Bei den einzelnen Evolutionsschritten der strategischen Story kann es auch Rückschläge oder wesentliche Umorientierungen geben. Je nach Engagement und verfügbaren Kapazitäten kann der Entwicklungsprozess auch langsamer verlaufen. In der Summe ist es dem Supply Management gelungen, sich aus einer „Statistenrolle" im Strategieprozess zu einem geachteten Player zu entwickeln. Sichtbare Erfolge, schrittweise Verbesserungen in den Supply-Prozessen und -Systemen, Kompetenzentwicklung bei den Mitarbeitern und zunehmende Vernetzung im Unternehmen sind wesentliche Treiber einer evolutionären Strategieentwicklung.

2.5 Anmerkungen zur Nachhaltigkeit und zu Compliance

Die Begriffe der Nachhaltigkeit und eng damit verbunden der Compliance haben in den letzten Jahren stark an Bedeutung gewonnen. Die Treiber dieser Entwicklung können sehr unterschiedlich sein. So haben vielfältige Skandale, wie z. B. menschenunwürdige Arbeitsbedingungen in Textilfabriken oder vermeidbare Todesfälle aufgrund erheblicher Baumängel von Fabrikgebäuden, und damit verbundene Image- und Vermögensschäden die Sensibilität für Nachhaltigkeitsaspekte stark erhöht. Vielfältige Beispiele dürften jedem Leser bzw. jeder Leserin plastisch vor Augen sein. Neben der Angst vor einem verheerenden Imageschaden und persönlichen vielleicht sogar strafrechtlichen Konsequenzen kann aber auch die Hoffnung auf Wettbewerbsvorteile und Markterfolge in nachhaltigkeitsorientierten Marktsegmenten zu einer entsprechenden Unternehmensstrategie motivieren. Last, but not least kann auch ein aufrichtiges Bemühen im Management um Menschenwürde und eine intakte Umwelt dazu führen, dass die Anforderungen der Nachhaltigkeit zunehmend stärker in die Strategie einfließen.

Weitgehende Einigkeit besteht darin, dass die Verantwortung eines Unternehmens nicht an seinem Fabriktor endet, sondern – mit gewissen Einschränkungen – sich auf die gesamte Supply Chain erstreckt. In der Konsequenz wird Nachhaltigkeit von den Lieferanten eingefordert und verlangt, dass diese ihre Lieferanten ebenso zur Nachhaltigkeit verpflichten (vgl. zur Nachhaltigkeit im Einkauf: Berry 2011; Fröhlich 2015; Grimm 2015; Koplin 2006; Menuet 2017; van Weele und Eßig 2017, S. 455 ff.). Im Folgenden soll das hier zugrunde liegende Verständnis von Nachhaltigkeit und Compliance konkretisiert werden. Insbesondere wird aufgezeigt, wie Nachhaltigkeitsaspekte in der 15M-Architektur berücksichtigt werden können.

Zum Verständnis der Nachhaltigkeit

Als eine zentrale Wurzel der Nachhaltigkeit wird eine nachhaltige Forstwirtschaft gesehen, in der nur so viel Holz geschlagen werden darf, wie nachwachsen kann. Nur so wird auch zukünftigen Generationen der Wald als Lebensgrundlage und zur Bewirtschaftung erhalten bleiben. Darauf aufbauend hat sich ein Nachhaltigkeitsbegriff der Generationengerechtigkeit entwickelt, der im Jahr 1987 durch den viel beachteten Bericht der

Brundtland-Kommission „Our Common Future“ treffend zum Ausdruck gebracht wurde: „Sustainable Development is a development that meets the needs of the present without compromising the ability of future generations to meet their own needs.“ (The World Commission on Environment and Development 1987, S. 1) Aus diesem Verständnis heraus hat sich das weithin akzeptierte Triple-Bottom-Line-Prinzip entwickelt, nach dem Nachhaltigkeit in die drei grundlegenden Gestaltungsfelder zu strukturieren ist: ökonomische, ökologische und soziale Nachhaltigkeit. Für das Nachhaltigkeitsmanagement im Unternehmen bzw. im Supply Management ergeben sich zwei grundsätzlich neue Ausrichtungen:

- **Die nachhaltige Ausrichtung der ökonomischen Dimension:** Das Wirtschaften bzw. die ökonomische Dimension der Nachhaltigkeit liegt in der grundlegenden Zielsetzung von Unternehmen. Unternehmen sollen als Wirtschaftsunternehmen wirtschaftlich mit den Ressourcen umgehen – das ist nicht neu. Nachhaltiges Wirtschaften im Sinne des aufgezeigten Nachhaltigkeitsbegriffs geht einen Schritt weiter und verlangt, mit dem aktuellen Geschäft die zukünftige wirtschaftliche Basis zu sichern. Keinesfalls sollen kurzfristige Gewinne zulasten der Zukunft realisiert oder benötigte Ressourcen aus dem Unternehmen gezogen werden. Dieser Aspekt der Nachhaltigkeit ist letztlich der Kern der Unternehmens- und Wettbewerbsstrategien und ist somit zentrales Anliegen einer Supply-Strategie. In der evolutionären Sicht der Supply-Strategie (vgl. Abschn. 2.4) wurde dieser Aspekt einer nachhaltigen Entwicklung der Supply-Strategie bereits ausgeführt.
- **Soziale und ökologische Dimension der Nachhaltigkeit:** Soziale und ökologische Anforderungen, die durchaus auch im Widerspruch zur Optimierung der Kapitalrentabilität stehen können, müssen von Unternehmen systematisch in die Unternehmenssteuerung integriert werden. Das rührt an den Grundpfeilern der Unternehmensverfassung, d. h. daran, wie die Rolle von Unternehmen in einer Marktwirtschaft zu verstehen ist. Die Rolle von Unternehmen in Markt und Gesellschaft wird im Rahmen der Wirtschafts- und Unternehmensethik tief gehend betrachtet. Im Rahmen dieses Leitfadens kann dieser Frage und den möglichen Konsequenzen für die Neugestaltung der Unternehmensverfassung nicht im Detail nachgegangen werden.

  Um trotzdem Nachhaltigkeit in der Supply-Strategie integrieren zu können, werden die sozialen und ökologischen Aspekte der Nachhaltigkeit über das Anforderungsmanagement in Modul N01 erfasst, bewertet und in die Wertbeitragsziele des Supply Managements aufgenommen. Es wird dabei nicht weiter diskutiert, ob bzw. inwieweit Unternehmen zu Nachhaltigkeit verpflichtet werden sollen bzw. aus welcher Motivation heraus, Nachhaltigkeitsaspekte angestrebt werden. In welcher Form, mit welcher Ehrlichkeit und in welcher Intensität Nachhaltigkeit im Unternehmen verfolgt wird, hängt maßgeblich von den Vorgaben der Unternehmensleitung ab und wird hier nicht näher diskutiert. Wie unter einer solchen Rahmensetzung ökologische und soziale Anforderungen in die Wertbeitragsziele integriert werden können, wird in Abschn. 3.1.4 thematisiert.

Angemerkt sei allerdings, dass die vorgeschlagene Vorgehensweise zur systematischen Integration der Nachhaltigkeit in das Supply Management noch viele Fragen offen lässt und insofern auch bis zu einem gewissen Grad unbefriedigend ist. Unabhängig von den offenen normativen Fragen zur Nachhaltigkeit, können soziale und ökologische Nachhaltigkeitsaspekte in die Wertbeitragsziele des Supply Managements einfließen und systematisch gesteuert werden. Offenkundig besteht zur Integration der Nachhaltigkeit in das Supply Management aktuell noch ein umfangreicher Forschungsbedarf, der hoffentlich zeitnah intensiv angegangen wird.

Zum Verständnis von Compliance
Der Begriff „Compliance" zielt auf die Einhaltung von Gesetzen und Richtlinien, wie beispielsweise im Deutschen Corporate Governance Kodex definiert ist: „Der Vorstand hat für die Einhaltung der gesetzlichen Bestimmungen und der unternehmensinternen Richtlinien zu sorgen und wirkt auf deren Beachtung durch die Konzernunternehmen hin (Compliance)" (Regierungskommission Deutscher Corporate Governance Kodex 2015, S. 6). Supply Management und die Supply-Strategie übernehmen Compliance-Aufgaben an der Schnittstelle zu Lieferanten und in der Supply Chain. Sie haben darauf zu achten, dass sich auch die Lieferanten regelkonform verhalten, d. h. an Gesetze und an ausgewählte Unternehmensrichtlinien halten. Zwischen Nachhaltigkeit und Compliance ergibt sich im Supply Management ein großer Überdeckungsbereich, der sich auf die Umsetzung von Gesetzen und nachhaltigkeitsorientierte Unternehmensvorgaben bezieht.

2.6 Anmerkungen zum Risikomanagement

Risiken in der Versorgung von Unternehmen sind allgegenwärtig, häufig existenzbedrohend und meist schlecht prognostizierbar, wie folgende Beispiele illustrieren:

- **Naturkatastrophen:** Ein Tsunami an einem kleinen Küstenabschnitt in Japan im Jahr 2011 lässt die ganze Weltökonomie zittern. Kein Mensch weiß, welche Versorgungsketten in den nächsten drei Monaten zusammenbrechen werden.
- **Lieferanteninsolvenz:** Insolvenzen von Lieferanten spezifischer Komponenten erfordern aufwendige Verlagerungen, die sich über mehrere Monate hinziehen können. Wie kann zwischenzeitlich die Produktion aufrechterhalten werden?
- **Qualitätsmängel:** Qualitätsmängel – selbst an kleinen unbedeutenden Zukaufteilen – können fatale Folgen haben. Im Jahr 2005 bricht die Dieselfahrzeugproduktion von BMW und Daimler aufgrund eines kontaminierten Teflons einer kleinen 1,5 Zentimeter großen Buchse in der Dieseleinspritzpumpe zusammen. Der wirtschaftliche Schaden wird auf einen dreistelligen Millionenbetrag geschätzt (NN. 7. Februar 2005).
- **Materialverknappung und Preisschwankung:** Rohstoffverknappung und immense, häufig spekulationsgetriebene Preis- oder Währungsschwankungen bedrohen ganze Supply Chains.
- **Transportrisiken** gefährden insbesondere global aufgestellte Supply Chains.

(Zum Risikomanagement im Einkauf vgl.: Heß 2010, S. 73 ff.; Gabath 2010; Meierbeck 2010; Stollenwerk 2016; Wannenwetsch 2016.)

Risikobegriff

Um zu verstehen, wie Risiken im Supply Management berücksichtigt werden sollen, muss zunächst ein präziseres Verständnis entwickelt werden, was Risiken sind. Ist eine mögliche Preissteigerung eines Materials um 10 % ein Risiko? Was charakterisiert Risiken? Oder anders ausgedrückt: Was macht ein Risiko zum Risiko?

Ein Risiko kann als die Gefahr einer negativen Abweichung von einer Planung bzw. allgemeiner ausgedrückt von einer expliziten oder impliziten Erwartung definiert werden. Wird beispielsweise eine Preissteigerung von drei Prozent erwartet, stellt die Gefahr einer zehnprozentigen Preissteigerung ein Risiko dar. Werden allerdings 20 % Preissteigerung prognostiziert, so wird eine zehnprozentige Preissteigerung als Chance begriffen. Wird – ohne darüber nachzudenken – erwartet, dass es beim Lieferanten keinen Streik gibt, stellt die Gefahr eines Streiks mit Lieferausfällen ein Risiko dar.

Risikomanagement

Nun sollte jede gute Planung weder vom Best Case noch vom Worst Case ausgehen. Somit beinhaltet jede Planung Risiken und Chancen, die es zu managen gilt. Da „Planung“ bedeutet, Handlungsalternativen zu identifizieren, zu bewerten und auszuwählen, sollten in allen Planungen und Entscheidungen die mit den Handlungsalternativen verbundenen Risiken und Chancen beachtet werden.

> Das Risikomanagement muss also integraler Bestandteil der Planungs- und Steuerungsprozesse sein.

Einige Beispiele zeigen die enge Verwobenheit von Planung und Risikomanagement. Insbesondere dokumentieren diese Beispiele auch, dass viele in der Managementliteratur diskutierte und von Beratern vorgeschlagene Optimierungsmaßnahmen im Einkauf risikoerhöhend wirken:

- Die Realisierung von Bündelungsvorteilen durch Abschmelzen der Lieferantenzahl (insbesondere Single Sourcing) kann zu Preisvorteilen führen, erhöht aber das Versorgungsrisiko.
- Die Synchronisierung von Lieferanten entlang der Supply Chain mit Just-in-Time- oder Kanban-Systemen senkt Bestandskosten. Jedoch pflanzen sich kleine Störungen schlagartig in der gesamten Supply Chain fort (Dominoeffekt).
- Beschaffung in Best-Cost-Countries kann die Einstandspreise reduzieren, steigert aber gleichzeitig die Versorgungs- und Transportrisiken.

Es macht keinen Sinn, zunächst in der Marktstrategie risikoerhöhende Optimierungsmaßnahmen zu beschließen und anschließend im Risikomanagement wieder zurückzunehmen. Beispielsweise wäre es wenig zielführend, die Lieferantenzahl in der Materialgruppe zu senken, um Bündelungsvorteile zu realisieren. Anschließend kommt der Risikomanager und fordert den Aufbau neuer Lieferanten, um Abhängigkeiten von Lieferanten und weitere Single-Source-Risiken zu lindern. Bei der Definition der richtigen Lieferantenzahl in einer Materialgruppe müssen Wirtschaftlichkeitsaspekte und Risiken gleichzeitig beurteilt und abgewogen werden.

Das Risikomanagement muss also in die Planungs- und Steuerungsprozesse der Strategiebausteine integriert werden. In der 15M-Architektur werden Risikoaspekte in folgender Weise in den Planungs- und Steuerungsprozessen berücksichtigt:

- **Risikomanagement in der Rahmenstrategie:** Auf Ebene der Rahmenstrategie werden die zentralen übergreifenden existenzbedrohenden Risiken gesteuert. In der strategischen Analyse (Modul N03) sollte u. a. eine Risk-Map erstellt werden. Kritische Risiken sollten gesteuert werden, insbesondere auch mit speziellen Projekten und Maßnahmen innerhalb der strategischen Stoßrichtungen. Im Extremfall kann sogar für ein besonders dominierendes Risiko eine eigenständige strategische Stoßrichtung definiert werden (vgl. Abschn. 3.3.2).
- **Risikomanagement in den Marktstrategien:** In der Marktanalyse (Modul N05) werden die exogenen Risiken im Supply-Markt analysiert. Bei der Analyse und der Wahl der strategischen Handlungsoptionen (Modul N07) sind die exogenen und endogenen Risiken zu berücksichtigen. Ferner werden die Ergebnisse der Lieferantenstrategie beachtet und die Risikosituation der Lieferantenbasis im Supply-Markt mithilfe eines Lieferantenrisiko-Portfolios analysiert (Modul N07). Die Risikosituation der Lieferanten wirkt sich auf die anzustrebende Lieferantenstruktur aus, z. B. auf die Lieferantenzahl oder die bevorzugten Beschaffungsregionen.
- **Risikomanagement in den Lieferantenstrategien:** Im Rahmen der Lieferantenbewertung sollten auch die Risiken der Lieferanten analysiert werden (Modul N09). Einerseits werden diese Risiken im oben bereits angesprochenen Lieferantenrisiko-Portfolio verdichtet und gehen als Information in die Formulierung der Marktstrategien ein. Andererseits werden die Risiken der Lieferanten auch Gegenstand in der Lieferantenstrategie des jeweiligen Lieferanten (Modul N11).
- **Risikomanagement in den Prozessstrategien:** Ebenso werden die Prozesse in Hinblick auf ihre Risiken analysiert (Modul N12). Konsequenzen können sich für das Prozessdesign (Modul N13), aber auch für die Markt- und Lieferantenstrategien ergeben. Beispielsweise können unsichere Belieferungsprozesse zu einer neuen regionalen Ausrichtung im Rahmen der Marktstrategien führen.

▶ Zusammenfassend folgt aus diesen Überlegungen: Es darf kein von der Planung losgelöstes Risikomanagement geben. Die Chancen und Risiken müssen innerhalb der Planungs- und Steuerungsprozesse mit beachtet werden.

Deshalb müssen Risiken im Supply Management nach den Strategieebenen strukturiert und gesteuert werden: Top-Risiken in der Rahmenstrategie, Markt- und Lieferantenrisiken, Prozessrisiken.

2.7 Exkurs: Änderungen in der 15M-Architektur der Supply-Strategie 2.0

In diesem Abschnitt werden die wesentlichen Fortentwicklungen in der 15M-Architektur der Supply-Strategie 2.0 erläutert. In Abb. 2.5 ist die ursprüngliche 15M-Architektur der Supply-Strategie 1.0 dargestellt. Folgende Änderungen ergeben sich bei der Version 2.0 gegenüber der Version 1.0:

Auf **Ebene der Strategiebausteine** wird der **Strategiebaustein 4 „Prozessstrategien"** neu aufgenommen. Die Optimierung und Steuerung der Prozesse war bisher als ein Aspekt in Modul M12 berücksichtigt. Diese Verankerung wird in keiner Weise der Bedeutung vom Prozessmanagement und von Prozessstrategien im Supply Management gerecht. Insofern wurde der neue Strategiebaustein Prozessstrategien mit den Modulen N12 „Prozesse dokumentieren und analysieren" sowie N13 „Prozessziele und Prozessstrategien formulieren" aufgenommen. Der Strategiebaustein 4 „Performance Management" wird somit zum neuen Strategiebaustein 5.

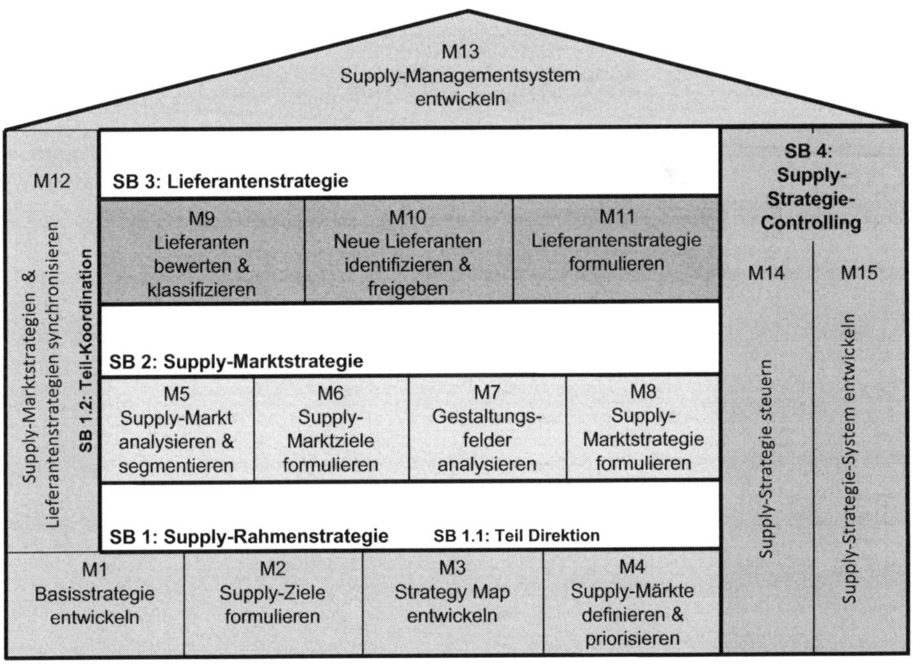

Abb. 2.5 Die alte Struktur: Die 15M-Architektur der Supply-Strategie Version 1.0. (Quelle: Heß 2010, S. 43)

Innerhalb von **Strategiebaustein 1 „Rahmenstrategie“** wird die Trennung in die beiden Teile Direktion und Koordination aufgegeben und es erfolgen einige Präzisierungen:

Die Module M01 „Basisstrategie definieren“ und Modul M02 „Supply-Ziele formulieren“ werden in ein **Modul N01** „Wertbeitragsziele festlegen“ zusammengeführt. Die Trennung in qualitative Vorgaben für das Supply Management und quantitative Ziele, die dann im Einkaufscontrolling gesteuert werden, hat sich nicht bewährt. Einerseits waren die Übergänge zu fließend, andererseits wird empfohlen, möglichst alle strategischen Vorgaben und Ziele zu operationalisieren und zu steuern, sodass es regelmäßig zu unnötigen Redundanzen kommt. Ferner wird der Begriff „Basisstrategie“ als die Summe der strategischen Vorgaben für das Supply Management aufgegeben. In den letzten 10 Jahren hat sich der Begriff „Wertbeitragsziele“ in der Praxis durchgesetzt. Es wird dieser Entwicklung gefolgt.

Aus der Basisstrategie Modul M01 wird die Formulierung einer Supply-Vision herausgelöst, inhaltlich angereichert und als ein neues eigenständiges **Modul N02 „Supply-Guideline formulieren“** verankert. Die Bedeutung von Vision und Leitbild wurde ursprünglich unterschätzt und es wurde deshalb anfangs akzeptiert, diesen Aspekt als Fremdkörper in der Basisstrategie aufzunehmen. Mit der Neupositionierung der Supply-Guidelines als eigenes Modul wird die hohe Wertschätzung von Guidelines in der Praxis zum Ausdruck gebracht.

Ebenso unterschätzt wurde die Bedeutung der strategischen Analyse als Vorbereitung der Strategieformulierung. Deshalb wird ein neues **Modul N03 „Strategische Analyse durchführen“** aufgenommen. Dabei werden verschiedene Analyseelemente, die bisher in anderen Modulen verankert waren, integriert. Hervorzuheben sind – wie bereits erwähnt – die Analyse der Top-Risiken sowie das alte Modul M04 „Supply-Märkte definieren und priorisieren“.

Modul M03 „Strategy Map entwickeln“ wird zu **Modul N04 „Strategische Ausrichtung formulieren“.** Die ursprüngliche Modulbezeichnung wurde als zu eng empfunden. Inhaltlich ändert sich nicht viel. Einzig die Fortentwicklung der Definition der strategischen Märkte sowie der Prozesslandkarte wird in diesem Modul ergänzt.

Nachdem die Steuerung der Prozessstrategien aus dem alten **Modul M12** herausgelöst wurde, sind die zu koordinierenden Inhalte eher gering und werden in N03 und N04 integriert. Das Modul kann damit entfallen.

Modul M13 „Supply-Managementsystem entwickeln“ wird in N14 integriert und kann somit entfallen. Letztlich dient das Managementsystem (Aufbauorganisation, Personalmanagement, Führung und Kommunikation) der strategischen Steuerung und wird deshalb in diesem Rahmen verankert.

Die **Strategiebausteine 2 „Marktstrategien“ und 3 „Lieferantenstrategien“** sind nahezu unverändert. Als einzige Änderung wird die **Lieferantenklassifizierung** von Modul N09 „Lieferanten bewerten“ nach Modul N11 „Lieferantenziele und -strategie formulieren“ verschoben. Die Lieferantenklassifizierung stellt die Schnittstelle zwischen Bewertung und Strategie dar. Mit der neuen Verankerung soll zum Ausdruck gebracht werden, dass die Klassifizierung nicht im Sinne einer Zusammenfassung der Bewertung missverstanden werden darf, sondern als ein erster strukturierender Schritt im Rahmen der Strategieformulierung zu sehen ist.

Das **Performance Management** wird inhaltlich erheblich fortentwickelt. Das **Modul „Supply-Strategie steuern" (N14)** wird inhaltlich ganz wesentlich erweitert. Es fasst die gesamte Steuerung der vier strategischen Ebenen zusammen. Über die reine Steuerung von Zielen, Kennzahlen, Programmen, Projekten und Maßnahmen hinaus rücken die Steuerungsprozesse zur Steuerung der Strategiebausteine verstärkt in den Fokus. Hierzu sind die weiteren Managementfunktionen (Aufbauorganisation, Personalmanagement, Führung, insbesondere auch Kommunikation) bedeutsam und werden deshalb an dieser Stelle mit betrachtet. Die systematische Entwicklung des Supply-Managementsystems (Modul M15) wurde in den letzten fünf Jahren mit dem Konzept des Reifegradmanagements intensiv ausgearbeitet und weist eine völlig neue Qualität auf. Das Modul **N15** wird in **„15M-Reifegrad entwickeln"** umbenannt.

Literatur

Berry, C. (2011). *The Sustainable Procurement Guide – Procuring sustainably using BS 8903*. London: BSi.

Fröhlich, E. (Hrsg.). (2015). *CSR und Beschaffung – Theoretische wie praktische Implikationen eines nachhaltigen Beschaffungsmodells*. Wiesbaden: Gabler.

Gabath, C. (2010). *Risiko- und Krisenmanagement im Einkauf – Methoden zur aktiven Krisenbewältigung*. Wiesbaden: Springer.

Grimm, J. (2015). Ensuring sub-suppliers'compliance with corporate sustainability standards in supply chains. In R. Bogaschewsky, M. Eßig, R. Lasch, & W. Stölzle (Hrsg.), *Supply Management Research – Aktuelle Forschungsergebnisse* (S. 37–57). Wiesbaden: Springer Fachmedien.

Heß, G. (2010). *Supply-Strategien in Einkauf und Beschaffung – Systematischer Ansatz und Praxisfälle* (2. Aufl.). Wiesbaden: Gabler.

Institut für Beschaffungsstrategie. (2017). Homepage des Instituts für Beschaffungsstrategie. http://www.beschaffungsstrategie.de. Zugegriffen: 8. Juli 2017.

Koplin, J. (2006). *Nachhaltigkeit im Beschaffungsmanagement*. Wiesbaden: Dt. Univ. Verlag.

Meierbeck, R. (2010). *Strategisches Risikomanagement in der Beschaffung – Entwicklung eines ganzheitlichen Modells am Beispiel der Automobilindustrie*. Köln: Books on Demand.

Menuet, O. (2017). Sustainable procurement – Risks and implementation. In O. Bruel, (Hrsg.), *Strategic Sourcing Management – Structural and operational decision-making* (S. 175–218) London: Kogan Page.

NN. (7. Februar 2005). Wer zahlt für die Panne bei Bosch? *FAZ*. http://www.faz.net/aktuell/wirtschaft/unternehmen/automobile-wer-zahlt-fuer-die-panne-bei-bosch-1208168.html. Zugegriffen: 8. Jan. 2017.

Regierungskommission Deutscher Corporate Governance Kodex (Hrsg.). (2015). *Deutscher Corporate Governance Kodex*, o. O.

Steinmann, H., Schreyögg, G., & Koch, J. (2013). *Management* (7. Aufl.). Wiesbaden: Gabler.

Stollenwerk, A. (2016). *Wertschöpfungsmanagement im Einkauf – Analysen- Strategien – Methoden – Kennzahlen* (2. Aufl.). Wiesbaden: Gabler.

The World Commission on Environment and Development (WCED). (1987). *Our common future: Report of the world commission on environment and development.* http://www.un-documents.net/ocf-02.htm. Zugegriffen: 9. Jan. 2017.

Van Weele, A., & Eßig, M. (2017). *Strategische Beschaffung – Grundlagen, Planung und Umsetzung eines integrierten Supply Management.* Wiesbaden: Springer.

Wannenwetsch, H. (2016). Risikomanagement und Risikocontrolling: Grundlagen für den Beschaffungsbereich. In A. Klein, & P. Schentler, (Hrsg.), *Einkaufscontrolling – Instrumente und Kennzahlen für einen höheren Wertbeitrag des Einkaufs* (S. 193–215). Freiburg.

Supply-Rahmenstrategie: Das Supply Management strategisch ausrichten

3

Die Supply-Rahmenstrategie legt die strategische Ausrichtung im Supply Management fest. Sie ist das Bindeglied zwischen den Unternehmens- und Wettbewerbsstrategien auf der einen Seite und den Strategien auf den Supply-Märkten bzw. den Prozessstrategien auf der anderen Seite. In diesem Kapitel wird die Formulierung der Rahmenstrategie beschrieben. Zunächst sind die Wertbeitragsziele im Supply Management zu definieren (Modul N01). Soweit als sinnvoll eingeschätzt soll eine Supply-Guideline formuliert werden (Modul N02). Nach den Vorgaben für das Supply Management ist die strategische Ausgangssituation zu analysieren (Modul N03). Auf dieser Basis kann dann mit der Balanced-Scorecard-Systematik die strategische Ausrichtung in Form von strategischen Stoßrichtungen und Strategy Maps entwickelt werden (Modul N04).

▶ **Supply-Rahmenstrategie:** Die Rahmenstrategie (Framework Strategy) definiert und steuert die grundsätzliche strategische Ausrichtung im Supply Management. Sie verknüpft das Supply Management mit dem Wertesystem, den Strategien und den Geschäftszielen des Unternehmens. Sie legt die grundsätzlichen Vorgehensweisen (= strategische Stoßrichtungen) fest. Sie priorisiert diese und konkretisiert diese mit strategischen Programmen und Projekten. Last, but not least werden die weiteren Strategiebausteine strukturiert, insbesondere werden die Supply-Märkte sowie die Supply-Prozesse definiert und strategisch priorisiert.

In der Supply-Rahmenstrategie erfolgen die strategischen Weichenstellungen und Priorisierungen im Supply Management. Auf Basis der Rahmenstrategie werden die strategischen Märkte, Lieferanten und Prozesse ausgesteuert. Die Formulierung der Rahmenstrategie erfolgt in vier Schritten:

© Springer Fachmedien Wiesbaden GmbH 2017

G. Heß, *Strategischer Einkauf und Supply-Strategie*,
DOI 10.1007/978-3-658-16215-3_3

1. Wertbeitragsziele festlegen (N01)
2. Supply-Guideline formulieren (N02)
3. Strategische Analyse durchführen (N03)
4. Strategische Ausrichtung formulieren (N04)

In den ersten beiden Modulen (N01 und N02) werden die anzustrebenden Wertbeitragsziele und die grundsätzliche Leitidee im Supply Management festgelegt und damit die Zielrichtung und der dabei verfügbare Handlungsspielraum der Supply-Strategie abgesteckt. Hierzu werden die Anforderungen der Geschäftsführung und weiterer Stakeholder an das Supply Management und die Supply-Strategie geklärt. Insbesondere muss eine enge Verknüpfung zu den Unternehmens- und Wettbewerbsstrategien des Unternehmens erfolgen.

Nach der Klärung der Ziele und des Handlungsrahmens erfolgt die strategische Analyse (N03) des aktuellen Einkaufsmanagements (interne Analyse) und des politischen, marktlichen bzw. technologischen Umfelds (externe Analyse). Auf Basis der ersten drei Module wird die strategische Ausrichtung (N04) definiert. Mithilfe einer Strategy Map, mit strategischen Programmen und Projekten sowie mit Werttreibern wird die strategische Ausrichtung schrittweise konkretisiert und umsetzungsorientiert aufbereitet.

Die Rahmenstrategie wird in der Regel in einem Strategiepapier (z. B. als ppt-Dokument) dokumentiert. Die Umsetzung wird mithilfe der Balanced Scorecard und den darin definierten Strategietreibern sowie strategischen Programmen überwacht und gesteuert.

3.1 Wertbeitragsziele festlegen (N01)[1]

▶ **Wertbeitragsziele:** Die Wertbeitragsziele (Value Contribution Targets) definieren und konkretisieren die wesentlichen Zielsetzungen und Vorgaben, an denen sich die Supply-Strategie zu orientieren hat. Die Wertbeitragsziele ergeben sich aus dem Wertesystem des Unternehmens, aus den Unternehmens- bzw. den Wettbewerbsstrategien sowie aus den Geschäftszielen. Es ist zwischen strategischen und operativen Wertbeitragszielen zu unterscheiden.

▶ **Werttreiber:** Werttreiber (Value Driver) sind abgeleitete Zielgrößen bzw. Kennzahlen, die (frühzeitig bzw. konkretisiert) den Fortschritt bei den Wertbeitragszielen aufzeigen. Bei Werttreibern kann zwischen Strategietreibern und operativen Werttreibern unterschieden werden, je nachdem ob der Fortschritt bei strategischen oder operativen Wertbeitragszielen abgebildet werden soll.

[1]Zur tief gehenden Diskussion der qualitativen und quantitativen Wertbeitragsziele vgl. Heß (2010, S. 89–123).

Soll das Supply Management im Unternehmen ernst genommen werden, muss es einen wesentlichen Beitrag für den Erfolg des Unternehmens leisten und nachweisen. In Modul N01 wird der Begriff „Wertbeitragsziel" geschärft und gezeigt, wie die Ziele und Vorgaben für die Supply-Strategie formuliert werden können (Abschn. 3.1.1). Nach Möglichkeit sollten die Wertbeitragsziele quantifiziert werden, direkt bzw. ggf. mit Hilfe von Werttreibern. Es wird der Begriff „Werttreiber" präzisiert. Ferner wird eine Systematik von Wertbeitragszielen vorgestellt (Abschn. 3.1.2). Das Verhältnis von operativen und strategischen Wertbeitragszielen ist nicht trivial und soll deshalb näher betrachtet werden (Abschn. 3.1.3). Mit steigender Komplexität der Unternehmensstrukturen wird die Klärung der Ziele und Vorgaben an das Supply Management zunehmend anspruchsvoller. So wird zur systematischen Erfassung und Bewertung der unterschiedlichen Anforderungen der Aufbau eines Anforderungsmanagements empfohlen. Innerhalb dieses Rahmens wird auf die Berücksichtigung sozialer und ökologischer Nachhaltigkeitszielsetzungen eingegangen (Abschn. 3.1.4).

3.1.1 Grundlegendes Verständnis der Formulierung von Wertbeitragszielen

Der Begriff „Wertbeitragsziel" ist facettenreich und soll zunächst präzisiert werden: Grundsätzlich beschreiben die Wertbeitragsziele den anzustrebenden Beitrag des Supply Managements zum Unternehmenswert. Dabei orientiert sich der Unternehmenswert ursprünglich an einem „wohlverstandenen" Shareholder-Value. Mit zunehmender Bedeutung der Nachhaltigkeit werden weitere Interessen für die Ausrichtung des Unternehmens relevant (zur Berücksichtigung der Nachhaltigkeit in der Supply-Strategie vgl. Abschn. 3.1.4 zum Anforderungsmanagement). Kurz gesagt sind Wertbeitragsziele die Zielvorgaben berechtigter Interessen an das Supply Management.

Es hat sich bewährt, die einzelnen Wertbeitragsziele in Form eines Statements mit Headline und Erklärungstext zu konkretisieren. Gelegentlich sind tiefer gehende Analysen erforderlich. Beispiel: „Das Supply Management soll eine gegenüber den Wettbewerbern überlegene Kostenposition bezogener Leistungen realisieren." Diese Überschrift ist im Firmenkontext zu erläutern. Insgesamt ergeben sich in der Regel fünf bis fünfzehn Statements, um die wesentlichen Wertbeitragsziele zu fixieren. Umfassende Beispiele von Wertbeitragszielen finden sich in den beiden Fallstudien in Kap. 8 und 9, insbesondere Wertbeitragsziele von Phoenix Contact GmbH & Co. KG (Abschn. 8.2, Abb. 8.2) sowie von Atotech (Abb. 9.4).

Nach Möglichkeit sollten Wertbeitragsziele quantifiziert und mit Werttreibern gesteuert werden. Beispiel: „Die Materialkostenveränderung soll sich auf jährlich minus 3% belaufen." Auf die Quantifizierung von Wertbeitragszielen und die Steuerung mit Werttreibern wird im Abschn. 3.1.2 näher eingegangen.

Die Wertbeitragsziele definieren die grundlegenden Zielsetzungen, an denen sich das Supply Management orientieren soll. Gleichzeitig muss der Rahmen geklärt werden, innerhalb dessen sich das Supply Management bewegen darf. Im Beispiel: „Es darf keine

Verletzungen des Supplier-Code-of-Conduct geben. Länder mit Compliance-Risiken dürfen nur gewählt werden, wenn es keine Alternativen gibt. …" Eine solche Restriktion kann sich stark auf die Realisierung der Kostenzielsetzung auswirken. Bei der Formulierung des Rahmens sollte dem Supply Management allerdings möglichst viel Handlungsspielraum zur Gestaltung der Supply-Strategie erhalten bleiben (vgl. Kasten Argumente für große Handlungsspielräume in der Supply-Strategie). Aufgrund der engen Verknüpfung werden sowohl die Zielsetzungen wie auch die Rahmenvorgaben als Teil der Wertbeitragsziele verstanden.

Argumente für große Handlungsspielräume in der Supply-Strategie
Bei der Formulierung der Wertbeitragsziele sollten dem Supply Management möglichst umfangreiche Handlungsspielräume offen gehalten werden, Gründe hierfür sind:

- Die verantwortlichen Personen verfügen über spezifisches Know-how zu den Anforderungen im Supply Management, zu den Supply-Märkten, den Lieferanten und den Supply-Prozessen und können damit völlig innovative Ideen entwickeln. Enge Vorgaben verhindern kreative Lösungen.
- Strategiebedrohende Entwicklungen werden meist zunächst von den zuständigen Mitarbeitern erkannt. Zu enge Vorgaben verhindern eine schnelle und flexible Anpassung an neue Rahmenbedingungen.
- Als unsinnig eingestufte Strategievorgaben können die Motivation der zuständigen Mitarbeiter stark beschädigen.

Bei der Formulierung von Wertbeitragszielen kann zwischen strategischen und operativen Wertbeitragszielen unterschieden werden. Auf deren Verhältnis wird in Abschn. 3.1.3 näher eingegangen.

Folgende Quellen sind bei der Ableitung von Wertbeitragszielen bedeutsam

1. **Wertesystem des Unternehmens:** Wertbeitragsziele ergeben sich aus dem Wertesystem des Unternehmens, das beispielsweise in Form eines Unternehmensleitbildes, eines akzeptierten Sozialstandards (z. B. UN Global Compact) oder eines Code-of-Conduct beschrieben ist. Das Supply Management muss die Forderungen des Wertesystems im Supply Management und darüber hinaus in der Lieferkette umsetzen. Typische Beispiele sind:
   – **Umsetzung des UN Global Compact/Einhaltung von Sozial- und Ökologiestandards:** Das Unternehmen hat den UN Global Compact (vgl. UN Global Compact 2017) unterschrieben. Somit hat das Supply Management die Einhaltung der Forderungen des UN Global Compact bei allen Lieferanten und deren Vorlieferanten sicherzustellen. Innerhalb des UN Global Compact ist eine grundsätzliche Orientierung an Sozial- und Ökologiestandards gefordert, die insbesondere auch für die Lieferkette zu konkretisieren und zu überwachen sind. Beispielsweise muss das Verbot von Kinderarbeit für unterschiedliche Kulturkreise konkretisiert und bei den jeweiligen Lieferanten eingefordert und überwacht werden.

- **Fairer Umgang mit Lieferanten:** Im Code-of-Conduct sind Spielregeln zum fairen Umgang mit Geschäftspartnern fixiert. Beispielsweise können folgende Verhaltensweisen gegenüber Lieferanten als problematisch eingestuft werden: „Nachträgliche Rabattaktionen" trotz verhandelter Verträge, Preiszusagen über 20 Jahre (!), Weitergabe von Konstruktionszeichnungen an Wettbewerber des Lieferanten (vgl. Aßländer und Roloff 2009). Seitens des Supply Managements sind die Regeln zu konkretisieren, zu veröffentlichen und bedingungslos anzuwenden. Diese Regelungen wirken sich unmittelbar auf das Lieferantenbeziehungsmanagement und die Lieferantenstrategien aus (vgl. Abschn. 5.3).

2. **Unternehmens- und Wettbewerbsstrategien:** Wertbeitragsziele resultieren ferner aus den Unternehmens- und Wettbewerbsstrategien (vgl. detailliert Heß 2010, S. 95 ff.). Hierbei muss gründlich geprüft werden, in welcher Weise die Lieferanten bzw. das Supply Management zur Strategieumsetzung beitragen können. In nahezu jedem Unternehmen finden sich Wertbeitragsziele zur Kostenposition oder zur Versorgungssicherheit, die durch das Supply Management anzustreben sind. Darüber hinaus gibt es vielfältige sehr spezifische Forderungen, die sich beispielsweise aus den Kernkompetenzen, der Portfolioplanung oder spezifischen Wettbewerbsvorteilen des Unternehmens ergeben. Die folgenden Beispiele sind einem Praxisprojekt entnommen und können als typisch gelten:

- **Qualitäts- und Kostenposition sichern:** Die Qualität der Produkte und damit auch die Qualität der Einsatzstoffe und der einzukaufenden Materialien haben bei „Name des Unternehmens (Pharmahersteller)" erste Priorität. Dies wird insbesondere durch die umfassenden Zulassungs- und Registrierungsprozesse der Endprodukte sowie durch die Lieferantenfreigabe sichergestellt. Das Qualitätsziel ist heute auf hohem Niveau realisiert. Die Renditeforderung der Unternehmensstrategie bedeutet für den Einkauf, die Supply-Strategie auf Kostenoptimierung auszurichten. Dabei dürfen allerdings keine Einbußen oder Risiken in Bezug auf die Qualität hingenommen werden.
- **Wachstum absichern:** Das hohe Wachstumsziel der Unternehmensstrategie muss bei kritischen Rohstoffen und Produktionsmaterialien abgesichert werden. Hierbei sind die langwierigen Zulassungsprozesse zu beachten.
- **Verkürzung der Time-to-Market:** Durch die Einbindung der Lieferanten in den Entwicklungsprozess soll ein Beitrag zur Verkürzung der Time-to-Market geleistet werden.
- **Realisierung von Synergien im Konzernverbund:** Die divisionalisierte Unternehmensstruktur verlangt einen dezentralen Einkauf. In diesem Rahmen sind die Synergien aus einem konzernweiten gebündelten Einkauf zu nutzen.

Abb. 3.1 zeigt typische Beispiele für Wertbeitragsziele im Supply Management, die sich aus der Unternehmensstrategie ergeben. Die Beispiele sind nach den zentralen Aufgabenstellungen der Unternehmensstrategie strukturiert: Kernkompetenzmanagement, Portfoliomanagement und die Realisierung von Synergien.

Abb. 3.2 gibt einen Überblick über typische Beispiele für Wertbeitragsziele im Supply Management, die sich aus einer Wettbewerbsstrategie ergeben können. Die Beispiele orientieren sich an den zentralen Aufgaben einer Wettbewerbsstrategie: Erlangen von Wettbewerbsvorteilen (vgl. Porter 2014) und Optimierung der Branchenstruktur (vgl. Porter 2013).

3. **Geschäftsziele:** Die (finanziellen und leistungsorientierten) Geschäftsziele des Unternehmens sind eine weitere Quelle für Wertbeitragsziele im Supply Management. Beispielsweise können aus Rendite- und Gewinnzielen Zielsetzungen für die Materialkostenveränderung oder Ziele für Wareneingangsbestände abgeleitet werden. Je nach Fristigkeit haben diese eher einen operativen oder einen strategischen Charakter.

Typische Beispiele für Wertbeitragsziele auf Ebene der Unternehmensstrategie

Beispiele für Kernkompetenzmanagement:
- Stärkung der Innovationskraft durch die Entwicklung eines Kompetenznetzwerkes für ...
- Verkürzung der Time-to-Market durch System- und Entwicklungspartnerschaften mit ...
- Aufbau und Entwicklung von Partnerschaften zur Entwicklung des Projektgeschäftes

Beispiele im Portfoliomanagement:
- Entwicklung der Beschaffungskompetenz für die neue Automotive-Division, d. h. es sind die neuen Supply-Märkte zu entwickeln.
- Absicherung der Lieferantenbasis in Bezug auf die hohen Wachstumsziele
- Absicherung der Lieferantenbasis in Bezug auf den Ausstieg aus dem Markt für ...
- Entwicklung eines globalen Supply-Netzwerkes entsprechend der Globalisierung des Unternehmens

Beispiele zur Realisierung von Synergien:
- Realisierung von Bündelungsvorteilen über die verschiedenen Beteiligungsunternehmen
- Realisierung von Bündelungsvorteilen in der Zusammenarbeit mit Auslandstöchtern in ...
- Integration der Supply-Aktivitäten von a mit b im Rahmen der Übernahme von a

Abb. 3.1 Typische Beispiele für Wertbeitragsziele auf Ebene der Unternehmensstrategie. (Quelle: Heß 2010, S. 99)

Typische Beispiele für Wertbeitragsziele auf Ebene der Wettbewerbsstrategie

Beispiele zur Erlangung von Wettbewerbsvorteilen
- Realisierung der besten Kostenposition auf den Zuliefermärkten zur Unterstützung der Kostenführerschaftsstrategie (Die beste Kostenposition versteht sich relativ zu den eigenen Wettbewerbern.)
- Sicherung exklusiver Leistungen im Markt für ...
- Frühzeitige Bereitstellung der neuen Technologie X in Zusammenarbeit mit Lieferanten
- Lieferanteneinbindung zur Realisierung einer Just-in-Sequence-Philosophie
- Einführung eines Projekteinkaufes zur Reduzierung der Time-to-Market
- Optimierung der Kostenposition auf den Zuliefermärkten für die Nische ...

Beispiele zur Optimierung der Branchenstruktur
- Reduzierung der Abhängigkeiten in den Zulieferbranchen abc
- Verhinderung von Überkapazitäten des Unternehmens durch Flexibilität bei den Zulieferern
- Verhinderung des Markteintritts von Wettbewerbern durch Exklusivverträge in den Branchen ..
- Reduzierung der Verhandlungsstärke der Abnehmer durch Sicherung exklusiver Leistungen im Markt für ...

Abb. 3.2 Typische Beispiele für Wertbeitragsziele auf Ebene der Wettbewerbsstrategie. (Quelle: Heß 2010, S. 99)

Formulierung und Steuerung der Wertbeitragsziele
Ausgehend von den Zielen und Strategien des Unternehmens wird die Frage gestellt: „Was bedeutet dieses Ziel für das Supply Management?“ bzw. „Welchen Beitrag kann das Supply Management zu diesem Ziel bzw. zu dieser Strategie leisten?“ Die Wertbeitragsziele können teilweise sehr direkt aus dem Wertesystem, den Unternehmens- und Wettbewerbsstrategien oder den Geschäftszielen abgeleitet werden. Teilweise ist es allerdings anspruchsvoll, den Beitrag des Supply Managements für eine übergreifende Zielsetzung zu konkretisieren. Zielt die Unternehmensstrategie beispielsweise darauf ab, den chinesischen Markt zu erschließen und hierzu eine Produktionsstätte in China aufzubauen, ist die Ableitung der Wertbeitragsziele für das Supply Management in der Regel nicht trivial.

Die Abstimmung der Zielsetzung kann hierarchisch zwischen Geschäftsführung und Supply Management erfolgen. Zur Steigerung der Agilität eines Unternehmens können insbesondere in der unterjährigen Feinabstimmung dezentrale Abstimmmechanismen zwischen den beteiligten Abteilungen flexibler und deshalb vorteilhaft sein. So kann sich das Supply Management mit Logistik, Qualität oder Entwicklung bzw. mit den unterschiedlichen Regionaleinheiten direkt abstimmen. Die Geschäftsführung kann den Prozess moderieren und ggf. für Klärungen in schwierigen Konflikten dienlich sein. Beispielsweise kann die Geschäftsführung in einem solchen Rahmen über die Strategie die Richtung vorgeben, die Angemessenheit der vorgeschlagenen Zielsetzungen beurteilen, die definierten Ziele einfordern und den dezentralen Zielfindungsprozess moderieren. Sie kann dabei die Akteure zur Konsensfähigkeit auffordern und notfalls entscheiden, falls ein Konflikt eskalieren sollte. Dieser Abstimmungsprozess ist Teil des unten beschriebenen Anforderungsmanagements (vgl. Abschn. 3.1.4).

Probleme personalisierter und incentivierter Zielsetzungen
Angemerkt sei, dass die Wertbeitragsziele einer Supply-Strategie abteilungsübergreifend abzustimmen sind, da die Supply-Strategie die gesamte Lieferantenschnittstelle gestalten und aussteuern soll. Eine Supply-Strategie ist am Erfolg des Unternehmens ausgerichtet. So kann es zu Konflikten mit einem Zielsystem im Unternehmen kommen, das aus führungstechnischen Erwägungen möglichst personalisierte, abteilungsspezifische Ziele anstrebt und incentiviert. Da die wirklich großen strategischen Zielsetzungen häufig nur in der Zusammenarbeit der Abteilungen realisiert werden können, können sie nicht ohne Weiteres personalisiert werden (Vgl. zu zielorientierten Vergütungssystemen z. B. Watzka 2017, S. 217 ff.).

Die Wertbeitragsziele werden – wie bereits erwähnt – als Statements im Strategiepapier dokumentiert. Sie werden über die strategischen Stoßrichtungen sowie die strategischen Programme und Projekte realisiert (vgl. Modul N04). Dabei können einzelne Wertbeitragsziele unmittelbar zu einer strategischen Stoßrichtung werden oder mit strategischen Projekten direkt umgesetzt werden. Alternativ können Wertbeitragsziele im Rahmen der strategischen Stoßrichtungen oder Projekte in nur indirekter Weise vorangetrieben werden.

Die Steuerung der Wertbeitragsziele erfolgt neben der Umsetzung der strategischen Programme und Projekte über die Verfolgung der quantitativen Wertbeitragsziele sowie der dahinter liegenden Werttreiber. Im Einkaufscontrolling sind die quantitativen Wertbeitragsziele und die Werttreiber zu operationalisieren, zu messen und zu steuern. Die Quantifizierung der Wertbeitragsziele und die Definition von Werttreibern werden in Abschn. 3.1.2 näher erläutert.

3.1.2 Quantifizierung der Wertbeitragsziele und Strategietreiber

Die Supply-Strategie soll einen wesentlichen Beitrag zum Unternehmenserfolg leisten. Aufgrund der Bedeutung des Supply Managements für den Unternehmenserfolg muss dessen Beitrag transparent und nachvollziehbar sein. Darüber hinaus liefern Kennzahlen präzise Informationen, um strategische Stoßrichtungen und strategische Projekte frühzeitig nachjustieren zu können. Die (quantitative) Messung des Wertbeitrags im Supply Management kann ferner zum kritischen Erfolgsfaktor einer Supply-Strategie werden, da Erfolge die Voraussetzung sein können, um die erforderlichen Ressourcen für die weitere Verfolgung der Strategie zu bekommen (vgl. Heß 2010, S. 103 ff., 2016; Hofmann et al. 2012; Schuh et al. 2014b, S. 119 ff.; Wagner und Weber 2007).

Im Folgenden wird das Verhältnis von Wertbeitragszielen und Werttreibern, insbesondere Strategietreibern, erläutert. Anschließend wird eine Systematik zur Definition und zur Messung des Wertbeitrags im Supply Management vorgestellt.

Verhältnis von Wertbeitragsziel und Werttreiber

Wertbeitragsziele beschreiben die Zielsetzungen, die das Supply Management für die Geschäftsführung sowie für andere (akzeptierte) Stakeholder erreichen soll. Sie sind der „ultimative" Erfolgsmaßstab im Supply Management. Die direkte Messung der Wertbeitragsziele kann allerdings verschiedene Schwachpunkte aufweisen, wie folgende Beispiele zeigen:

- Es gibt Wertbeitragsziele, die sich nicht bzw. nur mit unverhältnismäßig hohem Aufwand messen lassen. Beispiel: Umsatzwirkung einer hohen Qualität von Lieferleistungen.
- Wertbeitragsziele sind häufig Spätindikatoren, die sich erst langfristig bewegen. Um frühzeitig die gewählte Strategie beurteilen bzw. nachjustieren zu können, entwickeln sie sich zu spät. Beispiel: Materialkostensenkung auf Basis einer Global-Sourcing-Strategie.
- Wertbeitragsziele sind häufig zu wenig handlungsorientiert. Beispiel: Was soll unternommen werden, um die Kostenposition zu verbessern?

Werttreiber sind abgeleitete Zielgrößen bzw. Kennzahlen, die frühzeitig bzw. konkretisiert den Fortschritt bei den Wertbeitragszielen aufzeigen. Bei Werttreibern kann zwischen Strategietreibern und operativen Werttreibern unterschieden werden, je nachdem ob der Fortschritt bei strategischen oder operativen Wertbeitragszielen dargestellt werden

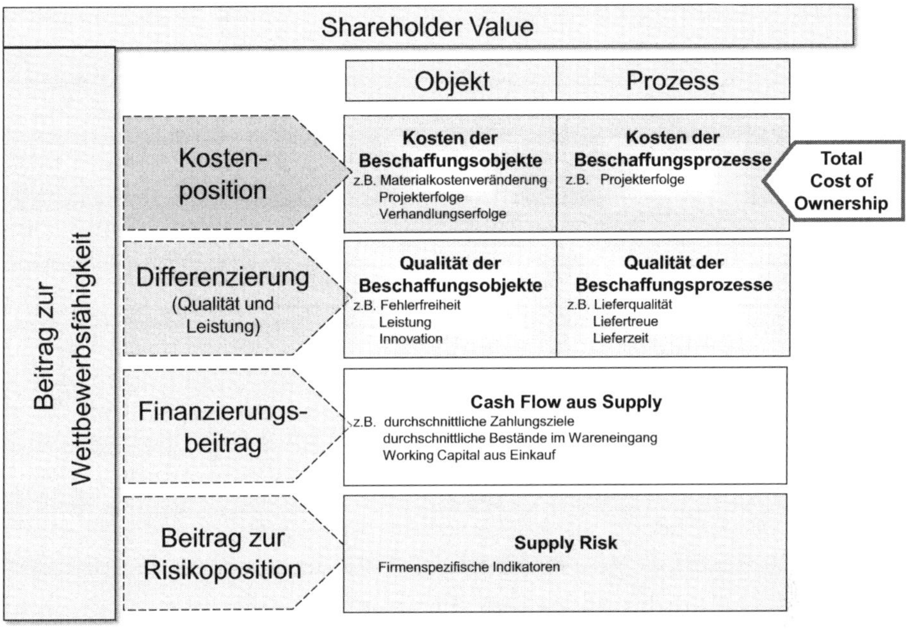

Abb. 3.3 Überblick zu Wertbeitragszielen

soll. Die Unterscheidung von strategischen und operativen Wertbeitragszielen wird im Abschn. 3.1.3 vertieft.

Systematik zur Messung der Wertbeitragsziele

Folgend soll ein systematischer Überblick über die Wertbeitragsziele im Supply Management gegeben werden (vgl. Abb. 3.3). Allerdings kann dieser Überblick nur sehr grob sein. Weder können die einzelnen Kennzahlen näher definiert noch können ihre Schwachstellen bei der praktischen Anwendung erläutert werden. Eine detaillierte Behandlung würde den Rahmen dieses Buches sprengen.[2]

Geht man von der klassischen Renditeformel aus

Rendite = (Umsatz minus Kosten) dividiert durch Kapitaleinsatz

so kann das Supply Management zu jedem Bestandteil der Renditeformel einen Wertbeitrag leisten. 1) Zentral ist der Einfluss auf die Kostenposition des Unternehmens. 2) Das Supply

[2]Eine ausführliche Behandlung erfolgt in Heß (2010, S. 103 ff.) sowie in der Artikelserie „Kennzahlen im Einkauf", die in der Zeitschrift Beschaffung aktuell von April 2010 bis März 2011 erschienen ist.

Management kann ferner die Differenzierung im Wettbewerb und damit die Umsatzsteigerung des Unternehmens unterstützen, indem es beispielsweise fehlerfreie, leistungsstarke und innovative Zukaufteile bereitstellt. 3) Durch Zahlungsziele und bestandssenkende Strategien kann auch der in der Versorgung benötigte Kapitaleinsatz reduziert werden.

Erweitert man den Blick von der Rendite zum wohlverstandenen Shareholder-Value sind ferner Risikoaspekte durch das Supply Management zu steuern (vgl. Hug und Weber 2011, S. 17 ff.). Mit dem Zusatz „wohlverstanden" sollen zwei Irrwege in der praktischen Umsetzung des Shareholder-Value ausgeschlossen werden: Ein wohlverstandener Shareholder-Value ist an einer langfristigen strategischen Wertentwicklung orientiert. Ein wohlverstandener Shareholder-Value hat ferner genügend Handlungsspielräume, um ethisch korrekt und nachhaltig zu handeln.

Zusammengefasst kann das Supply Management einen **Wertbeitrag zum wohlverstandenen Shareholder-Value** über die vier Finanzgrößen zuzüglich des Beitrags zur Nachhaltigkeit leisten:

1. Beitrag zur Kostenposition
2. Beitrag zur Differenzierung der Leistung des Unternehmens mit der Konsequenz einer Umsatz- bzw. Margensteigerung
3. Finanzierungsbeitrag
4. Beitrag zur Risikoposition
5. Beitrag zur Nachhaltigkeit

Die Steigerung des Wertbeitrages kann an den zu beschaffenden Objekten (= Materialien oder Leistungen) oder an den Leistungsprozessen im Supply Management ansetzen. So ergibt sich die in Abb. 3.3 dargestellte Matrix für die strategischen Ziele zur Definition des Wertbeitrags.

Darüber hinaus ist die **Cash-Out-Quote** als grundlegender Werttreiber des strategischen Einkaufs zu beachten. Sie gibt den Anteil des Einkaufsvolumens an, der durch den Einkauf gesteuert wird. 70 % Cash-Out-Quote heißt beispielsweise, dass 70 % des Einkaufsvolumens vom Einkauf gesteuert werden und entsprechend 30 % **Maverick-Buying** stattfinden. Gerade bei indirekten Materialien, wie IT, Marketing, Dienstleistungen, oder bei Investitionen ist der Einkauf häufig nicht hinreichend in den Beschaffungsprozess integriert. Die Erhöhung der Cash-Out-Quote wird dann als ein wesentlicher Optimierungshebel angesehen (vgl. Moosmann und Fröhlich 2014).

Folgend werden die einzelnen Wertbeitragsziele näher betrachtet.

1. Beitrag zur Kostenposition

Der klassische Wertbeitrag des Supply Managements zielt auf die Optimierung der Kostenposition des Unternehmens. Bei einer Wertschöpfungstiefe von häufig nur noch 20 % bis 40 % und entsprechend einem Material- bzw. Leistungsanteil von 60 % bis 80 % ist die Bedeutung des Supply Managements für die Kostenposition des Unternehmens offenkundig.

Ansatzpunkte zur Optimierung der Kostenposition sind die Objektkosten für Materialien und Leistungen, die Prozesskosten im Rahmen der Versorgungsprozesse bzw.

insgesamt die Total Cost. Die Total Cost setzen sich aus den Objekt-, den Prozess- und den Folgekosten in den nachfolgenden Prozessen zusammen. Man denke beispielsweise an die Kosten, die in der Produktion oder im Qualitätsmanagement aufgrund schlechter Lieferantenqualität oder schlechter Liefertermintreue entstehen. Auch die Vertriebskosten in Folge eines „Compliance-Unfalls" bei einem Lieferanten sind ein eindrucksvolles Beispiel für Folgekosten.

Die **Objektkosten** sollten möglichst auf Basis der Einstandspreise betrachtet werden und können folgendermaßen definiert und gemessen werden:

- **Materialkostenveränderung** gegenüber Vorjahr bzw. Materialkostenveränderung gegenüber Zielpreis, gegenüber Budget oder gegenüber Branchenpreisindex: Zentrales Problem der Messung ist, dass eine (geeignete) Vergleichsgröße (z. B. Vorjahreswert, Budgetwert, Index) vorliegen muss. Die Auswertung ist ergebnisrelevant und findet sich mit Einschränkungen[3] im Budget des Unternehmens.
- **Projekterfolge** werden berichtet, wenn Kosteneinsparungen aufgrund von Materialoptimierungen erreicht werden und kein Vergleichsmaßstab verfügbar ist. Wird beispielsweise ein Wertanalyseprojekt durchgeführt und somit einzelne Materialien standardisiert bzw. vereinfacht, ergeben sich Einspareffekte. Bei einem Vergleich der Materialkosten gegenüber dem Vorjahr können diese aufgrund unterschiedlicher Sachnummern und mangelnder Vergleichbarkeit der Materialien in der Regel nicht als Materialkostenveränderung ausgewiesen werden.

  Im Rahmen des Wertanalyseprojektes werden die Projekterfolge ermittelt. Die Summe der Einsparungen über alle Ratioprojekte kann als Wertbeitrag des Einkaufs ausgewiesen werden.

  Werden nur ergebniswirksame Einsparungen berücksichtigt, finden sich die Projekterfolge auch in der Gewinn-und-Verlust-Rechnung des Unternehmens. Bei einer angemessenen Definition, die Doppelerfassungen ausschließt, können die Materialkostenveränderungen und die Projekterfolge addiert werden.
- **Projekterfolge mit Härtegradsystematik** (vgl. Abb. 3.4): Da Ratioprojekte häufig eine mehrjährige Laufzeit aufweisen, können mit der Härtegradmethodik Prognosen über zukünftige Einspareffekte erstellt werden. Es werden drei bis fünf Härtegrade definiert, die den Projektfortschritt definieren, z. B.
  - Härtegrad 1 = Projektidee,
  - Härtegrad 2 = Projekt ist umgesetzt,
  - Härtegrad 3 = Ergebniseffekt ist eingetreten.

  Mit zunehmendem Härtegrad steigt auch die Prognosegenauigkeit zu den erwarteten Einsparungen. Quartalsweise werden zu den laufenden Projekten der Härtegrad, die

[3]Die Ergebnisüberleitung zwischen Einkaufscontrolling und dem Finanzcontrolling ist aufgrund unterschiedlicher Bewertungsmethoden in den meisten Unternehmen nicht unproblematisch. Eine gründliche Analyse ist auf alle Fälle anzuraten.

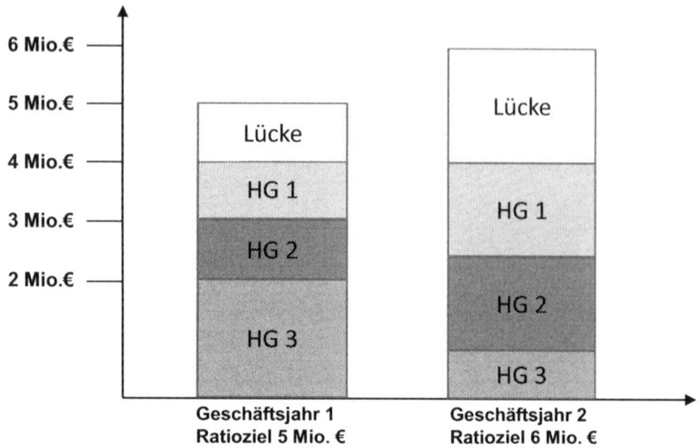

Abb. 3.4 Messung von Projekterfolgen mit der Härtegradsystematik

erwartete Einsparung und der Termin der Ergebniswirkung ermittelt. In der Berichterstattung werden die prognostizierten Einsparungen im Berichtszeitraum nach Härtegrad ausgewiesen. Darüber hinaus ergibt sich die Lücke an Einsparerfolgen, die gegenüber dem Zielwert an Einsparungen noch besteht.

In Abb. 3.4 sind zum Berichtszeitpunkt 30.06. Projekte mit einem Einsparvolumen in Höhe von 2 Mio. € in Härtegrad 3 umgesetzt. Für jeweils 1 Mio. € sind Projekte am 30.06. in Härtegrad 1 bzw. 2, von denen erwartet wird, dass sie noch im Geschäftsjahr 1 fertiggestellt werden. Für 1 Mio. € sind Ratioprojekte zu definieren, die in diesem Geschäftsjahr noch ergebniswirksam werden. Die Säule zu Geschäftsjahr 2 ist folgendermaßen zu interpretieren: Zum 30.06. gibt es Projekte, die heute Härtegrad 1, 2 und 3 aufweisen, zusammen im Wert von 4 Mio. €. Von diesen Projekten wird erwartet, dass die Ergebniswirkung im Geschäftsjahr 2 realisiert werden kann.

- **Verhandlungserfolge:** Bei den Verhandlungserfolgen werden die Einsparungen aus den Verhandlungsprozessen berichtet. Beispielsweise wird die Differenz zwischen dem günstigsten Angebotspreis und dem Vergabepreis über alle Vergaben addiert und berichtet. Jenseits vielfältiger Definitions- und Messprobleme ist zu beachten, dass dieser Wert im Finanzcontrolling nicht zu finden ist. Bei der Kommunikation dieser Messgröße ist somit Vorsicht geboten, da beispielsweise trotz erheblicher Verhandlungserfolge die Einstandspreise steigen können. So berichtet der Einkauf erhebliche Erfolge und das Finanzcontrolling konstatiert steigende Einstandspreise. In den meisten Fällen glaubt die Geschäftsführung eher dem Finanzcontrolling als dem Einkauf. Vor diesem Hintergrund sind Verhandlungserfolge als Werttreiber und nicht als Wertbeitragsziel einzuordnen[4].

[4]Die Verhandlungserfolge werden in vielen Unternehmen als wesentlicher Erfolgsmaßstab des Einkaufs betrachtet. Aus diesem Grund wurden die Verhandlungserfolge – trotz der kritischen Bemerkung – hier aufgeführt.

Die **Prozesskosten** stellen den zweiten Hebel zur Verbesserung der Kostenposition dar. Eine direkte Messung der Prozesskosten der Versorgungsprozesse ist zwar möglich, wird aber aufgrund des damit verbundenen Aufwands nur in wenigen Firmen praktiziert. Die Messung von **Projekterfolgen** aus Maßnahmen zur Prozessverbesserung ist eine einfache Vorgehensweise, um den Wertbeitrag des Supply Managements zur Senkung der Prozesskosten darzustellen. Die Messmethodik, insbesondere auch die Härtegradbetrachtung, entspricht der oben ausgeführten Vorgehensweise bei der Messung der Projekterfolge bei den Objektkosten. Projekterfolge aus Objekt und aus Prozess können deshalb in einer Berichterstattung zusammengefasst werden.

Analog können auch die Einsparungen von Verbesserungsmaßnahmen bei den **Folgekosten** in nachfolgenden Prozessen über die Messung der Projekterfolge ermittelt werden. Sollte im Unternehmen eine abteilungsübergreifende Berichterstattung zu den Einsparerfolgen vorhanden sein, können sich hier Zurechnungsprobleme ergeben. Werden beispielsweise die Kostensenkungen in der Produktion aufgrund einer verbesserten Liefertermintreue der Produktion oder dem Supply Management zugeordnet?

2. Differenzierungsbeitrag

Aus den zugekauften Leistungen und der Zusammenarbeit mit den Lieferanten können sich Leistungsvorteile bei den eigenen Produkten ergeben. Diese tragen zur Leistungsdifferenzierung und somit zur Umsatz- oder Margensteigerung in den Absatzmärkten des Unternehmens bei. Allerdings wird es – abgesehen von Handelsware – in der Regel nicht gelingen, einen direkten Bezug zwischen den Leistungen im Supply Management und den Auswirkungen auf den Umsatz herzustellen. Die Messung des Differenzierungsbeitrags erfolgt also indirekt mit Hilfe von Werttreibern. (Anmerkung: Werttreiber, die als Ersatz für nicht messbare Wertbeitragsziele verwendet werden, werden als **primäre Werttreiber bzw. primäre Strategietreiber** bezeichnet.)

Die **Objektqualität** kann durch innovative Komponenten gesteigert werden. Dies kann beispielsweise in der Automobilbranche zu neuartigen Funktionen, wie Fahrerassistenzsysteme zur Notbremsung in Gefahrensituationen, oder zur Leistungsverbesserung bei Standardfunktionen, wie die Gewichtsreduzierung von Komponenten zur Benzinverbrauchseinsparung, führen. Durch die Einkaufsfrüheinbindung sowie die Lieferantenintegration in den Entwicklungsprozess trägt das Supply Management zur Steigerung der Objektqualität bei. Messgrößen zur Innovation und zur Leistungssteigerung sind firmenspezifisch zu definieren. Ebenso steigert die Fehlerfreiheit von Komponenten – jenseits der Verbesserung der Kostensituation – auch die Qualitätswahrnehmung der Produkte durch die Kunden und somit den Umsatz bzw. die Marge. Eine gute Position in der ADAC-Pannenstatistik führt beispielsweise zu einem guten Qualitätsimage und zu Umsatzsteigerungen. Qualitätskennzahlen zur Messung der Fehlerfreiheit sind etwa die ppm-Rate oder firmenspezifische Qualitätskennzahlen (QKZs).

Die **Prozessqualität** der Versorgungsprozesse ist durch Zuverlässigkeit und Flexibilität der Belieferung geprägt. Dies kann erheblich zu einer zuverlässigen und flexiblen Belieferung der eigenen Kunden beitragen. Als Messgrößen kommen insbesondere logistische Kennzahlen wie beispielsweise Liefertermintreue, Lieferzeit, Lieferfähigkeit, Lieferflexibilität, Mengentreue oder Lieferqualität infrage.

3. Finanzierungsbeitrag
Das Supply Management kann einen wesentlichen Beitrag zur Finanzierung des Unternehmens leisten. Klassische Hebel sind die Verlängerung von Zahlungszielen (Kennzahl durchschnittliche Zahlungsziele oder durchschnittliches Kreditorenvolumen) oder die Reduzierung von Beständen im Wareneingangslager (Kennzahl durchschnittliches Bestandsvolumen im Wareneingangslager).

Saldiert man diese und weitere Wirkungen des Supply Managements auf das Working Capital, ergibt sich eine interessante Kennzahl: **Working Capital aus Einkauf.** In der einfachen Version wird das durchschnittliche Kreditorenvolumen um die durchschnittlichen Bestände im Wareneingangslager reduziert. Ist der Wert positiv, leistet das Supply Management einen positiven Finanzierungsbeitrag für das Unternehmen. Bei negativem Vorzeichen wird im Supply Management Working Capital benötigt.

4. Beitrag zur Risikoposition
Wie in Abschn. 2.6 ausgeführt hat das Supply Management einen wesentlichen Einfluss auf die Risikoposition des Unternehmens. Da das Unternehmensrisiko sich wiederum wesentlich auf die Eigenkapitalkosten und somit auf den Shareholder-Value auswirkt, ist der Beitrag zur Risikoposition des Unternehmens das vierte Wertbeitragsziel im Supply Management. Allerdings bereitet die Messung in der Regel erhebliche Schwierigkeiten und beschränkt sich – pragmatisch betrachtet – auf firmenspezifische Indikatoren.

5. Ziel der sozialen und ökologischen Nachhaltigkeit
Je nach dem zugrunde liegenden Nachhaltigkeitsverständnis können ferner Zielsetzungen zur sozialen und zur ökologischen Nachhaltigkeit berücksichtigt werden. Auf diesen Aspekt wird in Abschn. 3.1.4 näher eingegangen.

3.1.3 Anmerkung zum Verhältnis von operativen und strategischen Wertbeitragszielen

Das Verhältnis von operativen und strategischen Wertbeitragszielen ist nicht trivial und soll folgend erläutert werden. (Eine vertiefte Behandlung der Thematik findet sich in Abschn. 7.2.)

Messung des strategischen Wertbeitrags
Gemäß dem Strategieverständnis in Kap. 1 zielen Strategien auf die Verbesserung der Wettbewerbsposition bzw. – anders formuliert – auf die Voraussetzung für den zukünftigen Erfolg ab. Beispielsweise kann eine Strategie die Basis für eine überlegene Kostenposition in den nächsten Jahren legen. Auf Basis der geplanten strategischen Projekte werden sich (hoffentlich) die Materialkostenveränderungen bzw. die Projekterfolge zukünftiger Jahre

positiv entwickeln. Problematisch dabei ist, dass die strategischen Wertbeitragsziele letztlich Planwerte bleiben. Erst in der operativen Umsetzung realisieren sich diese Planwerte mit entsprechenden Istwerten. Diese Information kommt für eine Steuerung der Strategie zu spät. Ferner besteht das Problem, dass Istwerte nicht nur von der Strategie, sondern auch von „zufälligen" Entwicklungen im Tagesgeschäft beeinflusst werden.

Denken in Wettbewerbsvorteilen
Eine gute Strategie zielt auf eine überlegene Kostenposition, eine differenzierte Leistung oder einen besonders geringen Kapitaleinsatz. Dabei orientiert sich die Strategie an Wettbewerbsvorteilen, sodass strategische Wertbeitragsziele idealerweise im Vergleich zu den Wettbewerbern formuliert werden sollten. In diesem Sinne interessiert beispielsweise die Kostenposition in einem Beschaffungsmarkt relativ zur Kostenposition der Wettbewerber. „Der Stahlbezug soll drei Prozentpunkte günstiger als der des besten Wettbewerbers sein." Diese theoretische Position ist allerdings in der Praxis häufig schwer umsetzbar und messbar. Mit Hilfe von Benchmarks können für besonders wichtige Zielsetzungen angemessene Zielwerte ermittelt werden.

Um den Strategiefortschritt nicht nur mit der Entwicklung von Planwerten zu messen, können Strategietreiber formuliert werden. Diese orientieren sich beispielsweise an den strategischen Stoßrichtungen (Modul N04). Beispielsweise kann mit der Entwicklung von Supply-Marktstrategien versucht werden, die Kostenposition in den verschiedenen Supply-Märkten zu optimieren. Als Strategietreiber kann dann der Umsetzungsgrad der Marktstrategien verfolgt werden, z. B. über die Kennzahl „Anteil Einkaufsvolumen mit aktiver Marktstrategie".

Strategietreiber können sich neben den strategischen Stoßrichtungen auch auf Wertbeitragsziele beziehen, die nicht direkt in einer strategischen Stoßrichtung umgesetzt werden. Beispielsweise kann die Forderung der Geschäftsführung nach einer verbesserten cross-funktionalen Zusammenarbeit über Abteilungsgrenzen hinweg – ohne dass diese Forderung zu einer eigenständigen strategischen Stoßrichtung wird – mit einem Strategietreiber verfolgt werden, z. B. mit der Kennzahl „Zahl cross-funktionaler Teams".

Messung des operativen Wertbeitrags

In der operativen Steuerung wird der Erfolg des aktuellen Geschäftsjahres optimiert. Er kann mit den oben aufgezeigten Wertbeitragszielen direkt gemessen werden. Die Zielvorgaben werden üblicherweise in der jährlichen Geschäftsplanung fixiert. Entsprechend des Strategieverständnisses schafft die Strategie eine mehr oder minder gute Ausgangsposition zur Realisierung des Wertbeitrags im aktuellen Geschäftsjahr. Damit machen die realisierten Wertbeitragsziele – unter Beachtung der operativen Einflussgrößen – auch den Erfolg früherer Strategien sichtbar.

Für die operativen Wertbeitragsziele können operative Werttreiber definiert werden, die als Indikatoren für den operativen Umsetzungserfolg gesehen werden. Beispielsweise kann die Verhandlungsquote im Ausschreibungsprozess als ein operativer Werttreiber für die Materialkostenveränderung gesehen werden. Engagiertes Verhandeln – so die Annahme – führt zu Einsparerfolgen. Im Gegensatz zu den Strategietreibern, die sich in der Regel auf strategische Projekte beziehen, sichern operative Werttreiber die effektive und effiziente Ausführung der operativen Prozesse im Tagesgeschäft.

Aus diesen Ausführungen wird auch deutlich, dass die operativen und strategischen Wertbeitragsziele in der Regel eng verknüpft sind. Beispielsweise sollte die Kostenposition gleichermaßen als operatives Wertbeitragsziel im aktuellen Geschäftsjahr und als strategisches Wertbeitragsziel für die zukünftigen Jahre angestrebt werden.

3.1.4 Anforderungsmanagement

In den Wertbeitragszielen werden die Zielsetzungen bzw. die Vorgaben für die Supply-Strategie zusammengefasst und priorisiert. Im einfachen Fall gibt es eine geklärte Wertebasis und eine definierte Strategie des Unternehmens, die „nur noch" für die Supply-Strategie interpretiert werden müssen. Das Ergebnis wird von der Geschäftsführung als Zielsetzung und Vorgabe für die Supply-Strategie beschlossen. Ebenso einfach ist der in der Praxis nicht seltene, jedoch theoretisch unbefriedigende Fall, dass das Supply Management selbst die vermuteten Strategievorgaben entwickelt und diese bestenfalls noch mit der Geschäftsleitung abstimmt. In beiden Fällen werden die (vermuteten) strategischen Zielsetzungen des Unternehmens auf ihre Konsequenz für die Supply-Strategie hinterfragt (vgl. Abschn. 3.1.1 und 3.1.2).

Diese einfache zentralistische Vorstellung des Anforderungsmanagements kann für eher kleine Unternehmen beim Aufbau einer Supply-Strategie genügen. Ebenso kann ein zentralistisches Vorgehen auch bei der erstmaligen Formulierung einer Supply-Strategie angeraten sein, um die Komplexität der Strategieformulierung nicht zu groß werden zu lassen. Allerdings sollte die Strategie den Stakeholdern dann sehr sensibel kommuniziert werden.

Mit zunehmender Kompetenz im Supply Management sollte jedoch ein systematisches Anforderungsmanagement entwickelt werden. Dieses zielt darauf ab, die Anforderungen der (akzeptierten) Stakeholder zu erfassen, zu priorisieren und untereinander auszugleichen. Im Ergebnis sind die Wertbeitragsziele definiert und die darin enthaltenen Zielkonflikte verschiedener Stakeholder ausgeglichen. Folgende Aspekte sind im Anforderungsmanagement zu klären.

Definition der Stakeholder
Im ersten Schritt sind die Stakeholder zu definieren und nach ihrer Bedeutung zu priorisieren. Für die Wertbeitragsziele können beispielsweise folgende Stakeholdergruppen relevant sein:

- Eigentümer/Geschäftsführung
- Leiter der Divisionen/Geschäftsfelder/Produktlinienverantwortliche
- Standortleitungen, insbesondere ausländischer Gesellschaften bzw. Standorte
- Werksleitungen

- Leitungen anderer betrieblicher Funktionen, z. B. Qualität, Logistik, Produktion …
- Externe Stakeholder (vgl. die Diskussion zur Nachhaltigkeit in Abschn. 2.5 sowie unten in diesem Abschnitt)

Klärung der Anforderungen
Im zweiten Schritt sind die Anforderungen der Stakeholder zu identifizieren, zu klären und zu konkretisieren. Um die unterschiedlichen Anforderungen aufeinander abstimmen zu können, sollten die Ansprüche strukturiert erfasst werden. Hierzu haben sich unternehmensspezifische Checklisten bzw. Planungstemplates bewährt. Angelehnt an die Ausführungen in Abschn. 3.1.1 und 3.1.2 können die wertbeitragsorientierten Anforderungen folgendermaßen strukturiert werden:

Werteorientierte Anforderungen/inklusive externe Stakeholder
- Unternehmenskulturelle Anforderungen
- Soziale Anforderungen
- Ökologische Anforderungen
- …

Anforderungen der Unternehmens- und Wettbewerbsstrategien sowie der Geschäftsziele des Unternehmens bzw. der einzelnen Divisionen (vgl. detailliert auch Abb. 3.1 **und** 3.2)
- Anforderungen aus Wachstum (Region, Produkt)
- Anforderungen aus Kostenposition
- Anforderungen aus Qualität
- Anforderungen aus Verfügbarkeit
- Anforderungen aus Finanzposition
- …

Prozesse im Anforderungsmanagement
Der Prozess der Erfassung, der Bewertung und der Konsolidierung der unterschiedlichen Anforderungen ist zu gestalten. Dabei ist die Frage bedeutsam, wie intensiv die einzelnen Stakeholder in die Prozesse integriert werden sollen und mit welchem Gewicht ihre Anforderungen in die Wertbeitragsziele eingehen sollen. Folgende Abstufungen verdeutlichen mögliche Formen der Zusammenarbeit:

- **Gemeinsame Erarbeitung:** Die Wertbeitragsziele werden mit den Stakeholdern gemeinsam erarbeitet.
- **(Schriftliche oder persönliche) Anhörung, ggf. Diskussion der Anforderungen mit dem jeweiligen Stakeholder:** Dies kann als Input für die Definition der Wertbeitragsziele und/oder zur Diskussion der bereits formulierten Wertbeitragsziele erfolgen.
- **Keine direkte Absprache:** Die Stakeholder-Interessen werden vom Supply Management auf Basis von Erfahrung und Vermutung definiert.

Steigende Integration von Stakeholdern in den Prozess der Wertbeitragsdefinition macht die Abstimmungsprozesse komplexer, führt aber zu inhaltlich reiferen Wertbeitragszielen und fördert die Kooperation und somit die Umsetzungsprozesse.

Kaskadierung der Anforderungen

Das Anforderungsmanagement muss ausgehend von der Ebene der Rahmenstrategie auf die weiteren Strategieebenen der 15M-Architektur kaskadiert werden. Beispielsweise müssen auf Ebene der einzelnen Supply-Marktstrategien die jeweils relevanten Stakeholder identifiziert und deren Anforderungen erfasst und bewertet werden. Die Checkliste bzw. das Planungstemplate auf Ebene Marktstrategie ist spezifisch auszuarbeiten. Hinweise zur inhaltlichen Strukturierung der Anforderungen auf Ebene der Marktstrategie finden sich in den Ausführungen zum Strategiebaustein Marktstrategie (Abschn. 2.3).

Da sich die relevanten Stakeholder über verschiedene Divisionen und/oder funktionale Abteilungen verteilen können, können bereits die Identifikation und die Erfassung der Anforderungen anspruchsvoll sein. Noch schwieriger erscheint es in einem solchen Umfeld, die Stakeholder im Strategieformulierungsprozess partizipativ einzubinden.

Es versteht sich von selbst, dass im Kaskadierungsprozess auf die Durchgängigkeit der Anforderungen geachtet werden sollte. So sollten die Vorgaben der einzelnen Stakeholder auf die darunterliegenden Ebenen – nicht unbedingt mathematisch, jedoch zumindest logisch – heruntergebrochen werden.

Anmerkung zur Nachhaltigkeit im Anforderungsmanagement

In Abschn. 2.5 wurden bereits die zentralen Begriffe zur Nachhaltigkeit und die grundlegende Vorgehensweise zur Integration von Nachhaltigkeit in die 15M-Architektur erörtert. Insbesondere wurde aus dem Triple-Bottom-Line-Ansatz der Nachhaltigkeit abgeleitet, dass soziale und ökologische Ziele in die Wertbeitragsziele aufzunehmen sind. Dieser Gedanke soll hier nochmals aufgenommen und für das Anforderungsmanagement konkretisiert werden.

Erfolgsstrategische Orientierung

Häufig wird die Umsetzung der Nachhaltigkeit rein erfolgsstrategisch verstanden, d. h., die Ziele werden so weit berücksichtigt, wie sie der Renditeoptimierung dienen. Dabei wird (hoffentlich) akzeptiert, dass Gesetze grundsätzlich einzuhalten sind. Letztlich erfolgt die Kalkulation der Kosten sozialer und ökologischer Zielsetzungen relativ zu deren Nutzen, da Kunden bzw. weitere relevante Stakeholder (z. B. Mitarbeiter, Kapitalgeber) die Zusammenarbeit bzw. den Preis der Zusammenarbeit von diesen Zielen abhängig machen können.

In einer solchen Konstellation kann das Nachhaltigkeitsmanagement in der 15M-Architektur in vergleichbarer Weise wie das Qualitätsmanagement berücksichtigt werden. Die sozialen und ökologischen Anforderungen der Kunden und anderer Stakeholder sind analog zu den Qualitätsforderungen zu erfassen und in den Produkten und den Prozessen nach Maßgabe des Wirtschaftlichkeitsprinzips zu beachten. Nicht zufällig sind viele Managementinstrumente zur Steuerung der Nachhaltigkeit in der Supply Chain vergleichbar zu Instrumenten des Qualitätsmanagements, z. B. Lieferantenaudits, Lieferantenbewertung.

Ein kleiner Unterschied zum Qualitätsmanagement besteht darin, dass die Qualitätsanforderungen durch die Kunden und die sozialen und ökologischen Anforderungen durch ein breites Spektrum an Interessengruppen vertreten werden. Dadurch können sich die Verhandlungsprozesse mit den Stakeholdern erheblich anspruchsvoller gestalten. Trotz dieser Schwierigkeit bleibt die Kalkulation im Supply Management erfolgsstrategisch. Die Herausforderung im Supply Management besteht in dieser Sicht darin, die Anforderungen der Stakeholder zu erfassen und ihre ökonomischen Konsequenzen zu kalkulieren. Ferner sind die Instrumente im Supply Management auf die neuen Inhalte anzupassen. Beispielsweise sind Kriterien zur Bewertung der sozialen Dimension bei Lieferanten zu entwickeln.

Verständigungsorientierung

Das erfolgsstrategische Verständnis ordnet letztlich die soziale und die ökologische Nachhaltigkeitsdimension der ökonomischen unter und verkennt damit den Paradigmenwechsel im Nachhaltigkeitsansatz. Gemäß dem Nachhaltigkeitsparadigma müssen die ökonomischen, ökologischen und sozialen Interessen in der Ausgestaltung der Zielsysteme grundsätzlich berücksichtigt und verständigungsorientiert zum Ausgleich gebracht werden. (Was immer das konkret heißt!) Als ein angemessenes Vorgehen werden Stakeholder-Dialoge für die Entwicklung eines nachhaltigen Zielsystems angesehen und praktiziert.

Aus Sicht einer Funktionalstrategie im Supply Management können derartige Stakeholder-Dialoge nur nach den Prinzipien organisiert werden, die im Unternehmen etabliert sind. Insofern erscheint als sinnvoller Startpunkt einer Supply-Strategie das im Unternehmen geklärte Wertesystem, das bei der Formulierung der Wertbeitragsziele zu berücksichtigen ist (vgl. Abschn. 3.1.1). Ob dieses System erfolgsstrategisch oder verständigungsorientiert ausgerichtet ist, würde somit nicht innerhalb – sondern außerhalb – der Supply-Strategie hinterfragt.

Konsequenz

Für das Anforderungsmanagement zur Formulierung einer Supply-Strategie heißt das konkret: Im Rahmen des Anforderungsmanagements muss entschieden werden, inwieweit zur Ausdifferenzierung der Wertbeitragsziele weitere Gespräche erforderlich sind, z. B. um soziale Regeln für Industriearbeiter in den Fabriken mexikanischer Zulieferer auszudifferenzieren oder nachzujustieren. Ob hierzu strategische Verhandlungen mit den identifizierten Stakeholdergruppen oder ob verständigungsorientierte Stakeholder-Dialoge geführt werden, ergibt sich aus der Nachhaltigkeitspolitik des Unternehmens. Trotz der unterschiedlichen normativen Basis führen beide Wege zu mehr oder minder klaren Wertbeitragszielen, die es innerhalb der Supply-Strategie umzusetzen gilt. Es ist nochmals festzustellen, dass an dieser Stelle erheblicher Forschungsbedarf besteht, der den Rahmen dieser Abhandlung bei Weitem sprengen würde.

▶ Im vorliegenden Text wird davon ausgegangen, dass die Nachhaltigkeitsziele bei der Formulierung der Wertbeitragsziele geklärt werden und als Wertbeitragsziele in die Supply-Strategie einfließen. Punktuell erfolgen Hinweise, wie externe Stakeholder mit ihren Anforderungen zur Nachhaltigkeit berücksichtigt werden können.

Mit den Wertbeitragszielen sind somit die Zielsetzungen der Supply-Strategie sowie die Leitplanken definiert, innerhalb derer sich die Supply-Strategie bewegen muss.

3.2 Supply-Guideline formulieren (N02)

▶ **Supply-Guideline:** Die Supply-Guideline (Supply Guideline) beschreibt eine Leitlinie für die grundsätzliche Ausrichtung im Supply Management. An der Guideline sollen sich das Denken und Handeln aller Beteiligten orientieren. Sie sollte gleichermaßen ideal und realistisch sein. Sie ist für die Mitarbeiter sinnstiftend und mobilisierend und für das Mitarbeiterteam identitätsbildend.
Supply-Vision: Die Supply-Vision (Supply Vision) zeichnet ein großartiges herausforderndes Bild von der idealen Zukunft des Supply Managements für einen Zeithorizont von in der Regel fünf bis zehn Jahren.
Supply-Leitbild: Das Supply-Leitbild (Supply Mission Statement) beschreibt die idealisierte Basis des aktuellen Denkens und Handelns, mit der die Zukunft in hervorragender Weise gemeistert werden soll.

Ob eine Guideline im Supply Management hilfreich ist oder ob pragmatisches Handeln angesagt ist, ist sehr umstritten. Mit seiner Äußerung „Wer Visionen hat, soll zum Arzt gehen" hat sich der Altbundeskanzler Helmut Schmidt im Bundestagswahlkampf 1980 an die Spitze der Visionsgegner gesetzt. Wenn man sich (vorläufig) gegen die Entwicklung einer Vision oder eines Leitbildes entscheidet, hat dies für das weitere Vorgehen keine systematischen Konsequenzen. Der modulare Ansatz der 15M-Architektur erlaubt es, einzelne Module (dauerhaft) zurückzustellen: Überblättern Sie einfach dieses Kapitel.

In der Supply-Guideline wird eine Leitlinie für das grundsätzliche Denken und Handeln im Supply Management ausgeführt. Hierzu kann in einer Vision ein großartiges Bild der Zukunft beschrieben werden, dessen Verwirklichung zum Antrieb des gemeinsamen Handelns wird. Alternativ kann ein Leitbild entwickelt werden, das die idealisierte Basis des gegenwärtigen Denkens und Handelns skizziert und mit dem die Herausforderungen der Zukunft gemeistert werden sollen.

Die **Befürworter einer Guideline** betonen gleichermaßen die Förderung einer Identifikation der Mitarbeiter mit den „guten" Zielen im Supply Management sowie die

Steigerung der Gruppenidentität, die im Rahmen der Entwicklung der Guideline entstehen sollte und sich in einem großen Zusammenhalt äußert. Ferner bietet die Guideline Orientierung (Sinn) und wirkt motivierend.

Gegner argumentieren mit dem teils großen Aufwand für die Entwicklung einer Guideline und dem meist nur geringen – jedenfalls nur selten messbaren – Nutzen. Ferner werden häufig in der Guideline sehr allgemeine, fast phrasenhafte Formulierungen verwendet, z. B. „Der Mitarbeiter steht im Mittelpunkt" oder „Wir sorgen für eine sichere und effiziente Versorgung". Diese werden als wenig aussagekräftig kritisiert. Besonders problematisch wird eingestuft, wenn die zu ideal formulierten Statements im krassen Widerspruch zur Realität stehen.

Sollte eine Guideline im Supply Management eingeführt werden, sind – soweit vorhanden – **andere Guidelines des Unternehmens** zu beachten. Besteht beispielsweise eine starke Unternehmensvision, wird es in der Regel nicht möglich sein, eine Supply-Guideline daneben zu positionieren. Bestenfalls – und das ist häufig zu empfehlen – kann die Unternehmensvision für das Supply Management ausdifferenziert werden. Ferner muss die Guideline zu den Wertbeitragszielen kompatibel sein.

Supply-Vision

Die **Supply-Vision** umfasst einen eingängigen Slogan und ein bis zwei Seiten nähere Erläuterungen. Visionen haben sich dann als besonders nützlich erwiesen, wenn das Supply Management in eine völlig neue Rolle bzw. Aufgabenstellung hineinwachsen möchte, z. B. „vom Abwickler zum Strategen". Ebenso hilfreich ist eine Vision bei der Bewältigung eines großen Wandels, z. B. „vom local zum global Player".

Die Erarbeitung einer Vision muss sich an der Struktur und insbesondere auch an der Führungskultur im Supply Management orientieren. Als mögliche Methode haben sich Visionsworkshops gut bewährt. Inwieweit die Etablierung der Vision mit Maßnahmen und Kennzahlen gesteuert werden soll oder nur der Kommunikation dient, muss im konkreten Fall entschieden werden.

Beispiele für Visionen (Slogans):

- „Wir begeistern die Projektleiter mit einer sicheren, flexiblen und kostengünstigen Versorgung." Vision einer Einkaufsabteilung im Projektgeschäft. Die Einkaufsabteilung war relativ neu gegründet, um projektübergreifende Synergien zu realisieren. Sie musste sich intern formieren und kämpfte mit erheblichen Akzeptanzproblemen.
- „Wir schaffen Wettbewerbsvorteile aus Supply." Die Einkaufsabteilung wurde im Unternehmen nahezu ausnahmslos nur kostengetrieben gesehen. Mit der Vision integrierte die Einkaufsabteilung Fragestellungen wie die Förderung von exklusiven Innovationen sowie Leistungsvorteilen bei Produkten und Prozessen durch die Lieferanten in ihr Selbstverständnis. Damit wurde sie zu einer Abteilung, die wesentlich zum Markterfolg des Unternehmens beitrug.

Funktionen einer guten Vision im Supply Management

Identitätsfunktion: Die Vision beschreibt ein einzigartiges und unverwechselbares Zukunftsbild des Supply Managements.

Identifikationsfunktion: Die Vision zeigt den Mitarbeitern einen tieferen Sinn ihrer Arbeit auf. Damit sollen sie sich mit der Arbeit und dem Unternehmen identifizieren können.

Mobilisierungsfunktion: Die Vision mobilisiert die Mitarbeiter, das angestrebte und als sinnvoll eingeschätzte Zukunftsbild als gemeinsames Ziel mit besonderem Nachdruck zu verfolgen.

(Vgl. Hungenberg 2014, S. 26.)

Supply-Leitbild

Im Leitbild wird in abstrahierter und idealisierter Form die Basis für das Denken und Handeln im Supply Management zusammengefasst. Typische Inhalte eines Leitbildes sind:

- **Zweck und Leistungen im Supply Management:** Wird beispielsweise die Versorgungssicherheit nur auf Basis definierter Bedarfe gesehen oder wird auch für schwankende und ungeplante Bedarfe Verantwortung übernommen? Welche fachlichen Kompetenzen sind im Selbstverständnis des Supply Managements (Abwicklung, Vertrag, Verhandlung, Technik, Innovation) vorhanden? Sieht sich das Supply Management als Trendscout in den Beschaffungsmärkten und bringt Innovation ins Unternehmen? Welchen grundsätzlichen Zielen ist das Supply Management verpflichtet?
- **Verhältnis zu den (internen und externen) Kunden:** Ist das Supply Management eher Dienstleister, Polizist oder etwas dazwischen?
- **Rollenverständnis der Mitarbeiter** und die sich daraus ergebenden Konsequenzen: Sind Mitarbeiter „Ressourcen“ oder kreativ handelnde Subjekte?
- **Verhältnis zu externen Partnern,** z. B. Lieferanten: Konkretisierung eines respektvollen Umgangs mit Lieferanten und Partnern.
- **Betonung von Nachhaltigkeitszielen,** z. B. ökologische und soziale Zielsetzung.

Beispielsweise wird in der Fallstudie zu Phoenix Contact GmbH & Co. KG (vgl. Brentano und Heß, Kap. 8) im sogenannten „strategischen Kern“ die Ausrichtung des Corporate Purchase zusammengefasst:

„Entwicklung des Global Corporate Purchase Networks in Richtung Supply-Verantwortung für Kosten, Verfügbarkeit, Qualität und Innovation mit den Schwerpunkten

- Marktstrategische Orientierung
- Prozessorientierte Zusammenarbeit in der gesamten Lieferkette
- Value Orientierung
- Synergieoptimierte dezentrale Steuerung im Corporate Framework“

3.3 Strategische Analyse durchführen (N03)

Strategische Analyse: Die strategische Analyse (Strategic Analysis) schafft Transparenz zur strategierelevanten Ausgangssituation im Supply Management. Dabei stehen gleichermaßen die Analyse unternehmensinterner Sachverhalte (interne Analyse) und das Managementsystem im Supply Management sowie die Analyse der Unternehmensumwelt (externe Analyse) im Fokus.

Mit der strategischen Analyse soll die Ausgangssituation im Supply Management transparent gemacht werden, für die die Supply-Strategie formuliert werden soll. Eine treffende Analyse der Handlungssituation ist eine unverzichtbare Basis für zielführende strategische Entscheidungen.

Im ersten Schritt soll ein Überblick über mögliche Analysefelder gegeben werden (Abschn. 3.3.1). Anschließend sollen drei besonders bedeutsame Fragestellungen vertieft werden: Die Analyse der Top-Risiken (Abschn. 3.3.2), Definition und Priorisierung aktueller und zukünftiger Supply-Märkte (Abschn. 3.3.3), Definition der Prozesslandkarte und der Rollenstruktur (Abschn. 3.3.4).

3.3.1 Überblick möglicher Analysefelder

Die Analyse der Ausgangssituation einer Supply-Strategie ist so facettenreich wie alles wirtschaftliche Handeln. Interessante Analysen können im beliebigen Umfang durchgeführt werden. Allerdings muss schon allein um des Analyseaufwands willen eine Beschränkung auf besonders bedeutsame Fragestellungen erfolgen. Darüber hinaus ist die Konzentration auf wesentliche Analysen notwendig, da ansonsten die zentralen Aussagen in der Vielzahl der Informationen untergehen würden. Somit ist bereits die Wahl der zu analysierenden Sachverhalte eine kritische Entscheidung, die das Risiko in sich trägt, wichtige Einflussgrößen zu übersehen. Die Wahl der durchzuführenden Analysen muss also sehr sensibel getroffen werden.

Es ist bedeutsam, sich auf besonders wichtige Analysen zu beschränken. Damit werden Ressourcen geschont und der Fokus auf zentrale Aspekte geschärft. Die Analysequalität sollte über die Jahre hinweg schrittweise aufgebaut werden.

Die folgende Auflistung gibt einen Überblick über interessante Analysefelder:

1. Eckdaten im Supply Management
Wesentliche Strukturkennzahlen zum Supply Management geben einen ersten Überblick über das Supply Management und sollten deshalb keinesfalls fehlen. Die Daten sind – beispielsweise nach Tochtergesellschaften, Divisionen, Regionen – zu strukturieren und herunterzubrechen. Eine kleine Historie der letzten drei Berichtszeiträume ist hilfreich. Typische Kennzahlen im Eckdatenblatt sind:

- Einkaufsvolumen
- Zahl Mitarbeiter im Einkauf (strategisch/operativ)
- Zahl Lieferanten
- Zahl Sachnummern
- …

Angemerkt sei, dass Kosten- und Leistungskennzahlen, z. B. Materialkostenveränderung, Liefertermintreue, Lieferqualität, den Wertbeitragszielen zugeordnet sind und in diesem Zusammenhang berichtet werden sollten.

2. 15M-Reifegradanalyse
Die 15M-Reifegradanalyse untersucht die Stärken und Schwächen des Supply-Managementsystems, identifiziert Verbesserungspotenziale und ermittelt einen Reifegradscore. Das 15M-Reifegradmanagement ist Gegenstand des Strategiebausteins 5 und wird in Abschn. 7.4 detailliert vorgestellt. Aus der 15M-Reifegradanalyse können sich wesentliche Fortentwicklungspotenziale im Supply-Managementsystem ergeben, die als strategische Stoßrichtungen oder als strategische Projekte im Rahmen einer strategischen Stoßrichtung umgesetzt werden sollen. Es empfiehlt sich, in der strategischen Analyse die Ergebnisse der 15M-Reifegradanalyse aufzunehmen und besonders bedeutsame Fortentwicklungspotenziale hervorzuheben.

3. Analyse der Top-Risiken
Auf Ebene der Rahmenstrategie werden die für die gesamte Supply-Strategie übergreifenden Risiken gesteuert. Die Steuerung der Top-Risiken wird in Abschn. 3.3.2 näher untersucht.

4. Überblick über aktuelle und zukünftige Supply-Märkte
Es sind die Branchen, Supply-Märkte und Supply-Marktsegmente zu strukturieren und zu priorisieren, in denen das Unternehmen aktiv ist. Hierbei sind gleichermaßen die aktuelle Situation wie auch absehbare Veränderungen zu berücksichtigen. Es ist festzulegen, für welche Märkte und Marktsegmente Strategien entwickelt werden sollen. Darüber hinaus sind die Verantwortlichkeiten in der Organisation festzulegen und sinnvollerweise in einer Verantwortungsmatrix zu dokumentieren. Die Marktübersicht legt die Basis für den Strategiebaustein 2. In Abschn. 3.3.3 werden einige Hinweise zur Erstellung der Marktübersicht gegeben.

Angemerkt sei, dass die Analyse der Märkte und deren Relevanz innerhalb von Modul N03 und die Entscheidung über die Auszeichnung der strategischen Märkte in Modul N04 erfolgt. In der Praxis werden diese beiden Schritte zusammen durchgeführt und im Strategiepapier auch gemeinsam dokumentiert.

5. Überblick über Top-Lieferanten
In der Regel wird die Lieferantenstruktur in den Supply-Marktstrategien gesteuert. Sollte allerdings eine kleine Zahl von Top-Lieferanten die Beschaffung dominieren, kann bereits in der strategischen Analyse der Rahmenstrategie eine Übersicht der Top-Lieferanten mit wesentlichen Kennzahlen sinnvoll sein. Weitere Analysen zu den Top-Lieferanten können ergänzt werden, z. B. Marktmacht-Portfolio, Lieferanten-Risikoportfolio.

6. Überblick über die Supply-Prozesse (Prozesslandkarte)
In der Rahmenstrategie sind die Geschäftsprozesse im Supply Management zu strukturieren und bezüglich ihrer strategischen Bedeutung und ihrer Fortentwicklungspotenziale zu priorisieren. In der sogenannten Prozesslandkarte (auch Prozesshaus oder Prozessarchitektur genannt) werden die Geschäftsprozesse übersichtlich dokumentiert.

Darüber hinaus ist auch die Rollenstruktur im Supply Management zu definieren. Rollen strukturieren personenunabhängig Aufgaben, Kompetenzen und Verantwortung.

Für die definierten Prozesse sind beispielsweise jeweils ein Prozesseigner und ein Prozessverantwortlicher zu benennen. Der Prozesseigner steht in der Regel in einer gehobenen Linienverantwortung und verantwortet das Ergebnis des Prozesses gegenüber der Geschäftsführung. Der Prozessverantwortliche ist dem Prozesseigner zumindest fachlich zugeordnet und kümmert sich um die Einhaltung des Prozesses und die Erreichung der Prozessziele. Ferner sorgt er für die notwendige Anpassung bei Veränderungen im Umfeld und für die Realisierung möglicher Prozessoptimierungen.

Bei diesen Aufgaben ist zu beachten, dass die Prozessoptimierung im Supply Management in der Regel innerhalb des unternehmensweiten Geschäftsprozessmanagements eingebettet ist. Die Steuerung und die Fortentwicklung der Geschäftsprozesse im Supply Management haben sich an den Spielregeln des übergreifenden Geschäftsprozessmanagements zu orientieren (vgl. Abschn. 7.1).

Innerhalb der strategischen Analyse (Modul N03) ist die aktuelle Prozesslandkarte inklusive der Rollenstruktur zu dokumentieren. Bedeutsame Veränderungen in der Prozesslandkarte werden im Rahmen der strategischen Ausrichtung beschlossen (Modul N04). Dabei sind auch die Geschäftsprozesse auszuwählen, für die eine strategische Entwicklung erfolgen soll. Gravierende Veränderungen können in Form einer eigenständigen strategischen Stoßrichtung umgesetzt werden, z. B. Aufbau des Projekteinkaufs mit den dazugehörigen Prozessen. Nicht so weitreichende Veränderungen können in übergreifende strategische Stoßrichtungen integriert werden oder (nicht als strategisches Projekt) direkt umgesetzt werden.

In Abschn. 3.3.4 werden weitere Hinweise zur Erstellung der Prozesslandkarte und der Rollenstruktur im Supply Management gegeben.

7. Überblick IT-Systeme
Eng mit der Prozesslandkarte verknüpft ist die Übersicht über die IT-Systemlandschaft im Supply Management (vgl. Appelfeller und Buchholz 2011, insbesondere zu IT-gestützten Beschaffungsprozessen S. 190 ff.; Schuh et al. 2014a, S. 61 ff.). Welche Systeme sind im Einsatz und unterstützen welche Prozesse? Analog zur Analyse der Prozesse können auch grundlegende Schwachstellen in der Systemlandschaft identifiziert werden. Die Analyse der Schwachstellen in der IT-Systemlandschaft ist auch Teil der 15M-Reifegradanalyse und kann im Strategiepapier ggf. im Rahmen des 15M-Reifegradmanagements vorgestellt werden.

8. Analyse der Planungseckdaten, insbesondere für die Supply-Strategie und die Marktstrategien
Für die Supply-Strategie und für die einzelnen Marktstrategien sollen in sich konsistente und verbindliche Planungseckdaten vorgegeben werden. Diese Planungseckdaten ersetzen nicht die Analysen und Planungen auf der Marktebene, sondern stellen nur grundlegende Planungsprämissen bereit. Beispielsweise muss im Rahmen der Marktstrategie eine Prognose der Preisentwicklung der zu beschaffenden Materialien ermittelt werden. Als Planungsprämissen können hier Annahmen über die allgemeine Inflation bzw. über Wechselkurs- oder Lohnentwicklungen eingehen. Grundsätzliche Absatzprognosen helfen, konkrete Bedarfsprognosen für einzelne Materialien zu erstellen. Sollten in einem Unternehmen konkrete Bedarfszahlen dem Supply Management vorliegen, ist ein solcher Umweg nicht erforderlich.

Beispiele möglicher Planungseckdaten sind:

- Wirtschaftliche Eckdaten
  - Preisentwicklung, ggf. nach Regionen (Inflation)
  - Lohnentwicklung, ggf. nach Regionen
  - Energiepreisentwicklung
  - Wechselkursentwicklung
  - Wirtschaftswachstum nach Regionen
  - Zinsentwicklung
- Absatzprognose nach Produktlinien bzw. für Varianten
  - Absatzprognose nach Regionen
  - eventuell abgeleitete Bedarfsentwicklungen
  - eventuell Verlagerungsziele
- Standortentwicklung des Unternehmens
  - Werksstandorte mit Produktlinien und geplante Verlagerungen
- Unternehmenspolitische Vorgaben (vgl. Wertbeitragsziele)

9. Analyse von Schrittmacher- und Schlüsseltechnologien
Eine detaillierte Technologie-Roadmap ist auf Ebene der Märkte oder Marktsegmente zu erstellen. In der strategischen Analyse der Rahmenstrategie werden insbesondere Schrittmacher- und Schlüsseltechnologien auf ihre Potenziale für das Unternehmen hin analysiert. Insbesondere Technologieentwicklungen, die sich auf mehrere Märkte aus-

wirken können bzw. die komplexe Strukturbrüche mit sich bringen, sind frühzeitig auf Ebene der Rahmenstrategie auf ihre Wirkungen hin zu untersuchen. Die Analyse der Auswirkungen von Industrie 4.0 für das Supply Management des Unternehmens kann als Beispiel einer solchen Technologieentwicklung dienen.

Folgende Fragestellungen sind von Interesse: Welche Beschaffungsmärkte sind betroffen? Wann kann mit einem Einsatz gerechnet werden? Welche übergreifenden Aktionen sind zu unternehmen, damit die Potenziale auch frühzeitig genutzt werden können?

10. SWOT-Analyse
In der SWOT-Analyse (Strengths – Weaknesses – Opportunities – Threats) werden die Stärken und Schwächen sowie die Chancen und Bedrohungen des Supply Managements identifiziert und mögliche Handlungsstrategien ermittelt. Die SWOT-Analyse ist ein einfaches und pragmatisches Instrument, um die Analyseergebnisse übersichtlich zusammenzufassen und zu interpretieren. Hervorzuheben ist, dass die SWOT-Analyse Kommunikationsprozesse bei der Erstellung der Supply-Strategie intensiv unterstützt, indem ein gemeinsames Verständnis zu den Stärken, Schwächen, Chancen und Bedrohungen sowie den daraus folgenden Handlungsstrategien erzeugt wird. Abb. 3.5 zeigt den schematischen Aufbau einer SWOT-Analyse.

3.3.2 Analyse der Top-Risiken

Die zentralen existenzbedrohenden Risiken des Supply Managements müssen in der strategischen Analyse der Rahmenstrategie 1) identifiziert, 2) bewertet, 3) gesteuert und 4) überwacht werden. Die Steuerung der Top-Risiken orientiert sich damit am allgemeinen Risikomanagementprozess (vgl. Heß 2010, S. 73 ff.) Wie bereits in Abschn. 2.6 angemerkt wurde, sind auf Ebene der Märkte, der Lieferanten und der Prozesse vielfältige weitere Risiken zu beachten. Die Steuerung dieser Risiken wird im Rahmen des jeweiligen Strategiebausteins besprochen.

	Chancen • Differenzierungspotenzial Flexibilität • …	**Bedrohungen** • Steigende Bedeutung China • Konzentration im xy-Markt • …
Stärken • Internationale Ausrichtung • Globale Zusammenarbeit • Gute Marktstrategien • …	• Nutzung internationaler Bündelungsbedarfe • Intensivierung Kanbaneinbindung von Lieferanten / Wertschöpfungspartnerschaften • …	• Absicherungsstrategie gegen Konzentration auf dem xy-Markt • Globalisierung vorantreiben …
Schwächen • Unzureichendes Risikomanage - ment • Chinaorganisation noch im Anfang • Währungsabsicherung unzureichend • …	• Risikomanagement aufbauen • …	• Intensivierung Aufbau IPO China und Verlagerung nach China • …

Abb. 3.5 Aufbau einer SWOT-Analyse

▶ Das Management der Top-Risiken ist in die Entwicklung und Steuerung der Rahmenstrategie zu integrieren.

1. Identifikation der zentralen Risiken

Im ersten Schritt müssen die zentralen Risiken identifiziert werden. Hierzu haben sich regelmäßige (z. B. quartalsweise) **Risikoworkshops** bewährt, in denen brainstorminghaft nach existenzbedrohenden Risiken gefahndet wird. Mit Hilfe von umfangreichen Risikochecklisten kann diese Vorgehensweise unterstützt werden. Typische Beispiele existenzbedrohender Risiken wurden bereits in Abschn. 2.6 vorgestellt.

Darüber hinaus muss die Organisation für neuartige Risiken sensibilisiert werden. Die Mitarbeiter müssen erste Hinweise auf neue risikobehaftete Entwicklungen frühzeitig wahrnehmen und in die Managementdiskussion einbringen. Gegebenenfalls müssen Analyse- und Argumentationsprozesse zeitnah gestartet werden. Die schnelle Reaktion ist für die Risikoabwehr von zentraler Bedeutung.

Das Besondere neuartiger Risiken ist, dass sie nicht regelmäßig und systematisch mit Kennzahlen oder Meilensteinen gecheckt werden können. Vielmehr können sie sich völlig unerwartet in bisher unproblematischen Bereichen anbahnen. Unverdächtige Ereignisse und Entwicklungen sind zu beurteilen und müssen frühzeitig als Risiko für die Supply-Strategie erkannt und bewertet werden. Um eine solche **ungerichtete Risikoüberwachung** wirkungsvoll zu installieren müssen die Mitarbeiter sensibilisiert und geschult werden. Ferner müssen die Überwachungsprozesse des Performance Managements (vgl. Kap. 7) die Möglichkeit bieten, kritische Ereignisse zu diskutieren, um ggf. weitere Schritte zu veranlassen.

2. Bewertung der zentralen Risiken mit der Risk-Map

Die identifizierten Risiken werden hinsichtlich der möglichen Schadenshöhe und ihrer Eintrittswahrscheinlichkeit bewertet. Soweit keine mathematisch fundierte Berechnung möglich ist, genügt in der Regel eine Eingruppierung in hoch, mittel und niedrig. Die so bewerteten Risiken werden als Kreise in die Risk-Map eingetragen (vgl. Abb. 3.6).

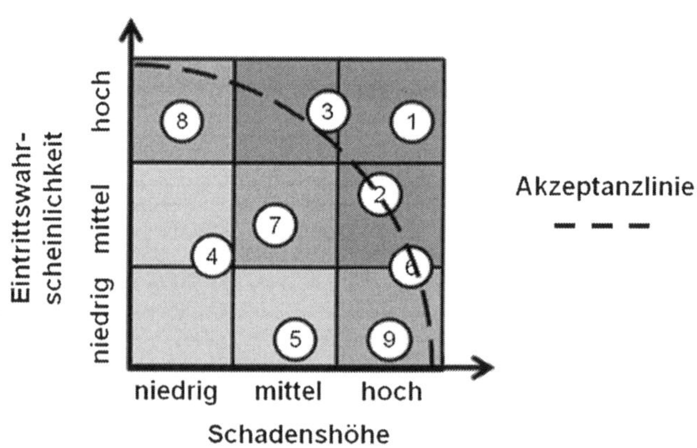

Abb. 3.6 Beispiel einer Risk-Map

Alle Risiken, die oberhalb der gestrichelten Akzeptanzlinie liegen, müssen gesteuert werden. Wie die Akzeptanzlinie in die Risk-Map einzuzeichnen ist, sollte selbst Gegenstand der Diskussion sein.

3. Zentrale Risiken steuern
Für die zentralen Risiken ist zu prüfen, ob das jeweilige Risiko vermieden, vermindert, auf Partner abgewälzt oder übernommen werden soll. Die Konsequenzen fließen in die Rahmenstrategie ein. Folgende Konstellationen sind vorstellbar:

- **Definition einer strategischen Stoßrichtung bzw. eines strategischen Programms zur Reduzierung des Risikos,** soweit das Risiko intensiv angegangen werden soll. Beispiel: Ein Flugzeugbauer fakturiert seine Flugzeuge nahezu zu 100 % in Dollar. Als europäisches Unternehmen produziert er mit seinen Zulieferern nahezu zu 100 % im Euroraum. Damit ergibt sich ein immenses Wechselkursrisiko. Mit einer strategischen Stoßrichtung und mehreren strategischen Programmen soll der Dollaranteil in der Supply Chain erheblich erhöht und das Wechselkursrisiko erheblich reduziert werden.
- **Definition von strategischen Projekten zur Steuerung des Risikos,** soweit das Risiko bedeutsam ist, aber keine eigene strategische Stoßrichtung oder ein eigenes strategisches Programm rechtfertigt. Beispiel: Zur Beurteilung der Risikosituation einzelner Materialien soll ein Risikokennzeichen für den Materialstamm entwickelt und implementiert werden. Mit diesen Kennzeichen werden beispielsweise technisch komplexe Komponenten oder monopolistische Lieferstrukturen gekennzeichnet. Aus dem Risikokennzeichen ergeben sich dann wiederum Anforderungen für das weitere Risikomanagement. Eine solche Aktion rechtfertigt in der Regel kein strategisches Programm, sollte aber für die Risikosteuerung durchgeführt werden.
- **Definition von Vorgaben, die in den Markt- und Lieferantenstrategien zu beachten sind.** Beispiel: Um Versorgungsrisiken zu reduzieren, müssen in den jeweiligen Marktstrategien jeweils Second Sources aufgebaut werden. Die Vorgabe soll immer dann gelten, wenn für eine Verlagerung der Komponente zu einem anderen Lieferanten voraussichtlich mehr als drei Monate benötigt wird.
- **Definition von Treibergrößen zur Überwachung von Risiken.** Beispiel: Zahl kritischer Lieferanten ohne Second Source.

4. Risiken überwachen
Die Überwachung der Risiken erfolgt teils **gerichtet,** indem die unter (3) definierten Programme, Projekte und Treibergrößen umgesetzt und gesteuert werden. Dies geschieht im Performance Management (Modul N14) im Zusammenhang mit allen anderen Aktivitäten und Kennzahlen.

Die **ungerichtete Risikoüberwachung** zielt auf die Identifikation neuartiger Risiken bzw. auf die unerwartete Entwicklung bekannter Risiken. Sie erfolgt – wie oben bereits ausgeführt – im Rahmen der regelmäßigen Risikoworkshops und in den darüber hinausgehenden Überwachungsprozessen im Performance Management.

Das Risikomanagement zentraler existenzbedrohender Risiken ist somit in die Planungs- und Steuerungsprozesse der Rahmenstrategie integriert.

3.3.3 Definition und Priorisierung aktueller und zukünftiger Supply-Märkte

Innerhalb der Rahmenstrategie sind die Supply-Märkte zu strukturieren, zu priorisieren und als strategisch bedeutsam zu kennzeichnen. Letztlich muss festgelegt werden, für welche Märkte und Marktsegmente Strategien entwickelt werden sollen (vgl. Heß 2010, S. 141 ff.; Carlsson 2015; O'Brien 2015, S. 23 ff.).

Die **Strukturierung der Märkte** sollte sich am Warengruppenschlüssel des ERP-Systems orientieren, damit Auswertungen zum Supply-Markt möglich werden. Liegt ein eindeutiger und geeigneter Warengruppenschlüssel vor, ist die Arbeit schnell erledigt. Da die Warengruppenstruktur meist tiefer ausdifferenziert ist als die angestrebte Marktstruktur es erfordert, müssen nur die Warengruppen marktorientiert zusammengefasst werden.

Liegt kein eindeutiger bzw. marktorientierter Warengruppenschlüssel vor bzw. falls es im Unternehmen vielfältige unterschiedliche Warengruppenschlüssel gibt, ist die Strukturierung der Beschaffungsaktivitäten nach Supply-Märkten eine anspruchsvolle Aufgabe. Hier ist in der Regel ein mehr oder minder umfangreiches Projekt zu initiieren. Im Ergebnis sollte zwischen den Marktstrukturen und den Warengruppen eine eindeutige Zuordnung vorliegen.

Darüber hinaus sollte nicht nur die aktuelle Situation berücksichtigt werden. Es ist zu prüfen, ob aufgrund strategischer Entwicklungen des Unternehmens neue Supply-Märkte oder Supply-Marktsegmente bedeutsam werden. Wenn das der Fall ist, sind diese in die Marktübersicht einzubeziehen. Gegebenenfalls ist frühzeitig eine Strategie zu entwickeln. Werden beispielsweise aufgrund eines Insourcing-Projektes des Unternehmens nicht mehr umfangreiche Komponenten, sondern einzelne Elektronikbausteine benötigt, muss der Einkauf rechtzeitig eine Marktstrategie für Elektronikbausteine entwickeln.

▶ Zur Strukturierung der Märkte hat sich die Unterscheidung von drei Ebenen bewährt:

- **Marktbereich bzw. Branche (Industry):** Der Marktbereich dient zur Zusammenfassung von mehreren Märkten. Marktbereiche helfen, die Beschaffungsaktivitäten zu strukturieren, z. B. um Zuständigkeiten bei strategischen Einkäufern zu definieren. Übergreifende Strategien auf Marktbereichsebene werden eher kritisch gesehen, da die Situation in den einzelnen Märkten zu unterschiedlich sein kann. Beispiele für Marktbereiche eines Fahrradherstellers können Rahmen, Anbauteile, Chemie, Schaltungen usw. sein.

- **Markt (Market):** Der Markt ist die zentrale strategische Steuerungsebene. Jenseits wissenschaftlicher Marktdefinitionen ist ein Markt durch Lieferanten und Produkte gekennzeichnet, die zueinander im Wettbewerb stehen. Im Fahrradbeispiel: Stahlrahmen, Alurahmen, Carbonrahmen oder Fahrradbeleuchtung.
- **Marktsegment (Market Segment):** Innerhalb eines Marktes können Segmente bestehen. Die Segmente weisen unterschiedliche Situationsmerkmale auf, sodass innerhalb der Marktstrategie Segmentstrategien notwendig werden. Beispiele für Marktsegmente: Dynamolichter, Batterielichter, LED-Lichter; die Segmentierung wird im Zusammenhang mit der Marktstrategie nochmals ausführlich diskutiert (Abschn. 4.1).

Für alle Branchen, Märkte, Marktsegmente und Warengruppen sind eindeutige Verantwortlichkeiten zu definieren. In Unternehmen mit mehreren Einkaufsabteilungen ist eine Verantwortungsmatrix aufzubauen (vgl. Abb. 3.7). Für jede Branche, jeden Markt und jedes Marktsegment (= Zeilen in der Verantwortungsmatrix) ist für jede relevante Einkaufsabteilung (= Spalten in der Verantwortungsmatrix) eine zuständige Person zu benennen. In großen Unternehmen kann die Matrix leicht 70 Zeilen mal 50 Spalten haben.

Soweit in einem Markt abteilungsübergreifend gebündelt eingekauft werden soll, müssen neben den Verantwortlichkeiten in den Abteilungen abteilungsübergreifend ein Lead Buyer oder die Mitglieder im Materialgruppenteam benannt und in der Verantwortungsmatrix gekennzeichnet werden.

In der strategischen Analyse ist festzulegen, welche Märkte als strategisch bedeutsam angesehen werden. Für diese Märkte sollte jeweils eine Marktstrategie entwickelt werden. In mittelständischen Unternehmen sind erfahrungsgemäß 15 bis 20 Märkte strategisch relevant (Ausnahmen bestätigen die Regel), in großen Konzernstrukturen können es deutlich über 100 Märkte sein.

	Division A	Division B	Division C	Division D	Division E	Division F
Stahl	**Lead Buyer** Müller	Rudolf	Kleinlein	Großbauch		
Guss	Rüdiger	Freisinn	**Lead Buyer** Maier		Riesenklop	
Stanz- und Biegeteile	Mürrisch	**Lead Buyer** Schulz		Ranzlos		Rieblein
IT-Dienstleistungen	Frings	Würgens	**Lead Buyer** Franz	Breitscher		
Komponenten	**Lead Buyer** Kunz	Lieren	Groß		Ruchlos	Restler
Glas		Sorenz	Klein	**Lead Buyer** Kranz		

Abb. 3.7 Auszug aus einer Verantwortungsmatrix

Ferner sollten die strategisch bedeutsamen Märkte und Marktsegmente mit wesentlichen Kennzahlen beschrieben werden. Die Kennzahlen orientieren sich an den Strukturdaten (siehe Analysefeld 1 in Abschn. 3.3.1), den Wertbeitragszielen oder den Werttreibern (siehe Modul N01) und werden jeweils auf die Märkte und Marktsegmente heruntergebrochen (vgl. Abb. 3.8, linke Seite). In einem guten datenbankbasierten DV-Tool können an dieser Stelle umfangreiche Auswertungen und Analysen zu den Märkten durchgeführt werden.

Darüber hinaus kann mit dem klassischen Einkaufsportfolio nach Kraljic ein erster managementtauglicher Überblick über die Supply-Märkte gegeben werden (vgl. Abb. 3.8, rechte Seite). Jeder Kreis im Portfolio entspricht einem Markt. Es hat sich bewährt, dabei nicht nur die aktuelle Situation abzubilden, sondern auch die in drei Jahren erwartete Situation zu prognostizieren.

Zur Erstellung des Portfolios wird die strategische Bedeutung der Märkte – meist anhand des Einkaufsvolumens – bewertet und auf der Abszisse des Portfolios abgetragen. Die zweite Achse des Portfolios, die Versorgungskomplexität der einzelnen Märkte, wird anhand eines kleinen Fragebogens ermittelt (eine Vorlage findet sich in Heß 2010, S. 153).

Mithilfe des Portfolios ergibt sich so ein erster interessanter Überblick über die strategisch relevanten Supply-Märkte des Unternehmens. Ferner können aus der Positionierung eines Marktes in einem der vier Quadranten des Portfolios erste Rückschlüsse auf die Marktstrategie gezogen werden. Die Normstrategie empfiehlt:

- für **strategische Artikel** mit hoher Bedeutung und hoher Komplexität Partnerschaften zu entwickeln,
- für **Hebelartikel** mit hoher Bedeutung und niedriger Komplexität Gewinne abzuschöpfen,
- für **Engpassartikel** mit geringer Bedeutung und hoher Komplexität die Versorgung zu sichern und
- für **unkritische Artikel** mit niedriger Bedeutung und niedriger Komplexität die Prozesskosten zu senken.

	EVO Jahr in t€	EVO Vorjahr in t€	MKV in %
Thermoplast	5.911,6	5.321,0	1,9%
Werkzeuge	4.862,6	4.376,8	2,8%
Hybride	4.028,0	3.625,6	-2,3%
Drehteile	2.607,1	2.346,6	-2,6%
Entwicklungen	1.375,9	1.238,4	1,2%
Elektronikkomp.	1.358,8	1.223,0	-2,1%
Blechbear. Teile	1.093,2	984,0	3,1%
Soft-/Hardware/	1.092,7	983,5	-3,2%
Leiterpl. best.	1.074,9	967,5	-2,1%
Bänder	964,1	867,8	2,3%
Leiterpl. unbest.	598,5	538,7	-1,2%
Anschlußtechnik	383,3	345,0	1,2%
Kontakte	265,3	238,8	3,2%
Federn	256,9	231,2	-1,2%
Duroplast	238,4	214,6	-4,5%

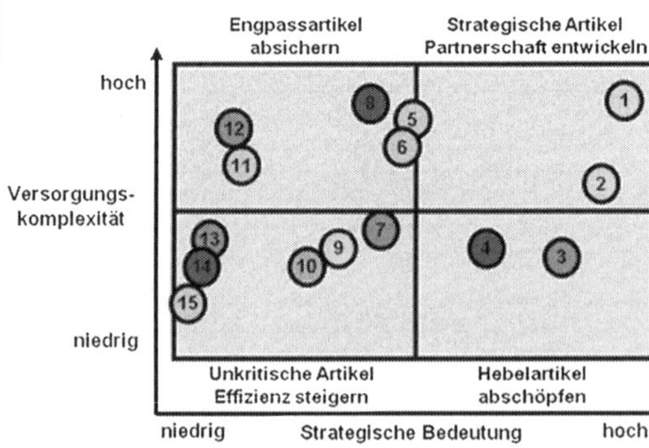

Abb. 3.8 Marktübersicht und Einkaufsportfolio

Detailliertere Empfehlungen zu den Normstrategien, eine umfangreiche Kritik an Marktstrategien auf Basis des Einkaufsportfolios sowie Empfehlungen zur sinnvollen Verwendung des Portfolios finden sich im Rahmen der Entwicklung von Marktstrategien in Abschn. 4.4.

3.3.4 Definition der Prozesslandkarte und der Rollenstruktur

In der strategischen Analyse der Rahmenstrategie sind die Prozesslandkarte sowie die Rollenstruktur zu dokumentieren und zu analysieren. Im Rahmen der strategischen Ausrichtung (Modul N04) sind bedeutsame Fortentwicklungen innerhalb der Prozesslandkarte und der Rollenstruktur zu beschließen und umzusetzen. In diesem Abschnitt werden wesentliche Aspekte zur Definition der Prozesslandkarte und der Rollenstruktur erläutert (vgl. Liebetruth 2016; Wagner und Patzak 2015; Schmelzer und Sesselmann 2013).

Ein Geschäftsprozess ist eine definierte Folge von Aktivitäten zur Erstellung einer Leistung für einen externen oder internen Kunden, z. B. „Material bestellen". Regelmäßig werden hierzu Inputs benötigt, die von sogenannten Prozesslieferanten zur Verfügung gestellt werden. Beispielsweise sind für eine Bestellung technische Dokumente oder Spezifikationen erforderlich, die von der Entwicklung als Prozesslieferant zur Verfügung gestellt werden. Für Geschäftsprozesse typisch ist, dass mehrere Abteilungen an der Prozessdurchführung beteiligt sind. So können sich Schnittstellenprobleme in der Zusammenarbeit zwischen den Abteilungen ergeben.

Geschäftsprozesse können schrittweise konkretisiert und in Teilprozesse zergliedert werden. Für eine strategieorientierte Steuerung der Geschäftsprozesse (Ebene 1) wird eine Untergliederung in Prozess (Ebene 2) und Teilprozess (Ebene 3) empfohlen. Eine über die dritte Ebene hinausgehende Gliederung beispielsweise in Prozess- und Arbeitsschritte oder in Aktivitäten (Ebene 4) kann vorgenommen werden, erscheint aber für die strategische Steuerung und Optimierung der Prozesse nicht sinnvoll. Zumindest auf Ebene der Geschäftsprozesse und der Prozesse sind Prozesseigner und Prozessverantwortliche zu benennen. Soweit eine Verwechslungsgefahr ausgeschlossen ist, wird folgend vereinfachend von Prozessen statt von Geschäftsprozessen gesprochen.

▶ Zur Strukturierung der Geschäftsprozesse hat sich die Unterscheidung von drei Ebenen bewährt:

Geschäftsprozess (Ebene 1, Business Process): Geschäftsprozesse auf Ebene 1 strukturieren die Leistungen in die zentralen Leistungsbereiche, z. B. Rahmenvertrag vereinbaren, Material aus einem Rahmenvertrag heraus beschaffen.

Prozess (Ebene 2, Process): Prozesse fassen umfassende Leistungsinhalte innerhalb eines Geschäftsprozesses zusammen, z. B. Anfrage erstellen, Anfrage durchführen, Vertrag verhandeln.

Teilprozess (Ebene 3, Subprocess): Innerhalb von Prozessen kann es sinnvoll sein, wesentliche Subprozesse gesondert zu steuern, z. B. Spezifikation erstellen, Long List erstellen, Short List erstellen.

Neben der hierarchischen Gliederung der Geschäftsprozesse erscheint eine inhaltliche Strukturierung der Prozesse hilfreich:

▶ **Primäre Prozesse im Supply Management (= Leistungsprozesse):** Primäre Prozesse erstellen die Leistungen für die Stakeholder des Supply Managements, z. B. Rahmenvertrag abschließen.

▶ **Sekundäre Prozesse im Supply Management (= Unterstützungsprozesse):** Unterstützen die primären Prozesse, bieten aber keine unmittelbare Leistung für den internen Kunden, z. B. Stammdaten anlegen und pflegen.

▶ **Managementprozesse im Supply Management:** Managementprozesse dienen der Steuerung des Supply Managements, z. B. Einkaufscontrolling durchführen.

▶ **Tertiäre Prozesse im Supply Management:** Als Tertiäre Prozesse aus Sicht des Supply Managements sollen die Prozesse bezeichnet werden, an denen das Supply Management beteiligt ist, aber keine Ownerschaft besitzt, z. B. Produkte entwickeln (= Entwicklungsprozess).

1. Erstellung der Prozesslandkarte
Die Prozesslandkarte bietet eine Übersicht über die Geschäftsprozesse und ist firmenspezifisch zu erstellen (vgl. Wagner und Patzak 2015, S. 59 ff.). Sie prägt ganz wesentlich die Einzigartigkeit eines Unternehmens. Insofern kann der folgende Überblick über wesentliche Geschäftsprozesse im Supply Management nur als illustrierendes Beispiel verstanden werden. Prozesse (Ebene 2) bzw. Teilprozesse (Ebene 3) werden nur beispielhaft zur Illustration der zweiten bzw. dritten Steuerungsebene angedeutet.

Primäre Prozesse im Supply Management

- Rahmenvertrag abschließen und steuern
  - Anforderungen definieren
  - Lieferanten identifizieren
  - Rahmenvertrag anfragen
  - Angebote vergleichen
  - Angebote verhandeln
  - Rahmenvertrag vereinbaren
  - Rahmenvertrag steuern
- Material/Dienstleistung aus Rahmenvertrag heraus beschaffen
  - Material/Dienstleistung bestellen
  - Bestellung überwachen
  - Wareneingang durchführen
  - Qualität sichern

  - Material reklamieren
  - Retouren abwickeln (inkl. Gutschriften überwachen)
  - Material bezahlen (inkl. Rechnungsprüfung)
- Material/Dienstleistung Einzelbestellung durchführen
- Material/Dienstleistung über e-Katalog beschaffen
- Material/Dienstleistung über Vendor Managed Inventory beschaffen
- Material mit Konsignationslager beschaffen
- Material mit Kanban-System beschaffen
- Material mit JIT bzw. JIS beschaffen
- Investitionsgüter beschaffen
- Lieferantenbeziehung managen
  - Lieferantenbeziehung entwickeln
    - Jahrespreisgespräch durchführen
    - Jahresstrategiegespräch durchführen
    - Verbesserungsvorschläge von Lieferanten identifizieren und umsetzen
    - …
  - Lieferantenqualität sichern
    - Lieferanten qualifizieren (inklusive Zertifikate steuern)
    - Qualitätsvereinbarungen vereinbaren und steuern
    - Qualität der Leistung reklamieren (Eskalationsstufe 2)
    - Lieferantenbesuche durchführen
    - Lieferantenaudit durchführen
    - …

Sekundäre Prozesse im Supply Management

- Neue Einkaufsabteilung aufbauen bzw. integrieren (z. B. im Rahmen M&A)
- Wissen im Supply Management managen
- Verträge verwalten und steuern
- Stammdaten im Supply Management managen
  - Materialstämme anlegen und verwalten
  - Kreditorenstämme anlegen und verwalten
  - Infosätze anlegen und verwalten
  - …

Managementprozesse im Supply Management

- Rahmenstrategie formulieren und umsetzen
  - Rahmenstrategie formulieren
    - Wertbeitragsziele formulieren und auf Märkte, Lieferanten und Prozesse herunterbrechen (inklusive Anforderungsmanagement)
    - Guideline entwickeln
    - Strategische Analyse durchführen
    - Strategische Ausrichtung und Projekte formulieren

    - Projekte der Rahmenstrategie steuern
    - Rahmenstrategie reviewen
- Supply-Marktstrategien formulieren und umsetzen
  - Supply-Marktstrategie formulieren
    - Externe Marktanalyse durchführen (inklusive Marktinnovationen identifizieren)
    - Marktorientierte Ziele formulieren
    - Interne Hebelanalyse (inkl. Lieferanten) durchführen (inklusive Anforderungen/Bedarfe erfassen)
    - Marktstrategie formulieren
  - Supply-Marktstrategie umsetzen (Umsetzung einzelner Marktstrategien)
  - Supply-Marktstrategien steuern (übergreifende Ebene, vgl. Kap. 7) (inkl. Warengruppenschlüssel pflegen)
- Lieferantenstrategie formulieren und umsetzen
  - Lieferanten bewerten
  - Lieferanten freigeben
  - Lieferanten klassifizieren
  - Lieferantenstrategie formulieren
  - Lieferantenstrategie umsetzen (Umsetzung einzelner Lieferantenstrategien)
  - Lieferantenstrategien steuern (übergreifende Ebene, vgl. Kap. 7)
- Prozessstrategien formulieren und umsetzen
  - Prozesse dokumentieren und analysieren
  - Prozesse optimieren
  - Prozessstrategie umsetzen (Umsetzung einzelner Prozessstrategien)
  - Prozessstrategien steuern (übergreifende Ebene, vgl. Kap. 7)
- Performance managen
  - Wertbeitrag steuern (= Einkaufscontrolling)
  - Supply-Management-System steuern (z. B. Einkaufshandbuch)
  - Reifegrad managen

Tertiäre Prozesse im Supply Management (kleine Auswahl)
- Product-Lifecycle managen (PLC)
  - Technologie-Roadmap des Unternehmens entwickeln
  - Produkt entwickeln (Projekteinkauf)
    - Lieferantenfrüheinbindung steuern
    - Target-Costing durchführen
  - Wertanalyseprojekt durchführen (inkl. Standardisierung)
- Make-or-Buy entscheiden und umsetzen
- Produktqualität formulieren und sichern
- Einkaufskompetenz entwickeln (Personal)

In Abb. 3.9 findet sich eine grafische Veranschaulichung der Prozesslandkarte. In guten Prozessmanagement-Tools kann aus der Übersichtsdarstellung auf die Prozesse der darunterliegenden Ebenen und deren Beschreibung geklickt werden.

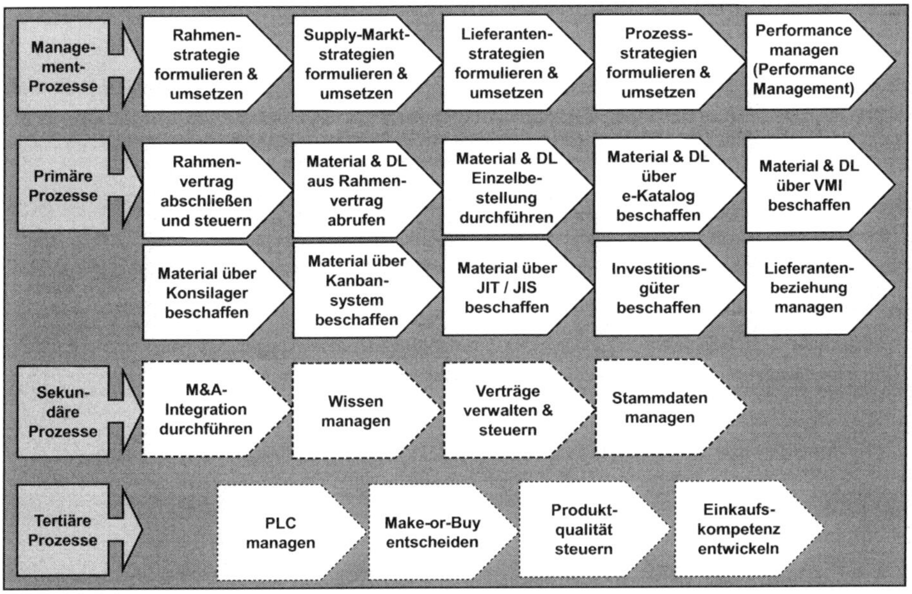

Abb. 3.9 Beispiel einer Prozesslandkarte für Supply-Management-Prozesse

Innerhalb der Prozesslandkarte sollten die strategisch kritischen Prozesse identifiziert werden. Hierzu sollten die Wirkung der Prozesse auf die Wertbeitragsziele und die Umsetzung der Einkaufsstrategie untersucht werden. Die priorisierten Prozesse werden als Schlüsselprozesse bezeichnet. Für die Schlüsselprozesse sollte in der Regel eine Prozessstrategie formuliert werden. Die Einstufung der Prozesse als Schlüsselprozesse sollte jährlich im Rahmen der strategischen Analyse überprüft werden.

2. Definition der Rollenstruktur

Neben der Prozesslandkarte sollte eine prozessübergreifende Rollenstruktur für das Supply Management entwickelt werden (vgl. Schuh et al. 2014b, S. 56 ff.). Rollen bündeln sachlich zusammengehörige Aufgaben und schreiben der Rolle die für die Aufgabenerfüllung notwendigen Kompetenzen und die erforderliche Verantwortung zu. In der Rolle Lead Buyer sind beispielsweise alle Aufgaben zur Steuerung einer strategischen Materialgruppe zusammengefasst. Ferner wird die Verantwortung des Lead Buyers festgelegt und definiert, über welche Kompetenzen er verfügt. Die Rollenbeschreibung sollte losgelöst von konkreten Personen erstellt werden.

In der Stellenbeschreibung werden dann Rollen mit konkreten Zuständigkeiten verknüpft. So wird beispielsweise der Stelle Einkauf IT-Dienstleistungen die Rolle Lead Buyer mit der Zuständigkeit für IT-Dienstleistungen zugewiesen. Analog gibt es für die weiteren Materialgruppen ebenso Lead Buyer mit jeweils definierter Zuständigkeit. Eine Stelle kann auch mehrere Rollen wahrnehmen, z. B. kann eine Stelle die Rolle Area Manager für Asien und die Rolle Controlling Supply Management vereinen.

Da in den Rollenbeschreibungen die erforderlichen Kompetenzen definiert sind, dienen die Rollenbeschreibungen auch als Anforderungsprofil im Rahmen der Mitarbeiterauswahl bzw. der Mitarbeiterentwicklung.

Die Rollen des Supply Managements können nur firmenspezifisch definiert werden, sodass die folgende Auflistung nur exemplarisch verstanden werden darf:

- Leitung Corporate Supply Management
- Leitung Divisional Supply Management
- Leitung Regional Supply Management
- Supply Management Controlling
- Supply-Management-Assistenz
- Projekteinkäufer
- Lead Buyer (= Verantwortlicher für einen Supply-Markt in einem divisionalisierten Unternehmen)
- Strategischer Einkäufer (= Verantwortung für einen Supply-Markt in einer Division)
- Operativer Einkäufer (= Disponent)
- Area Manager (zuständig für die Betreuung von regionalen Einheiten)
- Consultant (zuständig für Prozessoptimierungen)
- Systembetreuer (zuständig für Betreuung von IT-Systemen im Supply Management)
- Compliance Manager (zuständig für Compliance im Supply Management)
- Quality Manager (zuständig für die Qualitätssteuerung eines Lieferanten)
- Supplier Developer (zuständig für Lieferantenentwicklung im Krisenfall)

Neben den typischen einkaufsorientierten Rollen sind prozessorientierte Rollen zur Einführung und für den Betrieb des Prozessmanagements im Einkauf erforderlich. Auch hier können nur typische Beispiele genannt werden. Die folgende Auflistung erfolgt analog zur Systematik von Wagner und Patzak 2015, S. 89 ff., die die Rollen jeweils detailliert ausdifferenzieren:

- **Prozessmanager Supply Management:** Der Prozessmanager Supply Management verantwortet die Einführung und Fortentwicklung des Prozessmanagements im Supply Management. Er ist insbesondere auch für die prozessübergreifende Steuerung der Prozessstrategien verantwortlich. Er vertritt das Supply Management im Rahmen der Fortentwicklung tertiärer Prozesse.
- **Prozesscoach:** Der Prozesscoach ist Methodenexperte, der sicherstellt, dass die Prozessmanagementmethodik im Unternehmen einheitlich umgesetzt wird. Er ist fachlich dem Prozessmanager zugeordnet.
- **Prozessverantwortlicher:** Der Prozessverantwortliche ist für Dokumentation, Einhaltung, Strategie und Optimierung eines Prozesses verantwortlich. Er ist die treibende Kraft einer Prozessstrategie.
- **Prozesseigner (Processowner):** Der Prozesseigner hat gegenüber der Geschäftsführung die Ergebnisverantwortung für den Prozess. Er verfügt über die dazu erforderliche

Entscheidungs- und Freigabekompetenz. Der Prozesseigner ist in der Regel in einer Linienverantwortung und gegenüber dem Prozessverantwortlichen weisungsbefugt.

- **Prozessteammitglied:** Ein Prozessteammitglied arbeitet an der Verbesserung des Prozesses mit.
- **Prozesssponsor:** Mitglied des Leitungsgremiums, das die Einführung der Prozesse unterstützt.

3.4 Strategische Ausrichtung formulieren (N04)[5]

▶ **Strategische Stoßrichtung:** Eine strategische Stoßrichtung (Strategic Direction of Impact) beschreibt sloganhaft eine strategische Entwicklungslinie mit besonderer Priorität. Sie sollte eine Reichweite bzw. einen Planungshorizont von drei bis fünf Jahren haben und deutlich konkreter als die Supply-Guideline bzw. die Supply-Vision sein. Es sollten je nach Unternehmensgröße drei bis fünf strategische Stoßrichtungen formuliert werden.

▶ **Strategische Story:** Die strategische Story (Strategic Story) beschreibt die großen strategischen Entwicklungsschritte, die notwendig sind, um von der Ausgangssituation zur Vision zu gelangen. Sie ist der „rote Faden", an dem sich die Strategieentwicklung, insbesondere auch die logische und zeitliche Abfolge der strategischen Stoßrichtungen, orientiert. Mit der strategischen Story wird die schrittweise Evolution des Supply Managements und der Supply-Strategie geplant und gesteuert.

Mit den Wertbeitragszielen und der Supply-Guideline bzw. der Supply-Vision werden die grundsätzliche Ausrichtung, die Zielsetzungen sowie die Leitplanken der Supply-Strategie definiert. Zudem wird in der strategischen Analyse die aktuelle Handlungssituation geklärt. 1) Im nächsten Schritt erfolgt die strategische Ausrichtung durch die Formulierung von drei bis fünf strategischen Stoßrichtungen. Diese fixieren die Schlüsselthemen zur strategischen Entwicklung im Supply Management. 2) Wenn die Lücke zwischen der Supply-Guideline bzw. der Vision und den strategischen Stoßrichtungen zu groß ist, kann eine „strategische Story" formuliert werden, mit der die langfristige strategische Entwicklung hin zur Guideline bzw. zur Vision – im Sinne eines roten Fadens – aufgezeigt werden soll. 3) Mit der Strategy Map können die noch sehr generischen strategischen Stoßrichtungen konkretisiert werden. 4) Aus der Strategy Map lassen sich die erforderlichen strategischen Programme und Projekte sowie die Strategietreiber zur Umsetzung und Steuerung der Supply-Strategie ableiten.

[5] Zur tief gehenden Diskussion der Balanced-Scorecard-Systematik vgl. Heß (2010, S. 125–140).

Darüber hinaus werden in Modul N04 die Supply-Märkte und die Supply-Prozesse mit strategischer Bedeutung festgelegt, für die eine Marktstrategie bzw. Prozessstrategie entwickelt werden soll. Das Vorgehen hierzu wurde bereits im Zusammenhang mit der strategischen Analyse in Modul N03 dargestellt.

1. Ableiten der strategischen Stoßrichtungen
Strategische Stoßrichtungen konkretisieren die strategische Ausrichtung und zeigen den Weg auf, wie die Wertbeitragsziele sowie die Anforderungen der Supply-Guideline angestrebt werden sollen. Sie werden als eingängiger Slogan formuliert und sollten darüber hinaus auf ein bis zwei Seiten näher erläutert werden. Beispiele für strategische Stoßrichtungen sind:

- Wir gewinnen eine exzellente Kosten- und Leistungsposition durch den Aufbau eines systematischen Materialgruppen- und Lieferantenmanagements.
- Wir beschleunigen den Produktentstehungsprozess durch die Einkaufsfrüheinbindung und die Intensivierung von Entwicklungspartnerschaften mit Lieferanten.
- Wir steigern die Effektivität und die Effizienz der Beschaffung bei indirekten Materialien und Investitionen.

Grundsätzlich lassen sich zwei **Typen strategischer Stoßrichtungen** unterscheiden:

- Stoßrichtungen, die auf die Entwicklung des Managementsystems im Supply Management abzielen, z. B. „Aufbau eines Materialgruppen- und Lieferantenmanagements"
- Stoßrichtungen, die direkt an einer Leistungssteigerung oder einer Kostenreduzierung orientiert sind, z. B. „Reduzierung der Wiederbeschaffungszeiten bei allen Materialien von Standardprodukten", „Steigerung der lokalen Versorgung im chinesischen Werk"
- Kombinationen der beiden Typen sind vorstellbar, z. B. „Aufbau eines Materialgruppenmanagements, insbesondere zur Reduzierung der Materialkosten durch Bündelung"

Die **Identifikation und die Wahl geeigneter strategischer Stoßrichtungen** ist ein kreativer Akt im Leitungsteam des Supply Managements. Mit Hilfe von Workshops kann die Suche nach den geeigneten strategischen Stoßrichtungen unterstützt werden. Die strategischen Stoßrichtungen sind im Managementteam meist „offenkundig" und müssen „nur" präzisiert und priorisiert werden. Allerdings sollte auf „blinde Flecken" geachtet werden, d. h. auf besonders interessante Optimierungshebel, die im Management aktuell nicht präsent sind.

Bei der Wahl der strategischen Stoßrichtungen ist auf deren Eignung zur Realisierung der Wertbeitragsziele sowie zur Förderung der Supply-Guideline, auf die logische Konsistenz der strategischen Stoßrichtungen untereinander und insbesondere auch auf die Verfügbarkeit der benötigten Ressourcen zu achten.

Angemerkt sei an dieser Stelle nochmals, dass strategische Stoßrichtungen und Wertbeitragsziele sehr ähnlich sein können (vgl. Abschn. 3.1). Dies ist der Fall, wenn die

Vorgaben der Unternehmensführung unmittelbar umgesetzt werden. Beispielsweise kann die Beschleunigung des Produktentstehungsprozesses durch die Einkaufsfrüheinbindung und die Intensivierung von Entwicklungspartnerschaften eine Vorgabe der Geschäftsführung sein, die vom Supply Management direkt übernommen und somit unmittelbar ohne wesentliche Umformulierung zu einer strategischen Stoßrichtung wird.

2. Formulierung der strategischen Story
Ist die Kluft zwischen der Supply-Guideline bzw. der Supply-Vision und den strategischen Stoßrichtungen zu groß, empfiehlt es sich, den Pfad zu definieren, mit welchen strategischen Schritten die Vision angestrebt werden soll. Dieser Evolutionspfad entspricht dem roten Faden der Strategieentwicklung und kann die **„strategische Story"** genannt werden (vgl. hierzu Abschn. 2.4). Die strategische Story sollte in der Rahmenstrategie dokumentiert sein. Folgendes der Praxis nachempfundene Beispiel illustriert den Gedanken einer strategischen Story:

Das Supply Management im Unternehmen hatte als Vision, die gesamte Lieferkette des Unternehmens auszusteuern. Insbesondere sollten die Projektleiter großer Kundenprojekte so viel Vertrauen in das Supply Management haben, dass sie diesem gerne die Steuerung des Spend überließen. Lieferanten sollten als Innovationspartner in die Engineering-Projekte integriert werden. Die Vision war mit der Geschäftsführung abgestimmt. Die Geschäftsführung unterstützte die Vision aktiv. Aktuell war der Einkauf jedoch eher abwickelnd, im Wesentlichen an niedrigen Kosten orientiert. Die Einkäufer waren jung, etwas unerfahren, aber hungrig. Die Kluft zwischen Vision und aktueller Situation war riesig.

Zur Überbrückung dieser Kluft musste der Einkauf einen Wertbeitrag für das Unternehmen und gleichzeitig auch einen Mehrwert für die Projektleiter schaffen. Parallel dazu musste die derzeit zu geringe Marktkompetenz der Einkäufer und das kaum vorhandene Vertrauen der Projektleiter entwickelt werden. Problematisch war, dass sich diese drei Stellhebel wechselseitig voraussetzten, sodass sie parallel vorangetrieben werden mussten.

In der **ersten strategischen Stufe** sollte ein Projekteinkauf aufgebaut werden, der als Dienstleister die Projektleiter unterstützen sollte. Gleichzeitig wurde ein rudimentäres Materialgruppenmanagement und Lieferantenmanagement aufgebaut, um insbesondere projektübergreifende Bündelungen zu realisieren. Damit wurden Leistungen angeboten, die für die Projektleiter einen Mehrwert schufen und in der Ausgangssituation bereits möglich waren. Gleichzeitig konnten sich damit das Vertrauen und die Kompetenz entwickeln.

In der **zweiten strategischen Stufe** sollte das Materialgruppen- und Lieferantenmanagement systematisch aufgebaut werden, um gemeinsam mit den Projekteinkäufern die Lieferketten strategisch zu steuern und zu optimieren. Es sollte eine enge Zusammenarbeit mit Logistik und Qualitätsmanagement angestrebt werden. Damit begann das Supply Management sich zu emanzipieren und projektübergreifend die Lieferkette zu optimieren.

In der **dritten strategischen Stufe** sollte die Zusammenarbeit mit dem Engineering intensiviert werden, um gemeinsam die Lieferanten in den Innovationsprozess zu integrieren. Damit übernahm das Supply Management die Steuerung der gesamten Supply Chain und näherte sich deutlich der angestrebten Vision an.

In drei großen Entwicklungsschritten und mehreren Zwischenschritten wurde das Supply Management von einer bescheidenen Ausgangssituation zu einem bedeutsamen Player im Sinne der Supply-Vision. Für jeden der großen strategischen Schritte wurden zwei bis drei Jahre veranschlagt. Für jeden Schritt waren neue strategische Stoßrichtungen zu entwickeln. Die strategische Story sollte in der Rahmenstrategie verankert werden. Insgesamt sollte die strategische Story auf zwei bis drei Seiten ausgearbeitet werden.

3. Strategy Map ableiten

Die strategischen Stoßrichtungen sind noch generisch und müssen konkretisiert werden. Hierzu eignet sich die Balanced-Scorecard-Methodik, mit der eine **Ursache-Wirkungskette** von Zielsetzungen zur Erreichung der strategischen Stoßrichtung konstruiert wird. Diese wird in Form einer **Strategy Map** dokumentiert.[6] Dabei hat sich die klassische Vorgehensweise von den Balanced-Scorecard-Erfindern Kaplan und Norton als logisch konsistent und hervorragend umsetzungsstark erwiesen (Kaplan und Norton 1997, 2001, 2004). Die Vorgehensweise soll am Beispiel (vgl. Laschinger und Frank 2010, S. 13 ff., teils modifiziert) der folgenden strategischen Stoßrichtung illustriert werden: „Wir gewinnen eine exzellente Kosten- und Leistungsposition durch den Aufbau eines systematischen Materialgruppen- und Lieferantenmanagements.“ (Vgl. Abb. 3.10.)

Perspektiven

Die Ursache-Wirkungskette wird über die vier Perspektiven Finanzen, Kunden, Prozesse sowie Lernen und Entwicklung aufgebaut. Folgende Leitfragen helfen, die Ursache-Wirkungskette zu konstruieren:

- **Finanzen:** Welche Finanzziele sollen durch die strategische Stoßrichtung unterstützt werden? Im Beispiel sollen die Objekt- und die Prozesskosten reduziert werden. Ferner soll durch das Materialgruppen- und Lieferantenmanagement auch ein positiver Beitrag zu den Bestandszielen erreicht werden. Als finales Ziel – wenn auch nicht über Kennzahlen gemessen – steht die Reduzierung der Total Cost.
- **Kunden:** Welche Kundenziele sollen angestrebt werden? Als Kunden des Einkaufs werden insbesondere die internen Kunden, beispielsweise in Logistik, Produktion, Qualitätsmanagement oder in der Entwicklung, verstanden. Im Beispiel sollen mit dem Materialgruppen- und Lieferantenmanagement die Qualität der Lieferanten, die

[6]Die einzelnen Strategy Maps können – müssen aber nicht – zu einer integrierten Strategy Map verdichtet werden. Vgl. insbesondere auch die Fallstudie zu Phoenix Contact GmbH & Co. KG in Kap. 8.

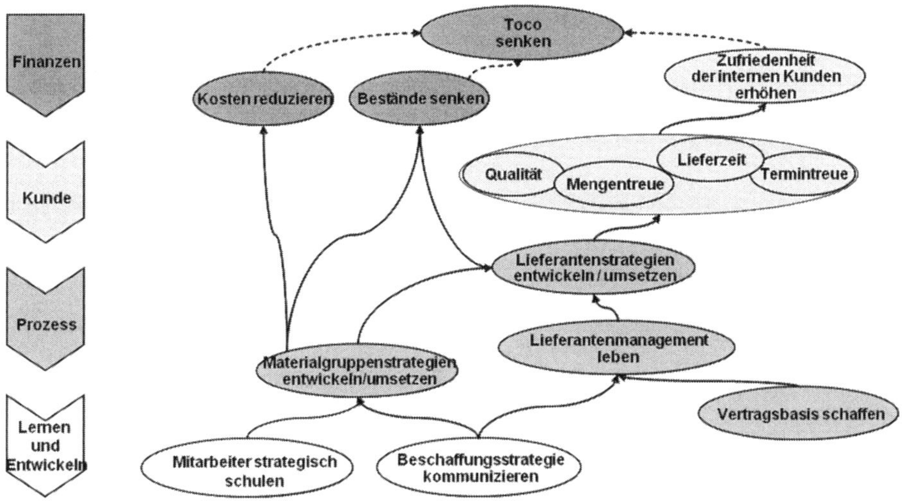

Abb. 3.10 Beispiel einer Strategy Map für die strategische Stoßrichtung „Aufbau eines systematischen Materialgruppen- und Lieferantenmanagements". (Quelle: Laschinger und Frank 2010, S. 13, modifiziert)

Mengentreue, die Lieferzeit und die Liefertermintreue verbessert werden. Wenn diese Ziele in der Lieferantenbewertung bereits auf Lieferantenebene erfasst werden, können sie auf Materialgruppen- und Unternehmensebene sehr einfach aggregiert werden. Wenn bei diesen Zielen Fortschritte erzielt werden, sollten die internen Kunden auch mit den Leistungen im Supply Management zufriedener werden.

- **Prozesse:** Welche Verbesserungen in den Prozessen führen zu den angestrebten Finanz- und Kundenzielen? Diese Frage steht im Zentrum. Im Beispiel müssen die Prozesse zur Entwicklung von Materialgruppen- und Lieferantenstrategien etabliert werden. Die Lieferantenbewertung war im Unternehmen bereits eingeführt, musste allerdings verstärkt vitalisiert werden. Ferner wurde der Vertragsmanagementprozess als kritisch angesehen.
- **Lernen und Entwickeln:** Welche Voraussetzungen bei Mitarbeitern, in den Informations- bzw. in den Kommunikationssystemen, in der Entwicklung von Produkten oder in der Organisation sind zu schaffen? Im Beispiel sollten die Mitarbeiter mit einer Strategieschulung für die neuen Aufgaben fit gemacht werden. Ferner mussten die cross-funktionalen Partner im Unternehmen für die Strategien gewonnen werden. So wurde die Kommunikation der neuen Strategie als bedeutsam eingestuft.

Ursache-Wirkungskette

Der grundlegende Aufbau der Balanced Scorecard ist genial trivial: An welchen Zielen im finanziellen (Finanzen) und im leistungswirtschaftlichen (Kunde) Bereich kann der Erfolg der strategischen Stoßrichtung erkannt werden? Welche Prozesse müssen dazu aufgebaut und optimiert werden? Und welche Ressourcen bzw. personellen Voraussetzungen werden dazu benötigt? Letztlich steckt hinter der Balanced-Scorecard-Systematik ein ganz triviales Input-Throughput-Output-Schema.

In der Ursache-Wirkungskette wird genau diese Logik exakt beschrieben: Es werden die Voraussetzungen und die Meilensteine definiert, die notwendig sind, um die strategische Stoßrichtung zu realisieren. Im Beispiel zum Aufbau eines systematischen Materialgruppen- und Lieferantenmanagements (vgl. Abb. 3.10) muss ein Prozess zum Entwickeln und Umsetzen von Materialgruppenstrategien mit den dazugehörigen Methoden wie z. B. Materialgruppensteckbrief und Kostenstrukturanalyse aufgebaut werden. Der Prozess der Lieferantenbewertung ist zwar schon vorhanden, wird aber noch nicht richtig gelebt. Hingegen ist der Prozess zur Formulierung und Umsetzung der Lieferantenstrategien neu aufzubauen. Als vierter Prozess ist das Vertragsmanagement einzurichten. Damit die Prozesse funktionieren können, müssen die Mitarbeiter geschult und die Zusammenarbeit mit anderen Abteilungen durch intensive Kommunikation gefördert werden. In der Finanz- und Kundenperspektive finden sich überwiegend Wertbeitragsziele (Kosten, Finanzen und Differenzierung).

Aus den Zielen in der Prozess- sowie der Lern- und Entwicklungsperspektive lassen sich dann die Aktivitäten und Treibergrößen ableiten. Beispielsweise folgt aus dem Ziel „Materialgruppenstrategien entwickeln und umsetzen“ ein umfangreiches strategisches Programm zur Entwicklung von Materialgruppenstrategien. Als Strategietreiber könnte beispielsweise das Einkaufsvolumen von Materialgruppen mit Materialgruppenstrategie definiert werden.

Tipps zur Ableitung einer Strategy Map (vgl. Heß 2010, S. 136 ff.)
Es gibt verschiedene Vorgehensweisen zur Ableitung von Strategy Maps. Folgende Methode hat sich gut bewährt. Die Teilnehmer sollten die Balanced-Scorecard-Methode kennen. Eine Information sollte spätestens am Vortag vor dem Workshop erfolgen. Die strategischen Stoßrichtungen sind bereits definiert.

- Brainstorming zur ersten strategischen Stoßrichtung im Karten-Zuruf-Verfahren mit der Leitfrage: Was ist für die Umsetzung der strategischen Stoßrichtung bedeutsam? Karten-Zuruf-Verfahren besagt, dass die Workshop-Teilnehmer ihre Ideen einbringen. Diese werden vom Moderator auf Moderationskarten geschrieben. Gemäß der Brainstorming-Methode sollte nicht diskutiert werden. (Ca. 30 bis 60 Minuten)
- Sortieren der Karten nach der Balanced-Scorecard-Methode. Dabei sollte deutlich zwischen Zielen, Maßnahmen und Kennzahlen unterschieden werden. Für die Strategy Map interessieren zunächst nur Ziele. Sprachlich sollten die Ziele stets aus einem Substantiv und einem Verb bestehen. In dieser Phase beginnt die Diskussion über Einzelziele. (Ca. 60 bis 120 Minuten)
- Definition des Ursache-Wirkungszusammenhangs und Auffüllen von Lücken. Hierbei ist auf die Ausgewogenheit der Balanced Scorecard zu achten. Spätestens in dieser Phase sollten erste Konkretisierungen zu den Zielen diskutiert

werden, d. h. insbesondere erste Ideen zu Kennzahlen und Maßnahmen gesammelt werden. (Ca. 90 bis 150 Minuten)

- Ergebnisse zusammenfassen, Verantwortlichkeiten definieren und weiteres Vorgehen festlegen. (Ca. 60 Minuten)
- Zur Ableitung von drei Strategy Maps sollte man sich 1,5 bis 2 Tage Zeit nehmen. Der Aufwand kann erheblich reduziert werden, wenn im Vorfeld des Workshops – unter Mitwirkung des Verantwortlichen – bereits Entwürfe zu den Strategy Maps erstellt werden. Bei dieser Vorgehensweise besteht allerdings die Gefahr, dass die Strategy Maps zu schnell abgenickt werden und anschließend die Identifikation der Beteiligten fehlt.

Es wird empfohlen, für jede strategische Stoßrichtung eine Strategy Map zu entwickeln. Anschließend können die verschiedenen Strategy Maps zu einer Map konsolidiert werden. Direkt eine konsolidierte Strategy Map abzuleiten, ist meist zu komplex. Regelmäßig bleiben dann die Ursache-Wirkungsketten auf der Strecke und die Balanced Scorecard degeneriert zur Ansammlung von Kennzahlen.

4. Strategische Programme und Projekte definieren

Die strategischen Programme und Projekte ergeben sich aus den strategischen Stoßrichtungen und lassen sich in der Regel leicht aus den Strategy Maps ableiten. Darüber hinaus sind weitere Quellen zur Ableitung strategischer Programme und Projekte zu berücksichtigen.

Es hat sich bewährt, die Aktivitäten nach strategischen Programmen, strategischen Projekten, Maßnahmen und Aktionen zu untergliedern.

▶ **Aktivität:** Aktivität (Activity) wird als Oberbegriff für die vier Handlungsebenen – strategisches Programm, Projekt, Maßnahme und Aktion – verstanden. Aktivität bezeichnet also jede Form einer strukturierten Handlung.

▶ **Strategisches Programm:** Strategisches Programm (Strategic Program Management) wird als umfassendes Bündel von Projekten verstanden, mit dem ein strategisches Ziel verfolgt wird. Es stellt gleichsam die Klammer dar, um eine herausfordernde Zielsetzung nachhaltig verfolgen und kommunizieren zu können. Ferner sind die Projekte innerhalb des Programms aufeinander auszurichten. Das Programm wird im Sinne eines Multiprojektmanagements gesteuert. Beispiel: Strategisches Programm zur Steigerung der Lieferantenqualität.

▶ **Strategisches Projekt:** (Strategisches) Projekt (Strategic Project) wird als einmaliges zeitlich begrenztes Vorhaben mit klarer Zielsetzung verstanden. Die Komplexität eines Projektes ist so groß, dass Projektmanagementmethoden empfehlenswert sind. Leitet sich die Zielsetzung aus der Strategie ab, handelt es sich um ein strategisches Projekt.

Beispiel: Im Programm zur Steigerung der Lieferantenqualität werden folgende Projekte definiert: 1) Etablierung der Lieferantenqualität als Abteilung im Einkauf, 2) Entwicklung eines Konzeptes für die Auditierung von Lieferanten, 3) Prozessoptimierung zur Reklamationsbearbeitung bei Qualitätsproblemen von Lieferanten, 4) Schulung der strategischen Einkäufer zu Fragen der Lieferantenqualität.

▶ **Strategische Maßnahme:** (Strategische) Maßnahme (Strategic Measure) wird als überschaubares Bündel von Aktionen verstanden. Die Komplexität einer Maßnahme macht keine Projektmanagementmethoden erforderlich. Hierin ist die Abgrenzung zwischen Projekt und Maßnahme zu sehen. Eine Maßnahme kann ein Meilenstein eines Projektes sein oder auch für sich alleine stehen. Leitet sich die Zielsetzung der Maßnahme aus der Strategie oder aus einem strategischen Projekt ab, handelt es sich um eine strategische Maßnahme. Beispiel: Im Projekt Entwicklung eines Auditkonzeptes werden folgende Maßnahmen definiert: 1) Suche nach Vorlagen und Beispielen von Lieferantenaudits, 2) Definition der Ziele des Lieferantenaudits, 3) Strukturierung der Auditierungsthemen, 4) Definition der Auditierungsmethodik …

▶ **Aktion:** Aktion (Action) sind Einzeltätigkeiten, die zur Umsetzung von Maßnahmen dienen oder auch für sich alleine stehen. In der Regel werden Aktionen nicht mehr zentral im Performance Management gesteuert, sondern helfen nur dem Maßnahmenverantwortlichen, seine Maßnahme zu strukturieren. Beispiel: Zur Suche nach Vorlagen von Lieferantenaudits können folgende Aktionen definiert werden: 1) Internetrecherche nach Beispielen, 2) Anfrage beim befreundeten Unternehmen A, 3) Anfrage beim befreundeten Unternehmen B, 4) Internetsuche nach kompetenten Beratern …

Die Struktur der Aktivitäten könnte beliebig vertieft werden, beispielsweise mit Teilprojekten, Subprojekten, Meilensteinen … Erfahrungsgemäß gibt es bei der Umsetzung im Unternehmen regelmäßig Fälle, die eine tiefere Struktur wünschenswert erscheinen lassen. Trotzdem wird von einer tieferen Gliederung abgeraten, da die steigende Komplexität die Umsetzung stark behindern kann.

Die strategischen Programme und Projekte folgen – wie oben erwähnt – aus den strategischen Stoßrichtungen und den daraus abgeleiteten Strategy Maps. Darüber hinaus ergeben sich strategische Projekte aus weiteren Quellen, z. B.:

- Die **Umsetzung der Rahmenstrategie** inklusive der damit verbundenen Steuerungsprozesse (vgl. Kap. 7) sollte – soweit sie nicht als strategische Stoßrichtung berücksichtigt ist – als selbstständiges Projekt definiert werden.
- **Wertbeitragsziele:** Aus Wertbeitragszielen können sich Anforderungen ergeben, die in keine strategische Stoßrichtung eingehen. Hierfür werden strategische Projekte definiert. Beispiele: Die Compliance-Richtlinie des Unternehmens muss bei den Lieferanten verankert werden. Oder: Die Formulierung und Implementierung einer Supply-Vision sollte als Projekt behandelt werden.

- **Entwicklung des Supply Managements** auf Basis der 15M-Reifegradanalyse, soweit sie nicht Gegenstand einer eigenen strategischen Stoßrichtung ist, z. B.:
  - Die Definitionen der strategischen Märkte, der Prozesslandkarte sowie der strategisch bedeutsamen Beschaffungsregionen werden bei der erstmaligen Ausführung im Rahmen eigenständiger Projekte erstellt.
  - Die Restrukturierung der Aufbauorganisation führt – soweit erforderlich – zu einem strategischen Projekt. Beispiel: Einführung von Materialgruppenmanagement oder von Lead-Buying-Strukturen.
  - Konzepte im Bereich des Personalmanagements sind projektweise zu implementieren. Beispiel: Die Definition von Rollenprofilen für Einkaufsrollen bzw. die Definition von Personalentwicklungs- und Schulungsmaßnahmen.
  - Der Aufbau eines Einkaufscontrollings erfolgt im Rahmen eines Projektes. Beispiel: Etablierung konzernweiter Kennzahlen zur Messung des Wertbeitrags im Supply Management.

Die strategischen Programme und Projekte sind zu priorisieren, zu terminieren und zu konkretisieren. Mindestens folgende Aspekte sollten jeweils beschrieben werden:

- Zielsetzung
- Projektstrukturplan mit Teilprojekten
- Termine/Meilensteine
- Verantwortlichkeiten
- Gegebenenfalls Hinweise auf Ressourcen

Auch bei den Programmen und Projekten sollte der Planungshorizont mindestens zwei bis drei Jahre umfassen. Allerdings sollten die gegenwärtigen Projekte präziser beschrieben und terminiert werden als die, die in ferner Zukunft liegen. Bei den Projekten der Folgejahre genügt es meist, die Zielsetzung allgemein zu formulieren und das Projekt grob zu terminieren. Es wird empfohlen, auch die Projekte aufzunehmen, die in ferner Zukunft gestartet werden sollen. Zum einen kann damit die Priorisierung überprüft werden. Zum anderen hilft ein langfristiger Projektplan, in der Managementdiskussion zu begründen, weshalb bestimmte Themen derzeit noch nicht vorangetrieben werden.

> **Weniger ist mehr!** Nicht selten passen in einer ersten Planungsrunde die beabsichtigten Programme und Projekte nicht mit den verfügbaren personellen und finanziellen Ressourcen zusammen. Es wird dringend empfohlen, auf die Realisierbarkeit der Planung zu achten. Insgesamt hat es sich sehr bewährt, eher wenige Projekte in High-Speed-Geschwindigkeit umzusetzen und die weiteren Projekte erst anschließend zu starten.

Die strategischen Programme und Projekte sollten im Performance Management gesteuert werden (vgl. Kap. 7).

> **Strategie in Aktion setzen:** Es wird empfohlen, die vorgestellte Vorgehensweise mit Hilfe von strategischen Stoßrichtungen und der Balanced-Scorecard-Systematik auch für folgende Strategiebausteine anzuwenden:
> - Top-Supply-Marktstrategien
> - Top-Lieferantenstrategie
> - Top-Prozessstrategie

3.5 Zusammenfassung: Aufbau der Rahmenstrategie

Die Rahmenstrategie wird in einem Strategiepapier (z. B. Foliensatz im PowerPoint-Format) dokumentiert. Der Aufbau der Rahmenstrategie hat sich an den konkreten Anforderungen der jeweiligen Firmensituation zu orientieren. Als Grundgerüst hat sich der folgende Musteraufbau bewährt (vgl. Institut für Beschaffungsstrategie 2017):

- **Management-Summary:** z. B. One-pager (vgl. Abb. 9.4 in der Fallstudie zu Atotech Deutschland GmbH in Kap. 9) und integrierte Strategy Map (vgl. Abb. 8.6 in der Fallstudie zu Phoenix Contact GmbH & Co. KG in Kap. 8). (Ca. 2 Seiten.)
- **Ziele und Aufbau der Rahmenstrategie:** Systematische Folien zur Erläuterung der theoretischen Grundlagen der 15M-Architektur und der Rahmenstrategie; Diese Folien helfen, die Rahmenstrategie Personen vorzustellen, die die 15M-Architektur nicht kennen. Falls die theoretischen Folien in einer konkreten Präsentation stören, können sie auch leicht ausgeblendet werden. (Ca. 5 Seiten.)
- **Wertbeitragsziele:** Ca. fünf bis fünfzehn Statements mit Erläuterungen (ca. 6 Seiten) sowie die Definition und Beschreibung der quantitativen Wertbeitragsziele; es kann sinnvoll sein, wesentliche Werttreiber mit aufzunehmen.
- **Supply-Guideline/Supply-Vision:** Slogan mit Erläuterung, ggf. Vorgehen zur Implementierung. (Ca. 1 Seite.)
- **Strategische Analyse:** Übersicht über ausgewählte strategische Analysen; Eckpunkte, Marktübersicht sowie die Prozesslandkarte sollten niemals fehlen. (Ca. 10 Seiten.)
- **Strategische Ausrichtung mit strategischer Story, strategischen Stoßrichtungen und Strategy Maps:** Ca. drei bis fünf strategische Stoßrichtungen jeweils mit Slogan, Erläuterung und Strategy Map. (Ca. 6 bis 15 Seiten.)
- **Geplante Entwicklungen zur Marktübersicht und zur Prozesslandkarte** (Ca. 5 Seiten.)
- **Übersicht über die strategischen Programme und Projekte:** Übersichtsseite und Vorstellung der einzelnen Projekte mit Zielsetzung und Meilensteinen. (Ca. 1 Seite pro Projekt.)
- **Grober Meilensteinplan:** Grobplanung zur Umsetzung der strategischen Programme und Projekte. (Ca. 3 Seiten.)
- **Organisation:** Soweit die Aufbauorganisation des Supply Managements problematisch ist, sollte die Aufbauorganisation dargestellt werden. (Ca. 3 Seiten.)

- **Personalmanagement:** Soweit kritisch, sollten die Situation und die geplanten Maßnahmen im Personalmanagement vorgestellt werden. (Ca. 3 Seiten.)
- **Steuerungskonzept, insbesondere Planungskalender:** Terminierung der Planungs- und Kontrollzyklen. (Ca. 1 Seite.)

Die Rahmenstrategie sollte **jährlich fortgeschrieben bzw. überarbeitet** werden. Zur Steuerung der Strategie sollten die quantitativen Ziele monatlich überwacht werden. Aus den strategischen Programmen und Projekten werden konkrete Maßnahmen abgeleitet. Auch der Fortschritt der Programme, Projekte und Maßnahmen sollte monatlich geprüft werden. In diesem Rahmen sollten auch neuartige Risiken bzw. wesentliche Entwicklungen bekannter Risiken diskutiert und bewertet werden. Die Steuerungsprozesse werden in Kap. 7 ausführlich diskutiert.

In Kap. 8 und 9 finden sich zwei umfassende Fallbeispiele zur Rahmenstrategie bei Phoenix Contact GmbH & Co. KG und bei Atotech Deutschland.

Literatur

Appelfeller, W., & Buchholz, W. (2011). *Supplier Relationship Management – Strategie, Organisation und IT des modernen Beschaffungsmanagements* (2. Aufl.). Wiesbaden: Gabler.

Aßländer, M., & Roloff, J. (2009). Die Krise in der Krise – Der Überlebenskampf europäischer Autozulieferer. *Forum Wirtschaftsethik, 4,* 7–19.

Carlsson, M. (2015). *Strategic sourcing and category management – Lessons learned at IKEA*. London: Kogan Page.

Heß, G. (2010). *Supply-Strategien in Einkauf und Beschaffung – Systematischer Ansatz und Praxisfälle* (2. Aufl.). Wiesbaden: Gabler.

Hofmann, E., Maucher, D., Kotula, M., & Kreienbrink, O. (2012). *Erfolgsmessung und Anreizsysteme im Einkauf – Den Mehrwert der Beschaffung professionell erheben, bewerten und darstellen*. Berlin: Springer.

Hug, W., & Weber, J. (2011). *Werttreiber Einkauf – Wertehebel im Einkauf als Controllingaufgabe*. Weinheim: Wiley.

Hungenberg, H. (2014). *Strategisches Management im Unternehmen – Ziele – Prozesse – Verfahren* (8. Aufl.). Wiesbaden: Gabler.

Institut für Beschaffungsstrategie. (2017). Homepage des Instituts für Beschaffungsstrategie. http://www.beschaffungsstrategie.de. Zugegriffen: 8. Juli 2017.

Kaplan, R., & Norton, D. (1997). *Balanced Scorecard – Strategien erfolgreich umsetzen*. Stuttgart: Schäffer-Poeschel.

Kaplan, R., & Norton, D. (2001). *Die strategiefokussierte Organisation – Führen mit der Balanced Scorecard*. Stuttgart: Schäffer-Poeschel.

Kaplan, R., & Norton, D. (2004). *Strategy Maps – Der Weg von immateriellen Werten zum materiellen Erfolg*. Stuttgart: Schäffer-Poeschel.

Laschinger, M., & Frank, M. (2010). Entwicklung der Supply-Strategie bei E-T-A, Altdorf. In G. Heß (Hrsg.), *Supply-Strategien in Einkauf und Beschaffung – Systematischer Ansatz und Praxisfälle* (2. Aufl., S. 7–18). Wiesbaden: Gabler.

Liebetruth, T. (2016). *Prozessmanagement in Einkauf und Logistik – Instrumente und Methoden für das Supply Chain Process Management*. Wiesbaden: Gabler.

Moosmann, S., & Fröhlich, E. (2014). Maverick Buying in deutschen Unternehmen – Gründe, Konsequenzen & Lösungsansätze. In R. Bogaschewsky, M. Eßig, R. Lasch, & W. Stölzle (Hrsg.), *Supply Management Research – Aktuelle Forschungsergebnisse 2014* (S. 209–227). Wiesbaden: Gabler.

O'Brien, J. (2015). *Category management in purchasing – A strategic approach to maximize business profitability* (3. Aufl.). London: Kogan Page.

Porter, M. (2013). *Wettbewerbsstrategie – Methoden zur Analyse von Branchen und Konkurrenten* (12. Aufl.). Frankfurt a. M.: Campus.

Porter, M. (2014). *Wettbewerbsvorteile – Spitzenleistungen erreichen und behaupten* (8. Aufl.). Frankfurt a. M.: Campus.

Schmelzer, H., & Sesselmann, W. (2013). *Geschäftsprozessmanagement in der Praxis* (8. Aufl.). München: Hanser.

Schuh, G., Aghassi, S., Bremer, D., & Graw, M. (2014a). Einkaufsstrukturen. In G. Schuh (Hrsg.), *Einkaufsmanagement – Handbuch Produktion und Management 7* (2. Aufl., S. 25–74). Berlin: Springer Vieweg.

Schuh, G., Aghassi, S., Bremer, D., & Graw, M. (2014b). Einkaufsstrukturen. In G. Schuh (Hrsg.), *Einkaufsmanagement – Handbuch Produktion und Management 7* (2. Aufl., S. 119–146). Berlin: Springer Vieweg.

UN Global Compact. (2017). Homepage des UN Global Compact. http://www.unglobalcompact.org. Zugegriffen: 8. Juli 2017.

Wagner, K. W., & Patzak, G. (2015). *Performance Excellence – Der Praxisleitfaden zum exzellenten Prozessmanagement* (2. Aufl.). München: Hanser.

Wagner, S., & Weber, J. (2007). *Beschaffungscontrolling – Den Wertbeitrag der Beschaffung messen und optimieren*. Freiburg: Wiley.

Watzka, K. (2017). *Zielvereinbarungen im Unternehmen – Grundlagen, Umsetzung, Rechtsfragen* (2. Aufl.). Wiesbaden: Gabler.

4 Supply-Marktstrategien: Wettbewerbsvorteile auf Supply-Märkten entwickeln

Die Supply-Marktstrategien (häufig auch Materialgruppen-, Warengruppen-, Commodity- oder Category-Strategien bezeichnet) sind das Herzstück der Supply-Strategien. Sie beschreiben die strategische Ausrichtung des Unternehmens auf den Supply-Märkten. In diesem Abschnitt wird die Formulierung einer Marktstrategie mithilfe der Steckbriefmethode in folgenden Schritten vorgestellt: Zunächst sollen der Markt und insbesondere seine Marktsegmente analysiert (Modul N05) und die Wertbeitragsziele und Strategietreiber marktorientiert konkretisiert (Modul N06) werden. In der folgenden internen Analyse wird die Beschaffungssituation des Unternehmens im Markt betrachtet. Es werden mögliche strategische Vorgehensweisen identifiziert (Modul N07). Aus den vielfältigen Handlungsmöglichkeiten muss eine konsistente Strategie abgeleitet werden (Modul N08). Am Ende des Abschnittes wird die Nutzung des Einkaufsportfolios vorgestellt und kritisch diskutiert.

▶ **Supply-Marktstrategie:** Die Supply-Marktstrategie beschreibt die Strategie eines Unternehmens auf einem Beschaffungsmarkt. Dabei werden die Märkte meist über die zu beschaffenden Leistungen abgegrenzt, z. B. Markt für Gussteile, Markt für IT-Beratungsdienstleistungen. Mit der Supply-Marktstrategie sollen Erfolgspotenziale im

---

Kap. 4 zu Strategiebaustein 2 „Supply-Marktstrategien" orientiert sich eng an Heß (2010, S. 161–282). Mit diesem Buch soll ein kompakter Überblick über den Aufbau und die Vorgehensweise zur Ableitung einer Supply-Marktstrategie gegeben werden. In Heß (2010) finden sich darüber hinausgehende Analysen und Hinweise für die praktische Anwendung. Da sich in Strategiebaustein 2 die Struktur der 15M-Architektur zwischen Version 1 und Version 2 nicht verändert hat, können dieser Leitfaden und die Detailanalyse – trotz einiger Aktualisierungen – gut gemeinsam genutzt werden.

© Springer Fachmedien Wiesbaden GmbH 2017

G. Heß, *Strategischer Einkauf und Supply-Strategie*,
DOI 10.1007/978-3-658-16215-3_4

jeweiligen Supply-Markt geschaffen werden. Für jeden strategisch bedeutsamen Supply-Markt wird eine Supply-Marktstrategie entwickelt.

Worin besteht der Erfolg einer Supply-Marktstrategie? Der Maßstab für den Erfolg einer Marktstrategie ergibt sich aus dem Beitrag zu den geplanten Wertbeitragszielen und Werttreibern (N01) sowie aus dem Beitrag zu den strategischen Stoßrichtungen der Rahmenstrategie (N04). Hierzu müssen die Wertbeitragsziele, Werttreiber und strategischen Stoßrichtungen auf die einzelnen Märkte heruntergebrochen werden. Zur Strategieformulierung werden dann die externe Marktsituation und die interne Beschaffungssituation (= Situation der potenziellen Gestaltungshebel) analysiert. Auf dieser Basis kann eine in sich stimmige Strategie formuliert werden, mit der die Erfolgspotenziale im Supply-Markt und in der Konsequenz die angestrebten Wertbeitragsziele entwickelt werden können (Zu Materialgruppenstrategien vgl. Heß 2010, S. 161 ff.; Carlsson 2015; Grajczyk 2016; Kalbfuß 2003; O Brien 2015; Reinelt und Bühlmeyer 2004; Rüdrich et al. 2016).

Vorgehen zur Ableitung einer Supply-Marktstrategie
Eine Marktstrategie wird in vier Schritten entwickelt.

1. Schritt: Supply-Markt analysieren und segmentieren (N05).
2. Schritt: Supply-Marktziele festlegen (N06). Dieser Schritt umfasst das Anforderungsmanagement im Supply-Markt.
3. Schritt: Gestaltungsfelder analysieren (N07). Dieser Schritt umfasst die Analyse der aktuellen Lieferantenstruktur, der aktuellen Versorgungsstruktur sowie möglicher Handlungsoptionen des Unternehmens.
4. Schritt: Supply-Marktstrategie formulieren und konkretisieren (N08).

Diese vier Schritte gelten unabhängig von der Unternehmensgröße bzw. des Einkaufsvolumens im Markt. Wie tief gehend die einzelnen Schritte ausgeführt werden, hängt allerdings von der verfügbaren Kapazität im Einkauf und somit in der Regel von der Höhe des Einkaufsvolumens ab. Die folgenden Ausführungen orientieren sich an einem mittelständischen Unternehmen, in dem jeder strategische Einkäufer für ein bis fünf strategisch bedeutsame Märkte verantwortlich ist.

Da die 15M-Architektur skalierbar ist, lassen sich die Methoden leicht an kleine Unternehmen mit insgesamt nur ein oder zwei strategischen Einkäufern sowie an Großunternehmen anpassen, in denen ganze Teams für einzelne Supply-Märkte zuständig sind (vergleiche die Beispiele in Heß 2010).

Ebenso werden Unternehmen, die mit der 15M-Architektur starten, anfangs eine eher einfache und schlanke Vorgehensweise wählen und diese mit der Zeit professionalisieren. Der modulare Charakter unterstützt entsprechende Entwicklungsstrategien, die im Reifegradmanagement (vgl. N03 und N15, zur evolutionären Perspektive vgl. Abschn. 2.4 und 3.4) geplant und gesteuert werden.

Im Folgenden werden fallweise Hinweise für kleine Unternehmen bzw. für „Anfänger“ gegeben sowie vertiefende Aspekte für Unternehmen angeführt, die bereits an der Professionalisierung arbeiten.

Steckbrief-Methode
Zur Entwicklung von Marktstrategien hat sich die Steckbrief-Methode bewährt. Hierbei werden Marktstrategien jeweils in einem Marktsteckbrief dokumentiert. Der Steckbrief stellt eine Vorlage dar, die nach der Vorgehensweise zur Ableitung einer Marktstrategie strukturiert ist. So werden mit dem Ausfüllen des Steckbriefs die Marktziele definiert, die erforderlichen strategischen Analysen durchgeführt und letztlich die Strategie formuliert. Wesentliche Vorteile der Steckbrief-Methode sind:

- Die einfache und durchstrukturierte Vorgehensweise unterstützt insbesondere Einkäufer mit eher geringer Erfahrung in der Strategieformulierung.
- Die einheitliche und ausgereifte Vorgehensweise fördert die Kommunikation im Supply Management und mit den Fachabteilungen und steigert die Qualität der Marktstrategien.
- Transparente Dokumentation der Strategie unterstützt die nachhaltige Strategieumsetzung und fördert Lernprozesse in Richtung einer kontinuierlichen Verbesserung der Strategie und der Strategiemethodik.

Das Template des Steckbriefs ist üblicherweise im Excel- oder im Word-Format erstellt und auf firmenspezifische Belange angepasst. (SRM-Lösungen stellen erstaunlicherweise noch die Ausnahme dar.) Je nach Reifegrad und verfügbarer Kapazität können dabei vielfältige weiterführende Analysen berücksichtigt werden, z. B. tief gehende Kostenstrukturanalysen oder Marktmachtanalysen.

Datenbasis
Gelegentlich wird als Argument gegen die Einführung von Markt- und Lieferantenstrategien eingewandt, dass im Unternehmen keine geeignete Datenbasis verfügbar ist. In einzelnen Fällen wird hinzugefügt, dass zunächst die Datenbasis geschaffen werden soll und dann – vielleicht in zwei bis drei Jahren – mit der Strategie begonnen wird. Diesen Argumenten kann ganz und gar nicht gefolgt werden.

Gute Daten sind für die Strategieformulierung hilfreich. Allerdings setzen strategische Überlegungen nur in wenigen Fällen zwingend präzise Daten voraus, sondern ergeben sich meist aus der qualitativen Markt- und Unternehmensanalyse. Über dieses Wissen verfügen erfahrene Einkäufer in der Regel. Ferner ist es bei der Entwicklung einer Datenbasis sehr hilfreich, wenn die geplante Verwendung der Daten geklärt ist. So sind gute Supply-Strategien und eine gute Strategiekompetenz für den Aufbau der Datenbasis sehr vorteilhaft.

> So lautet die Empfehlung, auch bei schlechter Datenqualität „sofort" mit der Supply-Strategie zu beginnen und darin die Entwicklung der Datenbasis als ein strategisches Programm intensiv voranzutreiben.

Beispiel Kabelmarktstrategie der Elektro AG
Die folgenden Ausführungen zur Entwicklung von Marktstrategien sollen am Beispiel der Markstrategie für „Kabel und Leitungen unkonfektioniert" (kurz „Kabelmarktstrategie") der Elektro AG illustriert werden. Die Elektro AG ist ein Unternehmen, das als Zulieferer der Maschinenbauindustrie kundenindividuelle Elektrokomponenten designt und produziert. Hierzu werden Kabel und Leitungen in großen Mengen benötigt.

Die ausgeführte Kabelmarktstrategie hat einen realen Kern, der als Amalgam aus drei Praxisprojekten zu Kabelmarktstrategien unterschiedlicher Firmen stammt. Aus didaktischen Gesichtspunkten und aufgrund der gebotenen Geheimhaltung wurde der Fall intensiv überarbeitet und anonymisiert. Ferner genügt es für ein Illustrationsbeispiel, wenn es in sich stimmig ist und eine fiktive Situation realitätsnah schildert. Insbesondere besteht auch kein Interesse, stets den aktuellen Marktentwicklungen hinterherzulaufen. Experten für Kabel und Leitungen werden deshalb um Nachsicht gebeten, dass die Ausführungen nicht mit den aktuellen Marktbedingungen übereinstimmen. Der beispielhaft ausgeführte Steckbrief ist in Excel erstellt.

4.1 Supply-Markt analysieren und segmentieren (N05)

Im ersten Schritt sind die aktuelle Marktsituation im betrachteten Markt und deren Entwicklungstrends zu analysieren. Hierbei sind auch wesentliche Chancen und Risiken im Markt zu identifizieren (vgl. Heß 2010, S. 163 ff.; Arnolds et al. 2016, S. 53 ff.; Koppelmann 2004, S. 204 ff.; Large 2013, S. 94 ff.; Schuh et al. 2014, S. 147 ff.).

Als kritisch hat sich der zeitliche Aufwand herausgestellt, der für eine tief gehende Marktanalyse erforderlich ist. Dieser übersteigt in vielen Fällen die verfügbare Kapazität der zuständigen strategischen Einkäufer. Insofern soll zunächst eine pragmatische Vorgehensweise vorgestellt werden, die selbst für viel beschäftigte Supply Manager gut umsetzbar ist. Anschließend wird eine umfassende Systematik skizziert.

Pragmatische Vorgehensweise der Marktanalyse
Die pragmatische Vorgehensweise der Marktanalyse orientiert sich an der unten vorgestellten umfassenden Systematik. Sie konzentriert sich allerdings auf wenige ausgewählte Aspekte, deren Kenntnis in der Regel verfügbar ist oder die leicht recherchierbar sind. Die Ergebnisse der Marktanalyse werden im Marktsteckbrief dokumentiert:

1. **Marktsituation und Marktentwicklung**
   Mit wenigen Statements wird eine Einschätzung zum Markt und seiner Entwicklung geschildert. Fragen, die in diesem Rahmen interessieren, sind beispielsweise: Wie

ist und wie entwickelt sich die Marktnachfrage? Wie ist und wie entwickelt sich die Marktstruktur? Welche Rolle spielen mächtige marktbeherrschende Lieferanten? Wie globalisiert ist das Angebot oder die Nachfrage? Welche Risiken sind in der Marktentwicklung zu erkennen?

2. **Marktsegmente**
   Es werden die Marktsegmente benannt, ggf. auch erläutert. Segmente sind Teilbereiche des Marktes, die sich in ihrer Marktsituation deutlich unterscheiden und deshalb unterschiedliche Strategien erforderlich machen.
   Sehr oft werden die Segmente nach technischen Kriterien gebildet, z. B. Standardschrauben und Spezialschrauben. Eine Segmentierung kann sich auch auf Basis des Lieferantentyps oder dessen Leistungsspektrums ergeben, z. B. Hersteller und Distributoren bei Elektronikbauteilen oder Full-Service-Anbieter und Spezialisten. In Märkten mit hohen Transportbarrieren kann auch eine regionale Segmentierung sinnvoll sein. Beispielsweise ist im Markt für Tiefdruckpapier (Rollenpapier) zwischen dem europäischen, dem amerikanischen und dem asiatischen Marktsegment zu unterscheiden.
   Sollten anfangs keine Segmente gebildet oder die Segmentierung in unangemessener Weise durchgeführt worden sein, macht sich die Fehleinschätzung meist bald bemerkbar. Bei der Formulierung der Marktstrategie wird sich häufig die Aussage ergeben: „Das kann man so nicht sagen. In einem Fall verhält es sich so und im anderen Fall gerade anders." Dies ist ein klarer Hinweis auf eine unpassende Segmentierung. Spürt man die Gründe auf, weshalb keine eindeutige Aussage möglich ist, ist man bei den Segmentierungskriterien angelangt.
   Grundsätzlich ist auch eine mehrdimensionale Segmentierung möglich, z. B. können im Schraubenmarkt gleichzeitig eine Segmentierung nach Standard- und Spezialschrauben und eine Segmentierung nach Händler und Hersteller sinnvoll sein.
3. **Technologieentwicklung bzw. -Roadmap**
   Welche technologischen Entwicklungen in den Bereichen Produkt- und Prozesstechnologie sind im Markt absehbar? Welche Chancen und Risiken sind damit verbunden? Lässt sich die Penetration der neuen Technologie abschätzen?
4. **Kapazitätsauslastung und -entwicklung und Allokation**
   Wie gut ist die Produktionskapazität der Anbieter ausgelastet und wie entwickelt sich deren Produktionskapazität? Ist mit Versorgungsengpässen zu rechnen?
5. **Preisentwicklung und Elastizitäten**
   Eng mit der Kapazitätssituation im Markt ist die Einschätzung zur Preisentwicklung verknüpft. Hierbei ist insbesondere die Frage nach der Preiselastizität von Bedeutung: Wie reagiert der Markt, falls Angebot und Nachfrage aus dem Gleichgewicht geraten? Kann sich das Angebot oder die Nachfrage einfach und schnell anpassen? Oder wird das Marktgleichgewicht durch erhebliche Preisreaktionen wieder hergestellt? Letztlich müssen die Preisrisiken und deren Konsequenzen für die Marktstrategie identifiziert werden.

6. **Lieferantenübersicht**
   Es empfiehlt sich, einen Überblick über die Lieferanten im Markt zu erstellen. Bei einer überschaubaren Zahl an Lieferanten können die Lieferanten aufgelistet werden. In fragmentierten Märkten mit großer Lieferantenzahl empfiehlt es sich, die Lieferanten zu strukturieren und als Gruppen darzustellen.
7. **Sonstige strategierelevante Aspekte**
   Weitere strategierelevante Aspekte sollten angesprochen werden.

Ein erfahrener Supply Manager sollte diese Fragen ohne wesentlichen Rechercheaufwand innerhalb kurzer Zeit (ca. 2–3 h) beantworten und auf ein bis zwei Seiten dokumentieren können. Folgende Vorteile einer Dokumentation der Marktsituation haben sich in den Projekten gezeigt:

- **Transparenz:** Die wesentlichen marktlichen Rahmenbedingungen der Marktstrategie werden präzise benannt und transparent gemacht.
- **Stabilität:** Aktuelle operative Probleme können die Markteinschätzung der Supply Manager sehr prägen. Nach deren Lösung dominieren die nächsten operativen Probleme die Markteinschätzung. Gegebenenfalls verändert sich die Marktbeurteilung häufig und kurzfristig. Dies ist für eine auf Dauer angelegte Strategie kontraproduktiv. Die Dokumentation hilft, langfristige wesentliche Trends zu identifizieren bzw. kurzfristige Stimmungen als solche zu entlarven.
- **Aufbau von Wissen:** Durch die Dokumentation kann Wissen akkumuliert werden.
- **Kommunikation:** Die Markteinschätzung kann mit Vorgesetzten und Kollegen diskutiert werden. Dies hilft, gleichermaßen unterschiedliche Erfahrungen in der Marktanalyse zu berücksichtigen und zu einer gemeinsamen Einschätzung der Märkte zu gelangen.

Beispiel Kabelmarktstrategie der Elektro AG
In Abb. 4.1 ist die Marktanalyse für das Beispiel Kabelmarktstrategie der Elektro AG dargestellt. Zunächst werden Markt, Marktsegmente und Verantwortlichkeiten definiert. Anschließend finden sich die Einschätzungen zu verschiedenen Aspekten der Marktsituation und der Marktrisiken. Darüber hinaus können tiefer gehende Analysen eingebunden werden, im Beispiel: das Marktportfolio mit den Segmenten und eine Marktmachtanalyse in den Segmenten, die jeweils in einer eigenen Excel-Lasche erstellt und auf der Titelseite präsentiert werden. Ferner wird die Preisentwicklung als Preisindex abgebildet. Darüber hinaus wird in einer eigenen Lasche eine Übersicht zu Top-Anbietern im Kabelmarkt erstellt (Die Lieferantenübersicht ist nicht abgebildet).

Umfassende Systematik zur Marktanalyse
In Abb. 4.2 findet sich eine umfassende Systematik zur Marktanalyse. Dabei wird der Markt zunächst grundlegend nach Segmenten, Marktvolumen, Wachstum, Markstruktur (= Monopol, Oligopol, Polypol) und Machtverhältnissen untersucht. Danach wird die Angebots- sowie die Nachfrageseite näher betrachtet. Besondere Aufmerksamkeit gilt

Objekt	Name des Supply-Marktes	Lead Buyer	Datum	Letzte Änderung
Markt-ID	Kabel und Leitungen unkonfektioniert	Hr. Kabelmann	01.07.2017	

a) Definition

Supply-Markt		Kabel und Leitungen unkonfektioniert
Definition		Kabel und Leitungen ohne Konfektion
Supply-Bereich		Kabel und Leitungen
Benachbarte Märkte		Kabel und Leitungen konfektioniert
Supply-Marktsegmente		# PVC-Steuerleitungen # Kundenspezifische Datenkabel # Kundenspezifische Flach- und Flachbandleitungen
Warengruppen		zu PVC-Steuerleitungen 4710 Standardleitungen H03 4720 Standardleitungen H05 4730 Standardleitungen H07 4810 Reinraumleitungen H03 ...
Lead Buyer		Hr. Alexander Kabelmann
Strategie	verabschiedet am	01.07.2017
	letzte Änderung	01.07.2017

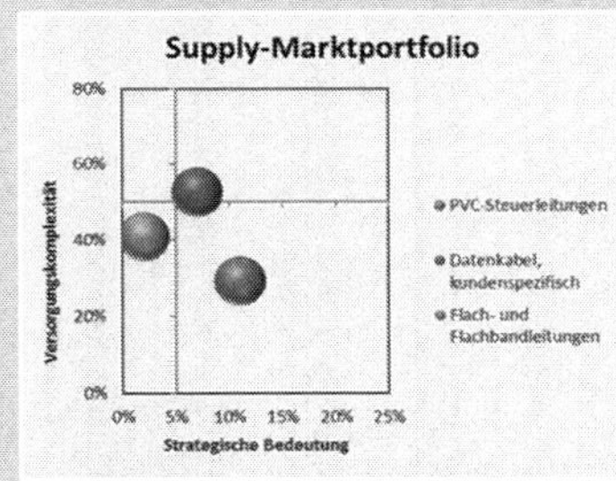

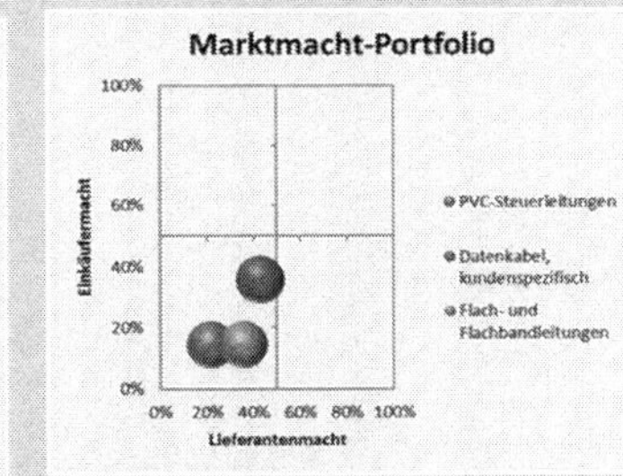

b) Beschreibung der Marktsituation

Marktstruktur	Einschätzung / Kommentar	Auswirkung
Marksituation	Der Markt für Kabel und Leitungen ist ein reifer und fragmentierter Markt. Nur wenige Hersteller sind Global Player. Selbst die global aufgestellten Hersteller agieren häufig sehr lokal. Umgekehrt hindern nationale Standards eine schnelle Globalisierung des Marktes. Die Marktnachfrage ist gleichermaßen durch Standardleitungen wie auch durch kundenindividuelle Lösungen geprägt.	neutral
Marktentwicklung	Während die Kunden an einer verstärkten globalen Standardisierung interessiert sind, werden diese Bemühungen von den Herstellern behindert. Diese fürchten durch Internationalität einen verstärkten Wettbwerb. Trotzdem wird sich eine Globalisierung des Marktes durchsetzen.	vorteilhaft
Marktrisiko	Starke Abhängigkeiten vom Kupferpreis	negativ
Kundenstruktur	Kabel werden in vielen Branchen verwendet. Dabei stellen die Anwendungen derart unterschiedliche Anforderungen, dass sich die meisten (kleineren) Hersteller auf einige Kundenbranchen konzentriert haben.	neutral
Technische Entwicklungen	Prozesstechnologien werden fortentwickelt, um einfacher kundenspezifische Lösungen anbieten zu können. Verstärkte Bemühungen das Kabelgewicht durch den Einsatz von extradünner Ummantelung zu reduzieren. Verstärkte Bemühungen die mechanische Belastbarkeit der Kabel zu erhöhen.	vorteilhaft
Sonstiges		neutral

c) Auswahlfelder

Marktwachstum	Kapazitätsauslastung
je nach Segment 0% bis 10%	hoch
Kapazitätsentwicklung	
leicht steigend	

Preisentwicklung

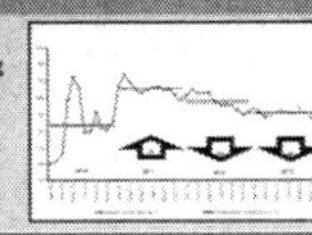

Abb. 4.1 Beispiel Kabelmarktstrategie der Elektro AG Teil 1: Marktanalyse und Marktrisiken

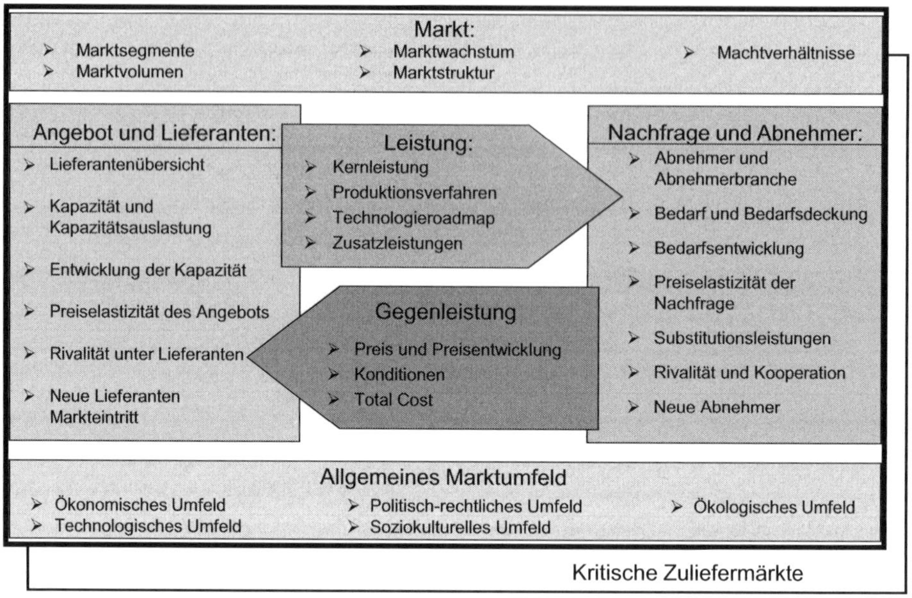

Abb. 4.2 Aufbau einer umfassenden Marktanalyse. (Quelle: Heß 2010, S. 166)

den Marktleistungen (Welche Leistungen werden angeboten?) und den Gegenleistungen, insbesondere Preise und Preisentwicklungen. Das allgemeine Marktumfeld kann kritisch werden, soweit es sich auf die Marktleistungen oder die Preise auswirkt. Ferner müssen kritische Zuliefermärkte in die Analyse einbezogen werden. Beispielsweise können beim Bezug von Kunststoffteilen der Granulatmarkt, ja sogar der Rohölmarkt von Interesse sein. Gerade unter Risikogesichtspunkten sind die in der Supply Chain vorgelagerten Supply-Märkte sehr bedeutsam. Ein ernstes Problem in nur einem kritischen vorgelagerten Markt kann die ganze Supply Chain zum Erliegen bringen.

Mit zunehmender Kompetenz sollten bedeutsame Märkte zunehmend tiefer gehend analysiert werden. Beispielsweise kann eine umfangreiche Total-Cost-Analyse für Rennertypen oder für Referenzmaterialien ausgeführt werden. Die Automobilindustrie ist bezüglich der marktbezogenen Total-Cost-Analysen als ein viel zitiertes Benchmark anzusehen. Weitere typische Analysen sind die Marktvolumen- und Marktpotenzialanalyse einzelner Herkunftsländer oder die Marktmachtanalyse in den Marktsegmenten.

In den Marktanalysen werden häufig marktspezifische Vorgehensweisen erforderlich, wie das folgende Beispiel zum Markt für Tiefdruckpapiere zeigt: Im Markt für Tiefdruckpapier (Rollenpapier) kann zur Analyse der Kapazitätsentwicklung jede europäische Papiermaschine mit ihren technologischen Parametern und ihrer regionalen Verteilung erfasst werden. Darüber hinaus können die Investitionen in und die Stilllegungen von Maschinen erfasst werden, sodass eine tief gehende Analyse der Marktkapazität und ihrer Entwicklung möglich wird. Hieraus ergibt sich ein Baustein, um Rückschlüsse auf die Kapazitätsauslastung – einem der wichtigsten Parameter der Preiskalkulation – ziehen zu können.

Eine tief gehende Diskussion der umfassenden Marktanalyse würde den Rahmen dieser Abhandlung sprengen. In Heß (2010, S. 165 ff.) wird die umfassende Marktanalyse näher erläutert.

4.2 Supply-Marktziele festlegen (N06)

Im zweiten Schritt werden die Ziele definiert, die im Supply-Markt angestrebt werden. Hierzu werden die Wertbeitragsziele und ggf. die Strategietreiber der Rahmenstrategie (vgl. Modul N01) daraufhin untersucht, ob sie durch die Marktstrategien beeinflusst werden können. Dies ist bei den meisten der oben diskutierten Kennzahlen der Fall. Beispiele sind:

- Materialkostenveränderung
- Projekterfolge
- Verhandlungserfolge
- ausgewählte Prozesskosten
- Bestandskosten
- Lieferleistungen der Lieferanten
- Lieferqualität
- Working Capital aus Einkauf
- durchschnittliche Zahlungsziele
- Bestände

Für diese Ziele – soweit sie relevant sind – wird aus dem Zielwert des gesamten Supply Managements der Zielbeitrag der einzelnen Märkte abgeleitet.

Beispielsweise muss der Wertbeitrag, der durch die Materialkostenveränderung im gesamten Supply Management erzielt werden soll, auf die einzelnen Märkte verteilt werden. Dabei wird es Märkte mit weit überdurchschnittlichen und Märkte mit weit unterdurchschnittlichen Preisveränderungen geben. In der Summe müssen die geplanten Preisveränderungen in den einzelnen Märkten mit der konsolidierten Materialpreisveränderung des Unternehmens zusammenpassen.

Darüber hinaus können sich aus der Supply-Marktstrategie weitere marktbezogene Werttreiber ergeben. Beispielsweise kann in einem Markt eine Strategie der Verwendung von Vorzugsmaterialien verfolgt werden. Als Treibergröße kann in diesem Markt der Anteil des Einkaufsvolumens von Vorzugsmaterialien am gesamten Einkaufsvolumen der Materialgruppe definiert werden. Die marktspezifischen Treibergrößen sind in der gleichen Weise wie die unternehmensweiten Ziele zu planen und zu steuern.

Beispiel Kabelmarktstrategie der Elektro AG
Abb. 4.3 zeigt für das Beispiel der Elektro AG die Kennzahlen und Ziele im Kabelmarkt. Diese sind nach Segmenten aufzuteilen (nicht vollständig im Bild). Hilfreich sind grafische Auswertungen zu besonders bedeutsamen Zielsetzungen, z. B. Materialpreisveränderung (MPV), Verhandlungserfolge oder die Anzahl aktiver Lieferanten jeweils nach Marktsegmenten. Theoretisch ideal müsste der Planungszeitraum auf ca. drei Jahre ausgedehnt werden.

Neben der Kaskadierung der Wertbeitragsziele und der Strategietreiber sind die Anforderungen der Stakeholder für den jeweiligen Supply-Markt zu konkretisieren (vgl. die Ausführungen zum Anforderungsmanagement in Abschn. 3.1.4). Je nach Bedeutung des Anforderungsmanagements auf Marktebene kann hierfür eine eigenständige Analyse durchgeführt werden. Hervorzuheben sind die Bedarfsplanung und die Technologie-Roadmap. Alternativ können die Anforderungen auch im Rahmen der folgenden internen Analyse (Modul N07) integriert werden.

4.3 Gestaltungsfelder analysieren (N07)

Nach der externen Marktanalyse und der Formulierung der Zielsetzungen im Supply-Markt wird im dritten Schritt die interne Versorgungssituation des Unternehmens bezüglich des betrachteten Marktes analysiert. Hierbei sollen Schwachpunkte und Verbesserungsideen identifiziert werden (vgl. zu den Gestaltungsfeldern Heß 2010, S. 183 ff.; Stollenwerk 2016). So wird empfohlen, die Analyse nach den Gestaltungsfeldern einer Marktstrategie zu strukturieren. Innerhalb der 15M-Architektur wird eine Systematik angeboten, die dem Anspruch nach alle Gestaltungsfelder und Hebel umfasst, die einem Supply Manager zur Verfügung stehen.

Im Rahmen der internen Analyse werden die Hebel durchdekliniert. Soweit ein Hebel als strategisch relevant eingestuft wird, erfolgt eine nähere Analyse der aktuellen Situation. Dabei werden auch die vorhandenen Chancen und Risiken erfasst. Anschließend werden strategische Handlungsoptionen in Bezug auf das Gestaltungsfeld und seine Hebel identifiziert und dokumentiert.

Als Ergebnis dieses Schrittes erhält man somit einen systematischen Überblick zu den relevanten Gestaltungsfeldern und Hebeln mit folgenden Bestandteilen:

- Analyse der aktuellen Versorgungssituation und Einschätzung der Relevanz des Gestaltungsfeldes und der damit verbundenen Hebel,
- Analyse der Chancen und Risiken, die sich aufgrund der aktuellen Versorgungssituation ergeben bzw. die mit der Wahl der vorgeschlagenen Handlungsoptionen verbunden sind,
- Sammlung von Ideen zur Verbesserung der strategischen Marktposition (Handlungsoptionen).

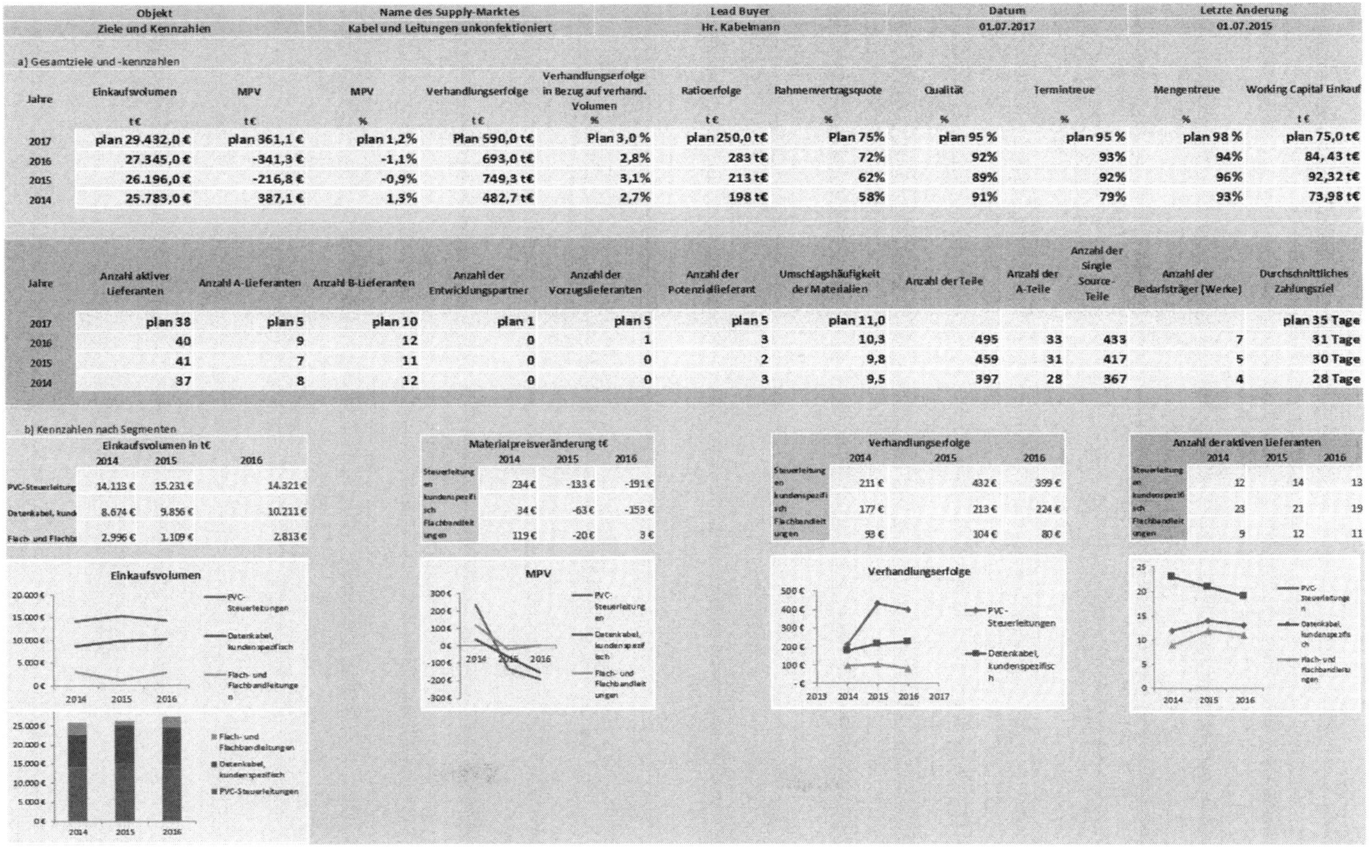

Objekt	Name des Supply-Marktes	Lead Buyer	Datum	Letzte Änderung
Ziele und Kennzahlen	Kabel und Leitungen unkonfektioniert	Hr. Kabelmann	01.07.2017	01.07.2015

a) Gesamtziele und -kennzahlen

Jahre	Einkaufsvolumen	MPV	MPV	Verhandlungserfolge	Verhandlungserfolge in Bezug auf verhand. Volumen	Ratioerfolge	Rahmenvertragsquote	Qualität	Termintreue	Mengentreue	Working Capital Einkauf
	t€	t€	%	t€	%	t€	%	%	%	%	t€
2017	plan 29.432,0 €	plan 361,1 €	plan 1,2%	Plan 590,0 t€	Plan 3,0 %	plan 250,0 t€	Plan 75%	plan 95 %	plan 95 %	plan 98 %	plan 75,0 t€
2016	27.345,0 €	-341,3 €	-1,1%	693,0 t€	2,8%	283 t€	72%	92%	93%	94%	84,43 t€
2015	26.196,0 €	-216,8 €	-0,9%	749,3 t€	3,1%	213 t€	62%	89%	92%	96%	92,32 t€
2014	25.783,0 €	387,1 €	1,3%	482,7 t€	2,7%	198 t€	58%	91%	79%	93%	73,98 t€

Jahre	Anzahl aktiver Lieferanten	Anzahl A-Lieferanten	Anzahl B-Lieferanten	Anzahl der Entwicklungspartner	Anzahl der Vorzugslieferanten	Anzahl der Potenziallieferant	Umschlagshäufigkeit der Materialien	Anzahl der Teile	Anzahl der A-Teile	Anzahl der Single Source-Teile	Anzahl der Bedarfsträger (Werke)	Durchschnittliches Zahlungsziel
2017	plan 38	plan 5	plan 10	plan 1	plan 5	plan 5	plan 11,0					plan 35 Tage
2016	40	9	12	0	1	3	10,3	495	33	433	7	31 Tage
2015	41	7	11	0	0	2	9,8	459	31	417	5	30 Tage
2014	37	8	12	0	0	3	9,5	397	28	367	4	28 Tage

b) Kennzahlen nach Segmenten

Einkaufsvolumen in t€	2014	2015	2016
PVC-Steuerleitung	14.113 €	15.231 €	14.321 €
Datenkabel, kund	8.674 €	9.856 €	10.211 €
Flach- und Flachb	2.996 €	1.109 €	2.813 €

Materialpreisveränderung t€	2014	2015	2016
Steuerleitungen	234 €	-133 €	-191 €
kundenspezifisch	34 €	-63 €	-153 €
Flachbandleitungen	119 €	-20 €	3 €

Verhandlungserfolge	2014	2015	2016
Steuerleitungen	211 €	432 €	399 €
kundenspezifisch	177 €	213 €	224 €
Flachbandleitungen	93 €	104 €	80 €

Anzahl der aktiven Lieferanten	2014	2015	2016
Steuerleitungen	12	14	13
kundenspezifisch	23	21	19
Flachbandleitungen	9	12	11

Abb. 4.3 Beispiel Kabelmarktstrategie der Elektro AG Teil 2: Kennzahlen und Ziele

Im folgenden Schritt (Modul N08) werden dann die identifizierten Handlungsoptionen bewertet und es wird eine konsistente Strategie formuliert.

In Abb. 4.4 findet sich die Systematik der Gestaltungsfelder und Hebel einer Marktstrategie. Die Systematik ist generisch aufgebaut und orientiert sich an einem einfachen Prozessschema: Der Bedarf des Unternehmens (1) wird von Lieferquellen (3) gedeckt. Dazu werden Leistung (2) und Gegenleistung (4) mit Hilfe von Prozessen (5) innerhalb eines Umfeldes ausgetauscht.

An jedem dieser Elemente kann die Marktstrategie ansetzen: So kann die Strategie 1) an der Gestaltung der Nachfrageseite, dem Bedarf des Unternehmens oder 2) an der Gestaltung der Beschaffungsobjekte ansetzen. 3) Einkäuferisch meist am bedeutsamsten sind die klassischen Hebel, die an der Gestaltung der Lieferantenbeziehung und der Lieferantenstruktur anknüpfen. Weitere Gestaltungsfelder beschäftigen sich 4) mit der Gestaltung des Entgeltes, 5) mit der Gestaltung der Prozesse sowie mit dem Umfeld.

Die Erläuterung der Gestaltungsfelder und Hebel stellt ein Herzstück der Marktstrategie dar. In Heß (2010) werden die Gestaltungsfelder und Hebel auf 80 Seiten detailliert vorgestellt und diskutiert. Im Folgenden soll deshalb nur ein knapper Überblick gegeben werden, sodass der Gegenstand, die Definition und die Zielsetzung der einzelnen Hebel nachvollziehbar sind. Ferner soll auf einzelne vertiefende Analysen hingewiesen werden.

Angemerkt sei, dass die Systematik (bewusst) nicht redundanzfrei ist. Beispielsweise wird die Idee, Wertanalyseprojekte durchzuführen, gleichermaßen bei der Gestaltung der Beschaffungsobjekte und im Entwicklungsprozess auftauchen. Als Heuristik soll die

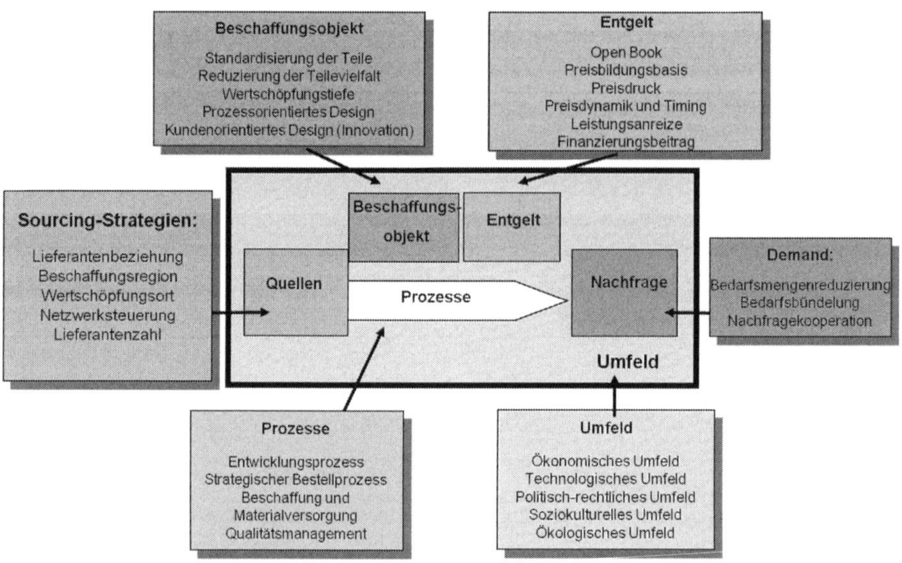

Abb. 4.4 Überblick über Gestaltungsfelder und Hebel einer Marktstrategie. (Quelle: Heß 2010, S. 185, modifiziert)

Systematik helfen, möglichst viele gute Verbesserungsideen zu finden. Durch die Redundanz nähert man sich einzelnen Ideen auf unterschiedliche Weise. Somit steigt die Chance, dass eine Idee auch tatsächlich identifiziert wird.

Sourcing-Konzepte und Sourcing-Toolbox

Die Systematik der 15M-Gestaltungsfelder und Hebel steht in der Tradition der Sourcing-Konzepte (Arnold 1997, S. 93 ff.; Corsten 1995; Arnold 2007, S. 20 ff.). In den Sourcing-Konzepten werden zunächst „beschaffungsstrategische Elemente und Prinzipien“ mit jeweiligen Ausprägungen identifiziert. Für einzelne Materialien oder Materialgruppen werden dann im Sinne eines morphologischen Kastens sinnvolle Kombinationen von Einzelausprägungen bestimmt.

Die Sourcing-Toolbox von Arnold (Arnold 1997, S. 124, nach Arnold 2007, S. 40) zeigt folgende Dimensionen:

- Lieferant: 1) Sole 2) Single 3) Dual 4) Multiple
- Beschaffungsobjekt: 1) Unit 2) Modular 3) System
- Beschaffungsareal: 1) Local 2) Domestic 3) Global
- Beschaffungszeit: 1) Stock 2) Demand Tailored 3) Just-in-Time
- Beschaffungssubjekt: 1) Individual 2) Collective
- Wertschöpfungsort: 1) External 2) Internal
- E-Application: 1) Non-E-Procurement 2) E-Coordination 3) E-Procurement 4) E-Collaboration

Der Ansatz der 15M-Gestaltungsfelder orientiert sich ebenso wie die Sourcing-Konzepte an den Gestaltungsfeldern und Hebeln des Einkaufs. Unabhängig von einigen Abweichungen in der Systematik der Gestaltungsfelder und Hebel sind folgende zentrale Unterschiede festzustellen:

- Die Sourcing-Konzepte zielen auf wenige ausgewählte Hebel von zentraler Bedeutung. Hingegen streben die 15M-Gestaltungsfelder eine möglichst umfassende Checkliste an. In einer konkreten Marktstrategie sind die Gestaltungsfelder auf ihre Relevanz hin zu beurteilen.
- Die Sourcing-Konzepte versuchen für ein Material bzw. eine Materialgruppe ein markantes Profil zu erarbeiten. Im Vordergrund der Analyse stehen die Interdependenzen der verschiedenen Hebel. Im Rahmen der 15M-Architektur werden die Ausprägungen zu den Hebeln als Gestaltungsprinzipien gesehen, die auch innerhalb einer Materialgruppe kombiniert werden können und in der Regel kombiniert werden sollen. So ist es durchaus üblich, in einer Materialgruppe mit einigen wenigen Lieferanten partnerschaftlich und mit anderen Lieferanten der gleichen Materialgruppe wettbewerbsorientiert zusammenzuarbeiten.
- Die Sourcing-Konzepte sind einzig an der grundlegenden strategischen Ausrichtung interessiert. In der 15M-Architektur wird diese als Startpunkt für die

eigentliche strategische Ausgestaltung gesehen: Wird eine global ausgerichtete Strategie angestrebt, interessiert insbesondere deren Konkretisierung, wie die folgenden Fragen illustrieren: In welchen Regionen bzw. Ländern sollen die Lieferanten positioniert sein? Sollen beispielsweise Lieferanten in Osteuropa entwickelt werden? Sollen hierzu regionale Lieferanten entwickelt oder mit Global Playern zusammengearbeitet werden? Wie sieht ein sinnvoller Mix in dieser Zusammenarbeit aus?

1. Gestaltungsfeld Demand

Bei der Betrachtung des Bedarfs wird analytisch zwischen der Bedarfsmenge und dem Leistungsdesign der Beschaffungsobjekte unterschieden. Die Einteilung erscheint sinnvoll, da sich die einkäuferischen Hebel und die Zuständigkeiten im Unternehmen stark unterscheiden können. Im Gestaltungsfeld Demand wird zunächst eine Optimierung rund um die Bedarfsmenge näher betrachtet.

1.1. **Bedarfsanalyse und -prognose**

Ausgangspunkt der Betrachtung sollte eine ausführliche Analyse der aktuellen und zukünftigen Bedarfe des Unternehmens in Bezug auf die betrachteten Leistungen sein. Die Bedarfsanalyse und -prognose sollte möglichst nach den Marktsegmenten strukturiert sein. Es stehen vielfältige Planungs- und Prognosemethoden zur Verfügung, deren Darstellung den Rahmen dieses Buches sprengen würde.

1.2. **Bedarfsmengenreduzierung**

Insbesondere bei indirekten Materialien kann die Reduzierung des Bedarfs einen einfachen Weg zur Kostenreduzierung aufzeigen. Man denke beispielsweise an Beratungsleistungen, Dienstreisekosten, IT-Kosten. Fraglich ist allerdings, ob es die Aufgabe des Supply Managements ist, die Bedarfsmengen zu kontrollieren und zu reduzieren.

1.3. **Bedarfsbündelung**

Bedarfsbündelung zielt auf die Zusammenfassung und gemeinsame Verhandlung von Bedarfen. Ziel der Bündelung ist es, aufgrund der höheren Volumina die eigene Verhandlungsposition zu verbessern, als Key Account des Lieferanten bevorzugt behandelt zu werden und ggf. Stückkostendegressionen zu realisieren. Die Bündelung kann entlang unterschiedlicher Bündelungsdimensionen erfolgen:

- Bündelung unterschiedlicher Bedarfsträger, z. B. Werke, Projekte, Produktlinien usw.;
- Bündelung durch Reduzierung der Lieferantenzahl, sodass jeder Lieferant einen größeren Anteil am Vergabevolumen erhält;
- Bündelung durch gemeinsame Vergabe von unterschiedlichen Sachnummern oder die Zusammenfassung ganzer Materialgruppen;
- Bündelung über die Verlängerung des Vergabezeitraums, beispielsweise zu einem Jahresrahmenvertrag.

1.4. **Nachfragekooperation**
Der gemeinsame Einkauf mit anderen eigenständigen Divisionen im Unternehmen oder mit Wettbewerbern und branchenfremden Unternehmen zielt auf die Realisierung von Bündelungsvorteilen. Aufgrund der Komplexität des Vorhabens soll die Nachfragekooperation als eigenständiger Hebel behandelt werden.

Gerade die divisionsübergreifende Bündelung wird in vielen divisionalisierten Unternehmen als eine chancenreiche Herausforderung begriffen. Mit Lead-Buying-Konzepten oder mit Materialgruppenteams sollen diese Potenziale gehoben werden. Allerdings lassen divergierende Anforderungen oder gegenläufige Interessen die Umsetzung häufig zur Herkulesaufgabe werden.

Kurze Wiederholung zur Vorgehensweise: Bei der Analyse der Gestaltungsfelder wird der strategische Einkäufer zunächst versuchen, seine Bedarfe mengenmäßig zu planen. Anschließend wird er fragen, ob Bedarfsmengenreduzierung ein aussichtsreicher Optimierungskandidat ist. Wenn dies nicht der Fall ist, kann unmittelbar zum nächsten Hebel fortgeschritten werden. Wenn die Bedarfsmengenreduzierung ein interessanter Hebel ist, wird die aktuelle Situation analysiert, z. B. welche Verschwendungsformen bzw. Verschwendungsvolumina im Unternehmen vorliegen. Es werden die besonderen Chancen und Risiken beurteilt, z. B. Demotivation bei Leistungsträgern, falls Statussymbole gekappt werden. Anschließend werden Handlungsoptionen entwickelt. Beispielsweise könnte Einfluss auf die „Travel Policy" genommen werden oder die technische Ausstattung und die Verfügbarkeit von Videokonferenzräumen verbessert werden, um den Umfang von Dienstreisen zu reduzieren. Nach der Bedarfsmengenreduzierung werden die weiteren Hebel in analoger Weise geprüft. Als Ergebnis der Analyse sind verschiedene Handlungsoptionen identifiziert und bewertet. Ob ein Hebel angegangen werden soll, wird erst im nächsten Schritt der Strategieformulierung in Modul 08 entschieden.

2. Gestaltungsfeld Beschaffungsobjekt
Das Gestaltungsfeld Beschaffungsobjekt zielt auf die einkäuferische Optimierung des Leistungsdesigns, d. h. der Art und Beschaffenheit der Beschaffungsobjekte.

Die zentrale Verantwortung für das Design der Beschaffungsobjekte liegt in der Regel bei der Entwicklung, dem Marketing oder den Bedarfsträgern. Seitens des Supply Managements sind drei grundsätzliche Ansatzpunkte einer Mitsprache und Mitgestaltung am Leistungsdesign zu sehen.

- Zum einen müssen grundlegende Anforderungen aus den Versorgungsprozessen im Designprozess der Beschaffungsobjekte beachtet werden, z. B. Bereitstellen von herstellerunabhängigen Spezifikationen.
- Zum zweiten kann der Einkauf seine Marktkompetenz in den Designprozess mit einbringen und im bestimmten Rahmen alternative Vorgehensweisen anregen.
- Drittens hat das Supply Management die Lieferanten auszusteuern, soweit diese in der Designentwicklung eingebunden werden.

Konkrete Hebel sind:

2.1. **Prozessorientiertes Design**
Das Design der Beschaffungsobjekte muss auf die Versorgungsprozesse hin ausgerichtet werden. Folgende Beispiele veranschaulichen diesen Hebel:
- Die Berücksichtigung internationaler Standards oder international ausgerichteter Ausschreibungsunterlagen ist die Basis, um künftig vom internationalen Wettbewerb zu profitieren.
- Die Standardisierung von Materialien bzw. die Definition von Vorzugstypen oder Vorzugsmaterialien können angeregt werden, um Bündelungsvorteile zu realisieren, Mindermengenzuschläge zu vermeiden oder Sicherheitsbestände abzubauen.
- Überzogene Forderungen an die Qualität können relativiert werden. Überhöhte Qualitätsforderungen können zu erheblichen Schwierigkeiten auf dem Beschaffungsmarkt führen, zum Beispiel, weil nur noch wenige Lieferanten in der Lage sind, die Qualitätsforderungen zu erfüllen. Mit einer angemessenen Absenkung von Qualitätsstandards kann sich ggf. die Wettbewerbsposition auf dem Supply-Markt erheblich verbessern.
- Das Design der Zukaufkomponenten ist auf die erforderlichen Logistikprozesse hin zu gestalten.
- Droht die Abhängigkeit von einem markanten Lieferanten, wäre es wünschenswert, das Produktdesign so fortzuentwickeln, dass alternative Quellen angefragt werden können.

Angemerkt sei, dass die Ausrichtung des Produktdesigns an den Produktionsprozessen auch ein wesentliches Thema ist, das aber in der Regel nicht im Supply Management angesiedelt ist.

2.2. **Kundenorientiertes Design**
Mit der Einbindung von Lieferanten in den Entwicklungsprozess können erhebliche Kostenvorteile (z. B. Design-to-Cost-Projekte oder Wertanalyseprojekte) oder Leistungssteigerungen bzw. Innovationen realisiert werden. Soweit die Zulieferkomponenten in Hinblick auf die Kundenanforderungen zu spezifizieren sind, kann es sogar sinnvoll sein, den Lieferanten in den Vertriebsprozess zu integrieren. Seitens des Supply Managements sind die Entwicklungspartnerschaften zu betreuen, schon allein, um Abhängigkeiten zu verhindern oder zumindest auszusteuern.

2.3. **Substitution**
Gegebenenfalls kann es sinnvoll sein, Beschaffungsobjekte durch andere zu ersetzen, z. B. um sich aus einem monopolistischen Markt zu befreien.

2.4. **Make-or-Buy**
Die Gestaltung des zugekauften Leistungsumfangs kann aus Kosten-, Leistungs-, aber auch aus Risikoaspekten geboten sein.

Im Handel bzw. bei Handelsware im Industrieunternehmen sind weitere eher marketingorientierte Hebel bei der Gestaltung der Objekte zu berücksichtigen, z. B. Sortimentsgestaltung, Eigenmarken.

3. Gestaltungsfeld Sourcing

Das Gestaltungsfeld Sourcing zielt auf die Optimierung der Lieferantenstruktur. Es wird vielfach als das Herzstück der Marktstrategie verstanden, da es die klassischen Aufgabenfelder des strategischen Einkaufs umfasst: Lieferantenbeziehung, Beschaffungsregion, Wertschöpfungsort, Netzwerksteuerung, Lieferantenzahl.

▶ **Zur Unterscheidung zwischen Gestaltungsfeld Sourcing und der Lieferantenstrategie:** Während im Strategiebaustein Lieferantenstrategie (vgl. Module N09 bis N11 in Kap. 5) die Beziehung zu den einzelnen Lieferanten analysiert und entwickelt wird, werden in der Marktstrategie die grundsätzlichen Anforderungen an die Zusammensetzung des Lieferantenportfolios betrachtet. Beispielsweise wird entschieden, in welchen Beschaffungsregionen die Lieferanten sitzen sollten oder wie viele Lieferanten bzw. wie viele Vorzugslieferanten benötigt werden.

Zur Gestaltung der Lieferantenstruktur ist eine umfangreiche Analyse der bestehenden Lieferanten erforderlich. Auf diese Weise gehen wesentliche Informationen aus den Lieferantenstrategien in die Marktstrategie ein. Beispielsweise sind folgende Auswertungen hilfreich:

- Lieferantenübersicht mit wesentlichen Kennzahlen: In diesem Rahmen kann auch die Bidding-List der im Markt freigegebenen Lieferanten gepflegt werden.
- Lieferantenübersicht mit wesentlichen Stärken, Schwächen und Strategien der Lieferanten.
- Analyse der Lieferantenmacht mit Auswertung im Lieferantenmacht-Abnehmermacht-Portfolio.
- Lieferantenrisiko-Portfolio (vgl. Abb. 4.5): Die Lieferanten werden nach zwei Dimensionen bewertet: 1) die strategische Bedeutung des Lieferanten, z. B. nach dem Einkaufsvolumen, nach der Zahl der Sachnummern oder nach dem Business Interruption Risk, d. h. dem Schaden der entsteht, wenn der Lieferant komplett ausfallen würde. 2) Ferner werden die Risiken der einzelnen Lieferanten bewertet. Jeder Kreis im Portfolio repräsentiert einen Lieferanten. Aus der Positionierung der Lieferanten und insbesondere auch aus der Veränderung der Positionierung über die Zeit lassen sich wesentliche Hinweise für die Lieferantenstrategie ableiten (vgl. Kap. 5). Darüber hinaus ergeben sich aus der Beurteilung der gesamten Risikosituation über alle Lieferanten hinweg erhebliche Handlungsbedarfe auf Ebene der Marktstrategie. Falls etwa das Gesamtrisiko zu hoch erscheint, kann beispielsweise der Aufbau weiterer Lieferanten oder eine Verlagerung von Lieferanten mit Sitz in Risikoländern auf Lieferanten in risikoarme Beschaffungsregionen geboten sein.

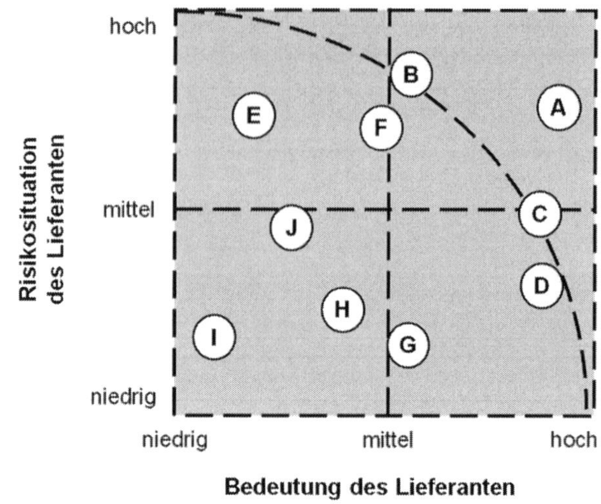

Abb. 4.5 Lieferantenrisiko-Portfolio

Am Beispiel dieser Analysen wird die enge Verwobenheit zwischen Markt- und Lieferantenstrategien deutlich. Dies führt in Word- oder Excel-basierten Steckbriefen zu Redundanzen, die leider nicht vermieden werden können. Die lieferantenbezogenen Daten müssen ja gleichermaßen in der Markt- wie auch in der Lieferantenstrategie verfügbar sein. In datenbankbasierten SRM-Systemen können die einmal vorhandenen Daten redundanzfrei an jeder beliebigen Stelle im Strategieformulierungsprozess zur Verfügung gestellt werden.

Folgende Hebel sind im Rahmen der Sourcing-Strategie zu prüfen:

3.1. **Lieferantenbeziehung**

Grundsätzlich kann zwischen transaktionsorientierter Geschäftsbeziehung und Partnerschaft unterschieden werden.

Transaktionsorientierte Lieferantenbeziehung

Bei der transaktionsorientierten Geschäftsbeziehung erfolgt die Optimierung der Zusammenarbeit innerhalb einer Transaktion, z. B. innerhalb eines Kaufvertrages.

Partnerschaft

Im Gegensatz dazu sind Lieferantenpartnerschaften Kooperationen, die über einzelne Transaktionen hinweg angelegt sind. Damit sind Investitionen möglich, die sich in einem einzelnen Kaufvertrag nicht amortisieren können. Ebenso können zur Steigerung der Effizienz Abhängigkeiten akzeptiert werden, wenn beispielsweise der Lieferant als Entwicklungspartner die Systemführerschaft für eine Komponente übernimmt. Das spart Entwicklungsressourcen, führt aber zur (temporären)

Abhängigkeit vom Lieferanten. Da der Aufwand und die Risiken bei der Steuerung von Lieferantenpartnerschaften erheblich steigen, sollte eine Partnerschaft nur eingegangen werden, wenn auf der anderen Seite auch erhebliche Vorteile zu erwarten sind. Innerhalb der Marktstrategie sollte also immer der Grund für geplante Partnerschaften benannt werden, z. B. Entwicklungspartnerschaft, um am Know-how des Lieferanten für System xy exklusiv teilzuhaben, oder Partnerschaft zur flexiblen Belieferung.

Zwischen diesen beiden Extrempositionen gibt es vielfältige Abstufungen. Bei transaktionsorientierten Geschäftsbeziehungen sind partnerschaftsähnliche Verhaltensweisen, wie z. B. Kulanz, üblich, wenn Ausstrahlungseffekte auf die folgenden Transaktionen erwartet werden. Eine schwache Form von Partnerschaft ist bei Vorzugslieferanten zu sehen. Bei Vorzugslieferanten wird bevorzugt gekauft, in der Hoffnung, dass damit die Abwicklungsprozesse optimiert werden.

Lieferantenklassifizierung

In Marktstrategien findet sich häufig eine Mischung aus verschiedenen Beziehungsformen: Einerseits werden ein, zwei oder wenige Partnerschaften für spezielle Zwecke angestrebt. Andererseits wird mit weiteren transaktionsorientierten Geschäftsbeziehungen versucht, den Preishebel anzusetzen und die Bestellprozesse und das Lieferantenmanagement zu vereinfachen.

Diese Überlegungen leiten zur strategischen Lieferantenklassifizierung über, in der die Lieferantenbeziehungen nach Inhalt und Intensität der Zusammenarbeit strukturiert werden. Für die einzelnen Typen (z. B. Entwicklungspartner, Preferred Supplier) werden grundsätzliche Vorgehensweisen bzw. Regeln für die Zusammenarbeit definiert. In der Marktstrategie wird der angestrebte Mix an Typen von Lieferanten im Lieferantenportfolio festgelegt. Im Rahmen der Lieferantenstrategie sollen für die angestrebten Beziehungen (z. B. für Entwicklungspartnerschaft) konkrete Lieferanten identifiziert und entwickelt werden. Die strategische Lieferantenklassifizierung ist somit ein wichtiges Instrument an der Schnittstelle zwischen Markt- und Lieferantenstrategie. In diesem Buch wird die strategische Lieferantenklassifizierung ausführlich in Abschn. 5.3, insbesondere Abschn. 5.3.1 ausgeführt.

Vorgaben für die Lieferantenstrategie

Neben der Wahl und der Feinjustierung der angestrebten Beziehungsform sollten wesentliche Strategien zur Steuerung der Lieferantenbeziehung im Rahmen der Marktstrategie mit betrachtet werden. Beispielsweise können Vorgehensweisen beschlossen werden, mit denen die Attraktivität der Geschäftsbeziehung für den Lieferanten gesteigert wird. Oder: Strategien zur Erhöhung der Transparenz oder zur Verminderung der Lieferantenmacht. Diese Steuerungsinstrumente werden innerhalb der Marktstrategie konfiguriert und innerhalb der Lieferantenstrategie umgesetzt (vgl. Abschn. 5.3.2).

3.2. **Beschaffungsregion**
Global Sourcing oder Local Sourcing lautet die ursprüngliche Frage in der Marktstrategie. Bei der Entscheidung für Global Sourcing müssen die bevorzugten Beschaffungsregionen konkretisiert werden.

Die Frage der Beschaffungsregion hat mit der Entwicklung von Produktionsnetzwerken – selbst mittelständische Unternehmen verfügen heute oft über mehrere Produktionsstätten, die weltweit verteilt sind – eine neue Dimension bekommen. Zusammen mit dem Produktionsnetzwerk müssen auch die Lieferantennetzwerke globalisiert werden. Sollen Bündelungsvorteile in der Beschaffung der verschiedenen Fertigungsstandorte realisiert werden? Oder sollen die Werke weltweit jeweils lokal versorgt werden? Oder soll ein Lieferant gesucht werden, der mit seinem Produktionsnetzwerk die unterschiedlichen Werke jeweils lokal versorgen kann?

3.3. **Wertschöpfungsort**
Wo produziert der Lieferant? Die Standardantwort lautet: in seinem Werk. Prüfenswerte Ausnahmen sind die Verwendung von Industrieparks sowie die „Ansiedelung“ des Lieferanten auf dem Fabrikgelände des Kunden. Dies kann sinnvoll sein, um die Prozesse zwischen Kunde und Lieferant enger miteinander zu verzahnen. Beispielsweise sorgen auf dem Smart-Fabrikgelände in Hambach/Frankreich Systempartner selbst für die Vormontage und Bereitstellung ihrer Systeme (Karius 20. Oktober 2014).

3.4. **Netzwerksteuerung**
Die Netzwerksteuerung beschäftigt sich mit den Vorlieferanten, d. h. den Lieferanten der Lieferanten. Im „Normalfall“ ist die Steuerung der Vorlieferanten die Aufgabe der Lieferanten und nicht die des Supply Managements.

Unter Umständen ist die Steuerung von Vorlieferanten bedeutsam, wie die folgenden Beispiele veranschaulichen. Die Gültigkeit von Compliance- und von Qualitätsrichtlinien endet nicht beim Lieferanten. Vielmehr muss deren Einhaltung entlang der gesamten Supply Chain überwacht werden. Insofern können Richtlinien oder Überwachungsmechanismen für Vorlieferanten notwendig werden. Letztlich können ausgewählte Vorlieferanten vorgeschrieben werden. Ein weiteres Beispiel für die Netzwerksteuerung ist die gebündelte Verhandlung mit Vorlieferanten. Insbesondere wenn ein Großunternehmen bei kleinen Mittelständlern Teile kauft (z. B. Kunststoffteile) und die Rohstoffe (z. B. Granulat) wiederum bei Großunternehmen beschafft werden müssen, kann eine Preisverhandlung des Großunternehmens mit dem Vorlieferanten vorteilhaft sein.

Aktuell hat die Netzwerksteuerung stark an Bedeutung gewonnen. Nicht zuletzt wurde durch den Tsunami in Japan im Jahr 2011 deutlich, wie gebrechlich und wie intransparent Versorgungsketten sein können. Aus Risikoerwägungen heraus sind Transparenz und Steuerung des Liefernetzwerkes dringend zu fordern. Angemerkt sei, dass diese Aufgabe kaum in einem Schritt möglich sein wird. Vielmehr gilt auch hier der alte Spruch: „Mondschein ist besser als finstere Nacht.“

Großunternehmen wie BMW gehen noch einen Schritt weiter und formieren und optimieren ausgewählte Liefernetzwerke unter technischen, logistischen und wirtschaftlichen Gesichtspunkten.

3.5. **Lieferantenzahl**
Die richtige Zahl an Lieferanten im Markt bzw. in den einzelnen Marktsegmenten ist ein weiterer zentraler Gestaltungshebel. Für eine größere Zahl von Lieferanten sprechen Wettbewerbsaspekte, Risikoerwägungen sowie die Möglichkeit zur Spezialisierung und zum Rosinenpicken. Für jedes Teil wird der Lieferant mit der besten Qualifikation gesucht.

Bei einer kleineren Zahl von Lieferanten ergeben sich Bündelungs- und Größendegressionseffekte, Vorteile bei den Prozesskosten sowie im Lieferantenmanagement. Ferner setzen Partnerschaften in der Regel eine eher kleinere Lieferantenzahl voraus, da nur bei entsprechend großem Einkaufsvolumen sich der Steuerungsaufwand rechtfertigt.

Parallel Sourcing kann als Kompromiss zwischen den beiden Extrempositionen gesehen werden: Für parallele Belieferungsstrukturen werden jeweils ein bzw. wenige unterschiedliche Lieferanten ausgewählt. Beispielsweise werden bei unterschiedlichen Produktlinien, in unterschiedlichen Werken oder in unterschiedlichen Regionen verschiedene Lieferanten ausgewählt, sodass gleichermaßen Risikostreuung und Volumens- und Prozessbündelungen möglich werden.

Sourcing-Strategie
Die fünf beschriebenen Hebel im Gestaltungsfeld Sourcing sind stark voneinander abhängig und sind deshalb im Sinne einer „Sourcing-Strategie" aufeinander abzustimmen. Ein kleines fiktives Beispiel soll den Charakter der Sourcing-Strategie verdeutlichen:

1. Für die beiden Entwicklungsstandorte (Deutschland und USA) sollten jeweils zwei Entwicklungspartner aufgebaut werden. Dabei sollte unter Risikogesichtspunkten höchstens ein Unternehmen an beiden Standorten als Entwicklungspartner aktiv sein, sodass mindestens drei Entwicklungspartner aktiv sind.
2. Ferner sollten die Renner Materialien (ca. 40 % des Einkaufsvolumens) an den drei Produktionsstandorten (Deutschland, USA und China) jeweils mit zwei Logistikpartnern (= Lieferant, der per Kanban- oder Just-in-Time-Steuerung liefern kann) abgewickelt werden. Die drei Entwicklungspartner sollten auch Logistikpartner sein. Zusätzlich sollte aber noch mit mindestens einem weiteren Unternehmen eine Logistikpartnerschaft eingegangen werden. Mit diesem Unternehmen sollte langfristig auch ein Challenger zu den Entwicklungspartnern aufgebaut werden.

3. Die Logistikpartner sollten die Lagerhaltung in den Produktionsstandorten vor Ort selbst verantworten.
4. Die Lieferanten sollten möglichst lokal produzieren. Je Standort sollten aus Wettbewerbsgesichtspunkten zu ca. fünf Lieferanten Geschäftsbeziehungen aufrechterhalten werden. Aus Kostengesichtspunkten sollten hierbei allerdings für Deutschland ca. zwei osteuropäische Lieferanten, für USA ca. zwei mexikanische Lieferanten und für China ca. zwei vietnamesische oder mongolische Lieferanten aufgebaut werden.
5. Für die Spezialanwendung XY in Deutschland sollte möglichst bei zwei zusätzlichen Spezialisten gesourct werden.
6. Aus diesen Anforderungen ergibt sich ein Soll-Profil für das Lieferantenportfolio mit insgesamt ca. 17 Lieferanten.

Mit der Formulierung einer Sourcing-Strategie ist der erste Schritt in Richtung Marktstrategie (Modul N08) unternommen, da unterschiedliche Handlungsoptionen aufeinander abgestimmt werden. Aufbauend auf der verabschiedeten Sourcing-Strategie können im Rahmen der Lieferantenstrategie Lieferantenbeziehungen gezielt entwickelt werden.

4. Gestaltungsfeld Entgelt

Das Gestaltungsfeld Entgelt zielt auf die Optimierung der Preise und Konditionen. Hierbei darf „Optimierung" nicht mit maximalem Preisdruck und Vernichtung des Lieferanten gleichgesetzt werden. Vielmehr steht ein breites Spektrum von Hebeln zur Verfügung, die im Rahmen einer Marktstrategie angesetzt werden können.

4.1. **Open Book**

Die Erhöhung der Preis-Transparenz der Lieferanten kann einerseits als Voraussetzung von partnerschaftlicher Zusammenarbeit angestrebt werden. Andererseits hilft Open Book auch, den Preisdruck zu erhöhen, und unterstützt unfaire Praktiken. Insofern wird der Hebel seitens der Lieferanten oft mit sehr gemischten Gefühlen gesehen und häufig auch boykottiert.

Open Book kann sehr unterschiedlich weit ausdifferenziert werden. In einer ersten weichen Version werden nur die groben Preisbestandteile offengelegt, z. B. Kosten für das Material, für das Werkzeug, für die Verpackung, für den Transport, für den Service. Schrittweise kann die Transparenz bis zur Offenlegung der Detailkalkulation vorangetrieben werden.

4.2. **Preisbildungsbasis**

Die Preisbildungsbasis prägt die Zusammenarbeit mit Lieferanten und kann ganz wesentlich zu Wettbewerbsvorteilen führen: Meist wird nach dem Verfahren **Kosten plus Gewinnzuschlag** kalkuliert. Alternative Vorgehensweisen sind

- **Target Costing**, bei dem die Kalkulation vom Zielpreis ausgeht, der am Markt realisierbar erscheint.
- **Performance Pricing**, bei dem nicht das Produkt, sondern die Leistung gekauft wird, beispielsweise wird keine Lackieranlage, sondern Lackierungen gekauft.

Der Lieferant baut, finanziert und wartet die Anlage. Der Kunde betreibt die Anlage.

- **Fallpauschalen** arbeiten mit Durchschnittspreisen bei repetitiven Tätigkeiten, beispielsweise das Setzen einer Steckdose oder eines Lichtschalters im Rahmen von Elektrikerleistungen.
- **Nutzenkalkulation:** Im Handel bzw. bei Handelsware wird der Nutzen, d. h. die realisierbare Handelsspanne kalkuliert.

4.3. **Preisdruck**
Der Preisdruck, der auf den Lieferant ausgeübt werden soll, ist ein weiterer Hebel. Die zentrale Aufgabe liegt insbesondere auch darin, die Voraussetzungen zu schaffen, den Preisdruck erhöhen zu können. Beispielsweise kann es sinnvoll sein, die Attraktivität der Lieferbeziehung für den Lieferanten zu steigern, um so den Preisdruck zu erhöhen (vgl. Abschn. 5.3.2).

Gleichzeitig sollte der Preisdruck mit Augenmaß aufgebaut werden, da eine Lieferanteninsolvenz meist auch für den Abnehmer negative, teils sogar verheerende Konsequenzen mit sich bringt. In oligopolistischen Märkten kann allerdings der Wettbewerbsdruck der einkaufenden Unternehmen zu einer Todesspirale führen, wie dies am Zitat eines Einkaufsvorstandes eines großen deutschen Automobilherstellers deutlich wird: „Wir können die Gewinne unserer Lieferanten nicht unseren Konkurrenten überlassen."

4.4. **Preisdynamik und Timing**
In diesem Hebel sind zwei Aspekte verknüpft. Wann ist der günstigste Zeitpunkt zum Abschluss eines Vertrages, und welche Laufzeit soll dieser Vertrag haben? In Märkten – wie Energie, Rohstoffe – liegt im Timing und der Laufzeit der zentrale Hebel einer erfolgreichen Marktstrategie.

4.5. **Leistungsanreize**
Sollen Pönalen oder Prämien für Lieferanten angestrebt werden, um Lieferanten zur Leistungssteigerung zu motivieren bzw. um Lieferanten am angerichteten Schaden angemessen zu beteiligen?

4.6. **Finanzierungsbeitrag**
Inwieweit sollen Lieferanten an der Finanzierung der Supply Chain beteiligt werden? Verlängerung von Zahlungszielen, Miete und Leasing statt Kauf, Supply-Chain-Finance-Instrumente oder Übernahme von Lagerhaltungsaufgaben (z. B. Konsignationslager) sind adäquate Mittel, um den Finanzierungsbeitrag von Lieferanten zu steigern.

5. Gestaltungsfeld Prozesse

Um die Voraussetzungen für ein hervorragendes Supply Management im betrachteten Markt zu schaffen, sind die Versorgungsprozesse in vielfältiger Weise zu optimieren. Wie bereits angesprochen besteht gerade zwischen den oben aufgeführten Hebeln und den

Hebeln im Gestaltungsfeld Prozesse eine (durchaus erwünschte) Redundanz. Im Folgenden werden einige wenige Hebel beispielhaft aufgezählt:

5.1. **Entwicklungsprozess (Product-Lifecycle-Prozess)**
  - Einkaufsfrüheinbindung
  - Lieferantenfrüheinbindung
  - Konzeptwettbewerb
  - Simultaneous Engineering
  - Target-Costing
  - Design-to-Cost
  - …

5.2. **Bestellprozess**
  - EDI- bzw. Webedi-Anbindung der Lieferanten
  - E-Sourcing
  - E-Auction
  - E-Katalog
  - Lead-Buying
  - Materialgruppenmanagement
  - Shared-Service
  - …

5.3. **Materialversorgung**
  - Kanban
  - JiT und JiS
  - Konsignationslager
  - Vertragslager
  - Supplier Managed Inventory
  - C-Teilemanagement mit und ohne Dienstleister
  - …

5.4. **Qualitätssicherung**
  - Qualitätsaudits und Zertifizierungen
  - 8D-Report
  - Kontinuierlicher Verbesserungsprozess
  - Vorschlagswesen für Lieferanten
  - …

Beispiel Kabelmarktstrategie der Elektro AG
In Abb. 4.6, 4.7 und 4.8 finden sich die Analyse der Gestaltungsfelder und der Hebel für die Kabelmarktstrategie der Elektro AG. Neben der Analyse der aktuellen Situation werden jeweils die wesentlichen Chancen und Risiken sowie Ideen zu Handlungsmöglichkeiten betrachtet.

Objekt	Name des Supply-Marktes	Lead Buyer	Datum	Letzte Änderung
Gestaltungsdimension Material	Kabel und Leitungen unkonfektionier	Hr. Kabelmann	01.07.2017	

Gestaltungsfelder	Analyse	Risiken	Handlungsmöglichkeiten
Demand	Die Bedarfsprognose in Bezug auf einzelne Kabeltypen weist große Abweichungen auf. Dies gilt insbesondere bei den kundenspezifischen Datenkabeln und den Flach- und Flachbandleitungen. Die Bedarfsprognosen sind nicht durchgängig im Hinblick auf die (regionalen) Absatzmärkte und die (regionale Verteilung der) Werke konkretisiert.	Erhebliche Versorgungsrisiken bzw. Sonderaufwendungen	Entwicklung eines vertriebsgestützten Prognosemoduls im Einkauf
→ Mengenreduzierung			
→ Bedarfsbündelung	Bisher keine Zusammenarbeit mit anderen Divisionen		Prüfen, inwieweit eine Zusammenarbeit in der Gruppe sinnvoll ist. Zunächst bei PVC-Steuerleitungen beginnen.
→ Nachfragekooperation	Bisher keine Zusammenarbeit mit anderen Unternehmen	Kartellrechtliche Probleme	
Objekt	Zu geringe Kompetenz zu Kabelspezifikationen bei den Bedarfsträgern in Entwicklung und Marketing	Erheblicher Schaden aufgrund von Fehlspezifikationen (Umsatzausfall, Vertragsstrafen)	Aufbau einer Kabelexpertise im Einkauf zur Unterstützung der Bedarfsträger bei Spezialfragen
→ Standardisierung	Bei kundenspezifischen Datenleitungen wird die Frage von Wiederverwendung bereits definierter Leitungen zu wenig beachtet. Damit ergibt sich eine unnötige Typen- und Teilevielfalt.		Start eines Standardisierungsprojektes zur Definition von Vorzugstypen, die in der Entwcklungsphase zu präferieren sind. Ferner sollten Sonderfarben im Mantel vermieden werden
→ Typen-Teilevielfalt			
→ Wertschöpfungstiefe	Ablängen der Kabel und Leitungen erfolgt meist inhouse. Hier gibt es regelmäßig Engpässe und Qualitätsprobleme.	Umsatzausfall und verärgerte Kunden aufgrund überlanger Lieferzeiten.	Make-or-Buy-Projekt zum Ablängen: Ziel mehr Flexibilität durch flexiblen Zukauf von abgelängten Kabeln und Leitungen
→ Design	Regelmäßig ungeeignete Spezifikationen seitens Vertrieb und Entwicklung mit den Konsequenzen Leistungsschwächen im Produkt bzw. Zusatzkosten		Lieferantenfrüheinbindung in den Entwicklungsprozess zur Identifikation geeigneter Spezifikationen. Bereitstellung von Reinraumkabeln in Zusammenarbeit mit Lieferanten.

Abb. 4.6 Beispiel Kabelmarktstrategie der Elektro AG Teil 3: Gestaltungsfelder Demand und Objekt

Objekt	Name des Supply-Marktes	Lead Buyer	Datum	Letzte Änderung
Gestaltungsdimension Lieferant	Kabel und Leitungen unkonfektioniert	Hr. Kabelmann	01.07.2017	

Gestaltungsfelder	Analyse	Risiken	Handlungsmöglichkeiten
Lieferantenbeziehung			
→ Partnerschaft	Derzeit gibt es erste Ansätze für die Zusammenarbeit mit Vorzugslieferanten und partnerschaftliche Zusammenarbeit in den Feldern Entwicklung und Materialversorgung.	Gefahr von Abhängigkeit von den Vorzugslieferanten und von den Partnern.	Entwicklung einer Vorzugslieferantenstratgie. Aufbau von Entwicklungspartnerschaften und Partnerschaften zur Steigerung der Belieferungseffizienz.
→ Wettbewerb	PVC-Steuerleitungen: Wettbewerb zwischen den Anbietern aufgrund hoher Standardisierung Kundenspezifische Standardleitungen: Haus- und Hoflieferanten werden zu wenig wettbewerblich	Sinkender Wettbewerb aufgrund der Vorzugslieferantenstrategie.	Marktorientierte Maßnahmen entwickeln zur Steigerung des Wettbewerbs im Rahmen der Vorzugslieferantenstrategie.
Beschaffungsregion	Der Einkauf von Kabel und Leitungen ist noch weitgehend innerhalb von DACH orientiert. Derzeit erfolgt der Einkauf noch nicht hinreichend systematisch im Hinblick auf die Absatzmärkte.		Local-for-local-Strategie für die sieben Werke in 2* Deutschland, Österreich, Ungarn, Mexiko, China, Indien auf Basis TCO-Optimierung und Steigerung der Flexibilität
→ Global Sourcing	Erste Ansätze zu Global Sourcing: Von 21 A und B-Lieferanten sind - 3 in Osteuropa - 1 in USA - 2 in China - 1 in Indien	Hohe Transportkosten und wenig Flexibilität	
→ Local Sourcing	Keine Local-for-local-Versorgung.		
Wertschöpfungsort			
Netzwerk (Vorlieferanten)	Wichtige Vormärkte: - Kupfer - Kunststoff	Erhebliche Preisschwankungen	Prüfen, ob Hedging von Kupfer sinnvoll ist.
Lieferantenzahl	PVC-Leitungen: 13 Lieferanten Datenkabel: 19 Lieferanten Flach- und Flachbandleitungen: 11 Lieferanten		Lieferantenstruktur: 1) PVC #je zwei Vorzugslieferanten in EU, USA, Asia, Indien: Nach Möglichkeit globale Verknüpfung mit dem Ziel insgesamt 4 Lieferanten, die die Werke global lokal versorgen können. #ein Partner für Reimraumkabel, sollte aus den obigen Lieferanten stammen. Später ein zweiter Partner. 2. Datenkabel: #2-3 Entwicklungspartner #je Werk 2-3 lokale Lieferanten: Nach Möglichkeit sollte ein Lieferant mindestens drei Werke bedienen können. 3) Flach- und Flachbandleitungen #2 Entwicklungspartner #je Werk zwei Lieferanten, die aber jeweils mindestens 3 Werke bedienen können sollten. Lieferantenzahl: PVC: Kurzfristig: 10 Lieferanten / Langfristig 4 Datenkabel: Kurzfristig: 15 Lieferanten / langfristig ca. 10 Lieferanten Flachleitungen: kurzfrisitg: 8 Lieferanten/ langfristig 4 Lieferanten Da ein Lieferant in mehreren Segmenten liefern kann: Langfristziel 10 Lieferanten

Abb. 4.7 Beispiel Kabelmarktstrategie der Elektro AG Teil 4: Gestaltungsfeld Sourcing

Anschließend folgt ein knapper Überblick über die Kabel-Lieferanten der Elektro AG. Es werden 1) eine tabellarische Übersicht mit wesentlichen Kennzahlen (ohne Abbildung), 2) eine Auswertung zu den Top-Lieferanten, z. B. nach Bedarfsträger und nach Marktsegment (Abb. 4.9) sowie 3) eine Analyse der Top-Lieferanten nach deren Stärken, Schwächen sowie Eckpunkten zu deren Lieferantenstrategie (ohne Abbildung) erstellt. Wie bereits angemerkt stammen die Übersichten zu den Lieferanten aus dem Strategiebaustein Lieferantenstrategie, sind aber wesentliche Inputs zur Entwicklung der Marktstrategie.

Objekt	Name des Supply-Marktes	Lead Buyer	Datum	Letzte Änderung
Gestaltungsdimension Entgelt und Prozesse	Kabel und Leitungen unkonfektionier	Hr. Kabelmann	01.07.2017	

Gestaltungsfelder	Analyse	Risiken	Handlungsmöglichkeiten
Entgelt			
→ Open Book	Wenige Informationen		Getrennte Informationen zu Materialkosten und Bestandteile der Bezugskosten verlangen. (Basis für die TCO-Analyse)
→ Preisbildungsbasis	Cost plus		
→ Preisdruck			
→ Preisdynamik und Timing	Teils Jahresrahmen		Datenkabel: Laufzeitverträge mit jährlichem Ratio
→ Leistungsanreize	keine	Problem: Eigene Schwächen verlangen Kulanz des Lieferanten	Vertragsstrafen
→ Finanzierungsbeitrag			
Prozesse			
→ Entwicklung	Erste Ansätze für Lieferantenfrüheinbindung		Lieferantenfrüheinbindung bei Datenkabeln und Flach- und Flachbandleitungen
→ Bestellprozess	Keine elektronischen Ausschreibungen und Auktionen	Bereitschaft der Lieferanten mitzumachen	e-Ausschreibungen bei Datenkabel und Flachbandleitungen e-Auktionen bei PVC-Leitungen
→ Materialversorgung	Hohe Belieferungskosten		TCO-Optimierung der Materialversorgung in Zusammenarbeit mit den Lieferanten SMI und JIT analysieren
→ Qualitätsmanagement	Bisher nur erste QSV; teils unzureichende Spezifikationen		

Abb. 4.8 Beispiel Kabelmarktstrategie der Elektro AG Teil 5: Gestaltungsfelder Entgelt und Prozesse

Objekt	Name des Supply-Marktes	Lead Buyer	Datum	Letzte Änderung
Lieferanten	Kabel und Leitungen	Hr. Kabelmann	01-07-2017	

Lieferant	EVO gesamt	Summe pro Segment			Division		
	t €	PVC-Steuerl.	Daternkabel	Flachbandl.	A	B	C
Hulekabel	11,213	7932	2121	1160	7932	2121	1160
Schlapp	3211	2958	0	253	2958	0	253
Fronidraht	1325	845	0	480	845	0	480
Kabelmax	1111	0	1111	0	0	1111	0
Chinakabel	983	0	983	0	0	983	0
Sonst	9502	1586	5996	1920	1586	5996	1920

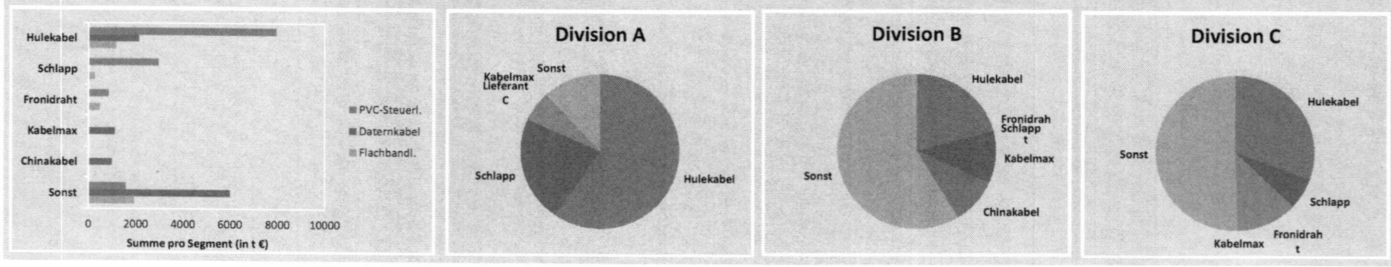

Abb. 4.9 Beispiel Kabelmarktstrategie der Elektro AG Teil 6: Auswertung Top-Lieferanten

4.4 Supply-Markstrategie formulieren (N08)

Im vierten Schritt wird die Marktstrategie formuliert, mit der die Voraussetzungen für den zukünftigen Erfolg im betrachteten Supply-Markt gesichert bzw. geschaffen werden sollen.

Ausgangspunkt der Strategieformulierung sind die Handlungsoptionen, die in Modul N07 identifiziert wurden. Aus den vielfältigen, teils widersprüchlichen Handlungsoptionen muss eine in sich konsistente Strategie abgeleitet werden. Dabei hat es sich bewährt, die Marktstrategie in vier Konkretisierungsstufen zu strukturieren:

1. Konkretisierungsstufe: Grundlegende strategische Ausrichtung
Die grundlegende strategische Ausrichtung gibt die Grundrichtung der Strategie vor. Sie zeigt auf, wie sich das Unternehmen im Supply-Markt zukünftig positionieren will. Die grundlegende strategische Ausrichtung ist noch sehr abstrakt.

Beispiele grundlegender strategischer Ausrichtungen: In einem Markt soll durch die Globalisierung der Beschaffung die Abhängigkeit von marktbeherrschenden Lieferanten eingedämmt werden. Oder: Mit Hilfe von Vorzugslieferanten sollen die technischen, logistischen und wirtschaftlichen Innovationspotenziale im Markt schneller als durch den Wettbewerb gehoben werden.

Die grundlegende strategische Ausrichtung hilft, die Kräfte im Markt zu fokussieren. Das erscheint sinnvoll, da strategische Einkäufer häufig auf schnell wirkende Verbesserungsmaßnahmen ausgerichtet sind. Der Druck, „Quick Wins" realisieren zu müssen, wurde bereits oben kritisch hinterfragt. Damit bleiben strategisch bedeutsame Entwicklungen im Supply-Markt leicht unberücksichtigt. Vor diesem Erfahrungshintergrund fällt es strategischen Einkäufern – im Gegensatz zu den drei folgenden Konkretisierungsstufen – häufig auch schwer, eine grundlegende strategische Ausrichtung zu formulieren.

Hat die grundlegende strategische Ausrichtung eine große Reichweite und erscheint somit nicht in einem Schritt realisierbar, sollte der Entwicklungspfad zur Umsetzung der Strategie definiert werden. Analog zur strategischen Story auf Ebene der Rahmenstrategie (vgl. Abschn. 3.4, vgl. auch die evolutionäre Perspektive der Supply-Strategie in Abschn. 2.4) werden die zentralen Schritte geplant, mit denen die grundlegende Ausrichtung angestrebt werden soll. Die strategische Story der Marktstrategie ist jährlich zu aktualisieren.

2. Konkretisierungsstufe: Strategische Stoßrichtungen der Marktstrategie
Analog zur Rahmenstrategie sollen in den Supply-Märkten strategische Stoßrichtungen formuliert werden. Strategische Stoßrichtungen beschreiben sloganhaft strategische Entwicklungslinien mit besonderer Priorität. Dabei sind strategische Stoßrichtungen in einem Supply-Markt erheblich konkreter als die innerhalb der Rahmenstrategie.

Beispiele für strategische Stoßrichtungen in einem Supply-Markt: Wir entwickeln einen lokalen Lieferanten für das Werk in Algerien. Oder: Wir globalisieren die Beschaffung, indem Osteuropa als interessante Beschaffungsregion erschlossen wird.

Die Zahl und die Komplexität der strategischen Stoßrichtungen hängen maßgeblich von der Kapazität und der Kompetenz im Einkauf ab. Für einen strategischen Einkäufer im Mittelbetrieb, der für weitere Supply-Märkte verantwortlich ist, sind in der Regel ein bis drei konkrete strategische Stoßrichtungen (analog zu den beiden Beispielen) angemessen.

Bei komplexen strategischen Stoßrichtungen bzw. dann, wenn ein größeres Team für die Marktstrategie verantwortlich ist, empfiehlt sich die Balanced-Scorecard-Systematik zur Konkretisierung und zur Steuerung der strategischen Stoßrichtung. Die Vorgehensweise entspricht der in Abschn. 3.4 vorgestellten Systematik.

Die strategischen Stoßrichtungen sollten die grundlegende strategische Ausrichtung des Marktes aufnehmen und konkretisieren. Sie müssen sicherstellen, dass die grundlegende strategische Ausrichtung zügig vorangetrieben wird. Darüber hinaus darf es einzelne strategische Stoßrichtungen geben, die die grundlegende strategische Ausrichtung nur sehr indirekt fördern. Keinesfalls dürfen sie aber die strategische Ausrichtung behindern.

3. Konkretisierungsstufe: Meilensteine
Die strategischen Stoßrichtungen werden mit wesentlichen Meilensteinen weiter konkretisiert. Jeder Meilenstein ist als Ergebnis eines kleinen Teilprojektes oder einer umfangreichen Maßnahme zu verstehen.

Beispiele von Meilensteinen zur strategischen Stoßrichtung „Aufbau eines lokalen Lieferanten in Algerien“: 1) Mittelfristige Bedarfsanalyse in Algerien, 2) Identifikation von Teilen, die als Pilotmaterial verlagert werden können, 3) Marktanalyse in Algerien und Erstellung einer Long List, 4) Erstellung einer Anfrage für Pilotmaterialien und Lieferantenvorauswahl (Short List mit Angebotsfreigabe der Lieferanten), 5) Auftragsvergabe und Serienfreigabe, 6) Leistungsevaluation und Lieferantenentwicklung.

4. Konkretisierungsstufe: Maßnahmen und Aktionen:
Die ersten drei Konkretisierungsstufen werden im Strategiepapier (Steckbrief) dokumentiert. Die vierte Konkretisierungsstufe der Umsetzung wird in der Aktivitätenliste gesteuert. Hierzu wird in der Regel pro strategischer Stoßrichtung ein Projekt angelegt, das mit Meilensteinen, Maßnahmen und Aktionen konkretisiert wird. Zwischen Projekt, Meilensteinen und Maßnahmen sollte jeweils eine baumartige 1:n-Beziehung bestehen.

▶ **Tipps zur Formulierung der strategischen Ausrichtung und der strategischen Stoßrichtungen** Bei der Formulierung der grundlegenden strategischen Ausrichtung und der strategischen Stoßrichtungen sind folgende Aspekte zu berücksichtigen:

- Es sollen besonders potenzialträchtige Handlungsoptionen ausgewählt werden, die durchaus einen längeren Realisierungshorizont haben können. Sogenannte Quick Wins sollten sofort umgesetzt und nicht erst in

Strategiepapieren beschrieben werden. Die Steuerung kann auch innerhalb der Aktivitätenliste erfolgen.

- Es ist auf die Stimmigkeit mit den Wertbeitragszielen, der Rahmenstrategie und den Strategietreibern zu achten. Gibt es beispielsweise eine strategische Stoßrichtung zur Globalisierung auf Ebene der Rahmenstrategie, sollte dies auf Ebene der Marktstrategie aufgenommen und eventuell mit einer strategischen Stoßrichtung zur Globalisierung auf Marktebene fortgeführt werden. Nur in begründeten Ausnahmen wird die Forderung der Rahmenstrategie zu keinen Konsequenzen auf Ebene der Marktstrategie führen.

Beispiel Kabelmarktstrategie der Elektro AG

In Abb. 4.10 wird das Beispiel der Kabelmarktstrategie der Elektro AG aufgenommen und die Marktstrategie über die Ebenen 1) grundlegende strategische Ausrichtung und

Objekt	Name des Supply-Marktes	Lead Buyer	Datum	Letzte Änderung
Strategische Stoßrichtungen	Kabel und Leitungen unkonfektionier	Hr. Kabelmann	01.07.2017	

Grundlegende Strategie in der Warengruppe	Es wird eine globale Lokalisierung (lokale Werksversorgung) auf Basis TCO-Optimierung angestrebt. Für Datenkabel und Flach- und Flachbandleitungen sollen darüber hinaus über Einkaufs- und Lieferantenfrüheinbindung die technischen Spezifikationen verbessert und die Standardisierung gefördert werden.
	Erste strategische Stoßrichtung in der Materialgruppe
Local-for-Local Vorzugslieferanten-strategie	Es sollen die Werke möglichst lokal versorgt werden. Hierzu sollen mit möglichst international aktiven Lieferanten Vorzugslieferantenstrategien entwickelt werden. Die Lieferantenzahl soll deutlich reduziert werden.
	Zweite strategische Stoßrichtung in der Materialgruppe
Lieferantenfrüheinbindung	Es sollen Entwicklungspartner aufgebaut werden, die in den Entwicklungsprozess eingebunden werden. Damit sollen die Kabelspezifikationen im Entwicklungsprozess überprüft und optimiert werden. Abhängigkeiten von Entwicklungspartnern muss vermieden werden.
	Dritte strategische Stoßrichtung in der Materialgruppe
Einkaufsfrüheinbindung	Es soll im Einkauf eine tiefgehende Kompetenz zu Kabel und Leitungen aufgebaut werden, die aktuelle Marktentwicklungen in den Entwicklungsprozess des Unternehmens einbringt, die eingebundenen Lieferanten steuert und die insbesondere die Bedarfsträger bei der Kabelspezifikation in anspruchvollen Anwendungssituationen unterstützen kann.
	Vierte strategische Stoßrichtungen in der Materialgruppe
Reinraumkabel entwickeln	Mit einem Lieferanten sollen Reinigung und Verpackungstechnologien entwickelt werden, die es erlauben - ohne eigene Reinigung - Kabel für Reinraumeinsätze zu verwenden.
	Merkposten

Abb. 4.10 Beispiel Kabelmarktstrategie der Elektro AG Teil 7: Strategische Ausrichtung

2) strategische Stoßrichtungen ausgeführt. Die strategischen Stoßrichtungen werden in Meilensteine und Maßnahmen heruntergebrochen (ohne Abbildung). Darüber hinaus hat es sich sehr bewährt, in der Marktstrategie besondere Erfolge (High-Lights) und Misserfolge (Low-Lights) zu dokumentieren (ohne Abbildung). Die High-Lights und Low-Lights zeigen, welche Versuche zur Verbesserung der Marktsituation unternommen wurden. Erfolge aufzuzeigen, hilft der Vermarktung des Einkaufs im Unternehmen. Die Dokumentation von Misserfolgen illustriert, was alles unternommen wurde, und hilft, gewisse Wege nicht zu frühzeitig zu wiederholen.

Normstrategien im Einkaufsportfolio:
In Abschn. 3.3.3 wurde das Einkaufsportfolio vorgestellt, in das die einzelnen Supply-Märkte nach ihrer Bedeutung und der Versorgungskomplexität eingeordnet werden. Aus der Positionierung des Marktes im Portfolio ergibt sich eine grundlegende strategische Ausrichtung, die folgend nochmals wiederholt wird:

- **Strategische Artikel:** Artikel/Märkte mit hoher Bedeutung und hoher Komplexität: Partnerschaften entwickeln
- **Hebelartikel:** Artikel/Märkte mit hoher Bedeutung und niedriger Komplexität: Gewinne abschöpfen
- **Engpassartikel:** Artikel/Märkte mit geringer Bedeutung und hoher Komplexität: die Versorgung sichern
- **Unkritische Artikel:** Artikel/Märkte mit niedriger Bedeutung und niedriger Komplexität: die Prozesskosten senken.

Mit den oben vorgestellten Gestaltungsfeldern und Hebeln einer Marktstrategie (Modul N07) können diese grundlegenden Normstrategien präzisiert werden. Dies soll am Beispiel der strategischen Artikel ausgeführt werden (vgl. Tab. 4.1).

Die Idee – die von Beratungsgesellschaften oft empfohlen wird – aus der Position im Portfolio eine Normstrategie abzuleiten, ist unserer Einschätzung nach nicht tragfähig. Zu unterschiedlich kann die Ausgangssituation sein, die zu einer bestimmten Positionierung im Portfolio führen kann. Entsprechend gibt es keine einheitliche Strategieempfehlung für eine bestimmte Position im Portfolio.

Als sinnvoll hat sich allerdings erwiesen, das Portfolio zum Checken der definierten Marktstrategie zu verwenden. In diesem Sinne wird die Marktstrategie – wie oben beschrieben – entwickelt. Die Ergebnisse werden mit den Handlungsempfehlungen des Portfolioansatzes konfrontiert. Soweit Differenzen auftauchen, sollten die Ursachen gründlich geprüft werden. Sollte bei der Marktstrategie ein Hebel nicht richtig eingeschätzt worden sein, ist die Marktstrategie zu korrigieren. Der Empfehlung des Portfolios wird allerdings nicht gefolgt, falls es gute Gründe gegen die Normstrategie gibt. Die ausformulierten Normstrategien für die weiteren Felder im Portfolio finden sich in Heß (2010, S. 270 ff.).

Tab. 4.1 Normstrategie für strategische Artikel/Supply-Märkte (Quelle: Heß 2010, S. 270 ff.)

Hebel	Handlungsempfehlung
Demand	• Exakte Bedarfsplanung
Beschaffungsobjekt	• Prozess- und kundenorientiertes Design optimieren, z. B. Innovation, Design-to-Cost, Target Costing • Entwicklungspartnerschaften
Sourcing	• Partnerschaft als zentraler Hebel • Kombination aus Global und Local Sourcing • Single, Parallel oder Preferential Sourcing
Entgelt	• Open Book • Preisbildungsbasis Kosten und Markt parallel • Gegebenenfalls längere Vertragslaufzeiten • Leistungsanreize • Gegebenenfalls Finanzierungsbeitrag
Prozess	• Lieferantenfrüheinbindung • Enge Zusammenarbeit in Beschaffung und Materialversorgung • Enge Zusammenarbeit in der Qualitätssicherung

4.5 Zusammenfassung: Aufbau der Marktstrategie

Für jeden strategisch bedeutsamen Supply-Markt wird eine Marktstrategie entwickelt und in einem Strategiepapier (Steckbrief z. B. im Word- bzw. Excel-Format) dokumentiert. Der Aufbau des Templates zur Marktstrategie hat sich an den konkreten Anforderungen der Firmensituation zu orientieren. Ferner ist zu prüfen, ob bzw. inwieweit für unterschiedliche Markttypen (z. B. direkte Materialien, Dienstleistungen, indirekte Materialien, Investitionen) verschiedene Templates vorgegeben werden sollten. Als Grundgerüst hat sich der folgende Musteraufbau bewährt:

- **Management-Summary:** Zusammenfassung der wichtigsten Ergebnisse möglichst auf einer Seite.
- **Markt-Identifikation:** Genaue Marktbezeichnungen, Zuordnung von Warengruppen zu Marktsegmenten und Märkten, Ansprechpartner usw.
- **Marktanalyse:** Beschreibung der aktuellen Marktsituation und der Entwicklungstrends, inklusive Marktchancen und Risiken. Vertiefende Analysen, z. B. Marktmachtanalyse, Kostenstrukturanalyse. Der Umfang kann sehr unterschiedlich sein. (Ca. 1 Seite bis zu einer umfangreichen Studie.)
- **Marktziele und Marktsegmentziele:** Die Wertbeitragsziele und Strategietreiber der Rahmenstrategie werden zusammen mit marktspezifischen Treibergrößen zur Steuerung des Marktes definiert. (Ca. 1 Seite.)
- **Identifikation und Priorisierung der Anforderungen:** Übersicht über die Anforderungen der Stakeholder im betreffenden Supply-Markt. (Ca. 1 Seite.)

- **Analyse der Gestaltungsfelder und der Hebel:** Die strategisch bedeutsamen Hebel werden zusammen mit ihren Chancen und Risiken sowie ihren wesentlichen Handlungsoptionen analysiert. Hierbei sind auch grundlegende interne Analysen sinnvoll, z. B. Bedarf des Unternehmens, Übersicht über die Lieferanten und deren Leistungspotenziale – und Leistungsrisiken. (Ca. 3–5 Seiten.)
- **Strategische Ausrichtung und strategische Stoßrichtungen:** Die Marktstrategie wird über die Konkretisierungsebenen „grundlegende strategische Ausrichtung", „strategische Stoßrichtungen", „Meilensteine" mit ihren Projekten, Maßnahmen sowie Aktionen beschrieben. (Ca. 2 Seiten.)
- **Weitere Inhalte:** Je nach Interessenslage können weitere Inhalte in der Marktstrategie berücksichtigt werden, z. B. High-Lights und Low-Lights, Verknüpfung zum Vertragsmanagement.

Die Marktstrategien (inklusive der Chancen und Risiken) sollten jährlich fortgeschrieben bzw. überarbeitet werden. Zumindest in den ersten Jahren empfiehlt es sich, halbjährlich die Strategie zu prüfen und die Projekte und Maßnahmen fortzuentwickeln.

Zur Steuerung der Strategie sollten die quantitativen Ziele quartalsweise, besser monatlich überwacht werden. Der Fortschritt der Projekte und Maßnahmen sollte monatlich durch den Supply Manager geprüft werden. Ein- bis zweimal im Jahr sollte die Strategie zwischen dem Supply Manager und der Leitung Supply Management durchgesprochen werden. Die Steuerungsprozesse werden in Kap. 7 im Detail diskutiert.

Literatur

Arnold, U. (1997). *Beschaffungsmanagement* (2. Aufl.). Stuttgart: Schäffer-Poeschel.

Arnold, U. (2007). Strategisches Beschaffungsmanagement. In U. Arnold & G. Kasulke (Hrsg.), *Praxishandbuch innovative Beschaffung* (S. 13–46). Weinheim: Wiley-VCH.

Arnolds, H., Heege, F., Röh, C., & Tussing, W. (2016). *Materialwirtschaft und Einkauf – Grundlagen – Spezialthemen – Übungen* (13. Aufl.). Wiesbaden: Springer.

Carlsson, M. (2015). *Strategic sourcing and category management – Lessons learned at IKEA*. London: Kogan Page.

Corsten, H. (1995). Beschaffungsmanagement. In H. Corsten & M. Reis (Hrsg.), *Handbuch der Unternehmensführung – Konzepte – Instrumente – Schnittstellen* (S. 573–586). Wiesbaden: Gabler.

Grajczyk, K. (2016). *Category Supply Management – Entwicklung einer Konzeption für die warengruppenorientierte industrielle Beschaffung*. Wiesbaden: Springer.

Heß, G. (2010). *Supply-Strategien in Einkauf und Beschaffung – Systematischer Ansatz und Praxisfälle* (2. Aufl.). Wiesbaden: Springer.

Kalbfuß, W. (2003). Materialgruppenmanagement (MGM). In R. Boutellier, S. Wagner, & H.-P. Wehrli (Hrsg.), *Handbuch Beschaffung – Strategien – Methoden – Umsetzung* (S. 835–865). München: Hanser.

Karius, A. (20. Oktober 2014). Smart-Werk Hambach feiert Standortentscheidung vor 20 Jahren. *Automobilproduktion*.

Koppelmann, U. (2004). *Beschaffungsmarketing* (4. Aufl.). Berlin: Springer.

Large, R. (2013). *Strategisches Beschaffungsmanagement – Eine praxisorientierte Einführung mit Fallstudien* (5. Aufl.). Wiesbaden: Springer.

O'Brien, J. (2015). *Category management in purchasing – A strategic approach to maximize business profitability* (3. Aufl.). London: Kogan Page.

Reinelt, G., & Bühlmeyer, M. (2004). Materialgruppenmanagement bei Miele – Erfolgsfaktoren der Weiterentwicklung eines bewährten Konzeptes. In BME (Hrsg.), *Best Practice in Einkauf und Logistik* (2. Aufl., S. 393–414). Wiesbaden: Gabler.

Rüdrich, G., Meier, A., & Kalbfuß, W. (Hrsg.). (2016). *Materialgruppenmanagement – Strategisch einkaufen* (3. Aufl.). Wiesbaden: Gabler.

Schuh, G., Bremer, D., Drescher, T., & Essig, J. (2014). Beschaffungsmarktforschung. In G. Schuh (Hrsg.), *Einkaufsmanagement – Handbuch Produktion und Management 7* (2. Aufl., S. 147–181). Berlin: Springer.

Stollenwerk, A. (2016). *Wertschöpfungsmanagement im Einkauf – Analysen – Strategien – Methoden – Kennzahlen* (2. Aufl.). Wiesbaden: Springer.

www.beschaffungsstrategie.de

5 Lieferantenstrategien: Die Zusammenarbeit mit Lieferanten strategisch steuern

Die Lieferantenstrategie entwickelt eine strategische Vorgehensweise gegenüber einzelnen (wichtigen) Lieferanten, mit der die Rahmen- und die entsprechenden Marktstrategien in der Umsetzung unterstützt werden. Zur Ableitung einer Lieferantenstrategie werden zunächst die Leistung und die Potenziale des Lieferanten bewertet. Mit der strategischen Lieferantenklassifizierung werden die Inhalte und die Intensität der Zusammenarbeit mit dem Lieferanten eingegrenzt und anschließend in der Lieferantenstrategie konkretisiert. Hierzu werden Lieferantenziele formuliert und strategische Maßnahmen der Lieferantenentwicklung, Lieferantenintegration und des Lieferantenbeziehungsmanagements definiert. Soweit ein Bedarf an neuen Lieferanten besteht, müssen neue Lieferanten für die Angebotsabgabe und anschließend für die Serienbelieferung freigegeben werden. Auch für neue Lieferanten sollte eine Lieferantenstrategie entwickelt werden.

Das Kap. 5 zu den Lieferantenstrategien (Strategiebaustein 3) orientiert sich eng an Heß (2010, S. 283–334). Dieser Leitfaden bietet einen kompakten Überblick zum Lieferantenmanagement und zum Aufbau und zur Vorgehensweise der Ableitung einer Lieferantenstrategie. In Heß (2010) finden sich weit darüber hinausgehende Analysen und Hinweise für die praktische Anwendung. Im Strategiebaustein 3 hat sich die Struktur der 15M-Architektur zwischen Version 1 und Version 2 kaum verändert. Nur die Lieferantenklassifizierung wurde von Modul M09 nach Modul N11 verschoben. Allerdings wurden die Lieferantenklassifizierung und die Lieferantenstrategie im Rahmen von Praxisprojekten in den letzten Jahren erheblich ausdifferenziert. Die beiden Anleitungen können – trotz dieser Fortentwicklungen – aufgrund der gleichen Struktur gut gemeinsam genutzt werden.

© Springer Fachmedien Wiesbaden GmbH 2017

G. Heß, *Strategischer Einkauf und Supply-Strategie*,
DOI 10.1007/978-3-658-16215-3_5

▶ **Lieferantenstrategie:** Die Lieferantenstrategie (Supplier Strategy) beschreibt die Strategie eines Unternehmens gegenüber einem Lieferanten. Abstrakt formuliert, zielt die Lieferantenstrategie darauf ab, den Wertbeitrag des Unternehmens aus der Lieferantenbeziehung zu maximieren.

Mit der zunehmenden Arbeitsteiligkeit und Verflechtung der Lieferketten können erhebliche Leistungsvorteile und Effizienzgewinne erzielt werden. Jedes Glied der Supply Chain kann sich auf seine Kernkompetenzen konzentrieren und es können Bündelungs- und Standortvorteile genutzt werden. Allerdings muss – nicht nur bei engen Partnerschaften – in die Zusammenarbeit mit Lieferanten investiert werden. Ein schneller Lieferantenwechsel ist somit schon allein aufgrund der Wechselkosten häufig nicht sinnvoll. Darüber hinaus kann die technologische Umstellung auf einen neuen Lieferanten lange Zeit dauern, z. B. für die Entwicklung und die Zulassung der Komponenten des neuen Lieferanten. Insgesamt steigen damit die Komplexität und die wechselseitigen Abhängigkeiten in der Zusammenarbeit mit Lieferanten. Konsequenz dieser Entwicklung ist, dass die Zusammenarbeit und die Beziehung mit (wichtigen) Lieferanten intensiv gesteuert werden müssen. Die Lieferantenstrategie ist das entsprechende Steuerungsinstrument im Rahmen der 15M-Architektur.

Mit der Lieferantenstrategie können folgende konkrete Ziele verfolgt werden:

- Es soll die Leistungsfähigkeit des Lieferanten im Sinne des Unternehmens gesteigert werden. Insbesondere sollen Schwachpunkte des Lieferanten erkannt und behoben werden.
- Es sollen die Leistungspotenziale des Lieferanten entwickelt und das Leistungsrisiko der Lieferanten reduziert werden.
- Es sollen strategische Projekte, die sich insbesondere aus der Rahmen- und der Marktstrategie ergeben, gemeinsam mit dem Lieferanten durchgeführt werden.
- Es sollen die Beziehung und die Zusammenarbeit mit dem Lieferanten entwickelt werden. Im Extremfall kann dies aber auch bedeuten, den Lieferanten auszuphasen und die Lieferantenbeziehung zu beenden.
- Es soll die Steuerung der Lieferantenbeziehung abteilungsübergreifend abgestimmt werden.

Die Lieferantenstrategie ist systematisch gesehen das Bindeglied zwischen der Markstrategie und dem Vergabeprozess (vgl. Abb. 5.1): In der Marktstrategie werden die Zusammensetzung und die Ausrichtung der Lieferantenbasis gesteuert. Hierzu dienen die oben besprochenen Hebel im Gestaltungsfeld Sourcing: Lieferantenbeziehung, Beschaffungsregion, Wertschöpfungsort, Netzwerksteuerung, Lieferantenzahl (vgl. Abschn. 4.3, Punkt (3)). Darüber hinaus erfolgt im Rahmen der externen Marktanalyse das Lieferanten-Scouting (vgl. Abschn. 4.1). Innerhalb der Vorgaben der Marktstrategie zielt die Lieferantenstrategie auf die strategische Ausrichtung der Zusammenarbeit mit jeweils einem Lieferanten. Einerseits sollen passende Lieferanten ausgewählt werden. Strebt die Marktstrategie beispielsweise einen lokalen Einkauf in China an, müssen in der Lieferantenstrategie passende Lieferanten mit chinesischem Lokalisierungsanteil entwickelt werden. Andererseits muss die Zusammenarbeit mit den Lieferanten im Hinblick auf die

Abb. 5.1 Abgrenzung der Lieferantenstrategie

Vorgaben der Marktstrategie ausgerichtet werden, beispielsweise bezüglich der Frage, ob mit dem Lieferanten partnerschaftlich oder eher wettbewerbsorientiert zusammengearbeitet werden soll. Im Vergabeprozess müssen dann die Ziele der Markt- und Lieferantenstrategien innerhalb konkreter Vergabeentscheidungen umgesetzt werden. Diese können Einfluss auf den Bieterkreis haben, z. B. werden nur Anbieter mit lokaler Fertigung in China eingeladen oder es werden Vorzugslieferanten stets zur Angebotsabgabe aufgefordert. Ferner können durch die Strategien Vergaberegeln beeinflusst werden, z. B. Splittung des Auftrags auf zwei Lieferanten zur Risikoabsicherung.

In der Lieferantenstrategie müssen zunächst die Leistungen und die Potenziale des Lieferanten bewertet werden (Modul N09). Gemeinsam mit der Supply-Marktstrategie zeigt die Lieferantenbewertung, ob neue Lieferanten benötigt werden und welchen Anforderungen diese genügen müssen. Die Identifikation und die Freigabe neuer Lieferanten erfolgt in Modul N10. Als Einstieg in die Lieferantenstrategie werden die Lieferanten klassifiziert. Mit der Klassifizierung wird eine erste grundsätzliche Orientierung der Lieferantenstrategie in Hinblick auf den Inhalt und die Intensität der Zusammenarbeit mit den Lieferanten vorgenommen. Daraufhin werden Zielsetzungen für die Zusammenarbeit mit dem Lieferanten formuliert und ein Bündel strategischer Maßnahmen zur Entwicklung der Zusammenarbeit beschlossen. Diese Maßnahmen lassen sich in die drei Themengebiete Lieferantenentwicklung, Lieferantenintegration und Lieferantenbeziehungsmanagement strukturieren (Modul N11). Aus der Modulstruktur ergeben sich die folgenden sechs Schritte zur Entwicklung der Lieferantenstrategie:

1. Schritt: Aufbau des Modells zur Lieferantenbewertung (N09)
2. Schritt: Lieferantenbewertung durchführen (N09)
3. Schritt: Lieferanten identifizieren und freigeben (N10)

4. Schritt: Lieferanten klassifizieren (N11)
5. Schritt: Lieferantenziele definieren (N11)
6. Schritt: Strategische Stoßrichtungen und strategische Projekte entwickeln (N11).

(Zum Lieferantenmanagement vgl. Heß 2010, S. 283 ff.; Durst 2011; Fries 2010; Hartmann 2015; Helmold und Terry 2016; Hofbauer et al. 2016; Institut für Beschaffungsstrategie 2017; Large 2013, S. 110 ff.; O'Brien 2014; Wagner 2001, 2003).

Hinweis zu den Begriffen Lieferantenmanagement, Lieferantenentwicklung und Lieferantenstrategie

In der Unternehmenspraxis wird häufig von Lieferantenmanagement und Lieferantenentwicklung gesprochen. Dabei wird in Unternehmen sehr oft die Lieferantenbewertung betont. Diese ist allerdings nur ein Analyseinstrument, um eine gute Lieferantenstrategie zu entwickeln. Letztlich kommt es ja darauf an, aus der Lieferantenbewertung Konsequenzen zu ziehen.

Der Begriff „Lieferantenentwicklung" wird in der Praxis häufig weitgehend synonym zum Verständnis der „Lieferantenstrategie" im Sinne der 15M-Architektur verstanden. Jedoch suggeriert der Begriff der Lieferantenentwicklung unseres Erachtens, dass ein leistungsschwacher Lieferant durch das Unternehmen gefördert und entwickelt werden muss. Jedoch sollten in der Lieferantenstrategie im Sinne der 15M-Architektur mit dem Lieferanten auch gemeinsame strategische Projekte durchgeführt werden. Dabei kann der Lieferant durchaus der Know-how-Träger sein, sodass letztlich das einkaufende Unternehmen entwickelt wird. Vor diesem Hintergrund wird vorgeschlagen, den Begriff Lieferantenstrategie in fünf Aufgabenfelder auszudifferenzieren:

- Lieferantenklassifizierung
- Lieferantenziele
- Lieferantenentwicklung
- Lieferantenintegration
- Lieferantenbeziehungsmanagement

Die Begriffe werden in Abschn. 5.4 näher erläutert. Darüber hinaus erscheint die Verwendung des zentralen Begriffs „Lieferantenstrategie" schon allein aus der sprachlichen Symmetrie heraus eingängig. So setzt sich die Supply-Strategie aus einer Rahmenstrategie, aus Marktstrategien, aus Lieferantenstrategien und aus Prozessstrategien zusammen.

Zusammenspiel von Markt- und Lieferantenstrategie

Bevor die einzelnen Schritte zur Entwicklung einer Lieferantenstrategie vorgestellt werden, soll zunächst das Zusammenspiel von Markt- und Lieferantenstrategie näher betrachtet werden (Abb. 5.2).

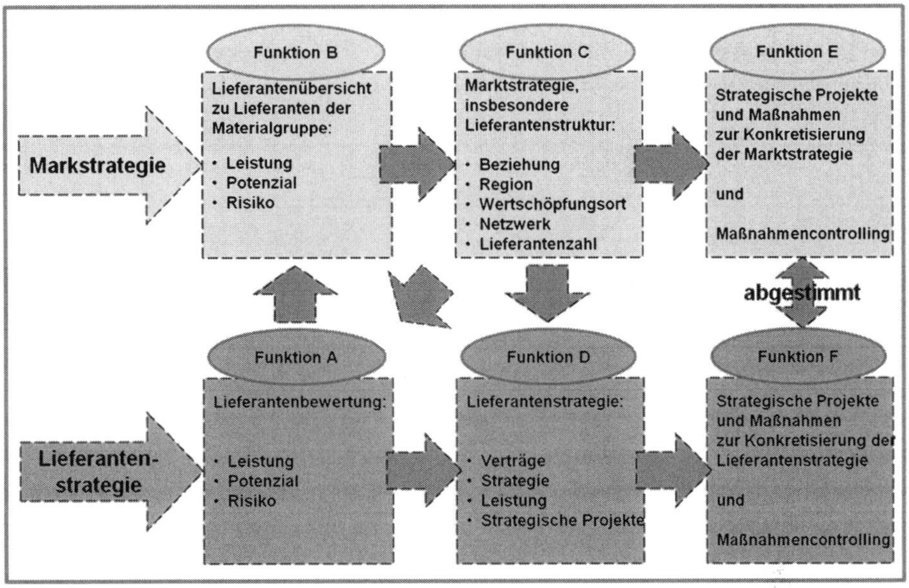

Abb. 5.2 Verhältnis von Markt- und Lieferantenstrategie

Wie ausgeführt ist es die Aufgabe der Marktstrategie, eine günstige Lieferantenstruktur (= strukturelle Zusammensetzung von Lieferanten im Lieferantenportfolio) zu schaffen (in Abb. 5.2 Funktion C). Hierzu dienen die oben besprochenen Hebel im Gestaltungsfeld Sourcing (Lieferantenbeziehung, Beschaffungsregion, Wertschöpfungsort, Netzwerksteuerung, Lieferantenzahl). Zur Planung der erwünschten Lieferantenstruktur ist eine Übersicht der aktuellen Lieferanten und ihrer Leistungsfähigkeit erforderlich (Funktion B). Die Bewertung der einzelnen Lieferanten erfolgt im Rahmen der Lieferantenstrategie (Funktion A).

Aus der geplanten Lieferantenstruktur (Funktion C) folgen wesentliche Hinweise für die Lieferantenbewertung (Funktion A). So ergibt sich die Relevanz von Bewertungskriterien insbesondere auch aus der jeweiligen Marktstrategie. Ferner wirkt die Marktstrategie auf die Lieferantenstrategien der einzelnen Lieferanten (Funktion D). Die Lieferantenklassifizierung und die inhaltliche Ausrichtung der Lieferantenstrategien ergeben sich einerseits aus den Stärken und Schwächen im Rahmen der Lieferantenbewertung (Funktion A) sowie aus den Zielen und Projekten der Marktstrategie (Funktion C). Sowohl die Marktstrategie wie auch die Lieferantenstrategie werden mit strategischen Projekten und Maßnahmen konkretisiert (Funktionen E und F). Diese Aktivitäten sind logisch und terminlich aufeinander abzustimmen.

Die Ergebnisse der Lieferantenbewertung sind in einer Datenbasis (üblich SRM-Datenbank, im kleinen Unternehmen Excel) zu dokumentieren und sind in Berichtsform für die interne Kommunikation und die Kommunikation mit den Lieferanten auszugeben. Die Lieferantenstrategien werden jeweils in einem Lieferantensteckbrief (z. B. in einer Word- bzw. Excel-Datei) dokumentiert.

5.1 Lieferanten bewerten (N09)

▶ **Lieferantenbewertung:** Die Lieferantenbewertung (Supplier Evaluation) analysiert die Leistung des Lieferanten bzw. seinen Wertbeitrag für das Unternehmen. Hierbei ist es sinnvoll, zwischen der Bewertung der vergangenen Leistung des Lieferanten (Supplier's Performance Review) und dem Leistungspotenzial des Lieferanten (Supplier's Performance Potential) zu unterscheiden (vgl. Abb. 5.3). Das Leistungspotenzial kann nochmals in die zukünftige Leistungsfähigkeit (Ability of Future Performance) und in die Leistungsrisiken (Performance Risks) eingeteilt werden.

Die Lieferantenbewertung analysiert die Leistung der aktuellen Lieferanten als Basis für die Entwicklung der Lieferantenstrategie (zur Lieferantenbewertung vgl. Heß 2010, S. 287 ff.; Disselkamp 2004; Hartmann et al. 2013; Hofbauer et al. 2016, S. 47 ff.). Da in der Strategie die zukünftige Zusammenarbeit mit dem Lieferanten geplant wird, ist nicht nur die vergangene Leistung des Lieferanten, sondern gerade auch die Einschätzung des zukünftigen Leistungspotenzials von großer Bedeutung. Hierin ist die Beurteilung von Leistungsrisiken ein wesentlicher Aspekt. Die Bewertung der beiden Themen, der vergangenen Leistungen und die der zukünftigen Potenziale, sollte getrennt durchgeführt werden, da die Objektivität der Beurteilung und insofern auch die Konsequenzen in der Regel sehr unterschiedlich sind.

▶ **Lieferantenbewertung führt zur Leistungssteigerung:** Die Lieferantenbewertung schafft Transparenz über die vergangene Leistung und die Leistungspotenziale des Lieferanten. Allein durch diese Transparenz – also jenseits der unten besprochenen Maßnahmen der Lieferantenstrategie – ist mit einer Leistungssteigerung des Lieferanten zu rechnen. Gemäß der Zielsetzungstheorie führt Transparenz der Ziele zu höherer Leistungsorientierung und insbesondere

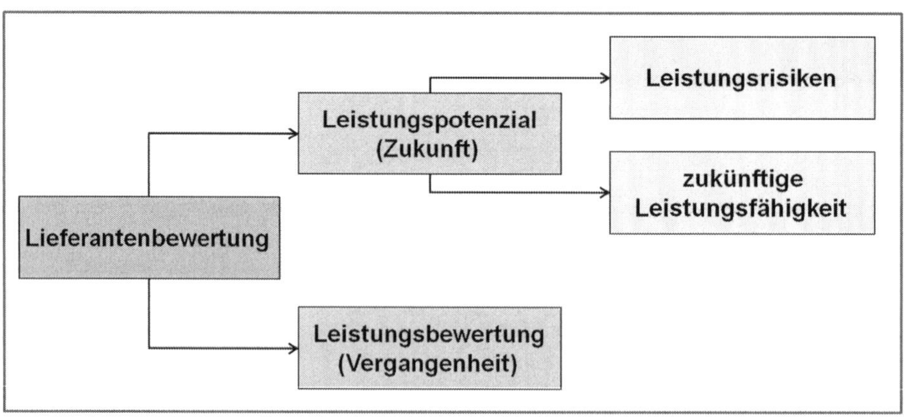

Abb. 5.3 Struktur der Lieferantenbewertung. (Quelle: Heß 2010, S. 289, modifiziert)

auch zu stärkerer Zielorientierung und in der Konsequenz zu höherer Leistung (vgl. zur detaillierten Argumentation z. B. Kohnke 2002).

Im ersten Schritt muss zunächst das Bewertungsmodell aufgebaut und im zweiten Schritt die Bewertung durchgeführt werden.

1. Schritt: Aufbau des Modells zur Lieferantenbewertung (Modul 09)
Beim Aufbau des Bewertungsmodells wird zunächst die Definition der Bewertungsmethode (Teilschritt a) und dann der Aufbau des Bewertungssystems (Teilschritt b) diskutiert.

Teilschritt a: Definition der Bewertungsmethode
Als grundlegende Bewertungsmethode empfiehlt sich die Scoring- bzw. Punktbewertungsmethode. Hierzu müssen Bewertungskriterien definiert werden. In den Bewertungskriterien werden die Anforderungen und die Leistungsaspekte abgebildet, die das Unternehmen von seinen Lieferanten (generell) erwartet. Zur systematischen Einschätzung, wie gut die Bewertungskriterien vom Lieferanten erfüllt werden, müssen Bewertungskategorien formuliert werden. Zur Priorisierung der Anforderungen und der Leistungsaspekte müssen die entsprechenden Bewertungskriterien gewichtet werden. Die Summe der gewichteten Erfüllungsgrade der Bewertungskriterien ergibt den Gesamtscore des Lieferanten.

Bewertungskriterien
Im Folgenden sollen beispielhaft typische Bewertungskriterien aufgezählt werden. Diese sollen – wie in der Praxis weit verbreitet – in die Hauptkategorien Einkauf, Qualität, Logistik, Technologie sowie Leistungsfähigkeit und Leistungsrisiko eingeteilt werden. Eine ausführliche Übersicht und Diskussion möglicher Bewertungskriterien findet sich in Heß (2010, S. 208 ff.) (Checklisten zu Bewertungskriterien finden sich auch in: Hofbauer et al. 2016, S. 119 ff.):

- **Einkauf:**
  - Preisniveau
  - Preisentwicklung
  - Initiative zur Kostensenkung
  - Preistransparenz
  - …
- **Qualität:**
  - ppm-Rate
  - Qualitätskennzahl (QKZ)
  - Qualitäts- oder Umweltsystem bzw. -zertifikat vorhanden
  - Reklamationsquote
  - …

- **Logistik:**
  - Liefertermintreue
  - Lieferfähigkeit
  - Mengentreue
  - Moderne Logistikkonzepte
  - …
- **Entwicklung:**
  - Aktuelle Technologieposition
  - Leistungsfähigkeit der Produkte
  - Erfüllungsgrad spezifischer Anforderungen (z. B. Gewicht)
  - Elektronischer Datenaustausch von CAX-Daten
  - …
- **Zukünftige Leistungsfähigkeit:**
  - Managementkompetenz
  - Grundsätzliche Kostenposition
  - Verfügbarer Maschinenpark
  - Logistikkompetenz
  - …
- **Leistungsrisiken:**
  - Standortfaktoren des Lieferanten
  - Insolvenzrisiko
  - Risiken in der Supply Chain
  - Abhängigkeitsrisiko bzw. Lieferantenmachtrisiko
  - …

Bewertungskategorien

Zu den Bewertungskriterien müssen Bewertungskategorien definiert werden, die den Erfüllungsgrad eines Bewertungskriteriums beschreiben. Die Kategorien sollten möglichst exakt beschrieben werden, auch wenn dies mit einiger Arbeit verbunden ist. Nur so kann eine einheitliche Bewertung über die Zeit oder über verschiedene Bewerter hinweg sichergestellt werden. Das folgende Beispiel soll die Bewertungskategorien zum Bewertungskriterium „Initiative zur Kostensenkung" illustrieren:

100 %	Der Lieferant bringt eigenständig Ideen zur Kostensenkung ein und setzt diese auch zielstrebig um. Das realisierte Einsparpotenzial im letzten Jahr war >5 % des Einkaufsvolumens
75 %	Der Lieferant bringt gelegentlich Ideen zur Kostensenkung ein und setzt diese auch um. Das realisierte Einsparpotenzial im letzten Jahr war >3 % des Einkaufsvolumens
50 %	Der Lieferant macht aktiv bei Kostensenkungsprojekten mit, muss aber motiviert werden. Das Einsparpotenzial im letzten Jahr war >1 % des Einkaufsvolumens
25 %	Der Lieferant ist nur in Ausnahmen bzw. unter starker Motivation bereit, bei Kostensenkungsmaßnahmen mitzumachen
0 %	Der Lieferant beteiligt sich nicht an Kostensenkungsmaßnahmen

Auch quantitative Bewertungskriterien benötigen Bewertungskategorien. Beispielsweise muss einer Termintreue von 73 % ein Erfüllungsgrad des Kriteriums „Termintreue" z. B. 50 % zugeordnet werden. In Ausnahmefällen kann der quantitative Wert direkt als Erfüllungsgrad des Kriteriums verwendet werden. Dies setzt allerdings eine strikte Linearität der Bewertung der Leistung voraus. Zu fragen ist: Kann beispielsweise 50 % Termintreue wirklich als 50 % Erfüllung beim Kriterium Termintreue eingestuft werden? In der Regel werden 50 % Termintreue als völlig unzureichend beurteilt.

Beim Aufbau der Bewertung sind ferner folgende Aspekte zu beachten:

- **K.-o.-Kriterien:** Ab einem bestimmten Erfüllungsgrad des K.-o.-Kriteriums wird der Lieferant als ungeeignet eingestuft.
- **Bonus- und Malus-Regelungen:** Ab einem bestimmten Erfüllungsgrad des Bonus- bzw. Malus-Kriteriums erhält der Lieferant in der Gesamtbewertung einen Zuschlag oder eine Minderung.
  Beispiel: Bei einer Termintreue unter 85 % erhält der Lieferant einen Malus von 10 % Punkten auf die Gesamtbewertung. Dies ist notwendig, da bei einer größeren Zahl an Bewertungskriterien die Gewichtung eines einzelnen Kriteriums ja nur bei wenigen Prozentpunkten liegt. Aufgrund dieser geringen Gewichtung würde sich eine gravierende Nichterfüllung im Gesamtwert nur wenig auswirken. Mit dem Bonus bzw. dem Malus können also bedeutsame Stärken bzw. Schwächen besonders gewürdigt werden.
- **Kommentar:** Schlechte Bewertungen von qualitativen Kriterien sollten kommentiert werden.

Teilschritt b: Aufbau des Bewertungssystems

Die Lieferantenbewertung kann sich aus unterschiedlichen Bewertungsbereichen zusammensetzen. Beispielsweise können Bewertungen in den einzelnen Materialbereichen unterschiedlich aufgebaut sein, z. B. in der Serie, im Dienstleistungsbereich, für Investitionsgüter. Sollten im Unternehmen verschiedene Geschäftsarten vorkommen, z. B. Seriengeschäft, Systemgeschäft, Anlagengeschäft, sollte die Lieferantenbewertung differenziert werden.

Beim Aufbau des Bewertungssystems müssen die unterschiedlichen Bewertungen definiert werden. Dabei ist einerseits zu entscheiden, wie differenziert das System aufgebaut wird. Mit dem Differenzierungsgrad steigt die Qualität, aber auch die Komplexität der Bewertung. Andererseits ist zu entscheiden, ob und wie die verschiedenen Bewertungsbereiche aufeinander abgestimmt werden. Eine abgestimmte Vorgehensweise bringt etwas Komplexität in die Entwicklung des Systems, führt aber zur Vereinfachung in der Umsetzung und im Betrieb. Im Folgenden werden zwei Aspekte ausgeführt, die bei der Entwicklung des Bewertungssystems zu beachten sind:

Mehrstufigkeit der Bewertung

Die Zahl der Bewertungsstufen ist zu definieren.

- In der **einstufigen Bewertung,** der einfachsten Version, werden einfach mehrere Bewertungskriterien definiert und bewertet.
- In der **zweistufigen Bewertung** werden Hauptkriterien gebildet, z. B. Einkauf, Qualität, Logistik, Technologie, Leistungsrisiken, und jeweils mit mehreren Kriterien konkretisiert. Diese Vorgehensweise strukturiert und vereinfacht die Kommunikation im Unternehmen und mit den Lieferanten, da einzelne Hauptkriterien als gut oder als verbesserungsbedürftig eingestuft werden können. Insbesondere wenn für die Bewertung von Hauptkriterien und nachfolgend für die Durchführung von Verbesserungsmaßnahmen unterschiedliche Personen oder Abteilungen verantwortlich sind, wird über die erste Stufe auch die Zuständigkeit definiert. Das Qualitätsmanagement kümmert sich beispielsweise um die Qualitätsbewertung und die Verbesserung der Qualitätsprozesse.
- In einer **dreistufigen Bewertung** (vgl. Abb. 5.4) erfolgt die erste Stufe nach den oben angesprochenen Hauptkriterien. In der zweiten Stufe werden wenige allgemeine Kriterien definiert, die im ganzen Unternehmen gelten, z. B. innerhalb des Hauptkriteriums Einkauf die „Kostenposition des Lieferanten“, „die Initiative zur Kostensenkung“ usw. oder innerhalb des Hauptkriteriums Logistik die „Logistikleistung“ bzw. die Nutzung von „Logistikkonzepten“. In der dritten Stufe werden diese Kriterien für die relevanten Anwendungsfelder konkretisiert. So ist beispielsweise im angeführten Beispiel die Kostenposition in „Kosten im Vergleich zum Wettbewerb“ und in die „Kostenentwicklung“ untergliedert. In einem anderen Anwendungsfeld kann die Kostenposition beispielsweise mit der „Preisentwicklung relativ zu einem Index“ verfolgt werden (ein ausführliches Beispiel findet sich in Heß 2010, S. 297 ff.; Hoffmann und Lumbe 2000).

Die dreistufige Vorgehensweise weist erhebliche Vorteile auf:

- Die Leistungen der Lieferanten sind unternehmensweit über verschiedene Material- bzw. Geschäftsarten hinweg vergleichbar.
- Die Leistungen der Lieferanten sind über verschiedene Standorte hinweg vergleichbar.
- Analog zur zweistufigen Bewertung können zu einzelnen Hauptkriterien klare Verantwortlichkeiten definiert werden.
- Verändern sich im Laufe der Zeit Prioritäten oder Inhalte der Bewertungskriterien, erfolgt in der Regel eine Anpassung auf Ebene 3. Damit kann auf Ebene 2 weiterhin ein Zeitreihenvergleich durchgeführt werden.

Quantitative oder qualitative Bewertung
Eine (rein) quantitative Lieferantenbewertung beruht ausschließlich auf Bewertungskriterien, die automatisch aus den IT-Systemen (z. B. ERP-System) zu gewinnen sind. Im Gegensatz dazu beruhen qualitative Bewertungen (in der Regel) auf einer Kombination aus quantitativen und qualitativen Kriterien. Qualitative Kriterien stellen die mehr oder minder subjektive Einschätzung des zuständigen Mitarbeiters dar.

Für die quantitative Bewertung spricht die (scheinbare) Objektivität. Dies vereinfacht die Diskussion mit den Lieferanten. Soweit die Auswertung der Kriterien automatisiert ist, ist auch der Bewertungsvorgang selbst sehr aufwandsarm. Damit kann die Bewertung

Lieferant:	Müller & Söhne
Materialgruppe:	Stanzteile
D-U-N-S-Nr.:	0815

Division:	Medizinische Apparate
Strategischer EK:	Helmut Maier (EK MA 2)

1. Einkauf	Gewichtung	73%
1.1 Kostenposition (25 %)		90%
Kosten im Vergleich zum Wettewerb (60 %)	100%	
Kostenentwicklung (40%)	75%	
1.2 Initiative zur Kostensenkung (25 %)		65%
Produktkosten (60%)	75%	
Prozesskosten (40%)	50%	
1.3 Ausschreibungsprozess (25 %)		45%
Bereitchaft zur Kostentransparenz (60%)	25%	
Qualität der Angebote (40%)	75%	
1.4 Kooperation Einkauf (25 %)		90%
Marktmacht (60%)	100%	
Kommunikation Einkauf (40%)	75%	

2. Qualität	Gewichtung	66%
2.1 Qualitätsleistung (25 %)		75%
Fehlerrate (60%)	75%	
Auditergebnis (40%)	75%	
2.2 Qualitäts- und Umweltmanagement (25 %)		40%
ISO 9000 (60%)	50%	
EMAS (40%)	25%	
2.3 Qualitätsverbesserung (25 %)		90%
Bereitschaft zur QSV (60%)	100%	
Ship-to-Line (40%)	75%	
2.4 Kooperation Qualität (25 %)		60%
Zusammenarbeit im Reklamationsfall (60%)	50%	
Kommunikation Qualität (40%)	75%	

3. Logistik	Gewichtung	73%
3.1 Logistikleistung (25 %)		80%
Termintreue (60%)	100%	
Lieferzeit im Vergleich zum Wettbewerb (40%)	50%	
3.2 Logistikkonzepte (25 %)		85%
Fähigkeit Jit, Jis, Kanban (60%)	75%	
Bereitschaft Konsilager (40%)	100%	
3.3 Logistikverbesserung (25 %)		45%
Initiative zur Optimierung der Logistik (60%)	25%	
Logistikkompetenz (40%)	75%	
3.4 Kooperation Logistik (25 %)		80%
Umgang bei Engpässen (60%)	100%	
Kommunikation Logistik (40%)	50%	

4. Entwicklung	Gewichtung	60%
4.1 Technologieposition (25 %)		35%
Produkttechnologie (60%)	25%	
Prozesstechnologie (40%)	50%	
4.2 Innovationskompetenz (25 %)		90%
Produktinnovationen (60%)	100%	
Prozessinnovationen (40%)	75%	
4.3 Zusammenarbeit Produktentwicklung (25 %)		50%
IT-Schnittstellen (60%)	50%	
Kompetenz der tehnologischen Zusammenarbeit	50%	
4.4 Kooperation Entwicklung (25 %)		65%
Fähigkeit Lieferantenfrüheinbindung (60%)	75%	
Kommunikation Entwicklung (40%)	50%	

Gesamtbewertung 68 %

Bewertung für das Geschäftsjahr 2017
20.1.2018

Abb. 5.4 Beispiel dreistufige Lieferantenbewertung

monatlich oder quartalsweise durchgeführt werden. So kann auf unerwünschte Entwicklungen sehr schnell reagiert werden.

Der große Nachteil der quantitativen Bewertung ist, dass in der Regel nur einige wenige quantitativ auswertbare Kriterien verfügbar sind. Viele der wesentlichen Leistungsaspekte können nicht mit quantitativen Kriterien abgebildet werden. Darüber hinaus ist es fraglich, ob die Diskussion mit den Lieferanten nur Last ist oder ob gerade die kontroverse Diskussion mit den Lieferanten zu Verbesserungen in der Zusammenarbeit führt, ggf. auch zu Verbesserungen im eigenen Unternehmen.

Häufig bietet sich eine Kombination aus der monatlichen Auswertung von quantitativen Kriterien und der einmal jährlich durchgeführten qualitativen Bewertung an.

Am Ende von Schritt 1 ist das Bewertungssystem ggf. mit differenzierten Methoden der Lieferantenbewertung definiert. Wie die gesamte 15M-Architektur sollte auch das Bewertungssystem einfach aufgebaut und dann schrittweise fortentwickelt werden.

2. Schritt: Lieferantenbewertung durchführen (Modul N09)
Nachdem die Lieferantenbewertung mit den Kriterien, Kategorien und Gewichtungen definiert ist, kann die Lieferantenbewertung durchgeführt werden. Dabei sind nach Anlass der Bewertung unterschiedliche Formen der Lieferantenbewertung zu unterscheiden:

- **Regelmäßige Bewertung:** In einer dauerhaften Lieferantenbeziehung kann in regelmäßigen Zeitabständen die Leistung des Lieferanten bewertet werden, z. B. jährlich oder quartalsweise.
- **Bewertung im Rahmen von Projekten:** Wird mit einem Lieferanten in einem umfangreichen Projekt zusammengearbeitet, kann zu ausgewählten Meilensteinen oder am Ende eine Lieferantenbewertung durchgeführt werden. Die Zwischenbewertung dient zur Justierung der Leistung. Die Abschlussbewertung kann für Folgeprojekte, aber auch für die Abrechnung der Vergütung bedeutsam sein.
- **Ad-hoc-Bewertung:** In Ad-hoc-Bewertungen werden Lieferanten zu einem bestimmten Zeitpunkt bewertet. Findet beispielsweise die jährliche Bewertung des Lieferanten im Januar statt, könnte der strategische Einkäufer vor einem Lieferantenbesuch im September eine Ad-hoc-Bewertung zum Lieferanten starten. Damit sollen der aktuelle Stand der Lieferantenbewertung sowie deren Entwicklung seit Januar nachvollziehbar werden und als Basis für das Lieferantengespräch dienen. Dies ist insbesondere dann hilfreich, falls mehrere Abteilungen in die Lieferantenbewertung eingebunden sind.
- **Bewertung nach jeder Aktion:** Insbesondere im Dienstleistungsbereich können einzelne Aktionen direkt von den betroffenen Mitarbeitern bewertet werden. Man denke beispielsweise an die Bewertung der Qualität einer Service-Hotline.
- **Bewertung im Rahmen der Lieferantenfreigabe:** Im Rahmen der Lieferantenauswahl werden die Leistungspotenziale der Lieferanten in vergleichbarer Weise wie in der Leistungsbewertung beurteilt. Diese Art der Bewertung ist Modul N10 zuzurechnen und wird dort angesprochen.

Die nachfolgende Betrachtung zum Bewertungsprozess orientiert sich an einer regelmäßigen qualitativen Bewertung.

Teilschritt a: Festlegen der zu bewertenden Lieferanten
Zunächst müssen die Lieferanten ausgewählt werden, die bewertet werden sollen. Hierbei werden häufig auf Basis einer ABC-Klassifizierung die Lieferanten mit dem größten Einkaufsvolumen selektiert. Eine Bewertung von Lieferanten mit 80 % des Einkaufsvolumens ist sicherlich ein guter Umsetzungsstand in der Lieferantenbewertung. Etwas filigraner ist die Auswahl der Lieferanten über die Lieferantenklassifizierung (vgl. Schritt 4).

Die so definierte Basis kann nach verschiedenen Gesichtspunkten modifiziert werden. Beispielsweise können zusätzlich Potenziallieferanten bewertet werden, die heute noch ein kleines Einkaufsvolumen haben, die aber entwickelt werden sollen. Ferner können Lieferanten mit einem kleinen Volumen berücksichtigt werden, falls sie strategisch sehr bedeutsam sind.

Je nach Bedeutung der Lieferanten können unterschiedliche Bewertungen gewählt werden. So können Top-Lieferanten beispielsweise quartalsweise qualitativ und monatlich quantitativ bewertet werden. Andere Lieferanten werden hingegen nur einmal im Jahr qualitativ beurteilt.

Teilschritt b: Bewertung der Lieferanten durch die zuständigen Bewerter
Anschließend kann die Bewertung gestartet werden. Dabei muss festgelegt werden, wer welche Kriterien bewertet. Insbesondere ist hierbei auch zu klären, ob die Bewertung im Einkauf oder cross-funktional in Zusammenarbeit mit weiteren Abteilungen durchgeführt wird, z. B. Logistik, Qualität, Entwicklung. Soweit die Rollen klar sind, muss geprüft werden, ob die bewertenden Personen je Rolle auch definiert und verfügbar sind. Die zuständigen Bewerter werden zur Bewertung aufgefordert und haben diese durchzuführen.

Alternativ können die Lieferanten auch in einem cross-funktionalen Workshop abteilungsübergreifend gemeinsam bewertet werden. In diesem Workshop kann die Leistung der Lieferanten sehr detailliert aus den unterschiedlichen Sichten heraus beurteilt werden. Allerdings ist der Aufwand eines solchen Workshops ganz beträchtlich, sodass Unternehmen hierauf häufig ganz verzichten oder nur besonders bedeutsame und/oder problematische Lieferanten besprechen.

Teilschritt c: Konsolidierung der Ergebnisse
Der Einkauf überwacht den Rücklauf der Bewertung und mahnt ggf. säumige Bewerter. Ferner werden die Bewertungen auf Vollständigkeit und Plausibilität geprüft. Mangelnde Kompetenz einzelner Bewerter kann leicht zu Fehlern führen. Gegebenenfalls werden mit den Bewertern offene Fragen geklärt.

Teilschritt d: Feedback zum Lieferanten
Die konsolidierten und geprüften Lieferantenbewertungen sollten an die Lieferanten übermittelt werden mit der Bitte um Stellungnahme. Insbesondere soll der Lieferant Maßnahmen vorschlagen, mit denen er seine Schwachpunkte verbessern möchte. An dieser Stelle

befindet sich der Übergang zu den Prozessen der Lieferantenklassifizierung und der Lieferantenstrategie, die unten behandelt werden.

Alternativ kann vor der Aufforderung des Lieferanten um Stellungnahme zunächst intern das grundsätzliche Vorgehen gegenüber dem Lieferanten besprochen werden. Damit wird bereits überlegt, in welcher Weise der Lieferant ein Feedback geben soll. Dieser Schritt ist gleichermaßen Abschluss der Lieferantenbewertung und Start der Lieferantenstrategie.

Permanentes Lieferantenrisiko Screening

Angesichts der dynamischen Entwicklung von Märkten und der ebenso dynamischen Entwicklung der Risikosituation von Lieferanten erscheint eine jährliche Beurteilung der Lieferantenrisiken in den meisten Unternehmen als zu selten. Ein Risiko kann sich ja kurz nach der Risikoanalyse entwickeln und innerhalb kürzester Zeit eskalieren. Insofern sollten die Lieferantenrisiken permanent bzw. in kurzen Zeitintervallen durchgeführt werden (Abb. 5.5) (vgl. Moder 2008, S. 83 ff.).

Die Risikosituation der Lieferanten wird – wie oben in Kap. 4 vorgestellt – in der Lieferanten-Risk-Map mit den Dimensionen „Bedeutung des Lieferanten" und „Risikosituation des Lieferanten" veranschaulicht. Während die Bedeutung des Lieferanten eher stabil bleibt und in der Regel ein- oder zweimal im Jahr angepasst wird, soll die Risikosituation permanent überwacht werden. Hierzu kann eine Datenbank mit Risikoindikatoren aufgebaut werden.

> **Verwendung eines exponentiellen Maßstabs:** Bei der Bewertung des Lieferantenrisikos empfiehlt es sich, über die Risikokriterien ein Scoring-Modell zu definieren. Für die Bewertung der Kategorien im Scoring-Modell sollte allerdings ein exponentieller Maßstab verwendet werden. Dies ergibt sich aus folgender Überlegung: In der Regel sind mehrere kleine Risiken eher unerheblich.

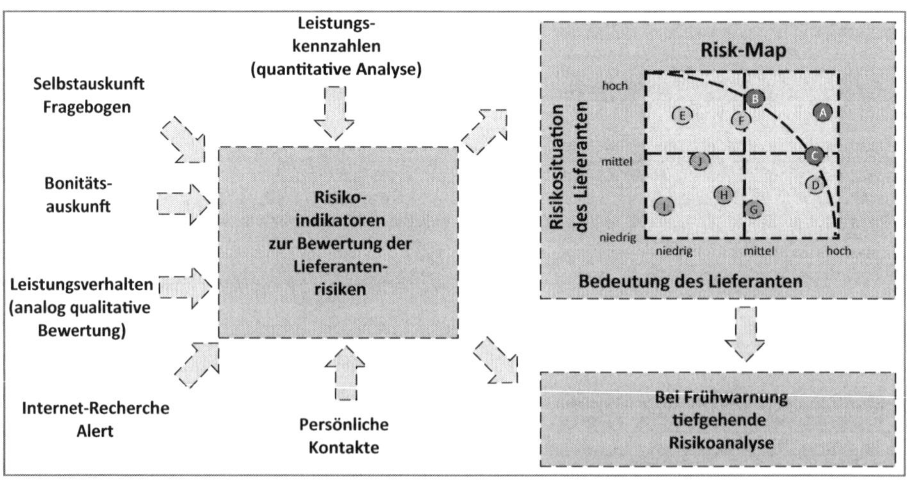

Abb. 5.5 Screening des Lieferantenrisikos

Hingegen genügt bereits ein sehr hohes Risiko in nur einem Kriterium, um katastrophale Wirkungen zu entfalten. Mit dem exponentiellen Maßstab führt bereits ein sehr hohes Risiko dazu, dass der Gesamtwert sehr hoch ist.

Die Datenbank wird aus verschiedenen Quellen permanent bzw. zyklisch (monatlich oder quartalsweise) gespeist. Typische Quellen sind:

- **Quantitative Kennzahlen aus dem ERP-System:** Beispielsweise signalisiert ein Einbruch bei Kennzahlen wie Qualität oder Termintreue Schwächen in den SCM-Prozessen. Diese können als Indikator für Missstände in der Supply Chain des Lieferanten dienen.
- **Selbstauskunft des Lieferanten:** Eine jährliche Selbstauskunft des Lieferanten kann Hinweise auf Entwicklungen im Umsatz insgesamt oder bei Produktgruppen oder in Regionen geben. Gegebenenfalls können auch weitere finanzwirtschaftliche Kennzahlen erfragt werden.
- **Bonitätsauskunft:** Die Auskünfte einer Wirtschaftsauskunftei können direkt in die Datenbank einfließen.
- **Leistungsverhalten:** Ausgewählte qualitative Bewertungen, z. B. zum Thema Flexibilität oder Kulanz, können als Risikoindikator verwendet werden.
- **Internet-Screening:** Die permanente globale Überwachung des Internets und weiterer verfügbarer Medien ist zwar sehr aufwendig, kann aber frühzeitig extrem wertvolle Hinweise auf sich anbahnende Risiken geben. Beispielsweise kann sich eine Überschwemmung am Standort eines Lieferanten bereits mehrere Tage zuvor ankündigen. Spezialisierte Dienstleister bieten entsprechende Alert-Funktionen an. In einem solchen System werden die Einkäufer bereits bei den ersten Risiko-Hinweisen benachrichtigt.
- **Persönliche Kontakte:** Über persönliche Kontakte können weitere Risikoindikatoren, wie beispielsweise eine erhöhte Fluktuation, abgefragt werden.

Aus der Datenbank kann regelmäßig die Risikosituation mit einem Score bewertet werden. Sollte sich der Score verschlechtern, schleichend über längere Zeit oder in kurzer Zeit um einen erheblichen Wert, sollten die Warnleuchten angehen. Daraufhin sollte eine detaillierte Risikoanalyse des entsprechenden Lieferanten durchgeführt werden.

5.2 Neue Lieferanten identifizieren, präqualifizieren und freigeben (N10)

3. Schritt: Neue Lieferanten identifizieren und freigeben (N10)
Im 3. Schritt sind neue Lieferanten zu identifizieren und freizugeben (vgl. Heß 2010, S. 309 ff.; Schuh et al. 2014). Die Suche und Freigabe neuer Lieferanten ist ein Prozess, der in den Unternehmen in der Regel sehr individuell gestaltet ist. Insbesondere prägen im industriellen Umfeld meist spezifische technische Anforderungen den Prozess.

Insofern soll im Folgenden das Modul N10 nur sehr knapp skizziert werden. Der dritte Schritt gliedert sich in vier Teilschritte:

Teilschritt a: Bedarf und Anforderungen an neuen Lieferanten klären
Zunächst muss im Rahmen der Marktstrategie geklärt werden, ob überhaupt ein Bedarf an neuen Lieferanten besteht. Es könnte ja sogar der Fall sein, dass Lieferanten abgebaut werden sollten, anstatt neue aufzubauen. Jenseits der regelmäßigen Planungsprozesse können unvorhergesehene Ereignisse, wie ein Bedarf mit neuartigen Anforderungen oder ein unerwarteter Leistungseinbruch eines aktiven Lieferanten, die Suche nach neuen Lieferanten erforderlich machen.

Soweit ein Bedarf an neuen Lieferanten im Markt oder in bestimmten Marktsegmenten besteht, sind die Anforderungen an den Lieferanten zu klären. Über welche technischen Kompetenzen sollte er verfügen? Welches Produktspektrum sollte er beherrschen? Welche Anforderungen sind an die Kosten-, Qualitäts- und Innovationsposition zu stellen? Gibt es ferner Anforderungen zur Beschaffungsregion oder besteht die Gefahr von Abhängigkeiten?

Teilschritt b: Neue Lieferanten identifizieren
Die Suche nach neuen Lieferanten gehört zu den klassischen Aufgaben im Supply Management, die hier nicht näher ausgeführt werden sollen. Typische Quellen sind:

- Internetrecherche mit Suchmaschinen
- Branchenverzeichnisse, Lieferantendatenbanken oder Produktdatenbanken
- Messen, Kongresse oder Lieferantenmessen
- Fachzeitschriften
- Lieferantentage
- Persönliche Kontakte und Empfehlungen
- Verbände, IHK des jeweiligen Landes
- Aktive Lieferantenbewerbung, z. B. mit Hilfe von Lieferantenbewerbungsseiten im Einkaufsportal des Unternehmens

Teilschritt c: Lieferanten vorauswählen
Im Rahmen der Lieferantenvorauswahl muss das Leistungspotenzial der Lieferanten beurteilt werden. Hierbei empfiehlt es sich, analog zur Lieferantenbewertung vorzugehen. Letztlich gilt es auch bei den neuen Lieferanten deren Leistungsfähigkeit und deren Leistungsrisiken zu beurteilen. Folgende Methoden haben sich zur Beurteilung neuer Lieferanten bewährt:

- Lieferantenselbstauskunft, die im Einkaufsportal integriert sein kann
- Lieferantenbefragungen und Lieferantenbesuche
- Befragung von Referenzkunden des Lieferanten
- Lieferantenaudits

Teilschritt d: Lieferanten freigeben

Nach der Lieferantenvorauswahl sind die Lieferanten freizugeben. Dieser Schritt wird häufig im Rahmen einer ersten Ausschreibung durchgeführt. Dabei können auch die unter Teilschritt c beschriebenen Instrumente zum Einsatz kommen. Gegebenenfalls muss eine technische Freigabe beispielsweise mit Erstbemusterung und Serienfreigabe erfolgen.

5.3 Lieferanten klassifizieren, Lieferantenziele und -strategie formulieren (N11)

Mit der Lieferantenstrategie soll die strategische Ausrichtung in der Zusammenarbeit mit einzelnen Lieferanten geplant werden. Nachdem die aktuelle Situation des Lieferanten analysiert wurde (siehe für bestehende Lieferanten Abschn. 5.1 und für neue Lieferanten Abschn. 5.2), sollen nun schrittweise strategische Stoßrichtungen und strategische Projekte für die Zusammenarbeit mit dem Lieferanten entwickelt werden. Hierzu hat sich folgende grundsätzliche Vorgehensweise bewährt, die die Schrittfolge zur Entwicklung einer Lieferantenstrategie fortführt:

4. Schritt: Lieferanten klassifizieren (N11)

Aufgrund der meist hohen Anzahl an Lieferanten und aufgrund des sehr hohen Aufwands, die eine intensive Betreuung der Lieferanten verursachen würde, muss bei der Entwicklung von Lieferantenstrategien sehr strukturiert vorgegangen werden. Die Prozesse im Lieferantenmanagement sind deshalb je nach Bedeutung der Lieferantenbeziehung sehr unterschiedlich zu gestalten. Mit der Lieferantenklassifizierung werden Lieferanten in Klassen eingeteilt, für die dann jeweils spezifische Vorgehensweisen im Lieferantenmanagement vorgegeben werden. Dabei kann zwischen einer in der Praxis weit verbreiteten (und unserer Einschätzung nach wenig wirkungsvollen) einfachen Lieferantenklassifizierung und einer strategischen Lieferantenklassifizierung unterschieden werden:

Einfache Lieferantenklassifizierung

In der einfachen Lieferantenklassifizierung werden die Lieferanten nach den Ergebnissen der Lieferantenbewertung klassifiziert, z. B.:

- Bewertungsergebnisse >90 % bis 100 %: A-Lieferanten
- Bewertungsergebnisse >80 % bis 90 %: B-Lieferanten
- Bewertungsergebnisse >70 % bis 80 %: C-Lieferanten
- Bewertungsergebnisse bis 70 %: D-Lieferanten

Für die jeweiligen Klassen sind Konsequenzen definiert, z. B.:

- A-Lieferanten erhalten ein Dankschreiben und werden zu allen relevanten Ausschreibungen eingeladen.

- B-Lieferanten erhalten Dank und sollen Maßnahmen mitteilen, wie sie besser werden. Sie werden fallweise – nach Bedarf – zu neuen Ausschreibungen eingeladen.
- C-Lieferanten werden intensiv aufgefordert, sich zu verbessern. Sie werden zu neuen Ausschreibungen nur eingeladen, wenn es keine geeigneten Alternativen gibt.
- D-Lieferanten werden gesperrt und erhalten einmalig einen Warnschuss. Danach werden sie – soweit möglich – ausgephast.

Die einfache Lieferantenklassifizierung bringt gegenüber der Lieferantenbewertung nicht sehr viel Mehrwert. Insbesondere wird sie der Vielfältigkeit von Lieferantenbeziehungen nicht gerecht. Dies führt zur strategischen Lieferantenklassifizierung.

Strategische Lieferantenklassifizierung:
Die strategische Lieferantenklassifizierung (Strategic Supplier Classification) strukturiert und klassifiziert die Lieferanten in Bezug auf den Inhalt und die Intensität der Zusammenarbeit. Sie gibt damit eine erste Vororientierung, wie die Beziehung zu den einzelnen Lieferanten grundsätzlich ausgerichtet werden soll.

Typische Klassen einer strategischen Lieferantenklassifizierung sind Entwicklungslieferanten, Strategische Lieferanten, Vorzugslieferanten oder Basislieferanten. In Abschn. 5.3.1 wird der Aufbau einer strategischen Lieferantenklassifizierung mit der Strukturierung der Klasseneinteilung, mit den Anforderungen an und Nutzen für den Lieferanten sowie die Konsequenzen für die Prozesse im Lieferantenmanagement im Detail betrachtet.

Vorteile einer strategischen Lieferantenklassifizierung sind:

- Die Lieferantenbasis wird strukturiert und priorisiert, sodass die Zusammenarbeit nach dem potenziellen Wertbeitrag des Lieferanten für das Unternehmen ausgerichtet wird. Beispielsweise wird die Intensität der Kommunikation je nach Klasse dimensioniert. Top-Lieferanten erhalten privilegierte Zugänge zum Top-Management. Nicht bedeutsame Lieferanten werden auf Distanz gehalten. Damit ergeben sich hochgradig effektive Prozesse im Lieferantenmanagement.
- Es werden dem Lieferanten eindeutige Erwartungen zu seinen Leistungen mitgeteilt. Im Gegenzug werden klare Zusagen zu Leistungsversprechungen für den Lieferanten formuliert. Damit können erhebliche Leistungspotenziale des Lieferanten gehoben werden. Beispielsweise können ein privilegierter Zugang zum Lieferanten-Know-how oder überdurchschnittliche logistische Leistungen gesichert werden.
- Aufgrund (exklusiver) Privilegien sind ausgewählte Klassen für Lieferanten erstrebenswert. Dies führt zu Commitment des Lieferanten und motiviert ihn zu erhöhtem Engagement. Dabei ist wichtig, dass durch klare Vergaberegeln die attraktiven Lieferantenklassen nicht inflationär vergeben werden.

5. Schritt: Lieferantenziele definieren

Im nächsten Schritt werden die Ziele für einzelne Lieferanten definiert. Diese werden grundsätzlich aus den Zielen der Rahmenstrategie über die Ziele der Marktstrategie abgeleitet. Dabei sind gleichermaßen Wertbeitragsziele wie Werttreiber vorstellbar. Beispielsweise kann die Kostenzielsetzung – mit der Materialkostenveränderung gegenüber Vorjahr operationalisiert – vom Supply Management insgesamt über die Marktstrategien auf Kostenziele in Bezug auf einzelne Lieferanten konkretisiert werden. Als Strategietreiber kann beispielsweise das Kanban-Volumen über die Ebenen Rahmenstrategie, Marktstrategie und Lieferantenstrategie kaskadiert werden.

Mit der Lieferantenbewertung kann die Formulierung der Lieferantenziele stark vereinfacht werden. Da in einer (guten) Lieferantenbewertung die Anforderungen an einen Lieferanten (weitgehend) abgebildet sein sollten, können die Lieferantenziele anhand der Kriterien der Lieferantenbewertung definiert werden. So können im Lieferantengespräch zu den einzelnen Bewertungskriterien Zielwerte vereinbart werden. Beispiel: Die Liefertermintreue beträgt 92 % und sollte im nächsten Jahr auf 95 % gesteigert werden. Für Lieferanten ohne Lieferantengespräch können Standardzielwerte – ggf. in Abhängigkeit von der Materialgruppe – festgesetzt werden: Von einem Gussteilelieferanten wird eine Termintreue von >97 % erwartet. Die Überwachung der definierten Ziele erfolgt mit der nächsten Lieferantenbewertung.

Für Lieferanten in den partnerschaftlich orientierten Lieferantenklassen sollten über die Ziele der Lieferantenbewertung hinausgehende Zielvereinbarungen getroffen werden. Dies betrifft allerdings nur wenige Lieferanten, sodass der dafür erforderliche Aufwand akzeptabel erscheint.

6. Schritt: Strategische Stoßrichtungen und strategische Projekte entwickeln

Im sechsten Schritt werden für bedeutsame Lieferanten strategische Stoßrichtungen und strategische Projekte entwickelt. Wie oben bereits angedeutet, kann das strategische Maßnahmenbündel in die folgenden drei Bereiche strukturiert werden:

- Lieferantenentwicklung
- Lieferantenintegration
- Lieferantenbeziehungsmanagement

Es wird empfohlen, die Lieferantenstrategie – analog zum Steckbrief in der Marktstrategie – in einem Lieferantensteckbrief zu dokumentieren. Dabei ist zwischen einer internen und einer externen Sicht zu unterscheiden. In der internen Lieferantenstrategie wird die Strategie gegenüber dem Lieferanten aus Sicht des Unternehmens dokumentiert. Eine interne Sicht ist notwendig, da nicht jede Idee zur Lieferantenbeziehung dem Lieferanten mitgeteilt werden sollte bzw. da der Lieferant auch nicht jede Idee des Unternehmens mittragen wird. Die Vereinbarungen mit dem Lieferanten werden in der externen Lieferantenstrategie formuliert. Die Entwicklung der strategischen Stoßrichtungen der Lieferantenstrategie und deren Dokumentation werden in Abschn. 5.3.2 vertieft.

Netzwerksteuerung
Mit der Netzwerksteuerung der Marktstrategie korrespondiert die Netzwerksteuerung auf Ebene der Lieferantensicht. So können „Lieferantenstrategien" nicht nur mit einzelnen Lieferanten, sondern auch gemeinsam mit mehreren Lieferanten entwickelt werden. Dabei können sich Netzwerke horizontal in Zusammenarbeit mit mehreren Tier-1-Lieferanten oder aber auch vertikal über verschiedene Stufen in der Supply Chain erstrecken. Darüber hinaus können sogar einzelne Werke des einkaufenden Unternehmens eingebunden werden, wenn diese – wie Lieferanten – Komponenten für die Montage liefern.

Beispielsweise kann es in einem Unternehmen ein Netzwerk für Gussteile geben, in dem ebenso die eigene Gießerei des Unternehmens wie die wesentlichen Gusslieferanten eingebunden sind. Darüber hinaus können einzelne Hersteller von Gussformen im Netzwerk integriert sein. In diesem Netzwerk können beispielsweise die Entwicklung technologischer Standards oder Methoden der Qualitätssicherung vorangetrieben werden.

5.3.1 Strategische Lieferantenklassifizierung

In der strategischen Lieferantenklassifizierung werden die Lieferanten nach der strategischen Ausrichtung kategorisiert, um die Zusammenarbeitsprozesse zu strukturieren und – soweit möglich – zu standardisieren. Zum Aufbau einer strategischen Lieferantenklassifizierung sind folgende Teilprozesse empfehlenswert:

a) Aufbau der Klasseneinteilung
b) Festlegung der Konsequenzen der Klassifizierung
c) Festlegung der Anforderungen an den Lieferanten
d) Definition des Klassifizierungsprozesses.

Teilprozess a: Aufbau der Klasseneinteilung
Da die Einteilung der Lieferantenklassen zur grundlegenden strategischen Ausrichtung eines Lieferanten dienen soll, müssen die Klassen entsprechend der strategischen Zielsetzungen der Rahmen- und der Marktstrategien gebildet werden. Dabei hat es sich bewährt, die Klassen anhand der folgenden beiden Dimensionen zu strukturieren (vgl. Abb. 5.6):

- **Intensität der Zusammenarbeit:** Als grundlegende Einteilung dieser Dimension können partnerschaftliche Lieferbeziehungen, „normale" Lieferantenbeziehungen und Lieferantenbeziehungen, die beendet werden sollen, gesehen werden. Im Beispiel wird bei Partnerschaft nochmals feiner differenziert in „strategischer Lieferant", der durch eine überaus enge strategische Beziehung gekennzeichnet ist, „Entwicklungspartner" sowie „Vorzugs- bzw. Potenziallieferanten". Basislieferant steht für die

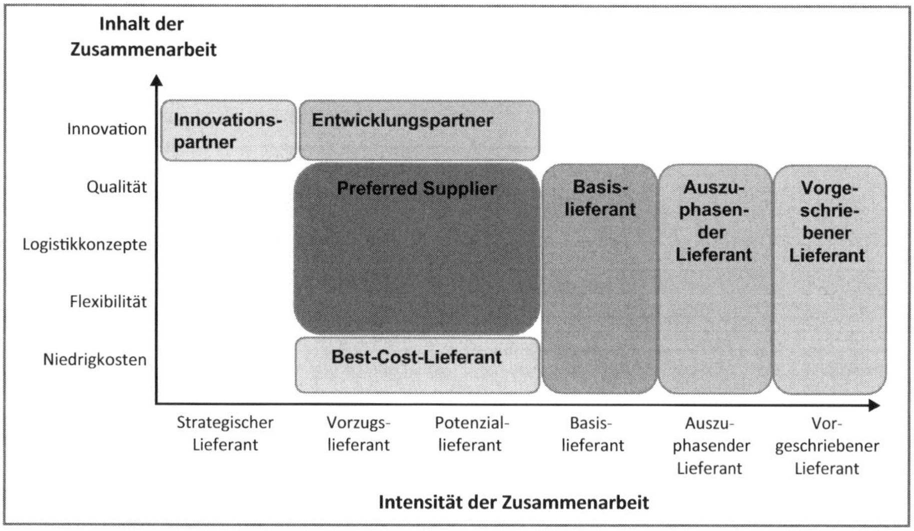

Abb. 5.6 Beispiel strategische Lieferantenklassifizierung

„normale" Lieferbeziehung und auszuphasender Lieferant für Beziehungen, die nicht fortgesetzt werden sollen. Darüber hinaus wurde noch die Kategorie „vorgeschriebener Lieferant" (etwas pragmatisch) ergänzt.

- **Inhalt der Zusammenarbeit:** Bei der Dimension „Inhalt der Zusammenarbeit" dienen letztlich die Wertbeitragsziele als Ordnungskriterium, die primär mit dem Lieferanten erreicht werden sollen. Im Beispiel stellen die Innovationsziele, Leistungsziele mit Qualität, Logistik und Flexibilität sowie die Kostenzielsetzung die Hauptstruktur dar. Hinter dieser Einteilung steht die Erfahrung, dass die Zusammenarbeit mit Innovationspartnern anders zu gestalten ist als die Zusammenarbeit mit Unternehmen, mit denen „nur" Logistik- oder Qualitätskonzepte gemeinsam entwickelt werden sollen.

In der Kombinatorik der beiden Dimensionen ergeben sich im Beispiel folgende Lieferantenklassen:

- **Innovationspartner:** Kennzeichnend ist eine sehr enge strategische Zusammenarbeit im Design- und Entwicklungsprozess in einem bedeutsamen Segment im Supply-Markt: Der Innovationspartner sollte auch einen Beitrag zu den Leistungszielen leisten. Darüber hinaus sind Kosten natürlich auch bedeutsam, allerdings nicht zentral.
- **Entwicklungspartner:** Entwicklungspartner unterstützen das einkaufende Unternehmen im Design- und Entwicklungsprozess von weniger bedeutsamen Komponenten oder durch eher nur unterstützende Mitarbeit im Entwicklungsprozess: Analog zum Innovationspartner sollte auch der Entwicklungspartner einen Beitrag zu den Leistungszielen und zur Kostenposition leisten. Potenziallieferanten können in diesem Rahmen als Entwicklungslieferanten in einer Art Erprobungsphase gesehen werden, die zum Entwicklungspartner entwickelt werden sollen.

- **Preferred Supplier:** Die partnerschaftliche Zusammenarbeit mit Vorzugslieferanten zielt auf die Leistungssteigerung in Qualität, Logistik und Flexibilität.
- **Best-Cost-Lieferanten:** Bei Best-Cost-Lieferanten steht die Verbesserung der Kostenposition im Zentrum der Partnerschaft. Insbesondere Best-Cost-Country-Lieferanten in Asien und Osteuropa sind in dieser Klasse anzufinden.
- **Basislieferanten:** Basislieferanten sind Lieferanten, mit denen eine „normale" transaktionsorientierte Geschäftsbeziehung gepflegt werden soll.
- **Auszuphasender Lieferant:** Lieferanten, mit denen die Geschäftsbeziehung beendet werden soll. Es ist üblich, zwischen aktivem und passivem Ausphasen zu unterscheiden. Beim aktiven Ausphasen werden laufende Teile vom Lieferanten wegverlagert. Beim passiven Ausphasen werden keine neuen Teile mehr an den Lieferanten vergeben.
- **Vom Lieferanten vorgeschriebener Lieferant:** Aufgrund der Zwangspartnerschaft ergeben sich ganz spezifische Anforderungen an das Lieferantenmanagement.

Teilprozess b: Festlegung der Konsequenzen für die Klassifizierung
Für jede Klasse sind der erwartete Wertbeitrag der Lieferanten, der im Gegenzug für den Lieferanten versprochene Nutzen sowie die Ausgestaltung der Prozesse im Lieferantenmanagement festzulegen. Innerhalb der strategischen Stoßrichtungen der Lieferantenstrategie müssen diese allgemeinen Kriterien dann für die jeweilige Zusammenarbeit mit einem Lieferanten konkretisiert werden. Die Konsequenzen werden an einem Beispiel zur Klasse „Entwicklungspartner" erläutert:

Erwarteter Wertbeitrag des Lieferanten
Beim Aufbau der Klassifizierung muss definiert werden, welche Leistungen ein Lieferant bieten muss, damit er in die jeweilige Klasse eingeordnet wird und deren Vorzüge genießen kann. Für einen Entwicklungspartner können beispielhaft folgende Leistungsanforderungen erwartet werden:

- Der Entwicklungspartner unterstützt Engineering-Projekte durch die Entwicklung kundenindividueller Lösungen seiner Komponente. Er ist bereit und in der Lage, im Rahmen des Akquisitionsprozesses beratend mitzuwirken.
- Der Entwicklungspartner bringt seine hohe Kompetenz zur Produkt- und Prozesstechnologie nachhaltig in den Entwicklungsprozess ein.
- Er ermöglicht eine offene Kalkulation und stellt sich Benchmarks.
- Er sichert die Mitarbeiterkompetenz und die IT-Infrastruktur in Bezug auf die IT-Systeme, insbesondere zum Austausch technischer Daten.
- Er sichert flexible Serienbelieferung (nach Bedarf in Just-in-Time, in Just-in-Sequence, mit Kanban, über Konsignationslager).
- Er beweist seine hohe Leistungsbereitschaft und -fähigkeit. Insofern ist seine Lieferantenbewertung immer größer 95 %.

Nutzen für den Lieferanten

Den erwarteten Leistungen muss das einkaufende Unternehmen angemessene Gegenleistungen bieten. Hier kann für den Entwicklungspartner beispielhaft folgender Nutzen versprochen werden:

- Es wird eine dauerhafte partnerschaftliche Zusammenarbeit mit nachhaltigem Umsatz geboten. Insbesondere wird jährlich eine Quote am Einkaufsvolumen der betroffenen Materialgruppe vereinbart.
- In Korrespondenz zur Open-Book-Vereinbarung wird eine faire Preisfindung versprochen. Insbesondere werden auch gemeinsam identifizierte Einsparungen nach einem vertraglich abgesicherten Verfahren verteilt.
- Der Entwicklungspartner wird frühzeitig über strategische Entwicklungen informiert.
- Der Entwicklungspartner kann an der jährlichen Supplier Conference teilnehmen.
- Der Entwicklungspartner kann am jährlichen Supplier Award teilnehmen.
- Der Entwicklungspartner darf die Beziehung als Referenz angeben. Es wird eine Marketingunterstützung zugesagt.

Konsequenzen für die Prozesse im Lieferantenmanagement

Eines der Kernanliegen der Lieferantenklassifizierung ist es, den Aufwand für das Lieferantenmanagement nach Bedeutung des Lieferanten zu dimensionieren. Insofern werden die Prozesse im Lieferantenmanagement für die einzelnen Klassen aufwandsgerecht angepasst. Dies soll beispielhaft an der Klasse „Entwicklungspartner“ illustriert werden:

- Grundsätzlich werden Entwicklungspartner als besonders bedeutsam angesehen, sodass eine intensive Zusammenarbeit gepflegt werden soll.
- Es erfolgt eine jährliche qualitative Lieferantenbewertung, die cross-funktional erstellt wird. Darüber hinaus erhält der Entwicklungspartner ein monatliches Update zu den quantitativen Bewertungskriterien.
- Jährlich erfolgt eine Strategiedurchsprache mit dem Lieferanten zu folgenden Themen: Durchsprache der Lieferantenbewertung, Vereinbarung von Zielsetzungen und strategischen Stoßrichtungen bzw. Projekten, Durchsprache und Entwicklung der aktuellen Situation der Lieferantenbeziehung. Die Lieferantenstrategie wird dokumentiert und unterschrieben.
- Vor der jährlichen Durchsprache der Strategie mit dem Lieferanten gibt es im Unternehmen ein cross-funktionales Treffen, um die Vorgehensweise gegenüber dem Lieferanten abzustimmen.
- Zur Steuerung der Zusammenarbeit erfolgt mindestens einmal im Quartal ein Treffen, in dem der Strategiefortschritt sowie weitere aktuelle Fragen der Zusammenarbeit besprochen werden.
- Jenseits dieser Regeltermine wird eine intensive Kommunikation zur Steuerung der Zusammenarbeit gepflegt. Es gibt klare Ansprechpartner in den verschiedenen Abteilungen, die sich untereinander intensiv abstimmen.

Wie dieses Beispiel zeigt, sind die Prozesse im Management von Entwicklungspartnern sehr intensiv. Bei einem Basislieferanten kann im Gegensatz dazu eine sehr einfache Vorgehensweise angestrebt werden. Im Beispiel: Er muss eine ordentliche Leistung abliefern (Lieferantenbewertung >85 %). Dafür wird er regelmäßig angefragt und erhält den Auftrag, wenn sein Angebot das beste ist. Es erfolgt eine jährliche Lieferantenbewertung. Der Lieferant erhält Feedback zur Lieferantenbewertung und somit zu seiner Leistung. Soweit Gesprächsbedarf besteht, gibt es ein strategisches Jahresgespräch jenseits von Jahrespreisverhandlungen. Der Lieferant nimmt am jährlichen Supplier Award teil.

Teilprozess c: Festlegung der Anforderungen an den Lieferanten
Die Bedingungen für Aufnahme oder Verbleib eines Lieferanten in einer Klasse sollten sehr genau definiert werden. Die Vergabe eines attraktiven Titels, z. B. Vorzugslieferant, an einen Lieferanten ist für Supply Manager sehr verlockend. Das steckt – wie bereits ausgeführt – in der Natur der Klassifizierung: Ohne Aufwand kann dem Lieferanten etwas Gutes getan werden, sodass im Gegenzug auch etwas erwartet werden kann. Allerdings entwertet die intensive Verwendung des Titels seine Attraktivität. Wenn alle Lieferanten Vorzugslieferanten sind, ist der Titel nichts mehr wert.

Am Beispiel Entwicklungspartner sollen mögliche Anforderungen illustriert werden:

- **Bedeutung des Lieferanten**
  - Technologie/Produkt des Lieferanten ist für den Markterfolg des Unternehmens wesentlich.
  - Lieferbeziehung zum Lieferanten ist wesentlich: Mindestens 10 % Einkaufsvolumen in der entsprechenden Materialgruppe (dauerhaft angelegt)
- **Vertragliche Voraussetzungen**
  - Rahmenvertrag mit folgenden Elementen ist unterzeichnet: Geheimhaltungsvereinbarung, Allgemeine Einkaufsbedingungen, Know-how-Schutz-Vereinbarung, Qualitätssicherungsvereinbarung, Logistikvereinbarung, Vereinbarung zur Reklamationsabwicklung
- **Leistungsfähigkeit des Lieferanten**
  - Lieferantenbewertung mindestens seit 2 Jahren >95 %.
  - Eines der technologisch führenden Unternehmen in seinem Feld
  - Lieferantenaudit (alle 3 Jahre) >95 %
- **Kommunikation und Zusammenarbeit**
  - Bereitschaft zur Partnerschaft, insbesondere sich entsprechend in den Entwicklungsprozess einzubringen
  - Bereitschaft zur intensiven Kommunikation (siehe oben die Prozesse im Lieferantenmanagement)
  - Bereitschaft des Lieferanten, dem einkaufenden Unternehmen einen „Preferred Customer Status“ zu gewähren
- **Strategische Passgenauigkeit:**
  - Machtverhältnisse, d. h., es besteht keine Gefahr von Abhängigkeit (ggf. operationalisiert mit dem Anteil des einkaufenden Unternehmens am Umsatz des Lieferanten)

- Passgenauigkeit vom Produktspektrum
- Passgenauigkeit zum globalen Profil
- Cultural Fit

Teilprozess d: Definition des Klassifizierungsprozesses

Der Startpunkt der Lieferantenklassifizierung liegt in der Marktstrategie. Innerhalb der Sourcing-Strategie (= Analyse des Gestaltungsfeldes Sourcing, vgl. Abschn. 4.3, Punkt (3)) werden die Soll-Lieferantenstruktur und damit auch die Zusammensetzung innerhalb der einzelnen Klassen beschlossen. Beispiel für eine Soll-Struktur: 1 strategischer Lieferant; 3 Entwicklungspartner für Engineeringleistungen, die jeweils mindestens zwei Regionen (Asien, Europa, Amerika) bedienen können; ca. 4 Preferred Suppliers, ca. 5 Basislieferanten.

Die Soll-Struktur wird mit der Ist-Zusammensetzung der Lieferanten abgeglichen. Soweit Soll und Ist übereinstimmen, wird der Status der Lieferanten überwacht, in der Regel im Rahmen der Lieferantenbewertung sowie bei der Formulierung der Lieferantenstrategie. Bei ersten Abweichungen wird meist zunächst versucht, den Lieferanten zu entwickeln (vgl. Abschn. 5.3.2).

Besteht in einzelnen Klassen ein Defizit, muss geprüft werden, welcher Lieferant hierfür infrage kommt. In der Regel wird hierzu die bestehende Lieferantenbasis betrachtet. Es sollte ein klarer Prozess zur „Beförderung" eines Lieferanten definiert werden. Zunächst müssen die Anforderungen an den Lieferanten überprüft und beurteilt werden, ob mögliche Defizite durch den Lieferanten beseitigt werden können. Danach sollte eine Abstimmung mit den cross-funktionalen Partnern im Unternehmen erfolgen. Soll mit dem Lieferanten intensiv zusammengearbeitet werden, z. B. in der Lieferantenklasse Entwicklungspartner, ist die Einkaufsleitung oder ggf. sogar die Geschäftsführung in die Entscheidung einzubinden.

Darüber hinaus ist die Abstimmung mit dem „umworbenen" Lieferanten von zentraler Bedeutung. Idealerweise erfolgt die Verhandlung mit dem Lieferanten innerhalb der externen Lieferantenstrategie im Rahmen der Entwicklung der strategischen Stoßrichtungen und der strategischen Projekte (vgl. Abschn. 5.3.2).

Die „Degradierung" eines Lieferanten in eine niedrigere Lieferantenklasse ist regelmäßig problematisch. Nicht selten wehrt sich ein Lieferant gegen eine Herabstufung und wird seine Netzwerke im Unternehmen bemühen. Insofern sind im Vorfeld umfangreiche Abstimmprozesse erforderlich. Ferner sollten mögliche scharfe Reaktionen des Lieferanten identifiziert und abgesichert werden.

Die bisherigen Ausführungen beziehen sich auf Lieferanten der Lieferantenbasis. Neue Lieferanten sollten im Rahmen des Freigabeprozesses klassifiziert werden (Abschn. 5.2). Innerhalb der Marktstrategie ist zu prüfen, ob sich hieraus ein Ungleichgewicht zwischen der Soll- und der Ist-Struktur in der Lieferantenklassifizierung und insofern ein Handlungsbedarf ergibt.

5.3.2 Strategische Stoßrichtungen entwickeln

Nach der Klassifizierung (Schritt 4) und der Zielformulierung (Schritt 5) wird in Schritt 6 die Strategie zur Zusammenarbeit mit dem Lieferanten formuliert. Analog zur Rahmen- und zu den Marktstrategien wird auch die Lieferantenstrategie in Form von strategischen Stoßrichtungen und strategischen Projekten konkretisiert und in einem Steckbrief dokumentiert. Die strategischen Stoßrichtungen geben sloganhaft die grundlegenden Entwicklungslinien an, wie der Lieferant seine Performance bzw. wie sich die Zusammenarbeit mit dem Lieferanten fortentwickeln soll (vgl. Heß 2010, S. 315 ff.).

Wie bereits ausgeführt soll mit der Strategie der Wertbeitrag definiert und optimiert werden, den der Lieferant für das Unternehmen bringen soll. Zur Konkretisierung der Formulierung einer Lieferantenstrategie werden zunächst 1) die möglichen Inhalte einer Lieferantenstrategie strukturiert. 2) Anschließend wird der Prozess zur Strategieformulierung sowie 3) die Dokumentation und Steuerung der Strategie näher betrachtet. 4) Abschließend werden typische Programme zur Lieferantenkommunikation beschrieben, die eine Lieferantenstrategie unterstützten.

1. Inhalte der Lieferantenstrategie

Die Inhalte einer Lieferantenstrategie lassen sich in die Bereiche Lieferantenentwicklung, Lieferantenintegration, Lieferantenbeziehung und Ausphasen des Lieferanten strukturieren.

▶ **Lieferantenentwicklung:** In der Lieferantenentwicklung (Supplier Development) werden die Schwächen des Lieferanten abgebaut, das Leistungspotenzial verbessert und Voraussetzungen für eine effektive und effiziente Zusammenarbeit geschaffen. Dabei kann eine Lieferantenentwicklung gleichermaßen bei neuen Lieferanten wie auch bei Bestandslieferanten erforderlich sein.

Typische Beispiele für strategische Projekte der Lieferantenentwicklung (vgl. Durst 2011; Hofbauer et al. 2016, S. 80 ff.) sind:

- **Schwachpunkte der Lieferantenbewertung oder im Audit:** Schwachpunkte des Lieferanten, die bei der Lieferantenbewertung oder im Audit identifiziert werden, sollen verbessert werden. Weist der Lieferant beispielsweise eine schlechte Termintreue oder zu lange Reaktionszeiten auf Anfragen auf, können in der Lieferantenstrategie entsprechende Zielsetzungen (siehe Schritt 5) und Verbesserungsprojekte definiert werden.
- **Vertragsbasis:** Soweit noch nicht erfolgt, sollen die ausstehenden Verträge unterzeichnet werden, z. B. Unterzeichnung eines Rahmenvertrages, der allgemeinen Einkaufsbedingungen, ausstehender Geheimhaltungsvereinbarungen, einer Know-how-Schutz-Vereinbarung.

- **Supplier-Code-of-Conduct:** Der Supplier-Code-of-Conduct soll unterzeichnet werden und aktiv in der Supply Chain umgesetzt werden.
- **Stammdaten und Zertifikate:** Stammdaten bzw. Zertifikate sollen bereitgestellt und regelmäßig aktualisiert werden. Gegebenenfalls sind integrierte systembruchfreie Prozesse zur laufenden Aktualisierung von Zertifikaten und Stammdaten aufzubauen.
- **Zusammenarbeitsprozesse:** Die Prozesse in der Zusammenarbeit mit dem Lieferanten sind zu verbessern, z. B. Bereitstellung frühzeitiger und korrekter Informationen, Prozesssicherheit in der Prozessabwicklung.
- **IT-Einbindung:** Verbesserung der DV-Integration mit dem Kunden, z. B. EDI-Anbindung, Verfügbarkeit spezifischer CAX-Programme, Verfügbarkeit spezifischer DV-Schnittstellen.

▶ **Lieferantenintegration:** Lieferantenintegration (Supplier Integration) bedeutet eine meist partnerschaftliche Zusammenarbeit zur Realisierung strategischer Projekte. Diese leiten sich in der Regel aus den Unternehmens-, Wettbewerbs-, Supply- und Supply-Marktstrategien ab.

Typische Beispiele für strategische Projekte einer Lieferantenintegration (vgl. Durst 2011; Hofbauer et al. 2016, S. 99 ff.) sind:

- **Innovation und Entwicklung:** Im Rahmen der Innovation und der Entwicklung werden Lieferanten frühzeitig in den Entwicklungsprozess eingebunden. Typische Beispiele einer Lieferantenfrüheinbindung sind die Zusammenarbeit im Rahmen von Wertanalyse- bzw. Value-Sourcing-Projekten oder die Übernahme von System- oder Modulverantwortung durch den Lieferanten.
- **Produktion:** Im Umfeld der Produktion sind umfangreiche Outsourcing-Entscheidungen, eine DV-technische Integration der Produktionsprozesse (Industrie 4.0) oder die Einbindung von Lieferanten in ein betriebliches Vorschlagswesen typische Beispiele einer Lieferantenintegration.
- **Logistik:** Verbreitete Beispiele einer Zusammenarbeit in der Logistik sind Just-in-Time-, Just-in-Sequence-, Konsignationslager-, Kanban- oder Supplier-Managed-Inventory-Konzepte.
- **Qualität:** Umfangreiche Konzepte zur gemeinsamen Qualitätssicherung und verbundene Qualitätssicherungsvereinbarungen sind Beispiele im Qualitätsmanagement.
- **Markterschließung/Reverse Marketing:** Der Lieferant tritt auf Wunsch des einkaufenden Unternehmens in ein neues Marktsegment ein, um damit beispielsweise eine Single-Source-Situation abzusichern oder die Machtposition eines monopolistischen Lieferanten zu schwächen.
- **Markterschließung/regionale Märkte:** Eintritt des Lieferanten in einen neuen regionalen Markt, um damit die Lokalisierungsstrategie des Unternehmens zu unterstützen. Beispielsweise eröffnet der Lieferant einen Standort in China, um das chinesische Werk des einkaufenden Unternehmens lokal zu versorgen.

Lieferantenbeziehungsmanagement: Das Lieferantenbeziehungsmanagement (Supplier Relationship Management) entwickelt die grundlegende Basis der Zusammenarbeit mit den Lieferanten.

Typische Beispiele für Ansatzpunkte zur Entwicklung der Lieferantenbeziehung (vgl. Appelfeller und Buchholz 2011; Fries 2010; Stölzle 2007) sind:

- **Transparenz und Kommunikation:** Basis einer guten Lieferantenbeziehung sind Transparenz in der Zusammenarbeit und vertrauensvolle Kommunikation. Im Lieferantenbeziehungsmanagement sollten Grad und Form der Transparenz in der betrachteten Lieferantenbeziehung gestaltet werden. Soll es beispielsweise eine Open-Book-Kalkulation geben und wie sollte diese ausgestaltet sein? Auch die formalen Kommunikationsstrukturen sollten definiert sein, z. B. wöchentliche Abstimmrunde, monatliches Strategiemeeting zur Diskussion der Fortschritte in der Lieferantenstrategie. Ferner sollten Rahmenbedingungen für informale Kommunikation geschaffen werden, z. B. ein jährlicher Supplier Day, auf dem sich die Mitarbeiter an der Schnittstelle zwischen Lieferant und Unternehmen treffen.
- **Vertrauen:** Vertrauen bezeichnet die (subjektive) Überzeugung, dass sich eine Organisation oder eine Person wie vereinbart bzw. wie erwartet verhält. So wird unterstellt, dass die vereinbarten Verträge – auch im Geiste des Vertrages – eingehalten werden, der Lieferant die hierzu erforderliche Kompetenz hat und den Vertragspartner nicht betrügt. Vertrauen muss sich entwickeln. Selbst ein kleiner Vertrauensbruch kann nachhaltigen Schaden anrichten. Insofern sollten vertrauensbildende Maßnahmen auch langfristig angelegt sein.
- **Attraktivität:** Im Rahmen der Lieferantenstrategie sollte die Attraktivität des Unternehmens aus Sicht des Lieferanten analysiert und positiv entwickelt werden. Die Attraktivität kann sehr leicht dadurch gesteigert werden, dass dem Lieferanten bessere Preise oder Konditionen gewährt werden. Dies ist natürlich aus Sicht des einkaufenden Unternehmens nicht erstrebenswert. Die Kunst eines guten Supply Managers ist es, die Attraktivität des einkaufenden Unternehmens mit nicht-monetären Anreizen zu steigern. Auf diese Weise kann die Steigerung der Attraktivität zur Reduzierung der Preise führen. Hohe Attraktivität bedeutet ferner, dass der Lieferant das Unternehmen in kritischen Situationen bevorzugt behandeln wird.
- Hebel zur Steigerung der Attraktivität sind vielfältig, wie folgende Beispiele illustrieren:
  - Die Bereitschaft, das Unternehmen als Referenz zu nennen, ist insbesondere dann attraktiv, wenn das einkaufende Unternehmen einen entsprechenden positiven Ruf hat (z. B. Lieferant von Porsche zu sein, bedeutet vielfältige Marketingvorteile).
  - Effiziente und verlässliche Prozesse in der Zusammenarbeit helfen dem Lieferanten, seine eigenen Prozesskosten stark zu reduzieren. Ein hohes dauerhaftes Volumen bedeutet für den Lieferanten nicht nur in Bezug auf die konkreten Produkte

Determinanten der Lieferantenmacht	Determinanten der Abnehmermacht
➢ Konzentration der Lieferanten / Keine neuen Lieferanten verfügbar (Monopol / Oligopol) ➢ Keine neuen Lieferanten verfügbar ➢ Knappheit des Produktes (Allokation) ➢ Technische Abhängigkeiten / Patentschutz oder Lizenzen verfügbar ➢ Keine Umstellungskosten beim Lieferanten Hohe Umstellungskosten beim Kunden ➢ Hohe Glaubwürdigkeit der Vorwärtsintegration geringe Glaubwürdigkeit der Rückwärtsintegration ➢ Geringe Bedeutung des Kunden / der Kundenbranche für den Lieferanten ➢ Hoher Grad an Produktdifferenzierung	➢ Konzentration der Abnehmer (Monopson / Oligopson) ➢ Neue Kunden verfügbar ➢ Kapazitätsüberschuss in der Branche ➢ Hohes Einkaufsvolumen relativ zum Umsatz des Lieferanten ➢ Hohe Umstellungskosten beim Lieferanten Keine Umstellungskosten beim Kunden ➢ Hohe Glaubwürdigkeit der Rückwärtsintegration geringe Glaubwürdigkeit der Vorwärtsintegration ➢ Geringe Bedeutung des Produktes für den Kunden ➢ Substitutionsprodukte vorhanden ➢ Hoher Grad an Produktstandardisierung ➢ Hohe Transparenz am Markt

Abb. 5.7 Determinanten der Lieferanten- und Abnehmermacht

eine starke Stückkostendegression, sondern kann auch zu einer überlegenen Kostenposition insgesamt am Markt führen.

- **Macht:** Im Lieferantenbeziehungsmanagement soll auch die Machtkonstellation zwischen Unternehmen und dem Lieferanten analysiert und gestaltet werden. Abb. 5.7 gibt einen Überblick über wesentliche Determinanten der Abnehmer- bzw. der Lieferantenmacht (vgl. Heß 2010, S. 213 f.; Porter 2013, S. 50 ff.; Kraljic 1985, S. 9 ff.). Diese Determinanten dienen einerseits zur Analyse der Machtbasis. Mithilfe eines Scoring-Modells können die Abnehmer- und Lieferantenmacht quantifiziert und in einem Portfolio illustriert werden. Andererseits sind die Determinanten auch die Hebel, mit denen die Machtbasis positiv beeinflusst werden kann. Beruht die Lieferantenmacht beispielsweise darauf, dass es nur wenige Anbieter gibt, kann über Revers Marketing die Anbieterzahl gesteigert und die Lieferantenmacht geschwächt werden.

▶ **Ausphasen des Lieferanten:** Ausphasen des Lieferanten bedeutet, dass die Lieferantenbeziehung beendet werden soll. Dies kann passiv erfolgen, indem an den Lieferanten kein Neugeschäft mehr vergeben wird. Über kurz oder lang werden die bestehenden Leistungen des Lieferanten nicht mehr benötigt. Damit endet die Lieferbeziehung. Bei einer aktiven Vorgehensweise werden auch aktuelle Produkte und Leistungen des Lieferanten aktiv auf andere Lieferanten verlagert.

Die Strategie der Beendigung einer Lieferantenbeziehung kann angestrebt werden, um die Lieferantenzahl zu reduzieren und so Bündelungsvorteile zur realisieren oder

Prozesskosten im Lieferantenmanagement zu senken. Ebenso kann eine nachhaltig mangelhafte Leistung des Lieferanten zur Beendigung der Lieferbeziehung führen.

Sobald es Abhängigkeiten vom Lieferanten gibt, ist es äußerst schwierig und risikobehaftet, den Lieferanten aus dem Lieferantenportfolio zu entfernen, wie die folgenden beispielhaft aufgeführten Risiken illustrieren: Die Leistung eines leistungsschwachen Lieferanten kann nochmals stark absinken, wenn er beim Kunden keine Zukunftspotenziale mehr sieht. So können Problemfälle eskalieren, in denen eine kulante und flexible Zusammenarbeit wichtig wäre. Bei Engpässen kann der Lieferant andere Kunden bevorzugen. Ein langfristiger Ersatzteil- und Reparaturservice kann gefährdet werden. Im Extremfall kann der Lieferant sich schneller aus dem Geschäft zurückziehen, als die neuen Quellen reibungslos funktionierend aufgebaut werden können.

Vor diesem Hintergrund erfordert die Beendigung einer Lieferbeziehung eine tief gehende Lieferantenstrategie mit umfassender Risikoanalyse. Die Strategie ist intern intensiv zu diskutieren. Ob der Lieferant in die Strategieentwicklung integriert werden soll, ist fallweise zu entscheiden.

2. Prozess zur Formulierung einer Lieferantenstrategie

Liegen das Ergebnis der Lieferantenbewertung und das Feedback des Lieferanten vor, muss über die weitere Vorgehensweise in der Zusammenarbeit mit dem Lieferanten entschieden werden. Zunächst ist die Lieferantenklassifizierung zu prüfen und ggf. zu korrigieren. Da die Entwicklung und Umsetzung von Lieferantenstrategien in der Regel mit viel Aufwand verbunden ist, sollte die Intensität der Betreuung des Lieferanten gründlich geprüft werden. Es lassen sich folgende Strategietypen unterscheiden:

- **Aktive Lieferantenstrategie:** In der aktiven Lieferantenstrategie beteiligt sich das einkaufende Unternehmen aktiv an den Verbesserungsmaßnahmen. Einerseits können Maßnahmen zur Lieferantenentwicklung durchgeführt werden, mit denen der Lieferant Schwachpunkte ausmerzen kann. Andererseits können gemeinsame partnerschaftliche Projekte zur Lieferantenintegration und zur Optimierung der Lieferantenbeziehung beschlossen werden. Es ist offenkundig, dass die aktive Lieferantenstrategie viel Kompetenz und Kapazität erfordert. Eine aktive Lieferantenstrategie muss deshalb auf wenige Lieferanten beschränkt bleiben, z. B. Innovations- oder Entwicklungspartner, Preferred Suppliers mit einem hohen Potenzial bzw. auf strategische Lieferanten mit aktuellen Problemen. Inwieweit die Kosten einer begleiteten oder einer aktiven Lieferantenstrategie (teils) auf die Lieferanten abgewälzt werden können, hängt unter anderem von der Machtverteilung ab.
- **Begleitete Lieferantenstrategie:** Mit dem Lieferanten werden die Bewertungsergebnisse ausführlich besprochen. Gemeinsam werden Zielsetzungen und die erforderlichen Maßnahmen entwickelt. Inwieweit individuelle Ziele vereinbart oder Standards vorgegeben werden, kann fallweise entschieden werden. Die Umsetzung der Maßnahmen bleibt allerdings ausschließlich die Aufgabe des Lieferanten. Hingegen wird der Fortschritt bei den Umsetzungsmaßnahmen regelmäßig gemeinsam mit dem Lieferanten

beurteilt. Eine begleitete Strategie empfiehlt sich bei wenig bedeutsamen Lieferanten, von deren Leistung man abhängig ist, z. B. Preferred Suppliers.

- **Passive Lieferantenstrategie:** Der Lieferant erhält ein meist schriftliches Feedback zur Lieferantenbewertung oder zum Lieferantenaudit. Hierbei wird er bezüglich seiner Schwachpunkte aufgefordert, Verbesserungsmaßnahmen vorzuschlagen. Ziele werden – wie oben ausgeführt – über materialgruppenbezogene Standards zur Lieferantenbewertung vorgegeben. Der Umsetzungserfolg der Maßnahmen kann beispielsweise einmal im Quartal direkt nachgefragt oder aber auch indirekt über die Verbesserung der Bewertungsergebnisse beurteilt werden. Der Aufwand für das einkaufende Unternehmen ist damit sehr überschaubar. Die passive Lieferantenstrategie sollte bei allen übrigen Lieferanten empfohlen werden, für die eine Lieferantenbewertung durchgeführt wird.

Cross-funktionale Zusammenarbeit

Bei der Entwicklung von Lieferantenstrategien ist eine kritische Frage, ob bzw. inwieweit andere Abteilungen in den Prozess zur Formulierung und Umsetzung der Lieferantenstrategie einbezogen werden. Ebenso ist die Intensität zu klären, mit der die Lieferanten im Prozess beteiligt werden sollen – natürlich auch zu welcher Intensität der Zusammenarbeit die Lieferanten überhaupt bereit sind. Diese Fragen sind jeweils für die konkrete Lieferantenbeziehung zu entscheiden. Generell wird eine intensive Zusammenarbeit empfohlen. Allerdings steigt mit dem Grad der Zusammenarbeit der Aufwand, insbesondere wenn die Zusammenarbeit zwischen den Abteilungen bzw. mit dem Lieferanten noch nicht eingeübt ist oder wenn die Zusammenarbeit von den Beteiligten eher skeptisch beurteilt wird. In solchen Fällen empfiehlt sich eine schrittweise Vorgehensweise, gemäß der der Partizipationsgrad im Laufe der Jahre gesteigert wird.

Die Intensität der cross-funktionalen Zusammenarbeit kann unterschiedlich gestaltet werden. Im einfachen Fall werden die cross-funktionalen Partner informiert und können ihre Wünsche einbringen. Bei wichtigen Lieferanten hingegen kann die Lieferantenstrategie abteilungsübergreifend formuliert und gesteuert werden. Beispielsweise kann auf Basis der Lieferantenbewertung und des Lieferantenfeedbacks ein cross-funktionaler Workshop durchgeführt werden. In diesem Workshop wird gemeinsam über die Klassifizierung, die Form der Lieferantenstrategie und über die beim Lieferanten angestrebten Ziele und Maßnahmen entschieden werden. Erfahrungsgemäß ergeben sich hierbei intensive Diskussionen, da die Einschätzungen der verschiedenen Abteilungen zu einem Lieferanten sehr kontrovers sein können. Am Ende sollte zwischen den beteiligten Abteilungen eine **interne Lieferantenstrategie** gegenüber dem Lieferanten vereinbart werden.

Soweit die Lieferantenstrategie mit dem Lieferanten begleitend oder aktiv gestaltet wird, sollten die internen Vorstellungen mit den strategischen Zielen des Lieferanten abgeglichen werden. Im Idealfall wird mit dem Lieferanten eine **externe Lieferantenstrategie** vereinbart. In Abschn. 5.4 findet sich ein Beispiel zu einem Lieferantensteckbrief (vgl. Abb. 5.8).

Supplier Name	Nr.: 0815-4711	Strategie 2018		Stand: 1.4.2018
		Externe Lieferantenstrategie		
Lead Buyer	Name	weitere Zuständigkeiten		
Zuständig Lieferant	Name			
Supply-Marktteam	Einkauf	Qualität	Logistik	Entwicklung
	Name	Name	Name	Name
	Ist 2017	Ist aktuell 2018	Ziel 2018	Ziel 2019
Klassifizierung	Potenzial	Innovationspartner	Innovationspartner	Innovationspartner
Strategietyp	aktiv	aktiv	aktiv	aktiv
Leistungsbewertung	89%	90%	93%	94%
Einkauf	85%	87%	90%	90%
Qualität	85%	85%	90%	95%
Logistik	95%	95%	95%	95%
Technik	90%	90%	90%	95%
Leistungsfähigkeit	95%	95%	95%	95%
Leistungsrisiko	85%	90%	95%	95%
	2015	2016	2017	2018
Macht - Score (LM / AM)	(65 % / 65 %)	(60 % / 70%)	(70 % / 80 %)	(70 % / 80 %)
Attraktivität - Score	70%	75%	85%	85%
EKV in Mio. €	3,9 Mio. €	4,2 Mio. €	4,7 Mio €	5,3 Mio. €
Umsatz des Lieferanten	65 Mio. €	66 Mio. €	68 Mio. €	70 Mio. €
Umsatzanteil	6,0%	6,4%	6,9%	7,6%
		Rahmenverträge		
Verträge	Allg. Einkaufsbeding.	unterzeichnet	Logistikvereinbarung	in 2018 geplant
	Geheimhaltung	unterzeichnet	QSV	mittelfristig
	Supplier Code of Conduct	noch nicht	Versicherung	nicht erforderlich
	Selbstauskunft	jährlichaktualisiert	Werkzeugsicherung	nicht erforderlich
Vorgehen	Bemerkung			
		Vereinbarte Strategie		
	Projekt		Zuständig	Termin
Lieferantenentwicklung	Logistikvereinbarung abschließen		Name	Termin
	Vorgespräche QSV		Name	Termin
	Supplier Code of Conduct - Implementierungsstrategie		Name	Termin
	Qualitätsdefizite Lieferantenbewertung aufholen		Name	Termin
	Auftragsbestätigungen innerhalb 2 Tage		Name	Termin
	EDI- Anbindung in Osteuropa		Name	Termin
	Logistik auf DDP umstellen		Name	Termin
Lieferantenintegration	Projekt 1: Entwicklung Innovationspartnerschaft		Name	Termin
	(1) Letter of Intend unterzeichnen		Name	Termin
	(2) Konzept und Vertrag ausarbeiten / unterzeichnen		Name	Termin
	(3) Pilotprojekt Standardisierungsworkshop		Name	Termin
	(4) Integration des Lieferanten in den Akquiseprozess		Name	Termin
	Projekt 2: Kanbaneinbindung des Lieferanten		Name	Termin
	(1) Lieferanten Konzept vorstellen		Name	Termin
	(2)		Name	Termin
Lieferantenbeziehung	Attraktivität: Volumen steigern		Name	Termin
	Attraktivität: Jährliches Top-Level-Strategiegespräch		Name	Termin
	Attraktivität: Konkrete Projekte für Marketing-Partnerschaft		Name	Termin
	Vertrauen: Mitarbeiterbefragung durchführen		Name	Termin
		Controlling		
	Umsetzungscheck der Strategie			1. Quartal
	Überprüfung der Strategie			2. Quartal
	Umsetzungscheck der Strategie			3. Quartal
	Fortschreibung der Strategie / Jährliches Strategiegespräch			4. Quartal
		Bemerkungen		
		Unterschriften		

Abb. 5.8 Beispiel einer externen Lieferantenstrategie. (Quelle: Heß 2010, S. 334, modifiziert)

5.3.3 Kommunikation mit Lieferanten

Eine enge Zusammenarbeit mit intensiver Kommunikation ist für das Gelingen einer Lieferantenstrategie und der damit verbundenen Lieferantenbeziehung in der Regel von zentraler Bedeutung. Neben intensiver persönlicher Kontakte zwischen den beteiligten Personen erscheint es sinnvoll, Kommunikationsstrukturen und -programme zur Förderung der Zusammenarbeit aufzubauen. Folgende Vorgehensweisen sind typisch (vgl. Heß 2010, S. 328 f.; Wagner 2003, S. 712 ff.):

- **Kommunikationsstrukturen**
  - **Lieferantentag:** Lieferantentage sind meist ein- bis zweitägige kongressartige Veranstaltungen, zu denen bedeutsame Lieferanten eingeladen werden. Eine Gliederung nach Region (Europa, Asien, Amerika) oder nach Lieferantentyp kann sinnvoll sein. Auf dem Lieferantentag können strategische Entwicklung oder neue Prozesse oder IT-Systeme vorgestellt und diskutiert werden. Best-Practice-Beispiele können präsentiert werden. Marktliche oder technologische Entwicklungen und die Konsequenzen für das Liefernetzwerk können erörtert werden. Am Rande des Lieferantentages sind vielfältige bilaterale Gespräche möglich. Ebenso dienen Lieferantentage dem persönlichen Kennenlernen.
  - **Lieferantenportal bzw. Lieferantenhomepage:** Über das Lieferantenportal können den Lieferanten alle erforderlichen Informationen zur Verfügung gestellt werden, z. B. Kontaktdaten der Ansprechpartner, Formulare, Standards, Link zur Lieferantenbewerbung für neue Lieferanten, Planungsinformationen. Über Lieferantenportale können öffentliche wie auch vertrauliche Informationen ausgetauscht werden.
  - **Newsletter:** Newsletter helfen, aktuelle Informationen schnell zu verbreiten und alle Stakeholder informiert zu halten.
  - **Patenschaften:** Wichtigen Lieferanten können hierarchisch hochgestellte Personen als Pate bzw. als Ansprechpartner zugeordnet werden. Der Pate hat sich um den Lieferantenkontakt insgesamt zu kümmern.
- **Motivation/Attraktivität:** Die Auszeichnung besonderer Leistungen ist für den Lieferanten hilfreich. Zum einen können positive Referenzen zu Marketingzwecken verwendet werden. Zum anderen stehen hinter guten Leistungen eines Lieferanten immer auch Menschen, die sich über Lob freuen und für deren Karriereweg Auszeichnungen des Kunden hilfreich sind. In der Konsequenz steigt die Attraktivität des Unternehmens beim Lieferanten (vgl. Abschn. 5.3.2).
  - **Anerkennungsschreiben:** Mit einem Dank- und Anerkennungsschreiben werden gute Leistungen des Lieferanten gewürdigt.
  - **Supplier Award:** Die medienwirksame Verleihung eines Supplier Awards, also der Auszeichnung für besonders gute Leistungen als „Lieferant des Jahres", ist zu Marketingzwecken besonders hilfreich. Insbesondere ist gleichzeitig eine kostenlose Werbung inbegriffen, falls mit einer Pressemeldung redaktionelle Veröffentlichungen in einschlägigen Fachzeitschriften erscheinen.

- **Know-how und Support:** Die gemeinsame Entwicklung von Know-how zu ausgewählten Sachthemen unterstützt insbesondere mittelständische Lieferanten und hilft so, die Kompetenz in der Lieferantenbasis zu entwickeln. Beispielsweise können neue Gesetzesauflagen, neue Produkttechnologien oder neue IT-Technologien Gegenstand der Know-how-Entwicklung sein. Folgende Formate sind typisch:
  - **Informationsveranstaltungen, Workshops und Projekte:** Während Informationsveranstaltungen die Lieferanten informieren, werden in Workshops die jeweiligen Fachthemen gemeinsam erarbeitet. Projekte stellen ein intensives Format der Zusammenarbeit dar. So kann beispielsweise in einem Projekt der Zugang zu einem südamerikanischen Markt erarbeitet werden.
  - **Wissensdatenbank:** Über das Einkaufsportal können die Lieferanten Zugriff auf eine umfangreiche Wissensdatenbank zu ausgewählten Themen haben.
- **Kontinuierlicher Verbesserungsprozess:** Vergleichbar zum betrieblichen Vorschlagswesen sollen die Lieferanten ihre Verbesserungsideen einbringen können. Auf diese Weise können die Zusammenarbeitsprozesse nachhaltig optimiert werden.
  - **Ideenbörse:** Eine Ideenbörse mit Lieferanten funktioniert vergleichbar zum betrieblichen Vorschlagswesen.
  - **Lieferantenbefragung:** In einer Lieferantenbefragung können sich die Lieferanten zur Zusammenarbeit mit dem einkaufenden Unternehmen äußern. Sie ist vergleichbar einer Kundenzufriedenheitsabfrage. Neben dem Hinweis zu konkreten Verbesserungsideen ergeben sich Hinweise zur Beurteilung der Attraktivität des Unternehmens aus Sicht des Lieferanten.

5.4 Zusammenfassung: Aufbau und Steuerung der Lieferantenstrategie

Aufbau und Dokumentation der Lieferantenstrategie

Die Lieferantenstrategie wird analog zur Marktstrategie in Form eines Steckbriefes dokumentiert (z. B. in Word- oder Excel-Format). Der Steckbrief wird häufig auch als Lieferantenakte bezeichnet. In Abb. 5.8 ist ein Auszug aus den Inhalten einer externen Lieferantenstrategie abgebildet. Folgende Inhalte sind im Bild dargestellt:

- Wesentliche Stammdaten zum Lieferanten, z. B. Zuständigkeiten
- Klasse des Lieferanten (z. B. Preferred Supplier) und Strategietyp (z. B. aktiv)
- Ergebnisse der Lieferantenbewertung sowie Ziele zu den Bewertungskriterien
- Entwicklung und Planung des Geschäftsvolumens
- Aktuelles und geplantes Leistungsspektrum des Lieferanten, ggf. in Verbindung mit der Biddinglist (nicht im Bild)
- Stand der Vertragsbasis und Ziele der Entwicklung der Vertragsbasis
- Ziele und Projekte der Lieferantenentwicklung
- Ziele und Projekte der Lieferantenintegration

- Ziele und Projekte der Entwicklung der Lieferantenbeziehung
- Vorgehen zur Steuerung der Zusammenarbeit und Unterschriften

Steuerung der Lieferantenstrategie
Zur Steuerung der Lieferantenstrategie empfiehlt sich folgender Prozess: Kurz nach Ende des Geschäftsjahres werden die Lieferanten in Bezug auf die Leistungen des Vorjahres und in Bezug auf die Leistungspotenziale bewertet. Die Ergebnisse werden ggf. mit den Lieferanten bzw. mit den cross-funktionalen Partnern im Unternehmen besprochen. Auf dieser Basis kann dann zusammen mit den Impulsen aus der Supply- und der Supply-Marktstrategie die Lieferantenstrategie formuliert werden. Hierbei sind die Bestandteile Lieferantenklassifizierung, Lieferantenziele, Lieferantenentwicklung, Lieferantenintegration, Lieferantenbeziehungsmanagement oder ggf. Ausphasen des Lieferanten zu berücksichtigen.

Die Lieferantenstrategie ist intern und ggf. mit dem Lieferanten abzustimmen und zu beschließen. Der Grad der internen und externen Abstimmung ist dabei sensibel zu gestalten. Die verabschiedete Strategie ist umzusetzen.

Zur Steuerung der Lieferantenstrategie sollten die quantitativen Ziele und die strategischen Projekte und Maßnahmen regelmäßig überwacht und ggf. nachjustiert werden. In welcher Form bzw. wie häufig derartige Überprüfungen erfolgen, hängt von der Form der Lieferantenstrategie ab und schwankt zwischen monatlich und jährlich. Die Lieferantenstrategie sollte einmal im Jahr fortgeschrieben bzw. soweit erforderlich grundsätzlich überarbeitet werden.

Literatur

Appelfeller, W., & Buchholz, W. (2011). *Supplier Relationship Management – Strategie, Organisation und IT des modernen Beschaffungsmanagements* (2. Aufl.). Wiesbaden: Springer.

Disselkamp, M., & Schüller, R. (2004). *Lieferantenrating*. Wiesbaden: Springer.

Durst, S. (2011). *Strategische Lieferantenentwicklung – Rahmenbedingungen, Optionen und Auswirkungen auf Abnehmer und Lieferanten*. Wiesbaden: Gabler.

Fries, A. J. (2010). Supplier Relationship Management – Ein begriffliches und prozessuales Konzept. Köln: Fördergesellschaft Produkt-Marketing.

Hartmann, H. (2015). *Lieferantenmanagement – Gestaltungsfelder, Methoden, Instrumente mit Beispielen aus der Praxis* (3. Aufl.). Gernsbach: Deutscher Betriebswirte.

Hartmann, H., Orths, H., & Kössel, N. (2013). *Lieferantenbewertung – Aber wie? – Lösungsansätze und erprobte Verfahren* (5. Aufl.). Gernsbach: Deutscher Betriebswirte.

Helmold, M., & Terry, B. (2016). *Lieferantenmanagement 2030*. Wiesbaden: Springer.

Heß, G. (2010). *Supply-Strategien in Einkauf und Beschaffung – Systematischer Ansatz und Praxisfälle* (2. Aufl.). Wiesbaden: Gabler.

Hofbauer, G., Mashhour, T., & Fischer, M. (2016). *Lieferantenmanagement – Die wertorientierte Gestaltung der Lieferbeziehung* (3. Aufl.). Berlin: De Gruyter.

Hoffmann, R., & Lumbe, H.-J. (2000). Lieferantenbewertung – Der erste Schritt zum Lieferantenmanagement. In H. Hildebrandt & U. Koppelmann (Hrsg.), *Beziehungsmanagement mit Lieferanten* (S. 87–120). Stuttgart: Schäffer-Poeschel.

Institut für Beschaffungsstrategie. (2017). Homepage des Instituts für Beschaffungsstrategie. http://www.beschaffungsstrategie.de. Zugegriffen: 8. Juli 2017.

Kohnke, O. (2002). Die Anwendung der Zielsetzungstheorie zur Mitarbeitermotivation und -steuerung. In W. Bunghard & O. Kohnke (Hrsg.), *Zielvereinbarungen erfolgreich umsetzen – Konzepte, Ideen und Praxisbeispiele auf Gruppen- und Organisationsebene* (2. Aufl., S. 37–69). Wiesbaden: Gabler.

Kraljic, P. (1985). Versorgungsmanagement statt Einkauf. *Harvard Manager, 1985*(H1), 6–14.

Large, R. (2013). *Strategisches Beschaffungsmanagement – Eine praxisorientierte Einführung mit Fallstudien* (5. Aufl.). Wiesbaden: Gabler.

O'Brien, J. (2014). *Supplier Relationship Management – Unlocking the hidden value in your supply base*. London: Kogan Page.

Porter, M. (2013). *Wettbewerbsstrategie – Methoden zur Analyse von Branchen und Konkurrenten* (12. Aufl.). Frankfurt a. M.: Campus.

Schuh, G., Hoppe, M., Schubert, J. von, & Mangoldt, J. (2014). Lieferantenauswahl. In G. Schuh (Hrsg.), *Einkaufsmanagement – Handbuch Produktion und Management 7* (2. Aufl., S. 183–254). Berlin: Springer.

Stölzle, W. (2007). Beziehungsmanagement mit Lieferanten. In U. Arnold & G. Kasulke (Hrsg.), *Handbuch innovative Beschaffung – Wegweiser für den strategischen und operativen Einkauf* (S. 149–196). Weinheim: Wiley-VCH.

Wagner, S. (2001). *Strategisches Lieferantenmanagement in Industrieunternehmen – Eine empirische Untersuchung von Gestaltungskonzepten*. Frankfurt a.M.: Lang.

Wagner, S. (2003). Management der Lieferantenbasis. In R. Boutellier, S. Wagner, & H. P. Wehrli (Hrsg.), *Handbuch Beschaffung – Strategie, Methoden, Umsetzung* (S. 691–731). München: Hanser.

Supply-Prozessstrategien: Die Supply-Prozesse dokumentieren, optimieren und steuern

6

Die operativen und strategischen Prozesse im Supply Management dauerhaft zu optimieren, wird als strategische Aufgabe gesehen. Zur Steigerung des Wertbeitrags können die Effektivität, die Effizienz und der Scope erfolgreicher Prozesse erhöht werden. Hierzu sind die Supply-Prozesse in Prozessanweisungen zu dokumentieren und systematisch zu analysieren (Modul N12). Zur Optimierung der Prozesse sind zunächst Prozessziele und anschließend Prozessstrategien in Form von strategischen Stoßrichtungen und strategischen Projekten zu formulieren (Modul N13). Die Prozessstrategien werden in Prozess-Steckbriefen dokumentiert und über die Verfolgung der Kennzahlen und der Verbesserungsprojekte gesteuert.

▶ **Supply-Prozessstrategien:** Die Supply-Prozessstrategie (Supply Process Strategy) beschreibt die Strategie eines Unternehmens zur Entwicklung eines Prozesses im Supply Management mit dem Ziel, den Wertbeitrag zu steigern. Grundsätzliche Ansatzpunkte der Prozessoptimierung sind die Effektivität, die Effizienz sowie die Ausweitung des Scopes eines Prozesses.

Ebenso können tertiäre Prozesse, d. h. Prozesse, in denen das Supply Management nicht führend, aber wesentlich beteiligt ist, Gegenstand einer Supply-Prozessstrategie sein.

Geschäftsprozesse sind definierte Abfolgen von Aktivitäten zur Erstellung von Leistungen für interne und externe Kunden (zu den Prozessstrategien vgl. Appelfeller und Buchholz 2011; Arnold 2007; Brecht-Hadraschek und Feldbrügge 2015; Gaitanides 2012; Heß 2010; Kamiske 2015; Krampf 2016; Knuppertz 2015; Liebetruth 2016; Schmelzer und Sesselmann 2013; Wagner und Patzak 2015). Je nach Gegenstand der angestrebten Leistung kann ein Prozess als strategisch oder operativ eingeordnet werden. Ein strategischer Prozess zielt auf den Erhalt oder die Generierung von Erfolgspotenzialen,

© Springer Fachmedien Wiesbaden GmbH 2017

G. Heß, *Strategischer Einkauf und Supply-Strategie*,
DOI 10.1007/978-3-658-16215-3_6

indem er Strategien formuliert oder steuert, z. B. der Prozess zur Formulierung von Markt- oder Lieferantenstrategien. Ein operativer Prozess unterstützt die Potenzialrealisierung, z. B. die Erstellung einer Bestellung zur Sicherung der Versorgung des Unternehmens. Taktische Prozesse helfen, die Erfolgspotenziale auszudifferenzieren. Der Ausschreibungsprozess ist beispielsweise ein taktischer Prozess.

Welche Aufgaben im Rahmen des Prozessmanagements sind strategisch und deshalb Gegenstand der Supply-Strategie? An dieser Stelle könnte voreilig der Schluss gezogen werden, operative Prozesse sind operativ und strategische Prozesse sind strategisch. Mit dieser Unterscheidung wird allerdings nicht der Kern des Strategieverständnisses getroffen: die Potenzialsicherung und -erhöhung. So muss die Optimierung eines Prozesses – unabhängig davon, ob der Prozess operativ oder strategisch ist – als strategisch eingestuft werden, da eine (wesentliche) Prozessoptimierung in der Regel Potenzial erhöhend wirkt. Am Beispiel des Prozesses zur C-Teileabwicklung soll das veranschaulicht werden: Während die Bestellabwicklung von C-Teilen in der Regel als operativ eingestuft wird, kann eine wesentliche Verbesserung des Bestellabwicklungsprozesses als Potenzial erhöhend beurteilt werden. Man denke beispielsweise an die Einführung eines e-Katalogsystems, das anschließend schrittweise weltweit und in zunehmend mehr Warengruppen ausgerollt wird. Mit dieser Prozessverbesserung werden das Kostenniveau und die Flexibilität erheblich verbessert. Damit ist die Maßnahme „Einführung eines e-Katalogsystems“ Potenzial erhöhend bzw. strategisch.

Prozessstrategien zielen auf die Steigerung der Wertbeitragsziele und können dabei grundsätzlich an den drei folgenden Hebeln ansetzen:

- **Effektivitätssteigerung:** Es wird die Leistung des Prozesses im Hinblick auf die Wertbeitragsziele gesteigert. Beispielsweise wird der Rahmenvertragsprozess professionalisiert mit dem Ergebnis, dass der Lieferant niedrigere Materialpreise akzeptiert oder durch eine gute Lieferantenauswahl die Zuverlässigkeit der Lieferanten verbessert wird. Die Erhöhung der Effektivität eines Prozesses bedeutet also, dass durch die Prozessverbesserung der Prozess zu einem verbesserten Output führt.
- **Effizienzsteigerung:** Die Prozessabwicklung selbst wird optimiert und führt somit zu einer Wertbeitragssteigerung, da die Prozesskosten sinken oder die Durchlaufzeit des Prozesses sich verkürzt. Üblicherweise werden die Effizienzkriterien von Prozessen nach Prozesszeit (z. B. Durchlaufzeit, Termintreue), Prozessqualität und Prozesskosten gegliedert. Beispielsweise sinken durch die Einführung eines Katalogsystems die Kosten pro Bestellung um X % und/oder die Wiederbeschaffungszeiten von durchschnittlich y Tagen auf einen Tag.
- **Scope:** Die Durchdringung einer Organisation mit einem effektiven bzw. effizienten Prozess kann zur weiteren Effektivitäts- bzw. Effizienzsteigerung führen. Die oben angesprochene Einbeziehung von neuen Warengruppen in den e-Katalog kann als Beispiel dienen.

Entsprechend diesen Überlegungen definiert eine Prozessstrategie die Strategie zur Steigerung der Effektivität bzw. der Effizienz eines Prozesses sowie der Ausweitung seines Scopes. Eine Strategie wird natürlich nur entwickelt, wenn erhebliche Prozessverbesserungen zu erwarten sind.

Prozessstrategien im Supply Management können sich auf primäre und sekundäre Supply-Prozesse, auf Managementprozesse sowie auf bedeutsame tertiäre Supply-Prozesse beziehen. Optimierungen im Rahmen tertiärer Prozesse sind in der Regel in einem übergeordneten Prozessoptimierungsprojekt verankert, in dem das Supply Management mitwirkt.[1]

Eine Prozessstrategie wird in den folgenden vier Schritten entwickelt, die in den zwei Modulen N12 und N13 zusammengefasst sind:

1. Schritt: Prozess dokumentieren (N12)
2. Schritt: Prozess analysieren (N12)
3. Schritt: Wertbeitragsziele für den Prozess definieren (N13)
4. Schritt: Prozessstrategie in Form von strategischen Stoßrichtungen und strategischen Projekten formulieren (N13)

Die Steuerungslogik ist analog zu den anderen Strategiebausteinen der 15M-Architektur aufgebaut. Für strategisch bedeutsame Prozesse werden klare Wertbeitragsziele gesetzt. Mithilfe strategischer Stoßrichtungen und der daraus abgeleiteten strategischen Projekte werden die Prozesse im Hinblick auf die Wertbeitragsziele optimiert. Die Erfolgskontrolle führt ggf. zur Nachjustierung oder zur Neupositionierung. Dieser Verbesserungsprozess erfolgt schrittweise mit kleineren und größeren Verbesserungsmaßnahmen. Die Prozessstrategie wird durch den Prozesseigner und den Prozessverantwortlichen entwickelt und getrieben.

▶ Es sei an dieser Stelle nochmals darauf hingewiesen, dass die Formulierung und Steuerung von Prozessstrategien im Rahmen des unternehmensweiten Geschäftsprozessmanagements erfolgen muss. Entsprechend den vorhandenen Freiheitsgraden für das Supply Management können einzelne Aspekte, z. B. die Formulierung von Prozesszielen, in der Supply-Strategie frei gestaltet werden. Andere Aspekte – häufig die äußere Form der Prozessdokumentation – müssen sich an den Vorgaben des Unternehmens orientieren.

[1]Zur Erinnerung: Primäre Prozesse sind Leistungsprozesse im Supply Management. Sekundäre Prozesse sind Unterstützungsprozesse im Supply Management. Managementprozesse dienen der Steuerung des Supply Managements. Tertiäre Prozesse sind Prozesse, in denen das Supply Management nicht führend, aber wesentlich beteiligt ist (vgl. Abschn. 3.3.4).

6.1 Prozesse dokumentieren und analysieren (N12)

In Modul N12 werden die Supply-Prozesse dokumentiert und analysiert. Dabei ist die Reihenfolge der beiden Schritte nicht zwingend. Beispielsweise können Dokumentation und Analyse gemeinsam durchgeführt werden. Gegebenenfalls kann bereits ein optimierter Prozess nachträglich dokumentiert werden. Insofern stellt die folgende Schrittfolge eine idealisierte Vorgehensweise dar.

1. Schritt: Prozess dokumentieren
Die Supply-Prozesse sollten umfassend dokumentiert werden, üblicherweise in Form von Prozessanweisungen (auch Verfahrens- oder Arbeitsanweisungen). Darüber hinaus ist die Erstellung eines prozessorientierten Einkaufshandbuchs empfehlenswert.

▶ **Einkaufshandbuch:** Im Einkaufshandbuch (Supply Management Manual) sind die im Einkauf gültigen Richtlinien und Regelungen zusammengefasst. Da sich ein großer Teil der Richtlinien und Regelungen direkt auf Prozesse beziehen lässt, kann ein großer Teil des Einkaufshandbuchs nach der Prozesslandkarte und den darin enthaltenen Prozessen strukturiert werden.

In Unternehmen mit hybriden Einkaufsstrukturen (selbstständige Einkaufsabteilungen, die sich aber abstimmen) können jeweils gleich strukturierte Einkaufshandbücher in den unterschiedlichen Einkaufsabteilungen definiert werden. Die Einzelregelungen können dann – nach Absprache – individuell, halb standardisiert oder standardisiert sein (vgl. Praxisbeispiel Phoenix Contact GmbH & Co. KG in Kap. 8).

Die Dokumentation der Supply-Prozesse ist aufwendig. Dem Aufwand steht aber in der Regel erheblicher Nutzen gegenüber:

- **Transparenz:** Eine transparente Prozessbeschreibung ist die Basis dafür, dass die Prozesse dauerhaft eingehalten und nachhaltig verbessert werden.
- **Knowledge-Base:** Letztlich kann die Prozessbeschreibung als kondensiertes Lernen zur Erstellung einer Leistung begriffen werden. Damit wird organisationales Lernen gefördert und das Prozess-Know-how gesichert.
- **Mitarbeitertraining:** Die Einarbeitung neuer Mitarbeiter wird vereinfacht.
- **Klare Verantwortlichkeit:** Transparente Regelungen zu den Verantwortlichkeiten und den Mitwirkungsrechten und -pflichten in Prozessen sichern die reibungslose Umsetzung.
- **Koordination und Kommunikation:** Prozesse sind meist arbeitsteilig über mehrere Personen, Abteilungen oder sogar Organisationen ausgedehnt. Die Schnittstellen zwischen den Beteiligten führen leicht zu Abstimmproblemen und zu Interessenskonflikten. Eine transparente Prozessdokumentation hilft nachhaltig, Schnittstellenprobleme zu reduzieren.
- **Compliance:** Eindeutige Prozessbeschreibungen sichern die Beachtung der Compliance-Anforderungen.

Eine Prozessbeschreibung ist ein Dokument, in dem Zielsetzung, Vorgehen und Methodik eines Prozesses verbindlich fixiert sind (vgl. Schmelzer und Sesselmann 2013, S. 174 ff.). Innerhalb einer Prozessbeschreibung sollten mindestens folgende Aspekte dokumentiert werden:

- Name des Prozesses, ggf. eine Ordnungsnummer
- Prozesseigner
- Prozessverantwortlicher
- Zweck des Prozesses
- Anwendungsbereich
- Begriffe und Abkürzungen
- Prozesskunden, Outputs und weitere Stakeholder
- Prozessziele mit Messkriterien (wird in Abschn. 6.2 näher beschrieben)
- Prozessablauf (wird folgend näher betrachtet)
- Mitwirkungspflichten und -rechte (werden folgend näher erläutert)
- Inputs und Prozesslieferanten, z. B. Dokumente, Zulieferungen
- Verfolgung der Änderungen
- Mitgeltende Unterlagen, z. B. Normen, Gesetze, Regeln
- Anhang für ausgewählte Dokumente

Im Folgenden werden der Prozessablauf sowie die RACI-Systematik beschrieben. Mit der RACI-Systematik werden die Verantwortung und die Mitwirkung der Prozessbeteiligten näher festgelegt.

Zur Dokumentation des Prozessablaufs gibt es vielfältige Prozessbeschreibungssprachen bzw. -methoden, die hier nicht näher erläutert werden können (vgl. Liebetruth 2016, S. 27 ff.; Schmelzer und Sesselmann 2013, S. 240 ff.). Soweit es ein übergreifendes Geschäftsprozessmanagement gibt, wird in der Regel dort die Form der Prozessbeschreibung festgelegt.

Bei der Dokumentation des Prozessablaufes können folgende Elemente berücksichtigt werden:

- Trigger des Prozesses (Prozessanstoß): Wann bzw. in welcher Weise beginnt der Prozess?
- Input des Prozesses: Zulieferung beispielsweise von Dokumenten
- Aktivitäten und Teilprozesse sowie deren Verknüpfung
- ggf. Vorschriften und Methoden
- Ende des Prozesses
- Output des Prozesses für den Prozesskunden
- Systeme
- Daten und Dokumente
- Verantwortung und Mitwirkung, z. B. RACI (siehe unten)
- Sicherheitsaspekte

Dabei hat es sich bewährt, neben einer grafischen Darstellung wesentliche Aspekte des Prozesses auch verbal zu beschreiben. Zur Verknüpfung von Grafik und Text können die Elemente in der Grafik durchnummeriert werden. Abb. 6.1 zeigt das Beispiel eines einfachen rollenbasierten Flow-Charts.

Innerhalb der einzelnen Prozessschritte sind die Verantwortung und die Art der Mitwirkung einzelner Rollen zu definieren (vgl. Schmelzer und Sesselmann 2013, S. 181 ff.). Hierzu hat sich die RACI-Systematik bewährt. RACI steht für „Responsible", „Accountable", „Consulted" und „Informed". (auf Deutsch auch „EDMI"-Systematik genannt: Entscheidung, Durchführung, Mitarbeit, Information). Nach RACI werden für jeden Prozessschritt folgende vier Verantwortlichkeiten festgelegt:

- **Responsible (Durchführung):** Rolle, die für die Durchführung verantwortlich ist, d. h. die Aktivität selbst durchführt oder als Vorgesetzter initiiert. Es können auch mehrere Rollen responsible sein.
- **Accountable (Entscheidung):** Rolle, die für die Aktivität kaufmännisch oder rechtlich Verantwortung übernimmt, d. h. die Aktivität freigibt oder entsprechende Dokumente unterzeichnet. In der Regel ist nur eine Rolle/Person accountable.
- **Consulted (Mitarbeit):** Rolle, die beteiligt werden soll bzw. muss.
- **Informed (Information):** Rolle, die über die Aktivitäten informiert werden muss.

In der RACI-Matrix werden für einen Prozess die Prozessschritte und die beteiligten Rollen matrixförmig abgebildet. In den Zeilen werden die Prozessschritte aufgezählt. In den Spalten sind die beteiligten Rollen aufgelistet und im Schnittpunkt wird das jeweilige Mitwirkungsrecht einer Rolle im Prozessschritt dargestellt.

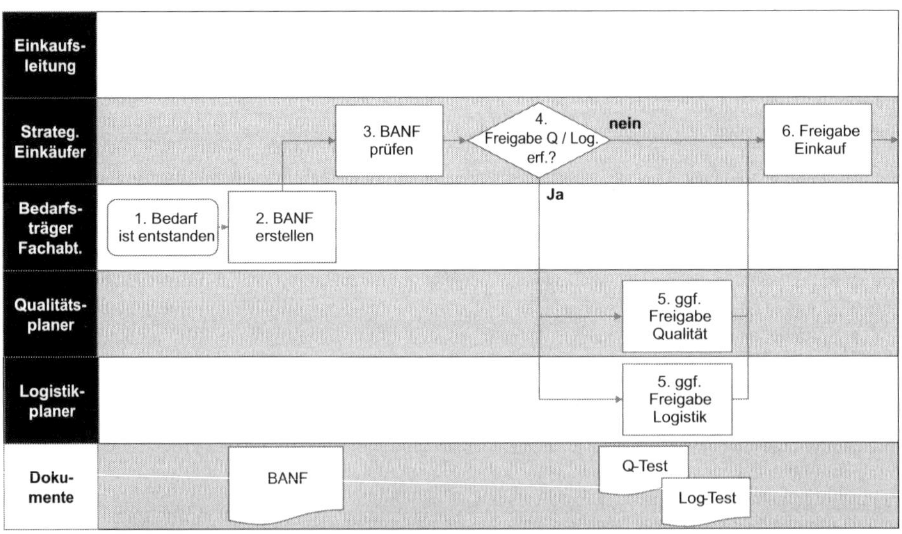

Abb. 6.1 Beispiel eines rollenbasierten Flow-Charts

Abb. 6.2 Effizienzprobleme in Prozessen. (Quelle: Schmelzer und Sesselmann 2013, S. 3, modifiziert)

Viele Beanstandungen
Viele Fehler
Viele Änderungen
Hohe Produktkosten
Hohe Prozesskosten
Lange Durchlaufzeiten
(Time-to-Market, Produktanlauf, Produkteinführung)
Unzureichende Liefertreue
Mangelhafte Lieferfähigkeit
Hohe Bestände

2. Schritt: Prozess analysieren
Der Prozess muss auf seine Schwachpunkte hin analysiert und optimiert werden. Abb. 6.2 zeigt typische Probleme nicht beherrschter Prozesse. Diese Probleme geben Hinweise auf Schwachstellen und sind zu identifizieren. Anschließend sind die Gründe der erkannten Schwachstellen zu analysieren.

Typische Kriterien einer tief gehenden Prozessanalyse sind:

- **Leistung des Prozesses identifizieren:** Für jeden primären bzw. sekundären Prozess sollten die angestrebten Leistungen sowie Nutzer der Leistungen eindeutig benannt werden. Dabei ist darauf zu achten, dass jeder primäre Prozess Leistungen für einen internen bzw. externen Kunden erstellt. Jeder sekundäre Prozess liefert in analoger Weise eine Leistung für einen weiteren Prozess. Darüber hinaus ist der Nutzen von Managementprozessen besonders kritisch zu prüfen.
- **Prozesse abgrenzen und bezeichnen:** Um die Prozesse klar abzugrenzen, empfiehlt sich häufig eine Prozessbezeichnung die „von" einem Prozessschritt „bis" zu einem Prozessschritt definiert wird, z. B. im Bestellprozess die Bezeichnung „Order-to-Pay"-Prozess.
- **Homogenität der Leistung sichern:** Die Leistung, die innerhalb eines Prozesses erzeugt wird, soll homogen sein, d. h. vergleichbar. Gegebenenfalls sind Prozessvarianten oder getrennte Prozesse zu definieren. Beispielsweise ist zu prüfen, ob umfangreiche Einzelbestellungen und Bestellungen von Büromaterialien mit dem gleichen Prozess abgewickelt werden sollen. In der Analyse ist der richtige Grad an Aggregation zu überprüfen. Prozessvarianten können auch für gleichartige Prozesse an unterschiedlichen Standorten und in verschiedenen Organisationseinheiten sinnvoll sein, wenn sich Rahmenbedingungen unterscheiden.
- **Anforderungen der Kunden klären:** In jedem Prozess müssen die Anforderungen der Nutzer an die Prozessleistung geklärt sein bzw. werden. Dies kann durch standardisierte Vorgaben erfolgen. Beispiel: Im Bestellprozess besteht die grundsätzliche Anforderung, dass eine Bestellung innerhalb von einem Tag abgewickelt werden soll. Alternativ können die Anforderungen auch im Rahmen eines Prozessschrittes spezifiziert werden. Im Beispiel würde in einem der ersten Prozessschritte die verfügbare Zeit geklärt werden.

Abb. 6.3 Die sieben Arten der Verschwendung

Bestände
Wartezeit
Transport
Unzureichender Produktionsprozess
Ausschuss und Nacharbeit
Überproduktion
Bewegung

- **Prozessrisiken identifizieren:** Die Prozesse bzw. die einzelnen Prozessschritte sind auf ihre Risiken hin zu analysieren. Die grundsätzliche Vorgehensweise mit Identifikation, Bewertung, Steuerung und Überwachung entspricht dem Vorgehen im Risikomanagement. Neben den Standardmethoden des Risikomanagements – Checklisten und Risikomanagementworkshops – hat sich die Prozess-FMEA (Failure Mode and Effect Analysis bzw. deutsch: Fehler-Möglichkeits-und-Einfluss-Analyse) bewährt.
  In der Prozess-FMEA werden 1) einzelne Prozessschritte auf ihre Fehlerpotenziale hin analysiert und 2) mit der Risikoprioritätskennzahl bewertet. Diese setzt sich aus einer Bewertung der Bedeutung, der Auftretenswahrscheinlichkeit und der Entdeckungswahrscheinlichkeit zusammen. Die drei Aspekte werden mit einer Skala von 1 bis 10 bewertet und multiplikativ verknüpft, sodass die Risikoprioritätskennzahl zwischen 1 und 1000 liegt. 3) Anschließend werden Fehlerursachen analysiert und nach Maßnahmen zur Fehlervermeidung gesucht.
- **Prozesseffizienz steigern:** Der Prozessablauf soll Zeit und Ressourcen sparend modelliert werden. Hierzu sind beispielsweise folgende Gestaltungsmuster zu prüfen:
  - **Zusammenfassen** homogener Teilprozesse oder Aktivitäten.
  - **Standardisierung:** Einzelne Prozessschritte oder Teilprozesse werden über verschiedene Verwendungen hinweg vereinheitlicht (vgl. auch die umfassende Strategie der Prozessstandardisierung in Abschn. 6.2).
  - **Automatisieren** von Teilprozessen oder Aktivitäten, z. B. mit einer neuen Software.
  - **Trennen** inhomogener Teilprozesse oder Aktivitäten.
  - **Weglassen** nicht wertschöpfender Tätigkeiten: Der Wertschöpfungsanalyse kommt eine hohe Bedeutung zu. Dabei ist zwischen einer direkten Wertschöpfung, einer indirekten Wertschöpfung für andere wertschöpfende Prozesse, normativ erforderlichen Aktivitäten (z. B. aufgrund eines Gesetzes) sowie Verschwendung zu unterscheiden. Letztlich kann nur auf Verschwendung verzichtet werden (vgl. Abb. 6.3: Die 7 Arten der Verschwendung).
  - **Outsourcing** von Aktivitäten.
  - **Überlappen** von Teilprozessen und Aktivitäten, in der Regel, um Zeit zu sparen.
  - **Parallelisieren** von Teilprozessen und Aktivitäten, in der Regel, um Zeit zu sparen.
  - **Ausrichten** der Reihenfolge der Aktivitäten.

- **Leistungsvereinbarungen für Prozessinputs:** Für kritische Inputs sind mit den Lieferanten Leistungsvereinbarungen (Service Level Agreements) zu treffen. Während des Vereinbarungsprozesses werden die Anforderungen an den Prozess präzisiert. Gleichzeitig sollten überzogene Erwartungen identifiziert und korrigiert werden.

Die Kriterien einer tief gehenden Prozessanalyse identifizieren die Schwachpunkte im Prozess und dienen so gleichzeitig als Basis für eine mögliche Prozessgestaltung bzw. -optimierung.

6.2 Prozessziele und Prozessstrategien formulieren (N13)

Nach der Dokumentation und Analyse des Prozesses soll der Prozess fortentwickelt und gesteuert werden. Die Steuerungslogik ist analog zu den Ebenen der Markt- und der Lieferantenstrategie aufgebaut. Für jeden strategischen Prozess sollen wesentliche Ziele, strategische Stoßrichtungen und strategische Projekte formuliert und gesteuert werden.

3. Schritt: Prozessziele definieren
Zunächst sind für strategisch bedeutsame Prozesse Zielsetzungen zu formulieren, die nach Möglichkeit mit Kennzahlen operationalisiert sind (vgl. Ahlrichs und Knuppertz 2010; Knuppertz 2015, S. 173 ff.; Liebetruth 2016, S. 193 ff.). Hierbei ist auf die Durchgängigkeit der Zielsetzungen zu achten. Von zentraler Bedeutung ist die Frage, welchen Wertbeitrag der betrachtete Prozess zu den Geschäftszielen, der Unternehmens-, Wettbewerbs- und der Rahmenstrategie im Supply Management leistet bzw. leisten soll. Zwei Beispiele sollen dies verdeutlichen:

- Zielt die Wettbewerbsstrategie auf eine flexible Belieferung der Kunden, kann die Wiederbeschaffungszeit im Beschaffungsprozess eine zentrale Zielsetzung sein. Dabei müssen die Prozessziele auch mit den Zielen in der Markt- und Lieferantenstrategie abgestimmt sein. Letztlich sind durch die Auswahl geeigneter Lieferanten und weiterer Maßnahmen kurze Lieferzeiten in den Markt- und Lieferantenstrategien zu verankern. Im Beschaffungsprozess müssen die kurzen Lieferzeiten dann realisiert werden.
- Ist die Kostenposition des Unternehmens ein bedeutsames Geschäftsziel, sind in kostentreibenden Prozessen Kostenziele zu berücksichtigen. Beispielsweise können die Materialkostenveränderungen oder auch Verhandlungserfolge zu wichtigen Zielen im Ausschreibungsprozess werden. Ebenso kann die Reduzierung von Prozesskosten zum Ziel werden, wenn entsprechende Kostensenkungspotenziale in den Prozesskosten zu erkennen sind.

Neben den Wertbeitragszielen können auch Treibergrößen definiert werden, mit deren Hilfe der Fortschritt bei den Wertbeitragszielen verfolgt werden kann. So kann beispielsweise die Auktionsquote (= Vergabevolumen in Auktionen zu Vergabevolumen insgesamt) als Treibergröße für eine Materialkosteneinsparung verstanden werden.

Die Prozessziele sind unternehmens- und strategiespezifisch zu definieren. Eine umfassende Auflistung standardisierter Ziele wirkt wenig zielführend, wie die folgenden Beispiele zu Zielsetzungen allein für einen Ausschreibungsprozess verdeutlichen:

- Materialkostenveränderung (ausgeschriebener Artikel)
- Verhandlungserfolg
- Quote e-Auctions
- Maverick-Buying-Quote
- Rahmenvertragsquote
- Durchlaufzeit Ausschreibung
- Durchlaufzeit bis Angebotsanfrage
- Änderungsquote (Änderungen während des Ausschreibungsprozesses)
- Global-Sourcing-Quote
- Local-Sourcing-Quote
- Durchschnittliche verhandelte Zahlungsziele
- Skontoquote
- …

Diese Liste kann beliebig fortgesetzt werden. Je nach der aktuellen Situation im Unternehmen sind Prozessziele individuell abzuleiten. Eine Auflistung möglicher Standardziele ist uferlos und macht deshalb wenig Sinn (vgl. Sievers 2008, dessen Versuch, ein umfassendes Beschaffungsinformationssystem zu strukturieren, zeigt, wie uferlos dieses Vorhaben ist).

4. Schritt: Prozessstrategie entwickeln
Mit der Prozessstrategie wird der Prozess in Richtung seiner Wertbeitragsziele nachhaltig entwickelt. Dabei wird unterstellt, dass die Entwicklung eines Prozesses nicht nur in Form von singulären Prozessoptimierungen erfolgt, sondern dauerhaft angelegt sein sollte. Im Detail wird folgende Steuerungslogik unterstellt (Abb. 6.4, vgl. Schmelzer und Sesselmann 2013, S. 409 ff.).

In mehrjährigen Abständen (üblich alle 5 bis 10 Jahre) wird ein Prozess grundlegend überarbeitet. Auslöser einer solchen Prozessoptimierung können beispielsweise die Verfügbarkeit einer neuen Software, eine strategische Umorientierung, die zu neuartigen Zielen führt, bzw. veränderte Anforderungen aus den Absatzmärkten sein. Nach Abschluss eines solchen Optimierungsprojektes sollten die Prozessleistungen weiterhin kontinuierlich im Hinblick auf die Prozessziele verbessert werden. Folgende Gründe sprechen für eine kontinuierliche Fortentwicklung der Prozesse:

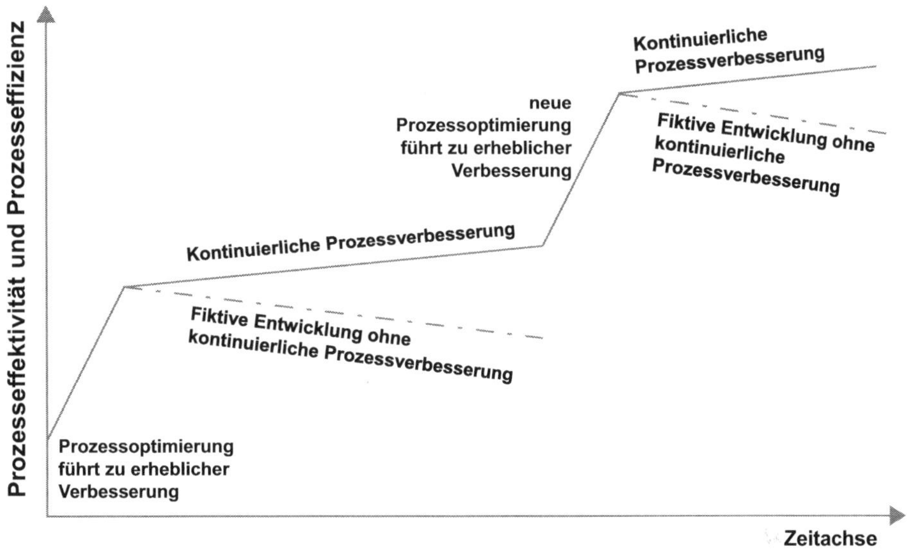

Abb. 6.4 Megazyklus der Prozessverbesserung

- **Offene Potenziale ausschöpfen:** Üblicherweise gelingt es bei der Durchführung eines Optimierungsprojektes nicht auf Anhieb, alle Potenziale zu heben. Diese sind dann im Nachgang zu realisieren.
- **Kompensation einer schleichenden Verschlechterung:** Ohne eine nachhaltige Verbesserungskultur schleichen sich im Prozess Schwächen ein, die zur Verringerung seiner Leistung führen.
- **Veränderte Marktanforderungen:** In der Regel verändern sich die Anforderungen des Marktes permanent in kleinen Schritten.
- **Neuartige Möglichkeiten zur Gestaltung des Prozesses:** Auch wenn es sich dabei nur um kleine Fortentwicklungen handelt, sollte auf diese mit entsprechenden (kleinen) Anpassungen des Prozesses reagiert werden.

Somit folgen nach einer großen Prozessoptimierung Jahre der schrittweisen Prozessverbesserung, bis dann die nächste Prozessoptimierung möglich wird. Innerhalb dieses Megazyklus steuert die Prozessstrategie die Entwicklung des Prozesses: In der jährlichen Strategieformulierung der Prozessstrategie werden die Zielwerte aktualisiert und die strategischen Stoßrichtungen und die strategischen Projekte definiert. Je nach Phase im Megazyklus werden hierbei prozessoptimierende oder -verbessernde Stoßrichtungen angestrebt. In der Optimierungsphase ergeben sich beispielsweise folgende strategische Stoßrichtungen: 1) die grundsätzliche Überarbeitung des Prozessablaufes und der Verantwortlichkeiten, 2) die Einführung einer neuen IT sowie 3) die weltweite Standardisierung des Prozesses. Nach der Prozessoptimierungsphase zielt die Prozessstrategie auf die

Konsolidierung beispielsweise mit folgenden strategischen Stoßrichtungen: 1) Steigerung der Termintreue und Flexibilität um 7 % durch ... oder 2) schrittweises Angleichen und Abstimmen zwischen den Prozessvarianten an den verschiedenen Standorten.

Die Optimierungspotenziale sind für die jeweiligen Prozesse prozessspezifisch und vielfältig. Im Rahmen der Gestaltungsfelder einer Supply-Marktstrategie (Modul N07) wurde für ausgewählte Prozesse eine beispielhafte Auflistung von möglichen Verbesserungshebeln ausgeführt. Eine umfassende Liste potenzieller Verbesserungshebel für verschiedene Prozesse würde den Rahmen dieser Abhandlung sprengen.

Im Folgenden sollen grundsätzliche Vorgehensweisen zur Prozessentwicklung skizziert werden. Dabei werden 1) Business Process Reengineering, 2) Prozessoptimierung, 3) Kontinuierliche Prozessverbesserung und 4) Prozessstandardisierung unterschieden.

1. Business Process Reengineering

Das Business Process Reengineering steht für die grundsätzliche und radikale Umgestaltung meist mehrerer Geschäftsprozesse gleichzeitig (vgl. Davenport 1993; Gaitanides 2012, S. 47 ff.; Hammer und Champy 1993). Beispielsweise wird die Umstellung von einem zentralen Einkauf zu einem dezentralen Einkauf zu einer radikalen Veränderung der Prozesslandschaft führen. Ein umfassendes Process Reengineering entwickelt völlig neue Prozesse und damit eine völlig neue Prozesslandschaft. Aus diesem Grund kann ein Business-Process-Reengineering-Projekt nicht innerhalb einer Prozessstrategie abgehandelt werden, sondern ist Teil der Rahmenstrategie.

Neben der Radikalität im Vorgehen sind folgende Aspekte für Business Process Reengineering kennzeichnend.

- Die Reengineering-Vision – die Leitidee der Umgestaltung – erfordert in der Regel ein völliges Umdenken in den als selbstverständlich angesehenen Vorstellungen. Die Prozessanalyse spielt deshalb nur eine untergeordnete Rolle. Teils wird sie sogar als schädlich angesehen, da die Gefahr besteht, sich zu sehr an den bestehenden Strukturen zu orientieren.
- Der Kundennutzen wird in der Regel als zentrale Leitidee der Umgestaltung gesehen.
- Es werden Prozessverbesserungen um Größenordnungen angestrebt.
- Schnelligkeit geht meist vor Gründlichkeit, da während der Umstellungsphase die Organisation größtenteils gelähmt ist. Ferner ermöglicht eine langsame Umsetzung, dass sich der Widerstand gegen das Projekt formiert.
- Business-Reengineering-Projekte sind nur in größeren zeitlichen Abständen möglich.
- Business-Process-Reengineering-Projekte werden durch ein speziell installiertes Projektteam getragen.
- Change Management spielt eine große Rolle, da Strukturveränderungen regelmäßig mit großen Ängsten bei den Mitarbeitern einhergehen.
- Dies ist auch einer der Gründe, weshalb sehr viele Business-Process-Reengineering-Projekte fehlschlagen (vgl. Schmelzer und Semmelmann 2013, S. 412 f.).

2. Prozessoptimierung
Bei der Prozessoptimierung wird ein einzelner Geschäftsprozess völlig neu strukturiert. Die Prozesslandschaft sowie die Abgrenzung der einzelnen Geschäftsprozesse bzw. der einzelnen Prozesse bleiben weitgehend erhalten. So kann die Optimierung im Rahmen einer Prozessstrategie gesteuert werden. Beispielsweise verändert die Einführung eines e-Katalogsystems im indirekten Einkauf in der Regel den Beschaffungsprozess grundlegend, ohne dass die Prozesslandschaft insgesamt sich verändert. Die Prozessoptimierung ist durch folgende Charakteristika geprägt:

- Die Prozessoptimierung orientiert sich (idealerweise) an einer grundlegenden Verbesserungsidee. Beispielsweise zielt die Einführung eines e-Katalogsystems auf einen durchgängigen und schnittstellenfreien Workflow, der die Bestellungen im Self-Service-Verfahren durch die Anwender abwickeln lässt. Weitere Beispiele sind die Einführung neuer IT-Systeme, z. B. die Einführung von e-Sourcing-Lösungen, oder eine stringente Prozessoptimierung im Sinne des Lean-Managements bzw. des Time-Based-Managements.
- Es werden erhebliche Prozessverbesserungen angestrebt.
- Zur Optimierung eines Prozesses sind die Anforderungen der Prozesskunden präzise zu erfassen und zu konsolidieren.
- Prozessdokumentation und Prozessanalyse spielen in der Regel eine sehr bedeutsame Rolle. Aus ihnen leiten sich viele Verbesserungsideen im Detail ab (vgl. Abschn. 6.1).
- Aufgrund der großen Reichweite der Veränderung für die betroffenen Mitarbeiter sind Change-Management-Prinzipien intensiv zu beachten.
- Es gibt ein Projektteam, das in der Regel mit Fach-, Prozess- und IT-Experten besetzt ist.

3. Kontinuierliche Prozessverbesserung
In der kontinuierlichen Verbesserung (vgl. Knuppertz 2015, S. 247 ff.) wird der grundlegende Aufbau des Prozesses nicht infrage gestellt. Vielmehr stehen kleine und kleinste Verbesserungen innerhalb einzelner Prozessschritte im Fokus. Getragen werden die kontinuierlichen Verbesserungen durch die betroffenen Mitarbeiter. Zur kontinuierlichen Prozessverbesserung gibt es vielfältige Konzepte, z. B. KVP, Kaizen, Betriebliches Vorschlagswesen, Open Space, Aspekte des Lean Managements. Grundsätzliche Charakteristika der kontinuierlichen Verbesserung sind:

- Die betroffenen Mitarbeiter tragen den Verbesserungsprozess, indem sie zu den ihnen vertrauten Prozessschritten kleine und kleinste Verbesserungsideen identifizieren und umsetzen. Wie der Name kontinuierliche Prozessverbesserung besagt, handelt es sich nicht um ein Projekt, sondern um eine dauerhafte Aufgabe.
- Ein Projekt- oder Verbesserungsteam begleitet die kontinuierliche Prozessverbesserung. Sie haben die Mitarbeiter zu informieren, zu motivieren, zu schulen und ggf. zu unterstützen. In diesem Rahmen können Workshops veranstaltet oder Awards ausgelobt werden.

- Der reine betriebswirtschaftliche Nutzen einzelner Maßnahmen in der kontinuierlichen Prozessverbesserung ist gelegentlich fraglich. Die Idee, ein Kopiergerät im Büro von einem auf einen anderen Platz zu stellen, ist beispielsweise häufig schwer bewertbar. Keinesfalls darf der Nutzen unterschätzt werden, der sich aus dem kulturellen Umbau ergibt. Mitarbeiter lernen, die eigenen Arbeitsprozesse stetig an die Anforderungen anzupassen. Dabei können auch ganz neue Kommunikationsstrukturen entstehen.
- Ein zentrales Ziel ist es, Verschwendung in den Prozessen zu reduzieren (vgl. Abschn. 6.1).
- Damit die Mitarbeiter in die Lage versetzt werden, die Prozesse zu verbessern, werden ihnen einfache methodische Instrumente an die Hand gegeben, z. B. der PDCA-Zyklus, die sieben alten Werkzeuge, die sieben neuen Werkzeuge.

4. Prozessstandardisierung

In der Prozessstandardisierung (vgl. Schmelzer und Sesselmann 2013, S. 237 ff.) werden vergleichbare Prozesse unterschiedlicher Geschäftseinheiten aufeinander abgestimmt, angeglichen bzw. vereinheitlicht. Weltweit abgestimmte Supply-Management-Prozesse bieten erhebliche Vorteile. Besonders hervorhebenswert ist, dass einheitliche Prozesse die Zusammenarbeit zwischen den Geschäftseinheiten, z. B. Bündelungen, Shared Service, vereinfachen und die Harmonisierung von IT-Systemen fördern. Darüber hinaus ergeben sich erhebliche Synergien im Prozessmanagement selbst.

Allerdings kann die Standardisierung der Prozesse erhebliche Schwierigkeiten mit sich bringen. So können die Anforderungen in den einzelnen Märkten oder Unternehmenskulturen unterschiedlich sein. Die Anpassung der Prozesse an die Standards kann einen nicht unerheblichen Umstellungsaufwand verursachen. Daher hat sich eine schrittweise Standardisierung der Prozesse sehr bewährt. In einer gemeinsam geteilten Prozesslandschaft können einzelne Prozesse abgestimmt werden. Dabei können unterschiedliche Verbindlichkeiten definiert werden (vgl. hierzu auch die Praxisstudie zu Phoenix Contact GmbH & Co. KG in Kap. 8):

- Es können Prozesse als global verbindlich festgelegt werden.
- In anderen Prozessen kann der Prozessablauf verbindlich definiert sein. Bezüglich der inhaltlichen Gestaltung können Freiheitsgrade bestehen bleiben. Beispielsweise kann der Bestellprozess mit Vieraugenregelung weltweit verbindlich sein. Die Wertansätze für die Unterschriftenregelung können aber an unterschiedlichen Orten unterschiedlich geregelt sein.
- Weitere Prozesse können vorläufig bzw. auch dauerhaft individuell bleiben.

Je nach Status eines Prozesses muss im Rahmen der Prozessstrategie der beste Verbesserungsansatz ausgewählt und umgesetzt werden.

6.3 Zusammenfassung: Aufbau der Prozessstrategie

Prozessstrategien sollten auch mit einem Steckbrief (Prozesssteckbrief) formuliert und gesteuert werden. Dabei ist allerdings zu beachten, dass die Prozessdokumentation üblicherweise in Form von Prozessbeschreibungen in gesonderten Dokumenten vorliegt. Für die Ergebnisse der Prozessanalyse, für die Prozessziele und für die Prozessstrategien sollte ein Steckbrief erstellt werden, der folgende Inhalte umfassen kann:

- Prozessname und Ordnungskriterien
- Prozesseigner
- Prozessverantwortlicher
- Prozessvarianten
- Prozessziele, inklusive Vergangenheitswerte, ggf. nach Prozessvarianten untergliedert
- Anforderungen der Stakeholder an die Verbesserung
- Schwachstellenanalyse und Hebelanalyse, inklusive Verbesserungsideen
- Grundsätzliche strategische Ausrichtung des Prozesses; hierin sollte auch der grundsätzliche Prozessoptimierungsansatz mit der zugrunde liegenden Vision zur Prozessoptimierung festgelegt sein
- Strategische Stoßrichtung und Roadmap mit strategischen Projekten und Maßnahmen

Die Prozessstrategien sollten jährlich fortgeschrieben werden. Die strategischen Projekte und Maßnahmen sowie die Prozessziele sind je nach Bedeutung monatlich oder quartalsweise zu überprüfen. Gegebenenfalls sind Korrekturmaßnahmen zu ergreifen.

Literatur

Ahlrichs, F., & Knuppertz, T. (2010). *Controlling von Geschäftsprozessen – Prozessorientierte Unternehmenssteuerung umsetzen* (2. Aufl.). Stuttgart: Schäffer-Poeschel.

Appelfeller, W., & Buchholz, W. (2011). *Supplier Relationship Management – Strategie, Organisation und IT des modernen Beschaffungsmanagements* (2. Aufl.). Wiesbaden: Springer.

Arnold, U. (2007). Einkaufsorganisation. In U. Arnold & G. Kasulke (Hrsg.), *Praxishandbuch innovative Beschaffung – Wegweiser für den strategischen und operativen Einkauf* (S. 57–84). München: Wiley-VCH.

Brecht-Hadraschek, B., & Feldbrügge, R. (2015). *Prozessmanagement – Geschäftsprozesse analysieren und gestalten* (4. Aufl.). München: Redline Wirtschaft.

Davenport, T. H. (1993). *Process innovation.* Boston: Harvard Business.

Gaitanides, M. (2012). *Prozessorganisation – Entwicklung, Ansätze und Programme des Managements von Geschäftsprozessen* (3. Aufl.). München: Vahlen.

Hammer, M., & Champy, J. (1993). *Reengineering the corporation.* New York: Harper Business.

Heß, G. (2010). *Supply-Strategien in Einkauf und Beschaffung – Systematischer Ansatz und Praxisfälle* (2. Aufl.). Wiesbaden: Gabler.

Kamiske, G. (Hrsg.). (2015). *Handbuch QM-Methoden – Die richtigen Methoden auswählen und erfolgreich umsetzen* (2. Aufl.). München: Hanser.

Knuppertz, T. (2015). *Prozessmanagement für Dummies* (2. Aufl.). Weinheim: Wiley-VCH.
Krampf, P. (2016). *Strategisches Prozessmanagement – Instrumente und Philosophien für mehr Effizienz, Qualität und Kundenzufriedenheit*. München: Vahlen.
Liebetruth, T. (2016). *Prozessmanagement in Einkauf und Logistik – Instrumente und Methoden für das Supply Chain Process Management*. Wiesbaden: Springer.
Schmelzer, H., & Sesselmann, W. (2013). *Geschäftsprozessmanagement in der Praxis* (8. Aufl.). München: Hanser.
Sievers, K. (2008). Beschaffungscontrolling. Köln: Fördergesellschaft Produkt-Marketing.
Wagner, K. W., & Patzak, G. (2015). *Performance Excellence – Der Praxisleitfaden zum exzellenten Prozessmanagement* (2. Aufl.). München: Hanser.

Performance Management

7

Die Formulierung einer Strategie ist kein Projekt mit Anfang und Ende. Vielmehr ist Strategie prozessual zu verstehen. Nach der Formulierung folgt der Umsetzungsprozess, während dessen die Strategie ausdifferenziert werden muss. Ferner sind während der Umsetzung Entwicklungen üblich, die Nachjustierungen der Strategie verlangen. In regelmäßigen Abständen muss die Strategie fortgeschrieben und neu justiert werden. Auch wenn die Inhalte einer Strategie etwas kreativ Innovatives darstellen, müssen nicht mit jeder Strategie die Strategieformulierungsprozesse neu definiert werden.

Gegenstand des Performance Managements sind die Steuerungsprozesse, die über die vier strategischen Ebenen (Rahmen-, Supply-Markt-, Lieferanten- und Prozessstrategien) integriert durchgeführt werden. Darin eingebettet ist das Einkaufscontrolling mit der auf Kennzahlen und Aktivitäten basierten Steuerung. Im vorliegenden Abschnitt werden die erforderlichen Steuerungsprozesse skizziert und der Aufbau eines systematischen wertbasierten Einkaufscontrollings vorgestellt. In diesem Rahmen werden die weiteren Managementfunktionen (Aufbauorganisation, Personalmanagement, Führung und Kommunikation) betrachtet. Ferner wird das 15M-Reifegradmanagement erläutert. Das 15M-Reifegradmanagement dient der nachhaltigen Entwicklung des Supply-Managementsystems.

▶ **Performance Management:** Im Performance Management werden die Supply-Strategie sowie das Supply-Managementsystem (inklusive des strategischen Einkaufs) systematisch gesteuert.

Im Performance Management wird das Supply Management schrittweise entwickelt und die Strategiebausteine mit deren Strategien regelkreisorientiert gesteuert (vgl. Abb. 7.1, entspricht Abb. 2.3). Hierzu werden für die vier Strategieebenen – Rahmen-, Supply-Markt-,

© Springer Fachmedien Wiesbaden GmbH 2017
G. Heß, *Strategischer Einkauf und Supply-Strategie*,
DOI 10.1007/978-3-658-16215-3_7

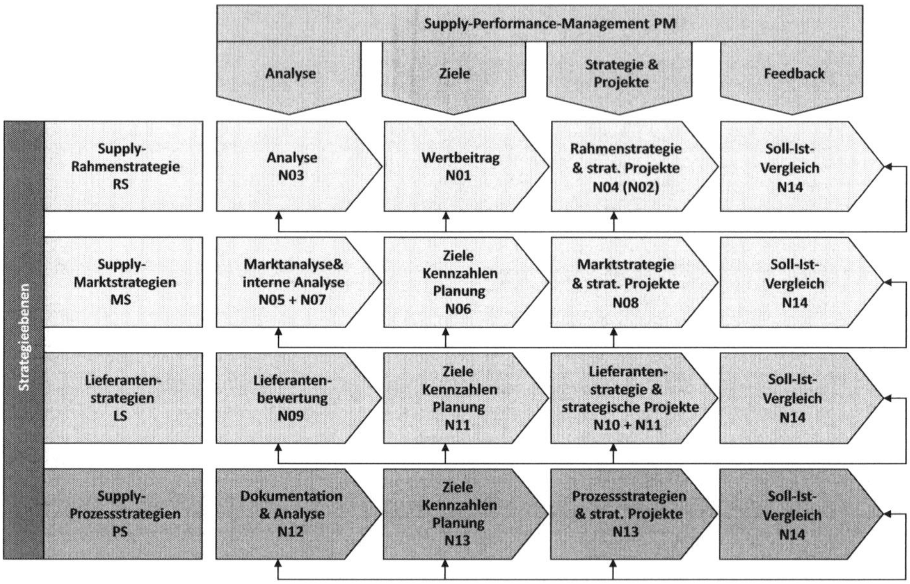

Abb. 7.1 Regelkreisorientierung zur Entwicklung einer Supply-Strategie

Lieferanten- und Prozessstrategien – Steuerungsprozesse etabliert und fortentwickelt. Zunächst werden die Steuerungsaufgaben auf den vier Strategieebenen detailliert betrachtet (Abschn. 7.1).

Zwischen den vier Strategieebenen muss eine (vertikale) Abstimmung erfolgen. Beispielsweise sind die Wertbeitragsziele von der Rahmenstrategie auf die Markt-, Lieferanten- und Prozessstrategien zu kaskadieren. Eine wesentliche Aufgabe des Einkaufscontrollings ist es, die vertikale Abstimmung im Bezug auf Ziele und Maßnahmen zu koordinieren. Der Aufbau eines Kennzahlensystems und die Verfolgung der Kennzahlen spielen dabei eine wichtige Rolle (Abschn. 7.2). Als Basis der Steuerung des Einkaufs sind Managemententscheidungen, insbesondere zur Organisation, zu Personal- und Führungssystemen sowie zur Kommunikation, zu treffen (Abschn. 7.3). Darüber hinaus muss auch das Supply-Managementsystem selbst fortentwickelt werden. Das 15M-Reifegradmanagement (Modul N15) stellt hierzu ein bewährtes Instrument bereit (Abschn. 7.4). Im anschließenden Fallbeispiel zur Phoenix Contact GmbH & Co. KG werden die Steuerungsprozesse detailliert veranschaulicht (Kap. 8).

7.1 Regelkreisorientierte Steuerung der Supply-Strategie (N14)

In den letzten vier Kapiteln wurden mit der Rahmen-, den Markt-, den Lieferanten- und den Prozessstrategien die vier Strategieebenen der Supply-Strategie vorgestellt. Dabei wurde jeweils der Prozess zur Strategieformulierung ausführlich besprochen. Zur nachhaltigen

Umsetzung und Fortentwicklung müssen für die Strategieebenen Steuerungsprozesse etabliert werden. Diese sind jeweils regelkreisorientiert aufzubauen. Für diese Steuerung sind zwei Betrachtungsebenen zu unterscheiden:

- **Strategieebene:** Die einzelnen Strategien sind zu steuern. Hierfür sind folgende Rollen verantwortlich: Für die Rahmenstrategie die Leitung im Supply Management. Der marktverantwortliche Einkäufer (häufig auch Lead Buyer genannt) ist für die Steuerung seiner Marktstrategie und in der Regel der dazugehörigen Lieferantenstrategien verantwortlich. Der Prozesseigner und der Prozessverantwortliche steuern ihre Prozessstrategie.
- **Strategiebausteinebene:** Erforderlich ist ferner die Steuerung der vier Strategiebausteine über die Strategien hinweg.
  - Für die übergreifende Steuerung der Markt- und Lieferantenstrategien ist eine Verantwortung zu etablieren, in der Regel die Leitung des Supply Managements.
  - Die übergreifende Steuerung der Supply-Management-Prozesse erfolgt im Rahmen des unternehmensweiten Geschäftsprozessmanagements. Die Anforderungen des Geschäftsprozessmanagements sind in den Supply-Prozessen umzusetzen. Für die übergreifende Steuerung der Supply-Management-Prozesse sollte es einen Geschäftsprozessverantwortlichen im Supply Management geben. Dieser sollte auch die Interessen des Supply Managements bei der Entwicklung tertiärer Prozesse vertreten, d. h. von Geschäftsprozessen, bei denen das Supply Management „nur" Beteiligter ist. Beispielsweise vertritt er das Supply Management bei der Prozessgestaltung zur Einbindung des Supply Managements in den Entwicklungsprozessen.
  - Soweit es nur eine Rahmenstrategie gibt, fallen für den Strategiebaustein Rahmenstrategie die Strategieebene und die Strategiebausteinebene zusammen. Gibt es in einem divisionalisierten Unternehmen mehrere Rahmenstrategien (z. B. für jede Division und für die Konzernebene) kann die Steuerung des Strategiebausteins Rahmenstrategien mit mehreren Rahmenstrategien durch die Leitung des Konzerneinkaufs oder durch ein Procurement Board verantwortet werden.

▶ In kleineren und mittleren Unternehmen liegen alle Steuerungsaufgaben in der Regel bei der Leitung im Supply Management, die ggf. von einer Stabsstelle unterstützt wird.

▶ In größeren Unternehmen mit verteilter Verantwortung im Supply Management können Fachausschüsse gebildet werden, in denen die Steuerungsaufgaben mit den Verantwortlichen im Supply Management abgestimmt werden.

▶ In großen Unternehmen können für diese Steuerungsaufgaben eigenständige Abteilungen gebildet werden, sodass eine Matrix aus strategischer und prozessualer Verantwortung entsteht. Die Zusammenarbeit in der Matrix ist dann unternehmensspezifisch zu regeln.

Im Folgenden sollen die wesentlichen Steuerungsaufgaben auf den beiden Steuerungsebenen näher betrachtet und jeweils für die vier Strategiebausteine (Rahmenstrategie/Marktstrategie/Lieferantenstrategie/Prozessstrategie) konkretisiert werden:

(1) Sicherung der Strategieformulierung, -steuerung und -fortentwicklung
Die einzelnen Strategien (Rahmenstrategie, die verschiedenen Markt-, Lieferanten- und Prozessstrategien) müssen durch die jeweils verantwortlichen Personen gesteuert werden. Diese Steuerung auf der Strategieebene ist von zentraler Bedeutung. Darüber hinaus muss für jede Strategieebene sichergestellt werden, dass die für einen strategischen Prozess verantwortlichen Personen die Strategieformulierung, -steuerung und -fortentwicklung regelkonform und fachlich kompetent ausführen.

Die Steuerung der Strategien in den vier Strategieebenen ist in Abb. 7.1 dargestellt. Die vier Regelkreise werden folgend nochmals konkret beschrieben.

▶ Jede Strategieebene ist regelkreisorientiert mit den folgenden vier Schritten aufgebaut:
1. Analyse
2. Ziele
3. Aktivitäten
4. Feedback.

(1.1) Rahmenstrategie

- **Analyse (N03):** In der strategischen Analyse wird die strategische Situation des Supply Managements betrachtet, z. B. mit einer Analyse der Top-Risiken, der Entwicklung der Marktstrukturen oder der Prozesslandkarte.
- **Wertbeitragsziele und Guideline (N01/N02):** Der vom Supply Management erwartete Wertbeitrag wird fixiert. Gegebenenfalls wird eine Supply-Vision formuliert.
- **Strategische Ausrichtung (N04):** Die strategische Ausrichtung erfolgt mit der strategischen Story und den strategischen Stoßrichtungen, die mit strategischen Programmen und strategischen Projekten konkretisiert werden.
- **Soll-Ist-Vergleich (N14):** Beispielsweise monatlich muss der Strategiefortschritt – insbesondere in Bezug auf Ziele und Projekte – gecheckt werden. Es müssen Abweichungen von der Planung ermittelt und ggf. Konsequenzen ergriffen werden. In diesem Rahmen sollte die Validität der aktuellen Strategie geprüft werden.
- **Planungszyklus (N14):** Die Rahmenstrategie sollte einmal im Jahr fortgeschrieben werden.

(1.2) Marktstrategien

- **Analyse (N05/N07):** Es werden eine externe Marktanalyse und eine interne Analyse der Handlungsfelder inklusive der marktorientierten Risiken durchgeführt.

- **Ziele (N06):** Die meisten Ziele auf Ebene der Rahmenstrategie können auf die Ebene der Marktstrategien heruntergebrochen werden. Darüber hinaus kann es in einzelnen Märkten weitere Treibergrößen geben.
- **Aktivitäten (N08):** Strategische Stoßrichtungen auf Marktebene werden mit strategischen Projekten präzisiert.
- **Soll-Ist-Vergleich (N14):** Quartalsweise oder monatlich sollte vom marktverantwortlichen Supply Manager (Lead Buyer) der Fortschritt seiner Marktstrategie und der verknüpften Marktsegmentstrategien überprüft werden. Gegebenenfalls ist auf Abweichungen zu reagieren.
- **Planungszyklus (N14):** Die Marktstrategien sollten einmal im Jahr überarbeitet werden.
- **Steuerung auf Ebene Strategiebaustein (N14):** In der Regel überwacht die Leitung des Supply Managements die regelkonforme Steuerung und die Qualität der einzelnen Strategien.

(1.3) Lieferantenstrategien

- **Analyse (N09):** Als Analyse wird die Lieferantenbewertung inklusive Risikoanalyse und Kommunikation mit den Lieferanten durchgeführt.
- **Ziele (N11):** Wesentliche Ziele sind auf einzelne Lieferanten zu kaskadieren. Darüber hinaus werden zu den in der Lieferantenbewertung formulierten Anforderungen Ziele formuliert.
- **Aktivitäten (N11):** Die Lieferanten werden nach Art und Intensität der Zusammenarbeit klassifiziert. Für bedeutsame Lieferanten werden strategische Stoßrichtungen formuliert und mit strategischen Projekten konkretisiert.
- **Soll-Ist-Vergleich (N14):** Je nach Form der Lieferantenstrategie werden die Lieferantenstrategien quartalsweise oder jährlich überwacht.
- **Planungszyklus (N14):** Die Lieferantenstrategien sollten einmal im Jahr fortgeschrieben werden.
- **Steuerung auf Ebene Strategiebaustein (N14):** Die Lieferantenstrategien werden in der Regel zusammen mit den entsprechenden Marktstrategien gesteuert.

(1.4) Prozessstrategien

- **Analyse (N12):** Prozesse sind zu dokumentieren. Soweit erforderlich, ist ihre Aktualisierung sicherzustellen. Die Prozesse sind auf Schwachpunkte hin zu analysieren.
- **Ziele (N13):** Für Schlüsselprozesse werden Prozessziele formuliert.
- **Aktivitäten (N13):** Ausgewählte Prozesse werden fortentwickelt. Hierzu können beispielsweise umfassende Prozessoptimierungsprojekte durchgeführt werden. Strategische Stoßrichtungen geben die Optimierungsrichtung der Prozesse an.
- **Soll-Ist-Vergleich (N14):** Die Fortschritte der Prozessoptimierung sollten monatlich oder quartalsweise durch den Prozessverantwortlichen gesteuert werden.

- **Planungszyklus (N14):** Die Prozessstrategien sollten einmal im Jahr fortgeschrieben werden.
- **Steuerung auf Ebene Strategiebaustein (N14):** Der Geschäftsprozessverantwortliche steuert die prozessübergreifende Koordination.

(2) Fortentwicklung der Methodik zur Strategieformulierung

Die Methoden zur Zielformulierung, zur Analyse und zur Formulierung der Strategie sind auf Ebene Strategiebaustein auf ihre Wirksamkeit und Praktikabilität hin zu überwachen und ggf. anzupassen. Mit zunehmender Methodenkompetenz der Mitarbeiter können neue anspruchsvollere Methoden eingeführt werden.

In der Reifegradanalyse werden Potenziale erkannt und ggf. priorisiert. Besonders bedeutsame Entwicklungen werden in der Rahmenstrategie als strategische Stoßrichtung oder als strategisches Projekt umgesetzt. Kleinere Verbesserungen sind im Steuerungsprozess als Prozessverbesserung direkt umzusetzen.

Aufgrund der Vielzahl möglicher Entwicklungen können folgend nur einige illustrierende Beispiele angeführt werden:

- **Beispiele zur Rahmenstrategie**: 1) Aufbau eines umfassenden Anforderungsmanagements, 2) Aufnahme neuer Analysemethoden, z. B. Risikoanalyse, 3) Einführung der Strategy Map zur Konkretisierung der strategischen Stoßrichtungen
- **Beispiele zu den Marktstrategien**: 1) Aufnahme neuer Werttreiber, 2) Einführung der systematischen Kostenstrukturanalyse im Markt, 3) Aufnahme einer Marktmachtanalyse
- **Beispiele zu den Lieferantenstrategien**: 1) Neue Lieferantenbewertung mit neuen Bewertungskriterien, 2) neuer Freigabeprozess für strategische Lieferanten, 3) Integration des Lieferantenrisikomanagements in die Lieferantenbewertung und in die Lieferantenstrategie
- **Beispiele zu den Prozessstrategien**: 1) Neue Form der Prozessbeschreibung, 2) Einführung von Prozesskennzahlen, 3) Aufbau einer Risikoanalyse im Rahmen der Prozessanalyse

(3) Fortentwicklung des Steuerungsprozesses selbst

Der Steuerungsprozess auf Ebene Strategiebaustein muss selbst auf seine Wirksamkeit hin analysiert und ggf. optimiert werden. Verbesserungen in den vier Steuerungsprozessen können nur exemplarisch ausgeführt werden:

- **Beispiel zur Rahmenstrategie:** Die monatliche Durchsprache der strategischen Projekte erfolgt zukünftig gemeinsam mit cross-funktionalen Partnern. Damit sollen Schnittstellenprobleme reduziert werden.
- **Beispiel zu den Marktstrategien:** Die Marktstrategien werden zukünftig halbjährlich mit der Leitung Supply Management durchgesprochen. Der Lead Buyer hat quartalsweise die Risikoanalyse zu aktualisieren.

- **Beispiel zu den Lieferantenstrategien:** Die Lieferantenbewertung von Top-Lieferanten wird zukünftig quartalsweise durchgeführt.
- **Beispiel zu den Prozessstrategien:** Die Top-Prozesse werden alle zwei Jahre einem Audit unterzogen.

(4) Überwachung und Fortentwicklung der Strukturierung der Objekte der Strategieebene

Im Steuerungsprozess muss auch die Strukturierung der Objekte der jeweiligen Strategieebene überwacht und ggf. fortentwickelt werden. In diesem Zusammenhang müssen auch die Verantwortlichkeiten überwacht und fortgeschrieben werden. Diese Steuerungsaufgabe wird in der Regel innerhalb der Rahmenstrategie gesteuert. Entsprechend wurde sie bereits in den Modulen N03 und N04 vorgestellt.

- **Rahmenstrategie:** Gibt es nur eine Rahmenstrategie für das gesamte Supply Management, so entfällt die Strukturierung. Möglicherweise kann es in einem divisionalisierten Unternehmen für die Konzernebene und für unterschiedliche Divisionen jeweils eine Rahmenstrategie geben. In diesem Fall können für neue Divisionen Rahmenstrategien „beauftragt" werden und ggf. neue Verantwortlichkeiten definiert werden.
- **Marktstrategien:** Die Struktur und die Bedeutung der strategisch relevanten Märkte und Marktsegmente sind zu überwachen und fortzuentwickeln. Es ist zu überprüfen, dass für jeden Markt eine verantwortliche Person definiert ist.
- **Lieferantenstrategien:** Die relevanten Lieferanten und die für die Lieferanten verantwortlichen Lead Buyer ergeben sich häufig aus der Marktstrategie. Falls das nicht der Fall ist, müssen auch die strategischen Lieferanten und die verantwortlichen Lead Buyer fortgeschrieben werden.
- **Prozessstrategien:** Es sind die Prozesslandschaft mit den Schlüsselprozessen sowie deren Prozesseigner und Prozessverantwortliche zu definieren bzw. fortzuschreiben.

(5) Übergreifende Koordination bzw. Integration zu den Steuerungsobjekten

Soweit eine Koordination zwischen den Steuerungsobjekten einer Strategieebene erforderlich ist, ist diese innerhalb des Steuerungsprozesses zu realisieren. Für besonders bedeutsame Abstimmungen kann eine integrative Betrachtung über die Steuerungsobjekte hinweg erforderlich sein. Auch hier soll das Prinzip mit ausgewählten Beispielen illustriert werden.

- **Beispiel zur Rahmenstrategie:** Soweit es mehrere Rahmenstrategien – z. B. für verschiedene Divisionen – gibt, sollten Eckpunkte, z. B. gemeinsame volkswirtschaftliche Annahmen, abgestimmt werden.
- **Beispiel zu den Markt- und Lieferantenstrategien:** In Mittelbetrieben können präferierte Beschaffungsregionen definiert werden, ggf. Beschaffungsregionen, für die ein International Procurement Office (IPO) aufgebaut werden soll.

- **Beispiel zu den Prozessstrategien:** 1) Nicht jeder Prozess wird mit einem eigenständigen IT-Tool unterstützt. Somit ist die Systemlandschaft prozessübergreifend zu planen. 2) Ebenso erfolgt das Change Management häufig prozessübergreifend. 3) Auch die Etablierung eines Wissensmanagements im Supply Management ist in der Regel prozessübergreifend.

Wesentliche Entscheidungen bzw. Fortentwicklungen zu den Steuerungsprozessen sind in der Rahmenstrategie verankert (insbesondere in den Modulen N03 und N04). Die vertikale Steuerung der Ziele und Aktivitäten über die vier Strategieebenen hinweg ist Gegenstand von Abschn. 7.2.

7.2 Supply-Controlling: Steuerung von Zielen und Aktivitäten

Das Supply-Controlling bzw. analog das Einkaufscontrolling (vgl. unten: Controller-Leitbild) wird als Teil des Performance Managements verstanden. Es werden die Ziele und die Aktivitäten innerhalb der einzelnen Strategieebenen (Rahmen-, Markt-, Lieferanten- und Prozessstrategien) gesteuert und über die Strategieebenen hinweg koordiniert (vgl. Abb. 7.1). Als zentrale Instrumente dienen Berichte mit Kennzahlen (Scorecards) und Aktivitätenlisten (vgl. zum Einkaufscontrolling Heß 2010, S. 103 ff. und 363 ff., 2011, 2016; Arnold und Warzog 2007, S. 309 ff.; Hofmann et al. 2012; Institut für Beschaffungsstrategie 2017; Kaluza 2010; Klein und Schentler 2016; Piontek 2016; Schuh et al. 2014b, S. 119 ff.; Sievers 2008).

Controller-Leitbild (Supply-Controlling)
Die International Group of Controlling (IGC) hat 1996 ein einheitliches Controller-Leitbild veröffentlicht, das mittlerweile in der dritten Fassung (Stand 8. Juni 2013) vorliegt. Dieses Leitbild lässt sich einfach auf das Supply-Controlling übertragen, indem das Wort Controlling durch Supply-Controlling ersetzt wird. Folgend wird das Leitbild zitiert und um Supply Aspekte erweitert (Schrift kursiv und fett).

Controller *(Supply-Controller)* leisten als Partner des Managements einen wesentlichen Beitrag zum nachhaltigen Erfolg der Organisation *(Supply-Organisation).*

Controller *(Supply-Controller) …*

1. gestalten und begleiten den *(Supply-)* Management-Prozess der Zielfindung, Planung und Steuerung, sodass jeder Entscheidungsträger zielorientiert handelt.
2. sorgen für die bewusste Beschäftigung mit der Zukunft und ermöglichen dadurch, Chancen wahrzunehmen und mit Risiken umzugehen.
3. integrieren die Ziele und Pläne aller Beteiligten zu einem abgestimmten Ganzen.

4. entwickeln und pflegen die *(Supply-)* Controlling-Systeme. Sie sichern die Datenqualität und sorgen für entscheidungsrelevante Informationen.
5. sind als betriebswirtschaftliches Gewissen dem Wohl der Organisation*(und insbesondere der Supply-Organisation)* als Ganzes verpflichtet.

(zitiert nach Controlling-Wiki 2016, modifiziert)

Im Folgenden werden 1) die Zielelenkung, also die Zielplanung und die Steuerung der Zielrealisation, 2) Aufbau eines systematischen Kennzahlensystems im Supply Management, 3) die Aktivitätensteuerung sowie 4) der Planungskalender näher beschrieben.

(1) Zielelenkung

(1.1) Definition

Innerhalb der Rahmenstrategie (Modul N01) wird der Wertbeitrag des Supply Managements für das Unternehmen definiert (vgl. Abschn. 3.1). Für die Wertbeitragsziele werden geeignete Messgrößen und Zielwerte festgelegt. Darüber hinaus sind Werttreiber abzuleiten, d. h. Indikatoren, die frühzeitig aufzeigen, ob die eigentlichen wertbeitragsorientierten Ziele vorankommen. Ferner muss sichergestellt werden, dass die benötigten Grunddaten in guter Qualität bereitgestellt werden können. Dieser Schritt kann aufwendig sein. Zur näheren Vorgehensweise sei auf Heß 2010, S. 372 ff. verwiesen.

Die Zielwerte ergeben sich dabei in der Regel aus zentralen Vorgaben, den Anforderungen der Stakeholder und der folgend beschriebenen Planung. Dabei müssen die Wertbeitragsziele und Treibergrößen über die vier Strategieebenen kaskadiert werden.

(1.2) Planung

In der Planung werden die Ziele und Zielwertvorgaben auf Planungsobjekte verteilt, in ihrer zeitlichen Entwicklung analysiert und schließlich als Planwerte fixiert. Märkte (bzw. Materialgruppen) gehören im Supply Management in der Regel zu den zentralen Planungsobjekten. So werden beispielsweise das Einkaufsvolumen, die Materialkostenveränderung des Gesamtunternehmens oder die angestrebte Lieferantenzahl auf die einzelnen Märkte heruntergebrochen. Weitere Planungsobjekte können Lieferanten, Beschaffungsregionen, einkaufende Organisationseinheiten oder Produktlinien sein.

Der Tiefgang der Planung im Supply Management kann dabei sehr unterschiedlich sein. In einfachen Lösungen werden die einzelnen Ziele auf Basis „einkäuferischer Erfahrung" auf die Planungsobjekte aufgeteilt. In anspruchsvollen Systemen werden bis auf Ebene von Sachnummern die Mengen, die Preisentwicklung – teilweise sogar auf Ebene der Preisbestandteile – und damit die Wertentwicklung geplant. Aufbauend auf dieser Planung können dann weitere Zielgrößen wie Bestände, Finanzbedarf usw. abgeleitet werden.

Der Aufwand einer guten Planung im Supply Management ist beachtlich. Der entgegenstehende Nutzen darf allerdings nicht unterschätzt werden.

- **Reality Check:** Zunächst ist eine Planung ein Reality Check, der Träume von realistischen Zielen unterscheiden hilft. Das schützt vor Fehlinvestitionen.
- **Persönliche Ziele:** Auf Basis der Planung können realistische Ziele für Teilbereichsverantwortliche gesetzt werden. Damit kann eine erhebliche Motivationswirkung entstehen.
- **Kommunikation:** Eine Planung erzwingt Kommunikation, hilft Schwachstellen zu identifizieren und unterstützt die frühzeitige Suche nach Lösungen.
- **Verbesserungsmaßnahmen:** Regelmäßig ergeben sich Verbesserungsmaßnahmen und Implementierungspfade, um herausfordernde Ziele zu erreichen.
- **Standard für Soll-Ist-Vergleich:** Es werden Kontrollstandards formuliert, die bei der Umsetzung sehr frühzeitig Zielabweichungen aufzeigen und somit zu schnellen Korrekturmaßnahmen führen.
- **Steuerung:** Der Fortschritt bei der Umsetzung der Ziele sollte (in der Regel) monatlich überwacht werden. Abb. 7.2 zeigt ein Excel-basiertes Kennzahlentableau mit mehreren Messgrößen im dritten Monat der Umsetzung. Die aktuellen Istwerte sind mit einer Ampelschaltung (Grün-gelb-rot-Kennzeichnung) farblich gekennzeichnet, sodass sofort erkennbar ist, ob die Ziele sich innerhalb der Planung bewegen. Bei Abweichungen müssen die Hintergründe analysiert und Korrekturmaßnahmen beschlossen werden. Auf diese Weise wird die Umsetzung intensiv vorangetrieben.

(2) Aufbau eines systematischen Kennzahlensystems

Die Definition und Überwachung von Kennzahlen nimmt im Einkaufscontrolling vieler Unternehmen eine zentrale Stellung ein. Häufig verkürzt sich die Frage nach dem Aufbau eines Einkaufscontrollings auf die Frage, welche Kennzahlen berichtet werden sollen. Dabei wird ebenso häufig die Frage nach den Standardkennzahlen im Supply Management gestellt.

> Eine Ansammlung von einigen Standardkennzahlen ist kein sinnvolles Einkaufscontrolling. Das Kennzahlensystem muss sich aus den Wertbeitragszielen und den Strategien des Unternehmens ableiten und ist deshalb hochgradig individuell zu konzipieren.

Basierend auf der Grundidee der 15M-Architektur soll folgend der Aufbau eines systematischen Controllings für das Supply Management und die Supply-Strategie vorgestellt werden (vgl. Heß 2016). Ausgangspunkt sind die Elemente des Supply Managements, die gesteuert werden sollen, z. B. Wertbeitragsziele, Rahmenstrategie, Marktstrategien usw. Insofern wurden die meisten Bestandteile des Controllings bereits an anderen Stellen in diesem Buch beschrieben, und zwar jeweils im Zusammenhang mit den zu steuernden Objekten. Das folgende Konzept integriert diese Bestandteile zu einer systematischen Konzeption des Supply Management Controllings (vgl. Abb. 7.3).

(2.1) Wertbeitragsziele

Der Wertbeitrag des Supply Managements für das Unternehmen ist als die Wurzel eines jeden Supply-Controllings zu sehen. Aus dem Beitrag des Supply Managements für die

Berichtsmonat: März 2017

	Strategisches Ziel		Jan	Feb	Mär	Apr	Mai	Jun	Jul	Aug	Sept	Okt	Nov	Dez
1	**Materialkostenveränderung gegenüber Vorjahr**													
F1	Hr. Wunder	2015	-2,1%	-2,3%	-2,5%	-2,4%	-2,1%	-2,2%	-2,5%	-2,7%	-2,9%	-3,1%	-3,3%	-3,4%
	Prozent zu bewertbarem Volumen	2016	-1,2%	-0,9%	-0,7%	0,0%	-0,2%	0,2%	0,5%	0,6%	0,8%	0,9%	1,1%	0,8%
	größer als	Plan kum.	1,0%	1,0%	1,0%	1,0%	1,5%	1,5%	1,5%	0,5%	0,5%	-0,5%	-0,5%	-0,5%
		Ist.kum.	**0,4%**	**0,2%**	**0,1%**									
2	**Einsparvolumen Härtegrad 5 im Geschäftsjahr in T€**													
F2	Fr. Buyer	2015	3	256	289	345	654	926	1.254	1.445	1.789	2.158	2.369	2.589
	absolue Zahl in	2016	1	125	325	548	758	1.258	1.569	1.789	1.899	2.258	2.697	3.002
	größer als	Plan kum.	0	300	600	900	1.200	1.500	1.800	2.100	2.400	2.700	3.000	3.300
		Ist.kum.	**14**	**259**	**458**									
3	**Einspravolumen Härtegrad 3 Folgejahr in T€**													
F2	Fr. Buyer	2015	25	458	569	665	897	1.258	1.652	1.958	2.222	2.574	2.689	2.999
	absolue Zahl in	2016	12	256	654	789	951	1.114	1.596	2.145	2.369	2.687	2.987	3.548
	größer als	Plan kum.	0	300	600	900	1.200	1.500	1.800	2.100	2.400	2.700	3.000	3.300
		Ist.kum.	65	369	896									
4	**Bestände RHB und Komponenten in T€**													
F3	Fr. Buyer	2015	8.005	7.137	6.364	6.485	7.074	7.086	7.044	7.412	6.011	5.909	6.446	5.825
	absolue Zahl in	2016	8.579	8.930	8.579	6.364	6.364	6.011	6.485	7.074	7.086	7.044	7.412	8.692
	größer als	Plan kum.	8.000	8.000	8.000	7.800	7.800	7.700	7.700	7.600	7.600	7.500	7.500	7.500
		Ist.kum.	**8.123**	**7.999**	**8.192**									
5	**EVO in Emerging Procurement Markets in T€**													
F4	Fr. Buyer	2015	1.025	2.254	3.658	4.215	5.489	6.899	8.125	9.254	10.235	11.889	13.458	14.995
	absolue Zahl in	2016	1.458	3.145	4.589	6.145	7.598	9.125	10.547	12.100	13.510	15.111	16.892	18.125
	größer als	Plan kum.	2.000	4.000	6.000	8.000	10.000	12.000	14.000	16.000	18.000	20.000	22.000	24.000
		Ist.kum.	**1.878**	**3.698**	**5.899**									
6	**Total-Cost Index**													
F5	Hr. Wunder	2015	101,20	101,20	99,42	98,20	97,02	96,24	97,25	98,26	97,24	96,25	95,36	95,12
	Index 100 = Jahresplan	2016	99,98	99,70	98,55	97,25	98,36	97,30	98,20	96,30	95,30	95,60	95,40	94,98
	kleiner als	Plan kum.	100,00	100,00	99,00	99,00	98,00	98,00	97,00	97,00	96,00	96,00	95,00	95,00
		Ist.kum.	99,23	99,12	98,98									

Abb. 7.2 Kennzahlentableau zur Zielesteuerung

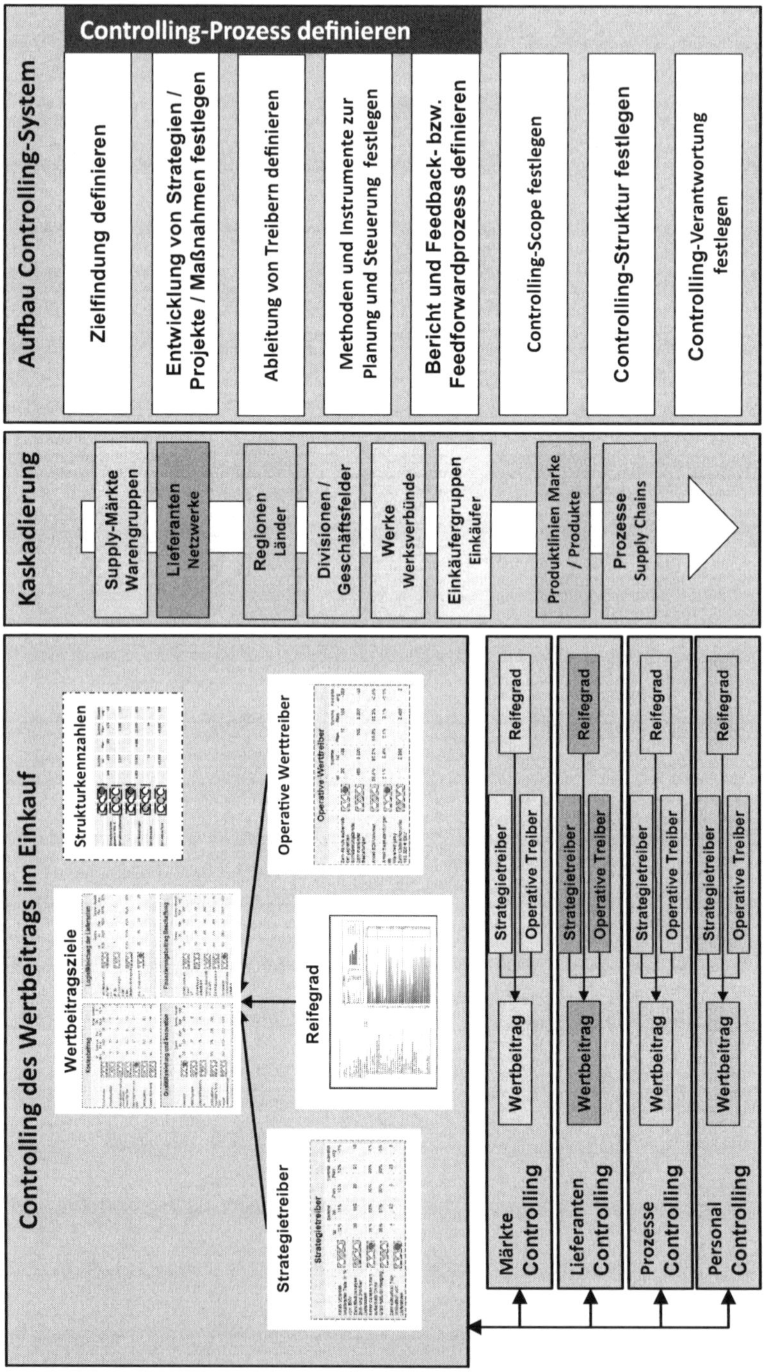

Abb. 7.3 Aufbau eines 15M-Supply-Controllings. (Quelle: Heß 2016, S. 13, modifiziert)

Geschäftsergebnisse leiten sich dessen zentrale Zielsetzungen ab. Entsprechend muss das Controlling des Supply Managements an der Steuerung der Wertbeitragsziele ansetzen. In Abschn. 3.1 wurde eine Systematik zur Formulierung der quantitativen Wertbeitragsziele des Supply Managements im Detail vorgestellt, die hier nochmals kurz wiederholt werden soll.

- **Beitrag zur Kostenposition**
  - Objektkosten, gemessen beispielsweise mit der Materialkostenveränderung oder mit den Projekterfolgen
  - Prozesskosten, gemessen beispielsweise mit Projekterfolgen oder ausgewählten Prozesskostensätzen
  - Darüber hinausgehende Total Cost, gemessen analog zu den Prozesskosten
- **Differenzierungsbeitrag**
  - Objektqualität, gemessen beispielsweise mit Fehlerraten, Leistungskenngrößen, Innovationskennzahlen
  - Prozessqualität, gemessen beispielsweise mit logistischen Kennzahlen wie Termintreue, Wiederbeschaffungszeit
- **Finanzierungsbeitrag**
  - gemessen beispielsweise mit Bestandskennzahlen, Working Capital aus Einkauf
- **Risikoposition**
  - gemessen beispielsweise mit dem Business Interruption Risk
- **Gegebenenfalls** Nachhaltigkeitsziele
  - gemessen beispielsweise mit ökologischen Wirkungen (z. B. CO_2-Entwicklung)

Im ersten Schritt müssen die Wertbeitragsziele im Supply Management definiert und mit Kennzahlen operationalisiert werden.

Um die Kennzahlen zu steuern, sollten sie in steuerbare Teilbereiche strukturiert werden, insbesondere Bereiche, für die eine klare Verantwortung besteht bzw. Bereiche, die sich deutlich differenzieren. Beispielsweise sollte die Materialkostenveränderung nach den unterschiedlichen Supply-Märkten untergliedert werden. Die Kaskadierungspfade sind unternehmensindividuell festzulegen. Typisch sind Kaskadierungen in die Märkte, nach Lieferanten oder nach Organisationseinheiten, z. B. in Einkaufsbereiche, Einkäufergruppen bis auf einzelne strategische Einkäufer. In Abb. 7.3 (in der Mitte) findet sich ein Überblick zu typischen Kaskadierungspfaden.

(2.2) Strategietreiber bzw. strategische Werttreiber

Das Controlling des strategischen Erfolges ist nicht trivial (vgl. Abschn. 3.1.3). Problematisch ist, dass sich Strategien per Definition auf die Erfolgspotenziale beziehen und damit auf zukünftige Chancen. Letztlich schafft die Strategie heute die Voraussetzungen, dass in zwei bis fünf Jahren die Möglichkeit zu einer hervorragenden Erfüllung der Wertbeitragsziele besteht. Das Problem differenziert sich in vier Richtungen:

- **Isolation des Strategieeffektes in der Planung:** Die Umsetzungskontrolle einer Strategie bezieht sich zunächst nur auf die Entwicklung von Planwerten. Eine Strategie ist dann auf der Erfolgsspur, wenn sich die Planwerte, beispielsweise der Materialkostenveränderung, positiv entwickeln. Allerdings ist eine langfristige Planung von Wertbeitragszielen aufgrund von Unsicherheiten in den Märkten in der Regel schwer realisierbar. In dieser Planung den Strategieeffekt zu isolieren, erscheint nur in Ausnahmefällen möglich. Man stelle sich beispielsweise vor, die Materialpreisveränderung von Kunststoffteilen für die nächsten fünf Jahre zu planen und darin den Effekt einer Bündelung zu ermitteln.
- **Planwerte als Kontrollstandards:** Darüber hinaus können Planwerte sich über Jahre hinweg erheblich verbessern, bis sie zum Zeitpunkt der Umsetzung jäh abstürzen. Planwerte sind – per definitionem – Konstrukte menschlichen Denkens und deshalb stark von Einschätzungen abhängig. Damit fehlt den Planwerten die Eindeutigkeit der Istwerte.
- **Zeitlicher Verzug:** Den Strategieerfolg an den Istwerten zu messen, kommt für die strategische Steuerung häufig zu spät. Zu diesem Zeitpunkt kann in der Regel nicht mehr gesteuert werden, da die Strategie ggf. bereits gescheitert ist.
- **Überformung durch operative Einflüsse:** Die Ist-Zahlen sind insofern schwierig zu interpretieren, da der Strategieerfolg leicht von operativen Schwächen überformt werden kann. So kann eine hervorragende Strategie durch eine schwache Performance im operativen Geschäft leicht wirkungslos werden.

Alternativ zur direkten Messung des Strategieerfolgs wird vorgeschlagen, Strategietreiber zu definieren und diese zu verfolgen. Strategietreiber sind Kennzahlen, die den Fortschritt einer Supply-Strategie aufzeigen. Beispielsweise kann die Strategie der Einbindung von Lieferanten mit einer Kanban-Belieferung das Ziel haben, die Wiederbeschaffungszeiten bei Lieferanten und damit die Lieferzeiten bei den Endkunden zu reduzieren. Als Strategietreiber könnte der Anteil des Volumens mit Kanban-Belieferung in Bezug auf das gesamte Beschaffungsvolumen definiert werden. Anhand dieser Kennzahl wird deutlich, ob die Strategie vorankommt. Mit einem weiteren Strategietreiber kann gezeigt werden, ob sich die angestrebte Wirkung andeutet. Beispielsweise könnte die Nichtverfügbarkeit von Kanbanteilen ausgewertet werden.

Zur Ableitung der Strategietreiber sollten die strategischen Stoßrichtungen (N04) und die daraus resultierenden strategischen Projekte analysiert werden. Strategietreiber messen den Umsetzungsfortschritt bei den strategischen Stoßrichtungen. Auch die Strategietreiber sind zu kaskadieren.

(2.3) Operative Werttreiber

Jenseits der strategischen Zielsetzungen sind in den Beschaffungsprozessen kritische Prozessschritte zu steuern. Kritisch ist ein Prozessschritt dann, wenn er einen wesentlichen Einfluss auf die Wertbeitragsziele hat und seine Realisierung nicht selbstverständlich ist. Beispielsweise sind für die Materialkostenveränderung die Verhandlungen im Ausschreibungsprozess bedeutsam. Die Verhandlungen laufen im Unternehmen grundsätzlich gut. Ein strategisches Projekt zur wesentlichen Veränderung der

Verhandlungsprozesse ist deshalb nicht erforderlich. Trotzdem kann es sinnvoll sein, die Verhandlungsquote und den Verhandlungserfolg als operative Werttreiber zu definieren. Mit diesen beiden Werttreibern kann überwacht werden, ob die Mitarbeiter Vertragsangebote umfangreich verhandeln und ob sie dabei erfolgreich sind. Auch die operativen Werttreiber sollten ggf. kaskadiert werden.

(2.4) Reifegradscore

Im Supply-Controlling sollte ferner der Reifegradscore als Maß für die Exzellenz des Supply Managements insgesamt geplant und überwacht werden. Das Reifegradmanagement und der Reifegradscore wird in Abschn. 7.4 vorgestellt.

(2.5) Strukturkennzahlen des Supply Managements

Als weiteres Element des Kennzahlensystems sind die Strukturkennzahlen zu definieren. Strukturkennzahlen beschreiben die Situation im Supply Management und stellen somit den Rahmen für die Supply-Prozesse dar. Strukturkennzahlen werden in der Regel nicht gesteuert. Beispiele von Strukturkennzahlen sind: das Einkaufsvolumen, Zahl der Einkäufer, Zahl der Sachnummern, Zahl Bestellungen und der Bestellpositionen. Auch Strukturkennzahlen sind zu kaskadieren.

(2.6) Controlling der Märkte, Lieferanten und Prozesse

Jenseits des übergreifenden Supply-Management-Controllings sind die Objekte der weiteren Strategieebenen zu steuern. Beispielsweise sollten für zentrale Supply-Märkte jeweils Wertbeitragsziele, Strategietreiber, operative Werttreiber, ggf. ein Reifegradscore und Strukturkennzahlen definiert werden. Diese Kennzahlen ergeben sich zum Großteil aus der Kaskadierung. Darüber hinaus lassen sich aus den Strategien oder den operativen Besonderheiten weitere spezifische Zielsetzungen ableiten. Zur Steuerung der Supply-Märkte sollten eigenständige Controlling-Regelkreise aufgebaut werden. Analog sollte bezüglich der Lieferanten sowie der Schlüsselprozesse vorgegangen werden. In großen Supply Management-Organisationen empfiehlt es sich auch, ein Personal-Controlling aufzubauen.

Auch in diesen Bereichen können Kaskadierungen erforderlich sein, z. B. können Marktziele auf Segmente oder auf Beschaffungsregionen kaskadiert werden.

(2.7) Weitere Festlegungen

Über die inhaltliche Strukturierung des Kennzahlensystems hinaus müssen weitere Festlegungen zum Aufbau des Controlling-Systems getroffen werden. Diese sind auf der rechten Seite in Abb. 7.3 dargestellt:

- **Controlling-Prozess:** Es muss der Controlling-Prozess definiert werden: Ziele definieren, Strategien sowie Projekte und Maßnahmen festlegen, Ableitung von Treibergrößen und Berichtsmethoden und -prozessen.
- **Controlling-Scope:** Es muss der Controlling-Scope, also die Reichweite des Controllings, festgelegt werden; beispielsweise nur direkte Materialien oder nur auf europäische Standorte beschränkt.

- **Controlling-Struktur:** Es muss die Controlling-Struktur, d. h. die Aufbauorganisation des Controllings definiert werden. Sitzt beispielsweise das Supply-Controlling im Controlling oder im Supply Management?
- **Verantwortlichkeiten:** Es müssen die Verantwortlichkeiten im Supply-Controlling festgelegt werden.

Der Aufbau des Controlling-Systems ist eng mit den Steuerungsprozessen zu verknüpfen, die in Abschn. 7.1 dargestellt sind.

(3) Aktivitätensteuerung

(3.1) Definition

Neben den Zielen sind die Aktivitäten zu definieren. Dies erfolgt im Rahmen der Planung der Supply-Strategie und wurde in Kap. 3 bis Kap. 6 ausführlich beschrieben.

(3.2) Planung

Die Planung umfangreicher Programme und Projekte erfolgt mit Methoden des Projektmanagements bzw. des Multiprojektmanagements und soll hier nicht näher vertieft werden.

(3.3) Steuerung

Auch die Programm- und Projektsteuerung gehorcht den Gesetzen des Projektmanagements. Grundsätzlich ist die Theorie hierbei einfach. Die beschlossenen Aktivitäten müssen umgesetzt werden und mit einer Aktivitätenliste in der Regel mindestens monatlich überwacht werden. Bei Abweichungen sind Korrekturmaßnahmen zu beschließen. Abb. 7.4 zeigt eine einfache Maßnahmenliste.

Sobald das Supply Management an Bedeutung gewinnt und die Supply-Strategie gemeinsam mit anderen Abteilungen cross-funktional entwickelt wird, steigt die Komplexität der Aktivitätensteuerung. Diese Entwicklung wird verstärkt, wenn die Supply-Strategie sich über mehrere Geschäftsfelder mit eigenen Einkaufsabteilungen erstreckt bzw. falls die beteiligten Personen an unterschiedlichen Standorten sitzen.

Ein kleines Beispiel soll die steigende Komplexität in der Steuerung der Aktivitäten veranschaulichen. Auf Ebene der Rahmenstrategie wird ein strategisches Programm zur Einführung der Kanban-Anbindung von Lieferanten beschlossen. Im Projektteam arbeiten Mitarbeiter aus Einkauf, Logistik, Produktionssteuerung und Qualität. Ein Teilprojekt zur Konzepterstellung verantwortet der Logistiker, ein weiteres zur Vertragsgestaltung der Einkäufer und ein drittes zur Qualitätssicherungsvereinbarung ein Qualitätsmitarbeiter. In zwei Pilotprojekten sollen im Werk A die „Kabelsätze" sowie die „Gehäuse" auf Kanban umgestellt werden. In den Pilotprojekten werden je Warengruppe drei Lieferanten einbezogen. Das Beispiel kann beliebig fortgesetzt werden.

Dieses Beispiel zeigt die Anforderungen an die Aktivitätensteuerung: Zunächst müssen die Aktivitäten des Projektes im Rahmen des Projektmanagements gesteuert werden. Darüber hinaus sollten in den Marktstrategien von „Kabeln" und „Gehäusen" alle Aktivitäten in den Märkten sichtbar werden. Ebenso sollten die Maßnahmen nach den Lieferanten auswertbar sein, da vor einem Lieferantengespräch sinnvollerweise die

Maßnahme	Projekt	Maßnahme (Konkrete Aktion beschreiben)	Verantwortung (Eine Person)	Nächster Bericht	Ursprüngl. Termin
N01-01	Konzept zur Markenbildung entwickeln	Pürfen, welche Kennzahlen definiert werden sollen	Klein	6	
N01-01	Konzept zur Markenbildung entwickeln	Vorgehenskonzept entwickeln	Klein	6	
N02-01	Forcieren der Werbeauflage	Strategie neue Werbemittelpreise 2. Hj festlegen	Grün	4	3
N02-01	Forcieren der Werbeauflage	Kommunikation neue Preisstrategie	Grün	4	
N02-01	Forcieren der Werbeauflage	Aktiver Verkauf Werbemittel	Grün	5	
N02-01	Forcieren der Werbeauflage	Bericht zu Marketingpartnerschaften alle 3 Monate	Peters	6	
N02-01	Forcieren der Werbeauflage	Telefonische Nachbearbeitung	Peters	6	
N02-02	Zentrale Werbung stärken	Projektdefinition und Kennzahl identifizieren	Peters	6	
N02-03	Kreative RTZ-Strategie 2012 entwickeln	Erstellung WKZ-Konzeptentwurf, inklusvie neue Kennzahlen	Peters	4	3
N02-03	Kreative RTZ-Strategie 2012 entwickeln	Vorstellung und Überarbeitung	Peters	4	
N02-03	Kreative RTZ-Strategie 2012 entwickeln	Verabschiedung Konzept, hierbei auch Kennzahlen überarbeiten; Treiber für WKZ-Erfolg identifizieren	Peters Schnabel	5	
N02-03	Kreative RTZ-Strategie 2012 entwickeln	Konkretisierung der umzusetzenden Maßnahmen	Schnabel	6	
N02-04	Eigenmarken weiterentwickeln	Aktives Verkaufen zu Hausmessen und Kundenbesuchen Berichterstattung alle 3 Monate	Schnabel	6	

Abb. 7.4 Beispiel einer Aktivitätenliste

Aktivitäten in Bezug auf einen Lieferanten überprüft werden sollten. Letztlich möchte jeder der beteiligten Mitarbeiter auch seine Aktivitäten gebündelt sehen und steuern. Es wird deutlich, dass eine Excel-Lösung an dieser Stelle sehr schnell an ihre Grenzen stößt und eine datenbankbasierte Aktivitätensteuerung vorzuziehen ist.

(3.4) Umsetzungsbarrieren
Jenseits der Steuerungslogik sind vielfältige Umsetzungsbarrieren zu beachten. Dies sollen die folgenden drei Beispiele illustrieren:

- Die Umsetzung von Maßnahmen und die monatliche Überwachung erfordern viel Disziplin. Wie schnell kann ein dringendes Problem einem strategisch bedeutsamen vorgezogen werden. Wie leicht wird die monatliche Durchsprache der Kennzahlen und der Maßnahmen verschoben oder „nur einmal" ausgelassen.
- Man sollte den ersten Schritt vor dem zweiten gehen: Größere strategische Projekte benötigen häufig auch eine geeignete Infrastruktur. Beispielsweise erfordern Marktstrategien einen abgestimmten Warengruppenschlüssel im Unternehmen. Man kann zwar mit ersten Marktstrategien loslegen, um erste Erfahrungen zu sammeln. Allerdings sollte man auch zeitnah beginnen, einen einheitlichen Warengruppenschlüssel aufzubauen.
- Ein Anfängerfehler liegt häufig darin, sich zu viele strategische Projekte gleichzeitig vorzunehmen. Die Umsetzung kommt ins Stocken. Noch problematischer ist es, wenn zu viele Projekte gestartet werden, die aufgrund knapper Managementkapazitäten nicht richtig vorankommen. Innerhalb der Planung sollte deshalb Augenmaß bewiesen werden.

(4) Aufbau eines Planungskalenders
Zur Steuerung der Planung und Überwachung der vier Strategieebenen mit ihren Zielen und Aktivitäten empfiehlt es sich, einen Planungskalender aufzubauen. Im Planungskalender werden über das Jahr hinweg die einzelnen Planungs- und Überwachungsaktivitäten terminiert. In Abb. 7.5 findet sich ein einfaches Beispiel: Die Rahmenstrategie wird im Dezember für das Folgejahr fortentwickelt und im Juni gecheckt. Die Marktstrategien werden bereits im Oktober und November fortgeschrieben und mehrmals jährlich gecheckt. Ferner werden einmal jährlich die eingesetzten Methoden verbessert. Die Bewertung und Klassifizierung der Lieferanten sowie die Formulierung der Lieferantenstrategien erfolgen zwischen Juni und Dezember. Die Supply-Ziele werden zusammen mit der Rahmenstrategie im Dezember formuliert. Kennzahlen und Aktivitäten werden monatlich berichtet. Ein anspruchsvolles Beispiel findet sich in Heß 2010, S. 368 ff.

7.3 Organisation, Personal und Führung entwickeln

Im Zentrum der 15M-Architektur liegen die Entwicklung und Steuerung der Supply-Strategie und damit die Managementfunktionen Supply-Planung und Kontrolle. Ebenso wird die nachhaltige Optimierung der Supply-Prozesse (= Ablauforganisation) als bedeutsame strategische Steuerungsaufgabe gesehen und im Strategiebaustein 4 näher betrachtet.

	01	02	03	04	05	06	07	08	09	10	11	12
	Jan	Feb	Mär	Apr	Mai	Jun	Jul	Aug	Sep	Okt	Nov	Dez
Rahmenstrategie												
checken						■						
fortschreiben												■
Marktstrategien												
Methodenreview									■			
Marktstrategien fortschreiben mit Check der Lieferantenstrategien										■	■	
checken der Marktstrategien				■	■							
interner Check der Marktstrategie durch den strategischen Einkäufer	■						■					
Lieferantenstrategie												
Methodenreview						■						
Lieferantenbewertung und -klassifizierung							■	■				
Feedback mit Lieferanten									■			
Lieferantenstrategien										■	■	■
Lieferantenstrategien checken (im Rahmen der Marktstrategien)				■	■							
Einkaufscontrolling												
Ziele für Kennzahlen festlegen												■
Monatliche Berichterstattung zu Maßnahmen und Kennzahlen	■	■	■	■	■	■	■	■	■	■	■	■

Abb. 7.5 Beispiel eines Planungskalenders

Die weiteren Managementfunktionen schaffen grundlegende Voraussetzungen für die strategische Planung und Kontrolle sowie für die Supply-Prozesse und werden in Modul N14 mit betrachtet: Aufbauorganisation, Personal und Führung (inklusive Kommunikation). Eine ausführliche Behandlung dieser Themen würde den Rahmen dieses Buches sprengen (vgl. beispielsweise Steinmann et al. 2013). So sollen folgend nur die wesentlichen Handlungsfelder knapp skizziert werden.

(1) Aufbauorganisation
Für ein Unternehmen oder ein Geschäftsfeld mit nur einer Einkaufsabteilung bzw. nur einer Abteilung für Supply Management sind bei der organisatorischen Gestaltung folgende Fragen zu klären (zur Aufbauorganisation im Supply Management vgl. Heß 2010, S. 351 ff.; Arnold 2007, S. 57 ff.; Arnolds et al. 2016, S. 337 ff.; Fröhlich und Lingohr 2010; Schuh et al. 2014a, S. 25 ff.):

- **Hierarchische Verankerung des Supply Managements in der Gesamtorganisation:** Auf welcher Ebene ist das Supply Management verankert? Ist das Supply Management beispielsweise einem Vorstand, einem Geschäftsführer oder einem Hauptabteilungsleiter zugeordnet?
- **Funktionale Verankerung des Supply Managements:** Wem ist das Supply Management (ggf.) zugeordnet, z. B. kaufmännischer Geschäftsleitung, SCM-Leistung, Produktion?
- **Zusammenarbeit an funktionalen Schnittstellen:** Wie werden funktionale Schnittstellen abgebildet, z. B. Projekteinkauf für die Zusammenarbeit in Entwicklungsprojekten; Lieferantenqualität für die Zusammenarbeit mit dem Qualitätsmanagement; Trennung oder Integration von strategischem und operativem Einkauf für die Zusammenarbeit mit der Logistik bzw. der Disposition?
- **Struktur der Abteilung für Supply Management:** Wie ist die interne Struktur der Abteilung für Supply Management, z. B. materialgruppenorientierte Facheinkäufer, ggf. gegliedert nach direktem und indirektem Einkauf, Projekteinkäufer, Einkaufscontrolling, Prozess- und Systemexperten, regionale Verantwortlichkeiten?
- **Weitere Fragestellungen bei divisionaler Gliederung:** Für Unternehmen mit einer divisionalen Gliederung bzw. in analoger Weise für Unternehmen mit ausgeprägten Werksstrukturen ergeben sich folgende weitere Fragestellungen:
  - **Zentralisierungsgrad des Supply Managements:** Gibt es einen Zentraleinkauf (zentrales Supply Management) oder mehrere dezentrale Einkaufsabteilungen (bzw. Abteilungen für Supply Management)? Wie zentralisiert sind die Entscheidungsbefugnisse?
  - **Einkaufskoordination:** Bei dezentralen Strukturen ist zu klären, ob es eine Einkaufskoordination gibt und welche Befugnisse bzw. Aufgaben diese Einkaufskoordination hat. Wie soll die Einkaufskoordination im Unternehmen hierarchisch verankert werden?
  - **Organisation der Zusammenarbeit (= Entwicklung hybrider Strukturen):** Mit welchen Koordinationsmechanismen soll die Zusammenarbeit abgestimmt

werden, z. B. Purchasing Council, Materialgruppenmanagement, Lead Buying, Shared Services?

(2) Personalmanagement

Die Bereitstellung bzw. die Entwicklung von qualifizierten und engagierten Mitarbeitern für das Supply Management ist die zentrale Aufgabe des Personalmanagements (vgl. Heß 2010, S. 349 ff.; Large 2013, S. 297 ff.). Aufgrund des aktuellen Rollenwandels im Supply Management hin zu einer strategisch ausgerichteten Funktion ergibt sich in vielen Unternehmen ein erheblicher Anpassungsbedarf in der Personalstruktur. Während strategische Kompetenzen bei Mitarbeitern häufig fehlen, werden operative Aufgaben automatisiert, sodass entsprechende Kompetenzen nicht mehr benötigt werden. Da die Qualifizierung von Mitarbeitern in der Regel ein langwieriger Prozess ist, wird die Mitarbeiterqualifizierung nicht selten zum Engpass der Strategieentwicklung im Supply Management. Wichtige Handlungsfelder der Managementfunktion Personal sind beispielsweise:

- **Anpassung der Personalkapazität unterschiedlicher Kompetenzen:** Die externe Suche nach qualifizierten Mitarbeitern ist aufgrund der rasanten Entwicklung im Supply Management und der damit verknüpften Knappheit qualifizierter Mitarbeiter eine herausfordernde Aufgabe. Da darüber hinaus häufig erst eine Stelle frei werden muss, die aktuell noch mit einer nicht mehr benötigten Qualifikation besetzt ist, kann die Veränderung der Personalstruktur zu einem sehr langwierigen Prozess werden.
- **Schulung und Weiterbildung:** Schulungen und Weiterbildungsmaßnahmen sind klassische Instrumente zur Mitarbeiterentwicklung.
- **Personalbeurteilung und Personalentwicklung:** Die Personalbeurteilung und die Personalentwicklung dienen dazu, Mitarbeiter im Hinblick auf die zukünftigen Anforderungen zu qualifizieren und zu motivieren. Regelmäßige Mitarbeitergespräche oder ein systematisches Kompetenzmanagement mit Rollenprofilen, Kompetenzprofilen der Mitarbeiter und einer Deltabetrachtung zur Ermittlung des Qualifizierungsbedarfs sind zwei verbreitete Instrumente.
- **Leistungsabhängige Lohnbestandteile:** Leistungsabhängige Lohnbestandteile können die Motivation von Führungskräften und Mitarbeitern ausrichten. Allerdings sind die Einführung und der Betrieb solcher Systeme anspruchsvoll, schon allein weil eindeutige und auf den Mitarbeiter zuordenbare Messgrößen zur Leistungsmessung festgelegt werden müssen.

(3) Führung und Kommunikation

Die Führung des Vorgesetzten zielt auf die Feinsteuerung des Arbeitsvollzuges von Mitarbeitern innerhalb des Rahmens, den die Planung sowie die Organisation setzen. Motivation, insbesondere auch persönliche Zielvereinbarungen, Kommunikation und Konfliktmanagement sind typische Instrumente der Führung.

An dieser Stelle soll die Managementkommunikation im Rahmen der Strategieformulierung und -umsetzung näher betrachtet werden. Es empfiehlt sich, ein umfassendes Kommunikationskonzept zu erstellen. Hierbei sind folgende Zielgruppen einzubeziehen.

- **Geschäftsführung:** Der realisierte sowie der potenzielle Wertbeitrag des Supply Managements stehen im Mittelpunkt der Kommunikation mit der Geschäftsführung. Letztlich muss deutlich werden, dass die in das Supply Management investierten Ressourcen einen angemessenen Wertbeitrag abliefern. Das Supply-Controlling ist zentrales Instrument der Kommunikation mit der Geschäftsführung. Die Abstimmung mit dem Finanzcontrolling ist dabei essenziell. Da strategische Investitionen in der Regel einen (erheblichen) zeitlichen Vorlauf haben, empfiehlt es sich, frühzeitig mit sogenannten Leuchtturmprojekten zu werben. Leuchtturmprojekte sind Erfolgsbeispiele, die hervorragende Erfolge und zukünftige Potenziale des Supply Managements aufzeigen.
- **Leitungskreis:** Ebenso intensiv sollte auf Leitungskreisebene mit den Leitungen der verschiedenen Divisionen bzw. anderer funktionaler Abteilungen kommuniziert werden, z. B. Logistik, Qualität, Entwicklung, Marketing. Im Mittelpunkt der Kommunikation steht die Schnittstellenkoordination. Letztlich muss dafür geworben werden, dass Belange des Supply Managements in den Kernprozessen der anderen Abteilungen berücksichtigt werden. Die Kommunikation ist überwiegend persönlich, ggf. Präsentationen im Leitungskreis. Auch hier helfen Leuchtturmprojekte, die Partner von der Vorteilhaftigkeit der Zusammenarbeit zu überzeugen.
- **Mitarbeiter:** Die Mitarbeiter im Supply Management und in benachbarten Funktionen müssen über die strategischen Ziele Bescheid wissen, um sich entsprechend auszurichten und ggf. ihre Ideen in den Strategieentwicklungs- und -umsetzungsprozess einzubringen. Dabei sollten interaktive Kommunikationsmethoden gewählt werden, sodass die Mitarbeiter sich mit Fragen und Ideen einbringen können.
- **Lieferanten und Marktpartner:** Es ist zu entscheiden, welche Lieferanten, welche Informationen benötigen. Mit strategischen Partnern, die sich mit ihren Prozessen und Ressourcen auf die Supply-Strategie ausrichten sollen, ist eine umfangreiche und vertrauensvolle Kommunikation zu pflegen. Lieferantentage bieten eine gute Chance, den Lieferanten die strategischen Absichten zu erläutern und für die Zusammenarbeit zu werben.
- **Öffentlichkeit:** Mit zunehmender Bedeutung der Nachhaltigkeit sind öffentliche Stakeholder, z. B. NGOs, über entsprechende nachhaltigkeitsorientierte Strategien zu informieren. Dies erfolgt üblicherweise in enger Abstimmung mit der Öffentlichkeitsarbeit, z. B. im Rahmen der Nachhaltigkeitsberichtserstattung.

7.4 15M-Reifegradanalyse und 15M-Reifegradmanagement (N15)

Die Entwicklung einer Supply-Strategie ist ein umfangreiches Unterfangen. Kaum ein Unternehmen wird alle Strategiebausteine und Module auf einmal einführen können. So ist es – wie oben bereits ausgeführt wurde – eine der zentralen Ideen der 15M-Architektur, eine schrittweise Vorgehensweise zur Einführung der Supply-Strategie zu unterstützen.

Wie schnell und wie intensiv die Veränderung vorangetrieben werden soll, hängt insbesondere von der Kapazität im Supply Management, von der Kooperationsbereitschaft der cross-funktionalen Partner, von der strategischen Ausgangssituation sowie von der Kompetenz der Mitarbeiter ab.

Aufgrund dieser Überlegungen ist die schrittweise Entwicklung des Konzeptes zur Planung und Steuerung von Supply-Strategien selbst Gegenstand einer Planung und wird in Modul N15 (15M-Reifegrad entwickeln) behandelt. Kern dieses Moduls ist das 15M-Reifegradmodell und das 15M-Reifegradmanagement, das in den letzten Jahren in Zusammenarbeit mit über 10 Unternehmen entwickelt wurde.

Mit der 15M-Reifegradanalyse wird das Supply Management des Unternehmens mit der Ideal-Struktur der 15M-Architektur gespiegelt, d. h., es wird ein Benchmark zwischen dem Unternehmen und der 15M-Architektur durchgeführt (vgl. Abb. 7.6). Eine detaillierte Beschreibung des 15M-Reifegradmanagements findet sich in Heß 2015 (zum Reifegradmanagement vgl. ferner Liebetruth et al. 2015; Schiele 2007; Schweiger 2015).

Die 15M-Reifegradanalyse wird in der Regel innerhalb eines ein- bis zweitägigen Workshops durchgeführt. Auf dieser Basis kann – innerhalb der Rahmenstrategie – das Supply Management des Unternehmens systematisch fortentwickelt werden. Im Einzelnen werden folgende Ziele angestrebt:

- **Bestandsaufnahme:** Innerhalb von ein bis zwei Tagen soll eine systematische Bestandsaufnahme des gesamten Managementsystems im Supply Management erfolgen.
- **Analyse der Stärken und Schwächen:** Es sollen Stärken und Schwächen im Supply Management des Unternehmens aufgezeigt werden.
- **Verbesserungsideen:** Zu den Schwachstellen sollen Verbesserungsideen identifiziert und priorisiert werden.
- **Entwicklung der Rahmenstrategie:** Die priorisierten Verbesserungsideen dienen als zentraler Input für die Entwicklung der Rahmenstrategie, mit der das Supply Management fortentwickelt werden soll. Kleine Verbesserungsideen können direkt umgesetzt werden.
- **Schrittweise Entwicklung:** Es soll ein Prozess zur nachhaltigen Entwicklung des Supply Managements aufgebaut werden:
  - Schritt 1: Die Reifegradanalyse führt zu Verbesserungsideen.
  - Schritt 2: Diese werden mit der Rahmenstrategie oder innerhalb kleiner Verbesserungsmaßnahmen umgesetzt.
  - Schritt 3: Die neuerliche Reifegradbewertung (z. B. nach einem Jahr) bewertet den Umsetzungserfolg der aktuellen Maßnahmen und gibt neue Impulse der Fortentwicklung.
- **Reifegradscore:** Es wird ein Reifegradscore ermittelt, der die Reife der aktuellen Managementsystematik im Supply Management bewertet. Damit soll die Basis für eine systematische Entwicklung des Supply Managements gelegt werden. In einigen Praxisprojekten hat es sich bewährt, den Reifegradscore auch zu planen. Damit kann die Fortentwicklung des Supply Managements gesteuert werden.

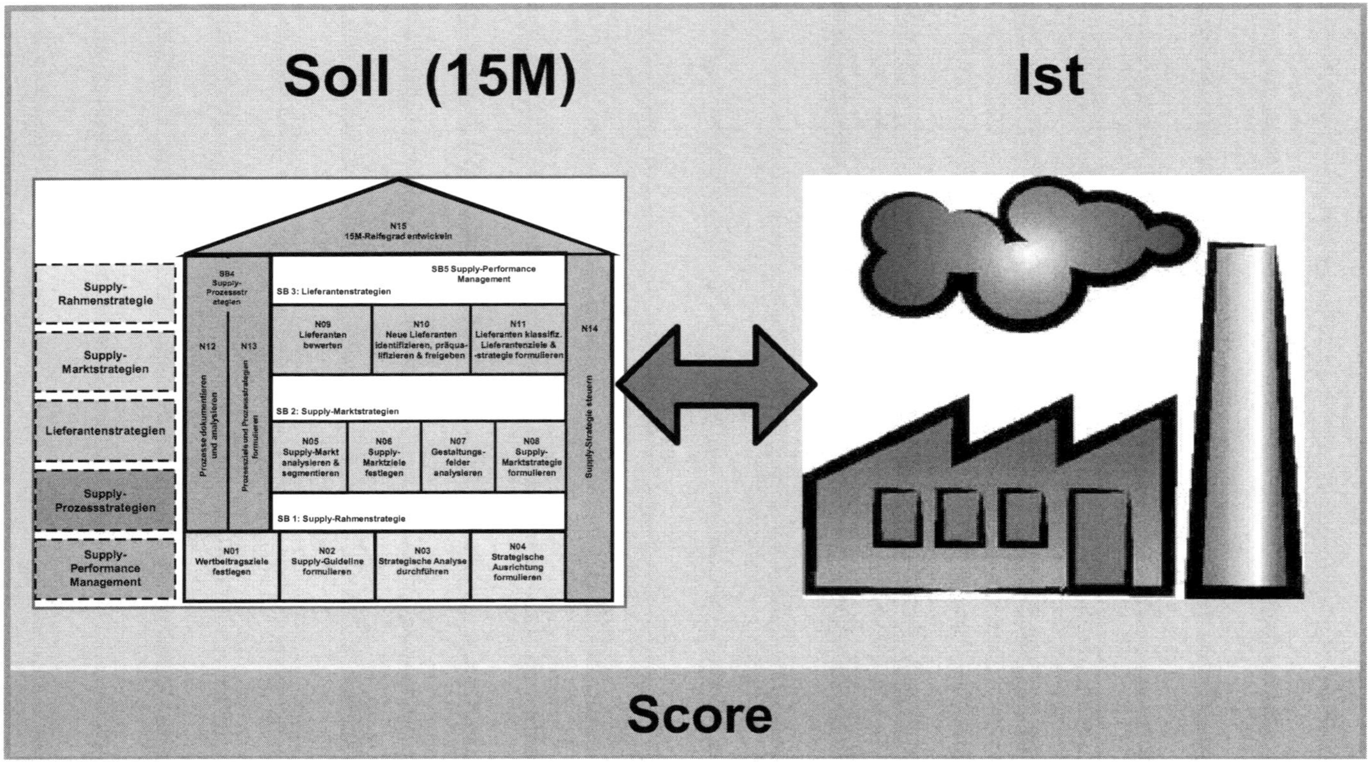

Abb. 7.6 Grundidee der 15M-Reifegradanalyse

(1) Aufbau der 15M-Reifegradanalyse

Zur Durchführung des Benchmarks wird die 15M-Architektur in fünf Bewertungsbereiche und 36 Bewertungsfunktionen untergliedert. Diese orientieren sich an den fünf Strategiebausteinen und den 15 Modulen. Einzelne Module werden aus pragmatischen Gesichtspunkten in mehrere Bewertungsfunktionen unterteilt. Abb. 7.7 zeigt die Struktur der 15M-Reifegradanalyse.

(2) Durchführung der Bewertung

Im Workshop werden die 36 Bewertungsfunktionen einzeln durchgesprochen und bewertet. Zunächst wird anhand einer Checkliste von Orientierungspunkten die aktuelle Situation der jeweiligen Bewertungsfunktion im Unternehmen systematisch abgefragt und mit möglichen Best-Practice-Lösungen gespiegelt. Dabei ergibt sich eine – je nach Bedeutung der Funktion – mehr oder minder umfangreiche Diskussion zum Umsetzungsstand sowie zu Lücken, Verbesserungsideen und deren Priorität. Die Ergebnisse werden dokumentiert.

Anschließend wird die vorgefundene Situation mit der 15M-Reifegradsystematik bewertet. Die Bewertung wird gegliedert nach der Exzellenz des Fachkonzeptes, der Exzellenz des zugrunde liegenden Managementprozesses und der Exzellenz der Umsetzung. Die Bewertung erfolgt einvernehmlich im Team.

Beispielsweise wird bei der Bewertung der Bewertungsfunktion „Lieferantenbewertung“ beurteilt, ob das Konzept der Lieferantenbewertung ausgereift und mit den übrigen Elementen der Supply-Strategie abgestimmt ist. Ferner wird betrachtet, ob der Bewertungsprozess durchgängig definiert und die relevanten Partner anderer Abteilungen berücksichtigt sind. Bezüglich der Umsetzung wird geprüft, ob die Lieferantenbewertung

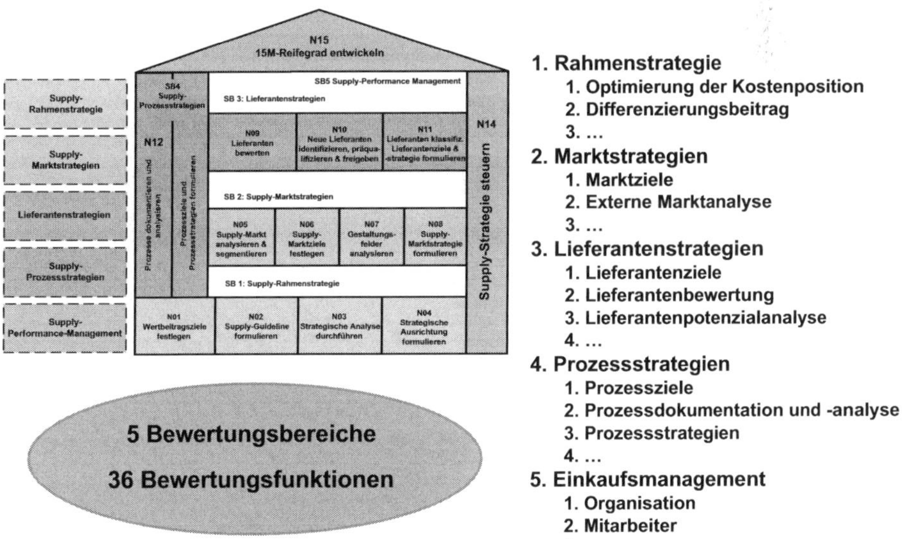

Abb. 7.7 Struktur der 15M-Reifegradanalyse

überall angewendet wird, wo sie eingesetzt werden soll, und ob alle interessanten Anwendungsfelder schon berücksichtigt sind. Insgesamt werden 10 Bewertungsdimensionen je Bewertungsfunktion betrachtet.

Nach einer kleinen Einübungsphase benötigt die Bewertung einer Funktion meist nur 2 bis 3 Minuten. Für Bewertungsfunktionen von nachgeordneter Priorität gibt es eine vereinfachte Vorgehensweise, sodass eine Bewertung ohne wesentlichen Aufwand möglich wird. Im Zentrum der 15M-Reifegradanalyse stehen also nicht der Bewertungsprozess, sondern die Diskussion der aktuellen Situation und die Entwicklung von Verbesserungsideen.

Per Excel wird aus den Bewertungen ein Reifegradscore der einzelnen Bewertungsfunktionen errechnet und über die Funktionen zum Bewertungsbereich und letztlich zum Gesamtscore aggregiert. In Abb. 7.8 findet sich ein Beispiel einer grafischen Reifegradauswertung. Damit werden auch optisch Stärken und Potenzialbereiche der Managementsystematik im Supply Management sichtbar. In der Fallstudie zu Phoenix Contact GmbH & Co. KG in Kap. 8 Abb. 8.4 werden die Ergebnisse tabellarisch dargestellt.

Neben der quantitativen Auswertung werden die Ergebnisse qualitativ nach folgenden Gesichtspunkten zu einer Strategie-Roadmap zusammengefasst:

- Beurteilung der Rahmensituation
- Grundsätzliche Handlungsempfehlung zur Entwicklung der Supply-Strategie
- Beurteilung und Handlungsempfehlungen zu den einzelnen Bewertungsbereichen sowie zu den einzelnen Bewertungsfunktionen (Abb. 7.9)

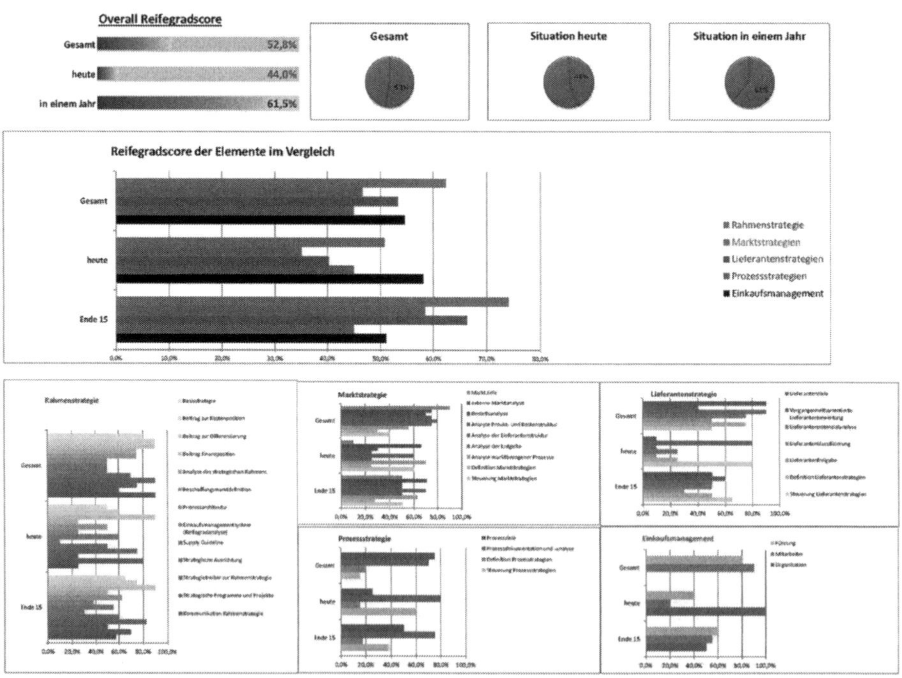

Abb. 7.8 Beispiel einer 15M-Reifegradauswertung

3	**Aktuelle Situation im strategischen Einkauf bei Firma**
4	Seit ca. zwei Jahren wird bei der ein strategischer Einkauf aufgebaut. Bisher wurden mit strategischen Einzelprojekten besonders wertschöpfende strategische Nutzenpotenziale gehoben. Letztlich wurde die Supply-Strategie bottom-up aufgebaut. Auf Basis dieser Vorgehensweise konnten sehr schnell einzelne strategische Fortschritte realisiert werden. Allerdings ist der Druck des operativen Geschäftes auf den strategischen Einkauf sehr groß, so dass verschiedene Einzelaktivitäten nicht oder nur sehr schleppend umgesetzt werden konnten.
5	**Grundsätzliche Empfehlung zur Entwicklung des strategischen Einkaufs (Topempfehlungen)**
6	Es wird vorgeschlagen den strategischen Einkauf unter Einbeziehung der vielfältigen bestehenden Aktivitäten systematisch aufzubauen. Im ersten Schritt sollte eine Rahmenstrategie, insbesondere mit Basistrategie, strategischen Stoßrichtungen und strategischen Projekten entwickelt werden. Die Rahmenstrategie sollte nachhaltig umgesetzt, gesteuert und kommuniziert werden. Im zweiten Schritt sollten ein bis drei Marktstrategien und für die wesentlichen Lieferanten dieser Märkte Lieferantenstrategien entwickelt werden. Ferner sollten für diese Märkte der Lieferantenfreigabeprozess und Bidding-Listen umgesetzt und eine Kompetenz zur Steigerung der Entwicklungsunterstützung aufgebaut werden. Parallel dazu können die begonnenen Aktivitäten zur Optimierung der Lieferantenbewertung fortgesetzt und pilotiert werden. Die Entwicklung eines Einkaufscontrollings sowie des Risikomanagements sollte in kleinen (!) Schritten vollzogen werden. Im ersten Schritt sollte sehr vorsichtig mit nur wenigen Kennzahlen ein wirklicher Steuerungsprozess aufgebaut werden. Das Risikomanagement sollte in der Rahmenstrategie und den aktiven Markt- und Lieferantenstrategien berücksichtigt werden. Insgesamt sollte dem Steuerungsprozess der Strategieumsetzung - auf Basis des bestehenden MGM-Teams - noch mehr Beachtung geschenkt werden.
7	Details zu Bewertungsbereich 1: **Wertbeitrag und Performance Management**

Details zu Bewertungsbereich 2: **Rahmenstrategie**	
	Es gibt vielfältige aus der Unternehmensstrategie abgeleitete strategische Stoßrichtungen, die ernsthaft umgesetzt werden. Allerdings fehlt eine klare (verbindliche) Priorisierung und eine prägnante Kommunikation und Steuerung. Aus den strategischen Stoßrichtungen werden strategische Programme und Projekte abgleitete. Das Projektmanagement ist teils hervorragend und teils rudimentär. Ein Multiprojektmanagement ist in Form der MGM-Teamrunde in Ansätzen vorhanden. Top-Risiken werden fallweise meist reaktiv gesteuert. Werttreiber werden nicht systematisch, gelegentlich fallweise definiert. Die Märkte sind marktorientiert definiert. Eine strategieorientierte Priorisierung ist implizit vorhanden. Die Prozessarchitektur ist im Grundsatz - allerdings auf sehr hohen Abstraktionsniveau - definiert.
2.1-2.6.	Aufbau einer Rahmenstrategie
2.1.	darin Entwicklung von strategischen Stoßrichtungen
2.2.	Auf Basis der MGM-Teamrunde die Rahmenstrategie systematisch umsetzen, ein Standardprojektmanagement für Strategieprojekte und ein Multiprojektmanagement aufbauen.
2.3.	In der Rahmenstrategie systematisch die Top-Risiken identifizieren und überwachen.
2.4.	Auf Basis der strategischen Stoßrichtung systematisch Werttreiber (aus den bestehenden Kennzahlen heraus) definieren und steuern.
2.5.	Strategische Märkte explizit definieren, insbesondere unter Beachtung von Entwicklungstrends.
Details zu Bewertungsbereich 3: **Marktstrategien**	
	Es gibt ein Template für die Entwicklung von Warengruppenstrategien. Bisher ist es allerdings nicht gelungen dieses mit Inhalten bzw. mit Leben zu füllen.
3.1.-3.6.	Marktstrategien für die wesentlichen strategischen Märkten definieren.
	dabei local Sourcing China und Reinraum beachten
3.2.	darin marktorientierte Ziele formulieren
3.3.	darin marktorientierte Risiken definieren
Details zu Bewertungsbereich 4: **Lieferantenstrategien**	
	Es ist eine systematische Lieferantenbewertung mit objektiven und subjektiven Kriterien umfangreich etabliert, die aktuell fortentwickelt wird. Lieferantenrisiken werden in diesem Zusammenhang kaum berücksichtigt. Lieferanten werden auf Basis der Bewertungsergebnisse klassifiziert. Ein damit verbundener Eskalationsprozess ist vorgesehen, allerdings noch nicht konsequent umgesetzt. Eine strategische Klassifizierung gibt es bisher nicht. Der Lieferantenfreigabeprozess wird mit der Einführung von Lieferantenaudits derzeit intensiv fortentwickelt. Aktuell werden Lieferantenfreigaben im wesentlichen von der Entwicklung getrieben. Eine Trennung von Lieferantenfreigabe und Freigabe neuer Teile ist zu empfehlen. Lieferantenentwicklung und Lieferantenstrategien sind bisher nur in vorsichtigen Ansätzen etabliert.
4.1.	Konsequente Fortentwicklung und Umsetzung der Lieferantenbewertung, d.h. Kriterien prüfen, Scope erweitern

Abb. 7.9 Qualitative Ergebnisse der 15M-Reifegradauswertung (fiktives Beispiel)

(3) 15M-Reifegradmanagement

Die 15M-Reifegradanalyse wird im Rahmen der strategischen Analyse durchgeführt. Sie analysiert den aktuellen Stand, Schwachstellen und Verbesserungsideen zum Supply Management. Zur Fortentwicklung des Supply Managements lassen sich vier Entwicklungslinien hervorheben:

- **Einführung von Strategiebausteinen und Modulen:** Welches neue Modul bzw. welcher neue Strategiebaustein soll in der nächsten Planungsperiode implementiert werden? In welcher Reihenfolge sollen die einzelnen Strategiebausteine und Module eingeführt werden?
- **Einsatz von Methoden und deren Anspruchsniveau:** Anfangs sollte auf komplexe Methoden verzichtet werden, beispielsweise auf Total-Cost- oder Global-Sourcing-Analysen. Alternativ können Methoden zunächst in einer Light-Version eingeführt werden, beispielsweise Lieferantenbewertung ohne Risikobewertung. Schrittweise können neue Methoden eingeführt oder professionalisiert werden.
- **Cross-funktionale- bzw. cross-divisionale Zusammenarbeit:** Zunächst kann auf eine Zusammenarbeit mit anderen Abteilungen und Bereichen verzichtet oder auf „befreundete Partner“ beschränkt werden. Nach und nach kann die Zusammenarbeit ausgeweitet werden.
- **Anwendungsbreite:** Anfangs können die Strategiebausteine, Module oder Methoden auf ausgewählte Bereiche beschränkt werden, beispielsweise auf ein Werk, eine Produktlinie, nur auf die direkten Materialien. Die Anwendungsbreite kann schrittweise ausgeweitet werden.

Große Verbesserungsideen fließen in die Formulierung der Rahmenstrategie ein. Dabei können eigenständige strategische Stoßrichtungen definiert werden, z. B.: „Wir entwickeln globale Marktstrategien zur Realisierung globaler Bündelungseffekte.“ Ebenso können strategische Projekte wie die Entwicklung eines Lieferantenrisikomanagements resultieren, die Teil einer umfassenderen strategischen Stoßrichtung sind.

Kleine Verbesserungsideen werden in den oben angesprochenen Steuerungsprozessen zu den Strategiebausteinen (vgl. Abschn. 7.1, Modul N14) umgesetzt.

Spätestens nach einem Jahr sollte mit der Fortschreibung der Rahmenstrategie auch die 15M-Reifegradanalyse aktualisiert werden. Damit kann der Umsetzungserfolg der definierten Verbesserungsideen beurteilt, können bestehende Verbesserungsprojekte fortgeschrieben und neue Projekte beschlossen werden. Das Supply Management wird auf diese Weise kontinuierlich fortentwickelt (vgl. zur schrittweisen Evolution des Supply Managements und der Supply-Strategie Abschn. 2.4).

Unternehmen, die von einem niedrigen Ausgangsniveau starten, müssen in der Regel mit mehreren Jahren rechnen, bis eine tief gehende Lösung implementiert ist. Eine völlige „Fertigstellung“ wird es niemals geben, da sich die Rahmenbedingungen verändern oder sich neue Ideen ergeben.

Allerdings ist der erste Nutzen sehr schnell sichtbar, da aufgrund der systematischen Vorgehensweise mit den potenzialträchtigsten Modulen begonnen wird. Wird beispielsweise mit dem Lieferantenmanagement gestartet, sollten bereits nach einem halben Jahr erhebliche Verbesserungen in der Zusammenarbeit mit den Lieferanten erkennbar sein.

Besondere Bedeutung kommt bei der schrittweisen Entwicklung von Supply Management und Supply-Strategie dem Reifegradscore zu. Er zeigt den Fortschritt bei der Entwicklung des Supply Managements und dient damit als ein zentraler Strategietreiber.

Dabei hat es sich bewährt, nicht nur den aktuellen Reifegrad zu bewerten, sondern auch die Fortschritte für das Folgejahr zu planen. Damit kann nach jedem erfolgreichen Verbesserungsprojekt – auch unterjährig – die Steigerung im Reifegradscore prognostiziert werden, ohne deswegen die gesamte Reifegradanalyse neu durchzuführen. Gleichzeitig wird damit auch der Weg zur Verbesserung des Managementsystems im Supply Management transparent und somit gut steuerbar.

In den folgenden Kap. 8 und 9 veranschaulichen zwei Firmenbeispiele die Entwicklung des strategischen Einkaufs und von Supply-Strategien. Weitere Details zur Implementierung einer Supply-Strategie werden daran anschließend in Kap. 10 behandelt.

Literatur

Arnold, U. (2007). Einkaufsorganisation. In U. Arnold & G. Kasulke (Hrsg.), *Handbuch innovative Beschaffung – Wegweiser für den strategischen und operativen Einkauf* (S. 57–84). Weinheim: Wiley.

Arnold, U., & Warzog, F. (2007). Beschaffungscontrolling. In U. Arnold & G. Kasulke (Hrsg.), *Handbuch innovative Beschaffung – Wegweiser für den strategischen und operativen Einkauf* (S. 309–336). Weinheim: Wiley.

Arnolds, H., Heege, F., Röh, C., & Tussing, W. (2016). *Materialwirtschaft und Einkauf – Grundlagen – Spezialthemen – Übungen* (13. Aufl.). Wiesbaden: Gabler.

Controlling-wiki. (2016). www.controlling-wiki.com/de/index.php/international_Group_of_Controlling_(ICG). Zugegriffen: 4. März 2016.

Fröhlich, L., & Lingohr, T. (Hrsg.). (2010). *Gibt es die optimale Einkaufsorganisation – Organisatorischer Wandel und pragmatische Methoden zur Effizienzsteigerung*. Wiesbaden: Springer.

Heß, G. (2010). *Supply-Strategien in Einkauf und Beschaffung – Systematischer Ansatz und Praxisfälle* (2. Aufl.). Wiesbaden: Gabler.

Heß, G. (2011). Supply-Performance-Management – Den Wertbeitrag im Einkauf messen und steuern. In C. Gabath (Hrsg.), *Praxishandbuch innovatives Einkaufsmanagement – Trends, Herausforderungen und Handlungsansätze* (S. 53–88). Wiesbaden: Gabler.

Heß, G. (2015). *Reifegradmanagement im Einkauf – Mit dem 15M-Reifegradmodell zur Exzellenz im Supply Management*. Gabler: Springer.

Heß, G. (2016). Den Wertbeitrag des Einkaufs strategisch steuern. *Controlling & Management Review Sonderheft, 60*(2), 8–15.

Hofmann, E., Maucher, D., Kotula, M., & Kreienbrink, O. (2012). *Erfolgsmessung und Anreizsysteme im Einkauf – Den Mehrwert der Beschaffung professionell erheben, bewerten und darstellen*. Berlin: Springer.

Institut für Beschaffungsstrategie. (2017). Homepage des Instituts für Beschaffungsstrategie. http://www.beschaffungsstrategie.de. Zugegriffen: 8. Juli 2017.

Kaluza, C. (2010). *Konzeption eines erfolgreichen Beschaffungscontrolling – Theoretische Betrachtung und empirische Untersuchung* (2. Aufl.). München: TCW Transfer-Centrum GmbH & Co. KG.

Klein, A., & Schentler, P. (Hrsg.). (2016). *Einkaufscontrolling – Instrumente und Kennzahlen für einen höheren Wertbeitrag des Einkaufs*. Freiburg: Haufe Lexware.

Large, R. (2013). *Strategisches Beschaffungsmanagement – Eine praxisorientierte Einführung mit Fallstudien* (5. Aufl.). Wiesbaden: Gabler.

Liebetruth, T., Melneck, W., & Pilsl, A. (2015). Process maturity-assessments in strategic procurement – guideline for developing an advanced methodology. In R. Bogaschewsky, M. Eßig, R. Lasch, & W. Stölzle (Hrsg.), *Supply Management Research – Aktuelle Forschungsergebnisse 2015* (S. 273–291). Wiesbaden: Springer Fachmedien.

Piontek, J. (2016). *Beschaffungscontrolling* (5. Aufl.). München: De Gruyter.

Schiele, H. (2007). Supply-management maturity, cost savings and purchasing absorptive capacity: Testing the procurement-performance link. *Journal of Purchasing & Supply Management, 13,* 274–293.

Schuh, G., Aghassi, S., Bremer, D., & Graw, M. (2014a). Einkaufsstrukturen. In G. Schuh (Hrsg.), *Einkaufsmanagement – Handbuch Produktion und Management 7* (2. Aufl., S. 25–74). Berlin: Springer Vieweg.

Schuh, G., Aghassi, S., Bremer, D., & Graw, M. (2014b). Einkaufscontrolling. In G. Schuh (Hrsg.), *Einkaufsmanagement – Handbuch Produktion und Management 7* (2. Aufl., S. 119–146). Berlin: Springer Vieweg.

Schweiger, J. (2015). Concept of a purchasing and supply management maturity framework. In R. Bogaschewsky, M. Eßig, R. Lasch, & W. Stölzle (Hrsg.), *Supply Management Research – Aktuelle Forschungsergebnisse 2015* (S. 153–176). Wiesbaden: Springer.

Sievers, K. (2008). *Beschaffungscontrolling*. Köln: Fördergesellschaft Produkt-Marketing.

Steinmann, H., Schreyögg, G., & Koch, J. (2013). *Management* (7. Aufl.). Wiesbaden: Springer Gabler.

8 Die Corporate Supply Strategy bei Phoenix Contact GmbH & Co. KG

Markus Brentano und Gerhard Heß

Die Phoenix Contact GmbH & Co. KG (im Folgenden Phoenix Contact genannt) ist ein marktführendes Unternehmen auf dem Gebiet der elektrischen Verbindungs- und elektronischen Interfacetechnik sowie der industriellen Automatisierungstechnik. Phoenix Contact ist in Business Units organisiert, die folgende Marktsegmente global bedienen: Geräteanschlusstechnik, Produktangebot im und um den Schaltschrank sowie Automatisierungstechnik und komplexe industriespezifische Lösungen. Die dezentralen Einkaufsabteilungen werden zentral im Corporate Purchase (im Folgenden CP genannt) koordiniert, um Synergien der verteilten Einkaufsaktivitäten zu heben. Zur strategischen Ausrichtung des globalen Einkaufs wird auf Basis der 15M-Architektur der Supply-Strategie eine übergreifende Supply Strategy mit Rahmen-, Markt-, Lieferanten- und Prozessstrategien entwickelt.

Am Beispiel von Phoenix Contact soll im folgenden Artikel illustriert werden, wie der Einkauf in einem weltweit agierenden Industrieunternehmen mit dezentralen Einkaufsstrukturen mit der 15M-Architektur der Supply-Strategie strategisch ausgerichtet werden kann.[1]

Nach einer kurzen Beschreibung der strategischen Ausgangssituation, insbesondere der Einkaufsorganisation (Abschn. 8.1), werden mit dem „Kern des Corporate Purchase“ die Ausrichtung an den Unternehmens- und Wettbewerbsstrategien sowie die Guideline vorgestellt (Abschn. 8.2). Im Rahmen der umfangreichen strategischen Analyse sollen die Reifegradanalyse und das darauf aufbauende Reifegradmanagement näher betrachtet werden, da diese für die Entwicklung und Steuerung der Supply Strategy besonders bedeutsam sind (Abschn. 8.3). Zentral

[1]Redaktionsschluss der Ausführungen ist Ende 2015.

© Springer Fachmedien Wiesbaden GmbH 2017
G. Heß, *Strategischer Einkauf und Supply-Strategie*,
DOI 10.1007/978-3-658-16215-3_8

für die Implementierung der Rahmenstrategie sind die strategischen Zielsetzungen, die mit Strategy Maps sowie strategischen Projekten konkretisiert werden (Abschn. 8.4). Die Steuerung der Supply Strategy sowie deren Implementierung sichern den Umsetzungserfolg (Abschn. 8.5). Abschließend werden Hinweise zur Vorgehensweise der Strategieentwicklung skizziert, wichtige Projekterfahrungen zusammengefasst und ein kurzer Ausblick gegeben (Abschn. 8.6).

8.1 Strategische Ausgangssituation und Einkaufsorganisation

Phoenix Contact bietet ein breites Spektrum an Komponenten, Systemen und Lösungen rund um elektronische Verbindungs- und Automatisierungstechnik. Beispielsweise umfasst das Produktspektrum ein vielfältiges Programm von Reihen- und Sonderklemmen, Printklemmen und Steckverbindern, Kabelanschlusstechnik und Installationszubehör. Weitere Beispiele des Leistungsprogramms sind elektronische Interfaces und Stromversorgungen oder Automatisierungssysteme auf Basis von Ethernet und Wireless für Anlagenbauer sowie Gerätehersteller. Die Märkte der Automobilindustrie, regenerativer Energien und der Infrastruktur werden durch individuelle Lösungskonzepte bedient. Entsprechend vielfältig wie das Produktspektrum sind auch die Anforderungen an den Einkauf.

Phoenix Contact ist ein Familienunternehmen mit Sitz im westfälischen Blomberg. Mit 14.500 Mitarbeitern wurde in 2014 ein Umsatz von 1,91 Mrd. € erzielt. Das Geschäft ist marktorientiert in Business Units gegliedert. Für die Organisation des Einkaufs sind neben den Business Units die Werke entscheidend, da diesen die dezentralen strategischen Einkaufsabteilungen zugeordnet sind. Der Stammsitz ist in Blomberg. Weitere Werksstandorte mit Einkaufsfunktion befinden sich in Bad Pyrmont, Lüdenscheid, USA, China, Indien und Polen. Die einzelnen dezentralen Einkaufsabteilungen sind dem CP per Dotted-Line-Prinzip fachlich zugeordnet. Angesichts der Breite des Einkaufsspektrums und der globalen Aufstellung des Einkaufs stellt die zentrale Einkaufskoordination eine gewaltige Herausforderung dar (vgl. Abb. 8.1).

Grundsätzlich muss die Zusammenarbeit im „Global Purchase Network" klar geregelt sein. Dabei muss mit Augenmaß zwischen der Notwendigkeit weltweit verbindlicher Regelungen und regionaler Freiheitsgrade abgewogen werden. Als besonders wirkungsvoll hat es sich herausgestellt, Regelungen einvernehmlich in verbindlicher Weise – mit der Unterschrift aller Beteiligten bestätigt – zu vereinbaren. Für die zentrale Einkaufskoordination sind folgende Strukturen, Prozesse und Regelungen wesentlich:

Mit einem Schichtenmodell (einfach „Zwiebel" genannt) wird die Intensität der Zusammenarbeit im Netzwerk strukturiert. Im Kern stehen die beiden deutschen Standorte in Blomberg und Bad Pyrmont, mit denen CP eng abgestimmt die strategischen Entwicklungen vorantreibt. In der zweiten Schicht liegen neben Lüdenscheid die großen Auslandsstandorte in den USA, Polen, China und Indien, die intensiv in die Abstimmung

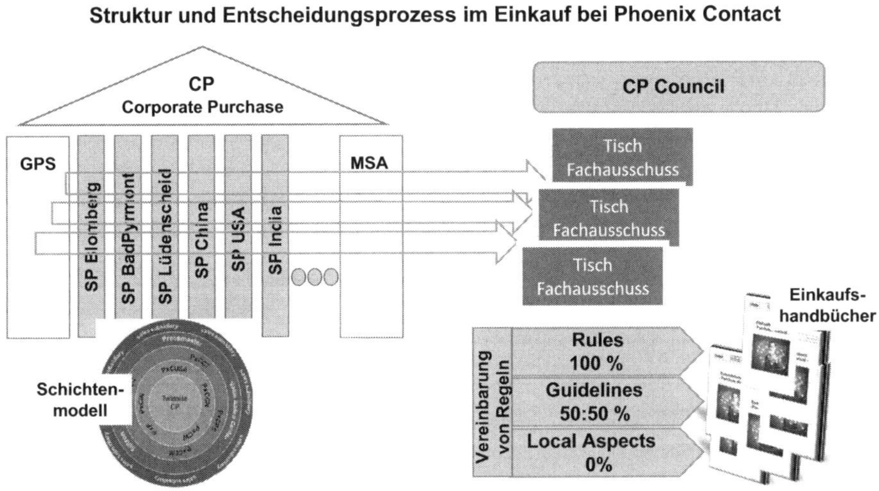

Abb. 8.1 Einkaufsorganisation bei Phoenix Contact. (Quelle: Phoenix Contact; Brentano)

einbezogen werden. Jedoch werden in der zweiten Schicht die übergreifenden Strategien und Prozesse in der Regel zeitlich verzögert eingeführt. In der dritten Schicht liegen die Einkaufsabteilungen kleinerer Standorte oder verbundener Unternehmen, die sich fallweise für eine Zusammenarbeit entscheiden.

Im Rahmen der unternehmensweiten Abstimmung wird die Verbindlichkeit zentraler Regelungen diskutiert und einvernehmlich beschlossen. Sogenannte „Rules" sind verbindlich und müssen zu „100 %" eingehalten werden. Guidelines geben einen Rahmen vor, der standortspezifisch ausgefüllt werden muss. Beispielsweise benötigt jeder Einkauf eine verbindliche Unterschriftenregelung. Die konkrete Ausgestaltung erfolgt allerdings an die regionalen Besonderheiten angepasst. Guidelines werden deshalb als „50:50"-Regelungen bezeichnet. Darüber hinaus gibt es „Local Aspects", die keiner zentralen Abstimmung bedürfen. Für die Umsetzung der Regelungen ist das Einkaufshandbuch von zentraler Bedeutung. Dieses wird mit weltweit einheitlicher Struktur und Form für jeden Standort inhaltlich angepasst erstellt. Das Einkaufshandbuch dokumentiert die Regelungen, die am Standort gelten. Die Einhaltung der Regelungen wird durch die Unternehmensrevision überwacht.

Das CP Council ist das Entscheidungsgremium für die unternehmensweite Steuerung des Einkaufsnetzwerkes. Neben dem Leiter CP sind die Einkaufsleiter der vier größten Einkaufsabteilungen vertreten. Sie repräsentieren den größten Teil des gesamten Einkaufsvolumens. Im „Corporate Purchase and Quality Meeting" (im Folgenden CPQ-Meeting genannt) sowie im „Supply Strategy Meeting" treffen sich jeweils einmal jährlich die wesentlichen Repräsentanten im Einkaufsnetzwerk. Neben der fachlichen Diskussion zu allen wichtigen Fragen ist die Formierung der Beziehungsebene im Global Purchase Network das zentrale Anliegen der beiden globalen Einkäufertreffen.

Unterhalb der umfassenden Gremien werden bedeutsame Fachthemen in Ausschüssen, sogenannten „Tischen“, diskutiert und bis zur Entscheidungsreife vorbereitet. Beispiele für Tische sind die Entwicklung des Supplier Managements, die Entwicklung des Material Group Managements oder die Entwicklung der einkaufsrelevanten Prozesse. Die Tische werden durch das CP Council initiiert und geführt. Jeweils ein Mitarbeiter von CP steuert die operative Arbeit des Tisches.

CP selbst gliedert sich in zwei Abteilungen:

1. Global Purchase Service (GPS) ist für die Entwicklung von Methoden, IT-Systemen, Tools und Prozessen verantwortlich und führt deshalb die oben angesprochenen Fachausschüsse. Ferner sorgen drei Area Manager laufend für eine reibungslose Kommunikation zwischen der Zentrale und den Einkaufsabteilungen. Sie unterstützen die Umsetzung von Methoden, Systemen oder Tools vor Ort. Sie sind Experten für die regionalen Besonderheiten ihrer Beschaffungsmärkte und vertreten die spezifischen Anforderungen „ihrer“ Einkaufsabteilungen im Rahmen der zentralen Aktivitäten. Einfach ausgedrückt sind die Area Manager „leibhaftige Kommunikation“.
2. In der Abteilung Material Standardisation and Analysis (MSA) erfolgt – in enger Zusammenarbeit mit der Entwicklung – insbesondere die Freigabe und Optimierung der zu beschaffenden Materialien (vgl. Mühlberger 2015).

Auf Ebene der Supply Markets (= Materialgruppen) sind die Lead Buyer für die globale Kommunikation und die standortübergreifende Abstimmung bzw. Bündelung der Aktivitäten verantwortlich. Die Lead Buyer sind Mitarbeiter in einer regionalen strategischen Einkaufsabteilung und erhalten das Mandat für die Entwicklung und Umsetzung globaler Supply Market Strategies und die Verhandlung von Rahmenverträgen.

In den folgenden Abschnitten wird der Aufbau, die Entwicklung und Implementierung der Supply Strategy bei Phoenix Contact vorgestellt.

8.2 Wertbeitragsziele und Kern des Einkaufs

Der Einkauf muss an den Anforderungen der Unternehmens- und Wettbewerbsstrategien sowie des Wertesystems des Unternehmens ausgerichtet werden. Hierzu sind die Wertbeitragsziele des Einkaufs (Modul N01: Wertbeitragsziele; die angeführten Module N01 und folgende beziehen sich jeweils auf die 15M-Architektur der Supply-Strategie) zu definieren und zu konkretisieren sowie das Selbstverständnis des Einkaufs im Unternehmen zu fixieren (Modul N02: Guideline).

Als zentrale Trends für die Entwicklung des Einkaufs bei Phoenix Contact konnten die oben bereits beschriebene umfassende Globalisierung des Geschäftes und – basierend auf dem Leistungsspektrum – die steigende Komplexität der Versorgung identifiziert werden.

Beide Trends erfordern eine zunehmende Professionalisierung der Versorgung, mit der Konsequenz, dass die Supply-Verantwortung verstärkt bei den „Supply-Spezialisten" im Einkauf gebündelt werden sollte. Mit der umfassenden Supply-Verantwortung muss sich aber auch der Blick im Einkauf von einer reinen Kostenorientierung hin zu einer ausgewogenen Orientierung an Kosten-, Leistungs- und Innovationszielen entwickeln. Eine solche Umorientierung muss allerdings als langfristiger Prozess verstanden werden, da schon alleine die erforderliche Kompetenzentwicklung im Einkauf Zeit benötigt. Darüber hinaus muss sich im Unternehmen ein Vertrauen in den Einkauf entwickeln, dass dieser der neuen Verantwortung gerecht wird. Auch diese Vertrauensbildung benötigt Zeit. Als zweite Konsequenz der aufgezeigten Trends wird die Netzwerkbildung zur Realisierung von Einkaufssynergien als dringend erforderlich gesehen.

Die Beschreibung der geschäftsmodellrelevanten Grundsatzentscheidungen folgt der bei Phoenix Contact eingeführten Strategiemethodik, der 7-K-Systematik (vgl. detailliert Rau et al. 2014, S. 92 ff.). Die allgemeine Strategiesystematik wird auf die einzelnen Funktionen, insbesondere auch auf den Einkauf heruntergebrochen. Mit der 7-K-Systematik wird die strategische Ausrichtung von CP strukturiert. Im Zentrum steht der „strategische Kern von CP", der die angestrebte Leistung und Zielmärkte des Einkaufs für das Unternehmen und eng damit verbunden dessen angestrebtes Selbstverständnis beschreibt (entspricht Modul N02 der 15M-Architektur). Aus diesem Kern heraus lassen sich die grundlegenden Wertbeitragsziele ableiten und anschließend konkretisieren (entspricht Modul N01 der 15M-Architektur).

Abgeleitet aus den oben beschriebenen Trends wird der „strategische Kern von CP" folgendermaßen definiert:

„Entwicklung des Global Corporate Purchase Networks in Richtung Supply-Verantwortung für Kosten, Verfügbarkeit, Qualität und Innovation mit den Schwerpunkten

- Marktstrategische Orientierung
- Prozessorientierte Zusammenarbeit in der gesamten Lieferkette
- Value Orientierung
- Synergieoptimierte dezentrale Steuerung im Corporate Framework"

Der strategische Kern wird auf Basis der 7K-Methode detailliert beschrieben. Dabei werden die Anforderungen an den Einkauf geklärt und in Form von Wertbeitragszielen des Einkaufs ausgearbeitet. Beispielsweise ergeben sich aus der marktstrategischen Orientierung folgende Konsequenzen für den Einkauf:

- Es werden aus den Geschäftsfeldstrategien spezifische absatzmarktorientierte Anforderungen an den Einkauf identifiziert und definiert.
- Neue Supply-Märkte müssen rechtzeitig bearbeitet werden, um die Versorgung termingerecht zu sichern.

- Der Einkauf hat für eine umfassende Transparenz in den Supply-Märkten zu sorgen. Er muss die Supply-Märkte systematisch erforschen.
- Der Einkauf ist dafür verantwortlich, die Beschaffungsrisiken transparent zu machen und zu steuern.

Insgesamt werden zwölf strategische Wertbeitragsziele festgelegt. In Abb. 8.2 sind die strategischen Wertbeitragsziele schlagwortartig zusammengefasst.

Neben den qualitativen Wertbeitragszielen werden quantitative Wertbeitragsziele formuliert. Beispielsweise werden folgende quantitative Wertbeitragsziele angestrebt: Materialkostenveränderung, Projekterfolge, Mengen- und Termintreue, Flexibilität, Q-Meldung. Es versteht sich von selbst, dass die quantitativen und die qualitativen Wertbeitragsziele in sich konsistent sein müssen.

Die Wertbeitragsziele werden von CP strukturiert, konkretisiert und durch die Geschäftsleitung beschlossen. Hierzu werden vielfältige Gespräche mit ausgewählten Stakeholdern des Einkaufs geführt, insbesondere um die einzelnen Wertbeitragsziele konkretisieren und priorisieren zu können. Dabei wird deutlich, wie facettenreich und auch dynamisch die Anforderungen an den Einkauf sind, dass im globalen Kontext bereits die Identifikation der relevanten Stakeholder und die hinreichend präzise Formulierung deren strategischer Anforderungen keine trivialen Aufgaben darstellen. Darüber hinaus müssen die Anforderungen der Stakeholder auch auf die strategischen Ebenen Supply Markets und Supplier heruntergebrochen werden. In der Konsequenz wird die Bedeutung eines systematischen Anforderungsmanagements deutlich, mit dem die relevanten Stakeholder des Einkaufs identifiziert und deren Anforderungen durchgängig über die Strategieebenen hinweg erfasst und bewertet werden. Ein strategisches Projekt zum Aufbau eines systematischen Anforderungsmanagements wird beschlossen.

- Anforderungen der internen Kunden beachten / integrieren
- Differenzierten Beitrag zur Kostenposition und zur Lieferfähigkeit leisten
- Schnittstellen mit internen Kunden steuern
- Versorgung für neue Industrien und Zielmärkte sichern
- Markttransparenz in Beschaffungsmärkten sichern
- Beschaffungsrisiken steuern
- Lieferanten in Supply Chain und in Prozesse verstärkt integrieren
- Compliance-Richtlinien in der Supply Chain sichern
- Einkaufsprozesse optimieren
- Global Purchase Network entwickeln
- Standardisierung und Reduzierung der Teilevielfalt vorantreiben
- Innovationsbeitrag leisten

Abb. 8.2 Übersicht über die Wertbeitragsziele

8.3 Strategische Analyse, insbesondere Reifegradmanagement

Nach der Formulierung der Wertbeitragsziele (Modul N01) und der Supply-Guideline (Modul N02) sind in der strategischen Analyse (Modul N03) gleichermaßen das Einkaufsmanagement (interne Analyse) wie auch übergreifende Marktentwicklungen (externe Analyse) transparent zu machen. Im Folgenden werden ausgewählte Analysen vorgestellt.

1. Eckdaten des Einkaufs
Zu Beginn wird ein Überblick über wesentliche Strukturkennzahlen des Einkaufs gegeben, beispielsweise Bestellwert, Währungsanteile, Anzahl Bestellungen, Anzahl Lieferanten, Anzahl Materialien. Die einzelnen Kennzahlen sind nach den Organisationseinheiten untergliedert.

2. Reifegradanalyse
Mit der 15M-Reifegradanalyse (Modul N15) wird das Einkaufsmanagement bei Phoenix Contact systematisch an der 15M-Architektur der Supply-Strategie gespiegelt (vgl. Abb. 8.3, detailliert zur 15M-Reifegradanalyse vgl. Heß 2015). Dazu werden fünf Bewertungsbereiche (Rahmenstrategie, Supply Market Strategies, Supplier Strategies …) mit insgesamt 36 Bewertungsfunktionen, z. B. im Bereich Supply Market Strategies die Funktionen Marktziele, externe Marktanalyse, Bedarfsanalyse, gebildet.

In einem Tagesworkshop werden die 36 Bewertungsfunktionen der Reihe nach durchleuchtet. Mit Hilfe von Best-Practice-Beispielen wird intensiv nach Verbesserungsideen gesucht. Ferner werden die angewandten Methoden und Prozesse sowie deren Umsetzungsstand beurteilt und mit einem Score bewertet. Der Score der Bewertungsfunktionen kann über die Bewertungsbereiche zu einem umfassenden Reifegradscore aggregiert werden. Dabei wird nach dem oben ausgeführten Schichtenmodell zwischen Schicht 1 (Blomberg, Bad Pyrmont) und Schicht 2 (bedeutsame weitere Standorte) unterschieden. Für die beiden Schichten wird jeweils die Ist-Situation bewertet und ein angestrebter Planwert ermittelt. Abb. 8.4 veranschaulicht den Reifegradscore. Aus Vertraulichkeitsgesichtspunkten sind alle Zahlenwerte völlig willkürlich geändert.

Auf Basis der ausgeführten Reifegradanalyse soll ein Reifegradmanagement zur nachhaltigen Entwicklung des Einkaufsmanagementsystems etabliert werden. In einem jährlichen Workshop soll der Stand des Einkaufsmanagements beurteilt, die nächsten Entwicklungsschritte beschlossen und in die Rahmenstrategie integriert werden. Darauf aufbauend wird ein Reifegrad-Planwert ermittelt. Auf diese Weise wird die Entwicklung des strategischen Einkaufs orientiert an der 15M-Architektur systematisch vorangetrieben. Mit dem Reifegradscore können die Fortschritte sichtbar gemacht werden. Die Ergebnisse der Reifegradanalyse werden als Teil der strategischen Analyse in der Rahmenstrategie dokumentiert.

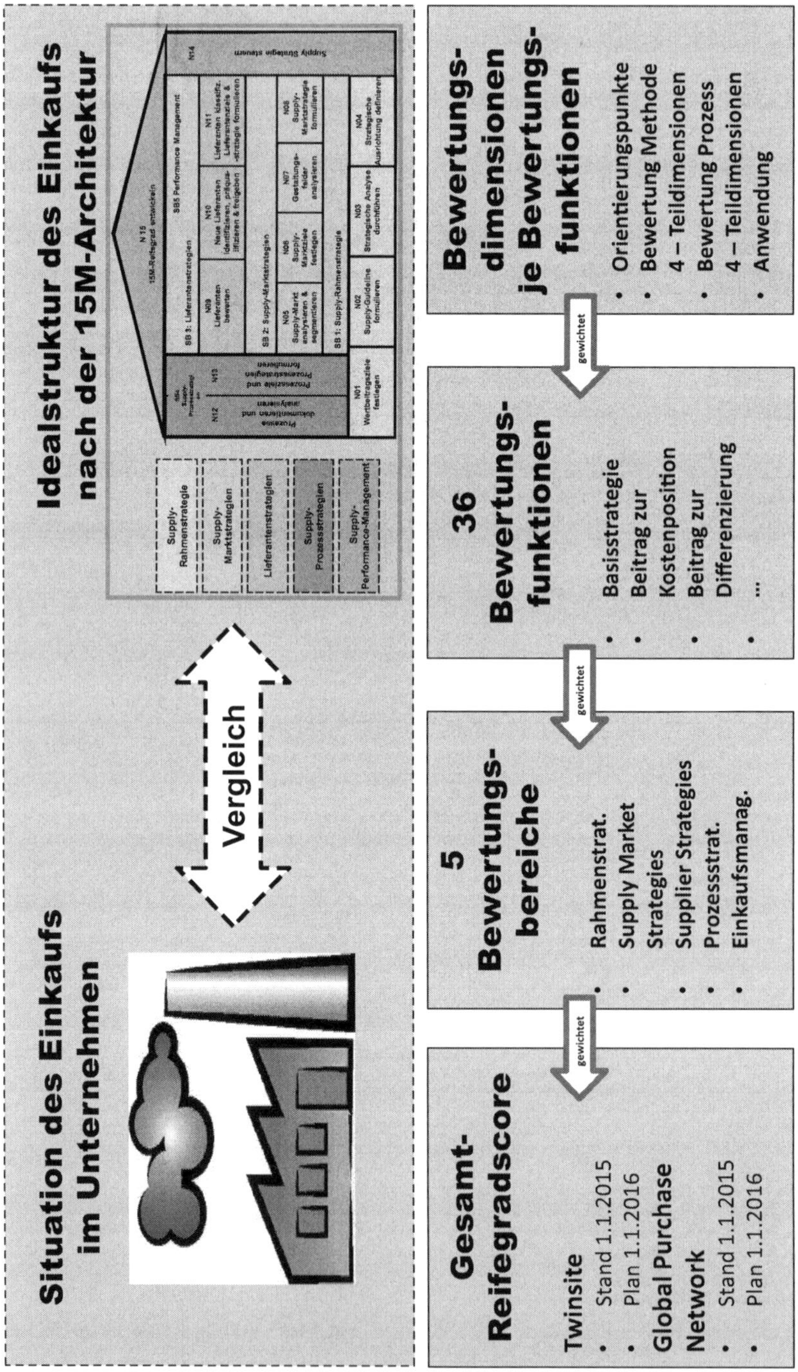

Abb. 8.3 15M-Reifegradanalyse bei Phoenix Contact

			PcX + PcE		Phoenix Global		
			Stand 1.1.2015	Plan 1.1.2016	Stand 1.1.2015	Plan 1.1.2016	Gewichtung
		Reifegradscore gesamt	55%	80%	38%	66%	
1.0		**Rahmenstrategie**	44%	72%	30%	60%	25%
1.1.	Zi	Basisstrategie	35%	90%	30%	60%	10%
1.2.	Zi	Beitrag zur Kostenposition	89%	90%	75%	90%	5%
1.3.	Zi	Beitrag zur Differenzierung	34%	90%	30%	40%	5%
1.4.	Zi	Beitrag zur Finanzposition	37%	75%	30%	40%	5%
1.5.	An	Analyse des strategischen Rahmens	57%	75%	30%	40%	5%
1.6.	An	Beschaffungsmarktdefinition	68%	75%	55%	75%	5%
1.7.	An	Prozessarchitektur	47%	90%	40%	75%	5%
1.8.	An	Reifegradmanagement	39%	90%	33%	50%	10%
1.9.	Au	Supply Guideline / Supply Vision	58%	75%	0%	0%	5%
1.10.	Au	Strategische Ausrichtung	38%	75%	30%	50%	20%
1.11.	St	Strategietreiber	28%	60%	0%	30%	10%
1.12.	St	Strategische Programme und Projekte	38%	60%	30%	60%	10%
1.13.	St	Kommunikation Supply-Strategie	47%	60%	30%	60%	5%
2.0		**Marktstrategien**	46%	75%	24%	50%	25%
2.1.	Zi	Marktziele	60%	75%	24%	50%	25%
2.2.	An	externe Marktanalyse	55%	75%	23%	50%	5%
2.3.	An	Bedarfsanalyse	60%	75%	26%	50%	5%
2.4.	An	Analyse Proukt- und Kostenstruktur	55%	75%	35%	50%	5%
2.5.	An	Analyse der Lieferantenstruktur	75%	75%	21%	50%	5%
2.6.	An	Analyse der Entgelte	75%	75%	16%	50%	3%
2.7.	An	Analyse marktbezogener Prozesse	30%	75%	37%	50%	2%
2.8.	Au	Definition Marktstrategien	0%	75%	15%	50%	25%
2.9.	St	Steuerung Marktstrategien	0%	75%	22%	50%	25%
3.0.		**Lieferantenstrategien**	62%	90%	51%	90%	25%
3.1.	Zi	Lieferantenziele	90%	90%	75%	75%	25%
3.2.	An	Vergangenheitsorientierte Lieferantenb	90%	90%	75%	75%	15%
3.3.	An	Lieferantenpotenzialanalyse	85%	90%	65%	75%	10%
3.4.	Au	Lieferantenklassifizierung	75%	90%	70%	75%	5%
3.5.	Au	Lieferantenfreigabe	55%	90%	40%	75%	10%
3.6.	Au	Definition Lieferantenstrategien	40%	90%	30%	75%	10%
3.7.	St	Steuerung Lieferantenstrategien	0%	90%	0%	75%	25%
4.0		**Prozessstrategien**	60%	81%	30%	53%	15%
4.1.	Zi	Prozessziele	0%	50%	0%	30%	25%
4.2.	An	Prozessdokumentation und -analyse	90%	100%	60%	75%	25%
4.3.	Au	Definition Prozesstrategien	90%	100%	60%	75%	25%
4.4.	St	Steuerung Prozessstrategien	60%	75%	0%	30%	25%
5.0.		**Einkaufsmanagement**	82%	90%	75%	83%	10%
5.1.		Organisation	75%	90%	65%	75%	40%
5.2.		Mitarbeiter	80%	90%	75%	85%	30%
5.3.		Führung	90%	90%	85%	90%	30%

(Zahlen aus Vertraulichkeitsgesichtspunkten willkürlich verändert)

Abb. 8.4 15M-Reifegradscore bei Phoenix Contact (Zahlen aus Vertraulichkeitsgesichtspunkten willkürlich verändert). (Quelle: Phoenix Contact)

3. Risikoanalyse und Risikomanagement
Die Top-Risiken des Einkaufs werden identifiziert, analysiert und mit einer Risk-Map veranschaulicht. Für die wesentlichen Risiken werden jeweils strategische Programme beschlossen, die in die unten ausgeführten strategischen Stoßrichtungen zu integrieren sind, z. B. das Risiko von Lieferantenabhängigkeiten in die Supply Market Strategies bzw. in die Supplier Strategies.

Als Herausforderung wird gesehen, das Risikomanagement im Unternehmen und im Einkaufsmanagement zu integrieren: So sind Risiken über die Strategieebenen Rahmenstrategie, Supply Market Strategies und Supplier Strategies hinweg zu steuern. Gleichzeitig ist das Risikomanagement im Einkauf auch in das unternehmensweite Risikomanagement einzubinden.

4. Marktdefinition
Die wesentlichen Supply Markets und Supply Market Segments werden marktorientiert strukturiert, indem Warengruppen marktorientiert zusammengefasst werden. Hierbei sollten nicht nur die aktuelle Situation, sondern auch die erwarteten Entwicklungen in den Märkten und innerhalb des Unternehmens beachtet werden. Mit dem bekannten Einkaufsportfolio nach Kraljic wird die Marktstruktur veranschaulicht.

Für die Märkte gilt es, eindeutige Verantwortlichkeiten zu definieren. In jeder Einkaufsabteilung ist für jeden relevanten Supply Market bzw. für jedes relevante Supply Market Segment ein zuständiger Einkäufer zu benennen. Darüber hinaus wird für priorisierte Supply Markets bzw. Supply Market Segments mit Bündelungspotenzialen jeweils ein Lead Buyer bestimmt, der die weltweite Strategieentwicklung und Koordination verantwortet. In der Summe ergibt sich also eine Verantwortungsmatrix, in der für jeden Supply Market und für jedes Supply Market Segment die zuständigen Einkäufer und der Lead Buyer aufgeführt sind.

5. Prozessarchitektur
Bei Phoenix Contact existierte bereits vor dem Strategieprojekt ein umfassendes Projekt zur globalen Analyse, Vereinheitlichung, Dokumentation und Verbesserung der Geschäftsprozesse und insbesondere auch der Einkaufsprozesse. Insofern können das vorhandene Prozesshaus und die Dokumentationsmethodik für die strategische Analyse übernommen werden.

8.4 Strategische Ausrichtung mit strategischen Stoßrichtungen, Strategy Maps und strategischen Projekten

Nach der strategischen Analyse ist die strategische Ausrichtung – das Herz der Supply Strategy – zu entwickeln (Modul N04). Die strategischen Analysen, insbesondere auch die Reifegradanalyse, haben deutlich gemacht, dass es bei Phoenix Contact vielfältige, für sich jeweils wertschöpfende Methoden und Tools im Einkauf gibt. Allerdings sind diese noch nicht hinreichend aufeinander abgestimmt, meist zu wenig strategisch ausgerichtet und im internationalen Kontext zu bruchstückhaft implementiert. Darüber hinaus sind zahlreiche Ideen zur Verbesserung des Einkaufsmanagements bewusst und werden teils intensiv vorangetrieben. Jedoch erfolgt die Entwicklung des strategischen Einkaufs eher projektorientiert und nicht ganzheitlich strategisch.

Hieraus ergibt sich eine erste Basisidee für die strategische Ausrichtung des Einkaufs: Es soll die Entwicklung des Einkaufsmanagements ganzheitlich und strategisch ausgerichtet vorangetrieben werden. Dabei soll die 15M-Architektur der Supply-Strategie als grundlegendes Konzept dienen. Aus dieser Basisidee folgt insbesondere:

1. Aufbau einer ganzheitlichen Struktur und Entwicklung des strategischen Einkaufs
2. Stärkung der standortübergreifenden internationalen Ausrichtung des strategischen Einkaufs
3. Durchgängige Ausrichtung des strategischen Einkaufs an den Unternehmens- und Wettbewerbsstrategien
4. Schrittweise Ergänzung fehlender Bausteine bzw. Fortentwicklung verbesserungsfähiger Bausteine des Einkaufsmanagements

Die Analyse der Wertbeitragsziele und des strategischen Kerns zeigt ferner, dass der Einkauf neben der kontinuierlichen Optimierung der bestehenden (kostenorientierten) Ausrichtung verstärkt einen Differenzierungs- und Innovationsbeitrag leisten sollte. Letztlich sollte der Einkauf für die unterschiedlichen Geschäftsfelder den jeweils optimalen Mix an Wertbeitragszielen in den Lieferketten realisieren. Damit wird die Bedeutung des Anforderungsmanagements deutlich, um für die unterschiedlichen Bedarfsträger das anzustrebende (realistische) Bündel an Wertbeitragszielen zu bestimmen.

Hieraus ergibt sich eine zweite Basisidee für die strategische Ausrichtung des Einkaufs: Es sollen – über die Optimierung der Kostenposition hinaus – leistungsorientierte Wertbeitragsziele identifiziert und realisiert werden. Die Schlagworte Value Sourcing und Lösungsgeschäft veranschaulichen diese Basisidee.

Es ist offenkundig, dass die Kapazität im Einkauf nicht ausreicht, beide Basisideen gleichzeitig anzupacken. Dabei erscheint die erste Basisidee eine notwendige Grundlage für die zweite Basisidee zu sein. Ohne exzellentes Materialgruppen- und Lieferantenmanagement wird die Nutzung von Value-Sourcing-Potenzialen schwierig. Insofern sollte zunächst das Einkaufsmanagement zu einem ganzheitlich und strategisch ausgerichteten, international integrierten und fachlich ausgereiften System entwickelt werden. In diesem Rahmen soll die zweite Basisidee allerdings schon vorbereitet werden. So sollen innerhalb der einzelnen Supply Market Strategies und Supplier Strategies projektweise leistungsorientierte Zielsetzungen angestrebt werden. Ferner soll bereits das Anforderungsmanagement als grundlegendes Konzept für die zweite Basisidee aufgebaut werden. Die Umsetzung der zweiten Basisidee soll starten, sobald das Einkaufsmanagement einen bestimmten Reifegrad erreicht hat.

Aus dieser strategischen Standortbestimmung heraus werden drei strategische Stoßrichtungen abgeleitet, mit denen das Einkaufsmanagement systematisch entwickelt werden soll:

Supply Market Strategy Excellence
Mit der ersten strategischen Stoßrichtung soll das bereits vorhandene Materialgruppenmanagement zu einem durchgängigen globalen Steuerungsinstrument fortentwickelt werden. Insbesondere sollen Supply Market Strategies für alle wesentlichen Supply Markets entwickelt und umgesetzt werden (Module N05 bis N08). Damit soll in den Supply Markets mit jeweils marktspezifischen Maßnahmen der Wertbeitrag optimiert werden. Die Stoßrichtung wird mit dem Leitsatz beschrieben:

> Wir entwickeln exzellente Supply Market Strategies sowie ein effektives Supply Market Management – orientiert an den Unternehmens- und Wettbewerbsstrategien der Market Segments – zur Optimierung der Wertbeitragsziele.

Supplier Management Excellence
Das bestehende Lieferantenmanagement soll überprüft und strategie- und handlungsorientiert fortentwickelt werden (Module N09 bis N11). Die dv-technische Unterstützung des Lieferantenmanagements soll intensiviert werden. Die zweite Stoßrichtung wird wie folgt beschrieben:

> Wir entwickeln eine exzellente Lieferantenbasis sowie ein effektives Supplier Management zur Stärkung der Wettbewerbsposition in den Supply Market Areas sowie zur Optimierung der Wertbeitragsziele.

Global Purchase Network Management Excellence (GPNM Excellence)
Als dritte strategische Stoßrichtung gilt es, das internationale Einkaufsnetzwerk bei Phoenix Compact zu entwickeln und zu installieren. Hierzu sind übergreifende Prozesse, Systeme, Methoden und Tools zu etablieren und ferner das internationale Beziehungsnetzwerk im Einkauf zu stärken (hierin auch enthalten N12 bis N14). Folgender Leitsatz umschreibt die dritte strategische Stoßrichtung:

> Wir entwickeln ein effektives und effizientes Global Purchase Network Management (GPNM) zur Realisierung von Synergien im Purchase Network mit den Schwerpunkten Strategie, Einkaufscontrolling, Prozesse, Methoden, Tools, Risiko- und Compliance-Management.

Die drei strategischen Stoßrichtungen sind noch sehr generisch und müssen konkretisiert werden. Hierzu wird für jede strategische Stoßrichtung eine Zielelandkarte erarbeitet, die dann zur (integrierten) Zielelandkarte von Corporate Purchase verdichtet wird (vgl. Abb. 8.5). Mit der Formulierung der Zielelandkarte werden die strategischen Ziele und damit erforderliche strategische Projekte identifiziert. Ferner werden Werttreiber abgeleitet, d. h. Kennzahlen, die zeigen sollen, ob die Strategieumsetzung zielgerichtet

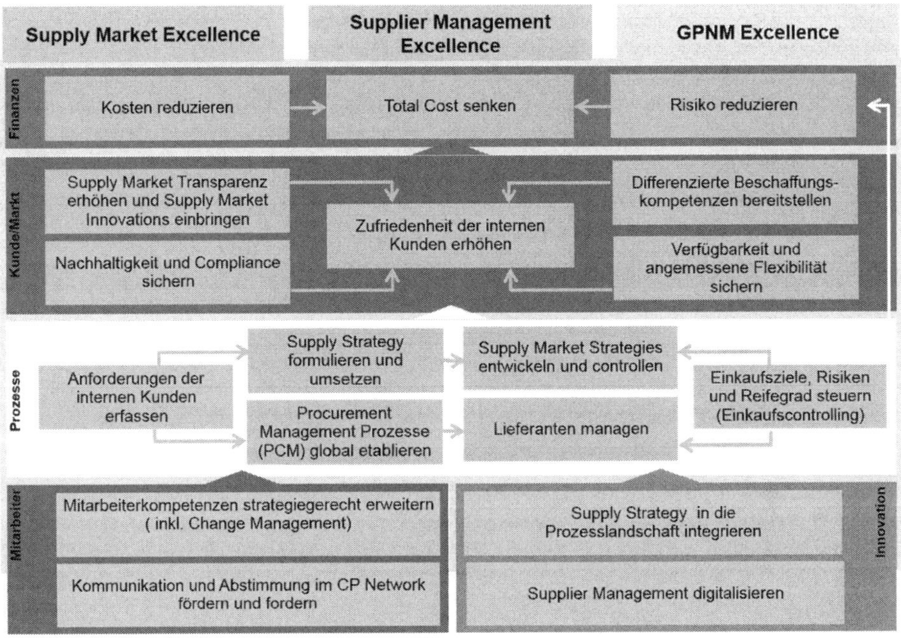

Abb. 8.5 Zielelandkarte von Corporate Purchase. (Quelle: Phoenix Contact; Brentano)

vorankommt. Insgesamt orientiert sich die Vorgehensweise an der Balanced-Scorecard-Systematik nach Kaplan Norton (vgl. dazu Heß 2010, S. 125 ff.).

Ausgangspunkt ist die Prozesssicht der Zielelandkarte, in der die zentralen Prozesse dargestellt sind. Zur Entwicklung der einzelnen Prozesse sind jeweils ein oder mehrere strategische Projekte erforderlich: Die Anforderungen der internen Kunden müssen systematisch erfasst werden. Dieser Prozess soll mit dem Projekt Aufbau eines Anforderungsmanagements etabliert werden. Der Prozess „Supply Strategy formulieren und umsetzen" zielt auf die Steuerung der Rahmenstrategie. Neben der Rahmenstrategie sind Prozesse zur Steuerung von Supply Market Strategies, von Lieferanten und Prozessen zu entwickeln. Zur Optimierung und Umsetzung dieser Prozesse werden jeweils ein oder mehrere Projekte definiert. Als Feedbackprozesse werden das Einkaufscontrolling und das Reifegradmanagement etabliert.

Damit die Prozesse erfolgreich eingeführt werden können, sind Voraussetzungen zu schaffen, z. B. müssen die Basiskompetenzen bei Mitarbeitern entwickelt oder das Supplier Management digitalisiert werden. Diese Vorhaben sind im Abschnitt „Mitarbeiter und Innovationen entwickeln" zusammengefasst.

Die mit der Strategie angestrebten Wertbeitragsziele lassen sich nach Finanzzielen, insbesondere Kosten bzw. Risiken reduzieren, und nach kundenorientierten Zielen strukturieren. Dabei stehen im Einkauf die internen Kunden im Mittelpunkt, die mit den

1. Supply Strategy fortentwickeln und umsetzen
2. Einkaufscontrolling fortentwickeln
3. Procurement-Management Prozesse global etablieren
4. Risikomanagement globalisieren und ausrollen
5. Kommunikation und Zusammenarbeit im Global Purchase Network fördern und fordern
6. Personalstrategie für Kompetenzentwicklung formulieren
7. Anforderungen der internen Kunden systematisch erfassen

Abb. 8.6 Projekte zur Entwicklung der Global Purchase Network Management Excellence. (Quelle: Phoenix Contact)

Arbeitsergebnissen des Einkaufs weiterarbeiten. Zur Steigerung deren Zufriedenheit soll die Transparenz in den Supply Markets erhöht, die Nachhaltigkeit und die Compliance gesichert, eine differenzierte Beschaffungskompetenz bereitgestellt und die Flexibilität der Leistungen gesichert werden.

Insgesamt werden zur Umsetzung der strategischen Stoßrichtungen 18 strategische Projekte definiert. Jedes dieser Projekte ist bereits in seiner Konzeptualisierung anspruchsvoll. Zur Dimensionierung der Workload werden die Projekte deshalb priorisiert und terminiert, d. h. nicht alle Projekte werden gleichzeitig gestartet. Abb. 8.6 zeigt die strategischen Projekte der 3. strategischen Stoßrichtung „Global Purchase Network Management Excellence" überblicksartig auf.

Um den Umsetzungserfolg der strategischen Projekte zu überwachen, werden neben den Wertbeitragszielen Werttreiber definiert. Während die Wertbeitragsziele die eigentlichen Zielsetzungen des Einkaufs beschreiben, sind Werttreiber Indikatoren, die den Strategiefortschritt aufzeigen. Zum Beispiel zeigt die Kennzahl „Verabschiedete Supply Market Strategies", ob die erste strategische Stoßrichtung vorankommt. Der Erfolg der ersten strategischen Stoßrichtung setzt die Existenz von Supply Market Strategies voraus. Das eigentliche Ziel des Einkaufs ist aber nicht die Existenz der Strategien, sondern deren positive Wirkungen. Die angestrebten strategischen Wirkungen werden mit den Wertbeitragszielen wie Kostenreduzierung oder Steigerung der Flexibilität gemessen.

8.5 Strategische Steuerung

Die erstmalige Formulierung einer Supply Strategy ist ein erster Schritt auf einer langen Reise. Um auf Kurs zu bleiben, müssen die Strategien gesteuert werden (Modul N14 und N15). So müssen während der Strategieimplementierung regelmäßig (z. B. monatlich) die Richtung nachjustiert und die nächsten Schritte konkretisiert werden. Immer wieder (z. B. jährlich) sind die Strategien zu überprüfen und ggf. fortzuschreiben.

Im Folgenden sollen wesentliche Prozesse zur strategischen Steuerung der Supply Strategy bei Phoenix Contact vorgestellt werden. Hierbei werden verschiedene Steuerungsebenen unterschieden.

1. Steuerung der Rahmenstrategie

Strategische Projekte
Wie schon ausgeführt müssen die bedeutsamen strategischen Projekte der Rahmenstrategie mit Projektmanagementmethoden gesteuert werden. Besonders wichtig sind dabei die klare Definition der Verantwortlichkeiten, die Strukturierung der Projekte in Teilprojekte und die Ableitung von Meilensteinen und konkreten Maßnahmen. Der Projektverantwortliche und das Projektteam treiben das Projekt und sind auch für die Fortentwicklung des Projektes – in den Grenzen des Projektauftrags – verantwortlich.

Erreicht ein strategisches Projekt zur Fortentwicklung des Einkaufsmanagementsystems eine gewisse Reife, erfolgt der Rollout in der Organisation. Wie in Abschn. 8.1 vorgestellt werden neue Prozesse, Methoden, Systeme und Tools mit den Einkaufsverantwortlichen – die bereits in der Projektphase einbezogen werden – besprochen. Es wird der Grad der Verbindlichkeit vereinbart (Rules oder Guidelines) und in den Einkaufshandbüchern verankert. Soweit eine laufende Fortentwicklung erforderlich ist, wird diese von Global Purchase Services bzw. – falls erforderlich – in einem Fachausschuss („Tisch") betreut.

Strategie-Steuerkreis
Der Strategie-Steuerkreis wird vom Leiter CP geführt. Mitglieder sind die beiden Einkaufsleitungen aus Blomberg und Bad Pyrmont, Leitung GPS, Leitung Investitionsgütereinkauf und ein externer Moderator. Pate ist der für CP verantwortliche Geschäftsbereichsleiter. Der Strategie-Steuerkreis treibt die Strategieentwicklung und -umsetzung. In der Umsetzungsphase trifft er sich ca. alle sechs Wochen. Er prüft und diskutiert die inhaltliche Ausrichtung sowie den Fortschritt der strategischen Projekte. Er setzt Prioritäten, kümmert sich um Ressourcen und überwacht die Validität der Strategie insgesamt. Er ist gleichsam Hirn und Herz der Strategieentwicklung.

Reifegradmanagement und Strategie-Review
Einmal jährlich wird der Reifegrad des Einkaufsmanagementsystems überprüft und für das nächste Jahr geplant. Auf dieser Basis ergeben sich Verbesserungsideen für die Methoden, Prozesse, Systeme und Tools des Einkaufs, die bei der Fortschreibung der Rahmenstrategie berücksichtigt werden. Im jährlichen Strategie-Review wird die Gültigkeit der Supply Strategy überprüft. Die Anforderungen der Stakeholder und die strategische Analyse werden aktualisiert. Bestehende Projekte und der Implementierungsplan der Strategie werden nachjustiert und fortgeschrieben. Je nach Reichweite der strategischen Änderung gestaltet sich der Aufwand des Strategie-Reviews mehr oder minder überschaubar. Eine Neuformulierung der Strategie wird in der Regel nur alle drei bis fünf Jahre erforderlich.

Einkaufscontrolling
Das Controlling der definierten Ziele und Kennzahlen begleitet die Steuerungsprozesse. Die Entwicklung der Wertbeitragsziele und der Werttreiber wird berichtet und beurteilt. Konsequenzen fließen in die oben aufgezeigten Steuerungsprozesse ein.

2. Steuerung der Supply Market Strategies und der Supplier Strategies

Supply Market Strategies und Supplier Strategies
Die Entwicklung und Umsetzung der Supply Market Strategies und der dazugehörigen Supplier Strategies erfolgt durch den verantwortlichen Lead Buyer. Dabei wird er engen Kontakt zu den strategischen Einkäufern seines Supply Markets oder seines Supply Market Segments halten (siehe Verantwortungsmatrix, Abschn. 8.3). Die beschlossenen strategischen Projekte wird er als Projektverantwortlicher ggf. mit einem Projektteam treiben. Er ist auch für den internationalen Rollout zuständig.

Jährlich soll der Lead Buyer seine Supply Market Strategy überarbeiten bzw. fortschreiben. Dazu aktualisiert er – im Rahmen des Anforderungsmanagements – die globalen strategischen Anforderungen der Stakeholder und die strategische Analyse im Strategietemplate. Strategien werden überprüft und strategische Projekte nachjustiert und fortgeschrieben. Alle drei bis fünf Jahre wird eine völlige Überarbeitung erforderlich.

Ausrichtung der Supply Market Strategies und Supplier Strategies
Die Lead Buyer sind Mitarbeiter jeweils einer strategischen Einkaufsabteilung. Mindestens monatlich werden die strategischen Projekte der Supply Market Strategies und der Supplier Strategies im Rahmen der bereits etablierten Abteilungskonferenzen mit der jeweiligen Einkaufsleitung besprochen. Die jeweilige Einkaufsleitung ist – in Abstimmung mit dem CPQ-Meeting – auch für die Freigabe der Strategie sowie deren Fortentwicklungen verantwortlich.

(Fort-)Entwicklung der Methodik
Das Supply Market Management und das Supplier Management beziehen sich auf jeweils eine strategische Stoßrichtung in der Rahmenstrategie. In der Startphase wird die Entwicklung dieser Themen durch die jeweiligen Projektleiter und Projektteams verantwortet und ist im oben ausgeführten Steuerungsprozess zur Rahmenstrategie verankert.

Mit einer gewissen Reife werden die Themen in die Regelprozesse übergehen und durch jeweils einen Fachausschuss und darüber hinausgehend durch das CP Council gesteuert. Die Definition der Supply Markets, für die ein Lead Buyer etabliert und eine Strategie formuliert werden soll, erfolgt in der Rahmenstrategie in Abstimmung mit dem CP Council.

3. Kommunikation
Für den Strategieerfolg entscheidend ist eine umfassende Kommunikation mit den unterschiedlichen Zielgruppen:

Geschäftsführung
Über den Paten erfolgt eine enge Verzahnung mit der Geschäftsführung. Darüber hinaus erfolgt in Einzelgesprächen eine Abstimmung mit Abteilungen, zu denen es wesentliche Schnittstellen gibt. Die Strategie wird durch die Geschäftsführung genehmigt und beschlossen.

Einkaufsmitarbeiter
Frühzeitig werden die Einkaufsmitarbeiter über die Vorgehensweise und die Strategiemethodik in einem halbtägigen Workshop informiert. Darüber hinaus wird regelmäßig in den Abteilungsbesprechungen über den Fortschritt berichtet.

Internationale Einkaufsorganisation
Die Repräsentanten der strategischen Einkaufsabteilungen werden über die oben vorgestellten Kanäle informiert, insbesondere über das CPQ-Meeting, das Supply Strategy Meeting und das Einkaufsleitermeeting.

8.6 Hinweise zur Strategieentwicklung und Ausblick

Bei der Strategieentwicklung haben sich folgende Managementprinzipien und Vorgehensweisen als sehr hilfreich herausgestellt:

Managementattention
Die Supply Strategy wird durch die Einkaufsleitungen persönlich und mit Nachdruck entwickelt. Nur punktuell wird eine Zuarbeit angefordert. Ebenso wird die Umsetzung der strategischen Projekte maßgeblich durch die Leitungsebene selbst getrieben. Der Projektpate fördert und fordert das Projekt und vertritt es im Unternehmen aktiv. Für alle Beteiligten ist ein hohes Commitment der Leitungsebene in die Strategie offenkundig. Dieses sichtbare Commitment ist für den Strategieerfolg zentral.

Zielgerichtete Vorgehensweise und Dokumentation
Schon zu einem frühen Zeitpunkt wird der Prozess der Strategieentwicklung an der Entwicklung des Strategiepapiers orientiert. Dies führt zu einer zielgerichteten und damit ebenso effektiven wie effizienten Vorgehensweise. Ebenso unterstützt das Strategietemplate eine zielgerichtete Strategieformulierung auf Ebene der Supply Market Strategies.

Ganzheitliches Konzept und einheitliche Sprache
Im Projekt hat es sich gezeigt, welch große Bedeutung eine frühzeitige eindeutige Klärung von Sprache und Begriffen einnimmt. Mit der 15M-Architektur der Supply-Strategie wird ein bewährtes ganzheitliches Strategiekonzept mit einer klar definierten Terminologie zugrunde gelegt. Im internationalen Kontext ist somit unmittelbar ein gemeinsam geteiltes Ordnungskonzept vorhanden. Damit erspart man sich vielfältige

Missverständnisse, wenig wertschöpfende Grundsatzdiskussionen und das Risiko von zu spät erkannten Schnittstellenproblemen.

Kultur des strategischen Denkens
Mit der Entwicklung der Rahmenstrategie und den Supply Market Strategies werden strategische Denkstrukturen und eine strategieorientierte Kommunikation im Führungskreis und bei verantwortlichen Mitarbeitern entwickelt und etabliert. Die Kultur des strategischen Denkens wird maßgeblich gefördert. Voraussetzung hierfür ist allerdings, dass genügend Zeit und Raum für strategieorientierte Diskussionen innerhalb der Strategieentwicklung zur Verfügung stehen.

Einfach starten und schrittweise fortentwickeln
Neue Managementmethoden – wie z. B. das Template der Supply Market Strategies – sind erst in einer einfachen Form zu etablieren. Anschließend können sie schrittweise verfeinert werden. Lernprozesse erfordern Kraft und Kapazität. Zu komplexe Systeme scheitern schnell an der Überforderung der Beteiligten. Mit der schrittweisen Vorgehensweise wird hingegen die Mitarbeiterkompetenz in angemessener Weise entwickelt.

Priorisierung – Weniger ist mehr – Geschwindigkeitsmanagement
Im Rahmen der systematischen Analyse werden vielfältige eröffnete Baustellen sowie neue Verbesserungspotenziale im Einkaufsmanagement identifiziert. Es ist schwer auszuhalten, erkannte Verbesserungspotenziale nicht sofort anzugehen. Mangelnde Priorisierung und damit zu viele Projekte führen aber zu einer zu geringen Kapazität in den einzelnen Projekten. Projekte werden oberflächlich umgesetzt, halbherzig ausgerollt oder versanden vollständig. Als Managementprinzip hat es sich bewährt, eher wenige Projekte parallel zu starten und diese dann mit voller Kraft voranzutreiben. Geschwindigkeit vor Masse lautet die Devise. Schnelle Umsetzungserfolge motivieren und eröffnen Freiräume für die nächsten Projekte. Sie werden als sogenannte „Leuchtturmprojekte" im Unternehmen kommuniziert und schaffen somit die notwendige Unterstützung für die weiteren Projekte.

Zuerst Entwicklung des Einkaufsmanagements
Es hat sich bewährt, zunächst das Einkaufsmanagementsystem zu optimieren und auf Basis bestehender Systeme dann mit strategischen Projekten direkt die inhaltlichen Wertbeitragsziele anzugehen.

Bedeutung der Kommunikation
Strategische Veränderungen verlangen nach Kommunikation in alle Richtungen.

Ausblick
Das weitere Vorgehen ist in der Supply Strategy vorgezeichnet. Mit den strategischen Projekten wird im Sinne der strategischen Stoßrichtungen das Einkaufsmanagement im

strategischen Einkauf entwickelt. Anschließend ist der weltweite Rollout zu organisieren. Parallel dazu werden die Verzahnung mit den Stakeholdern im Unternehmen (Anforderungsmanagement) sowie die einzelnen Prozesse und Methoden schrittweise optimiert. Sobald die Managementprozesse im Einkauf eine hinreichende Reife haben, sollen die strategischen Stoßrichtungen zur Optimierung der leistungsorientierten Wertbeitragsziele aktiviert werden. Mit der Supply Strategy ist die ganzheitliche strategische Ausrichtung des Einkaufs bestimmt und die Roadmap für eine lange und interessante Reise in unerforschtem Gebiet gezeichnet.

Literatur

Heß, G. (2010). *Supply-Strategien in Einkauf und Beschaffung – Systematischer Ansatz und Praxisfälle* (2. Aufl.). Wiesbaden: Gabler.

Heß, G. (2015). *Reifegradmanagement im Einkauf – Mit dem 15M-Reifegradmodell zur Exzellenz im Supply Management*. Wiesbaden: Springer.

Mühlberger, A. (2015). Einkauf setzt Standards für die Technik. *Technik und Einkauf, 2015*(2), 18–20.

Rau, A., Greiner, O., & Wilkins, C. (2014). Unternehmenssteuerung in der produzierenden Industrie – Konzepte und Best Practices. In R. Sauter & F. Keuper (Hrsg.), *Strategieprozess und Steuerung der Strategieumsetzung bei der Phoenix Contact GmbH & Co. KG*. Wiesbaden: Springer Gabler.

Entwicklung einer Supply-Strategie bei der Atotech Deutschland GmbH am Standort Feucht

9

Stefan Günter und Gerhard Heß

Die Fallstudie zur Entwicklung der Supply-Strategie bei Atotech Deutschland GmbH, Standort Feucht beschreibt den klassischen Weg der Strategieentwicklung von der 15M-Reifegradanalyse über die Formulierung und Implementierung der Supply-Rahmenstrategie. Im Mittelpunkt der Betrachtung steht die Ableitung und Umsetzung der strategischen Stoßrichtungen. Darüber hinaus wird – nachträglich im Jahr 2016 ergänzt – die Fortschreibung der Strategie vorgestellt. Es wird die dynamische Anpassung der Supply-Strategie an die veränderten strategischen Anforderungen des Unternehmens herausgearbeitet.

9.1 Ausgangssituation

Atotech ist einer der weltweit führenden Anbieter von Prozessen und Anlagen für die Leiterplatten-, Chipträger- und Halbleiter-Industrie (Electronics) sowie die dekorative und funktionelle Oberflächenveredelung (General Metal Finishing). Mit Fokus auf Nachhaltigkeit entwickelt Atotech Technologien, die Abfallprodukte nachweislich reduzieren und die Umwelt schonen. Atotech ist in über 40 Ländern vertreten, beschäftigt weltweit circa 4000 Mitarbeiter (2015) und erzielt einen Jahresumsatz von 1,1 Mrd. US$ (2015).

Trotz der vorhandenen Strategieorientierung im Einkauf dominiert in der Ausgangssituation das operative Tagesgeschäft. Das komplexe Anlagengeschäft von Atotech ist im Einkauf gekennzeichnet durch technisch anspruchsvolle Komponenten in geringen

Verfasser dieses Abschnittes sind Stefan Günter, Head of Supply Chain Management der Atotech Deutschland GmbH, und Gerhard Heß, Professor für Supply Management an der TH Nürnberg. Herrn Günter gilt mein besonderer Dank für die Bereitschaft zur Dokumentation und für die Zusammenarbeit bei der Erstellung der Fallstudie. Der Fallstudie liegt die 15M-Architektur Version 1.0 zugrunde. Redaktionsschluss war 2014.

© Springer Fachmedien Wiesbaden GmbH 2017

G. Heß, *Strategischer Einkauf und Supply-Strategie*,
DOI 10.1007/978-3-658-16215-3_9

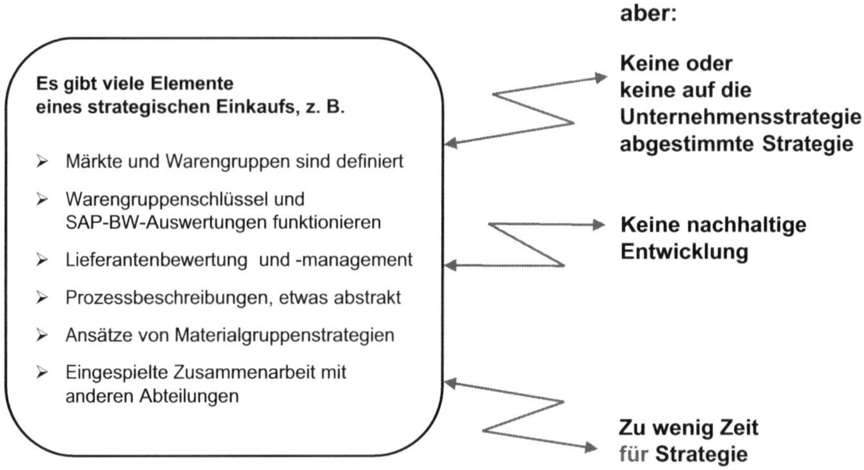

Abb. 9.1 Aspekte in der Ausgangssituation bei Atotech

Stückzahlen, extreme Volatilitäten bei einzelnen Komponenten wie auch in den Materialgruppen, immensen Zeit- und Qualitätsdruck gepaart mit vollkommener Globalität des Geschäftes. Aus dieser Gemengelage heraus werden die zentralen Komponenten in Single- oder Dual-Source-Situationen beschafft. Wie im Projekt- und Anlagengeschäft üblich, ist das Tagesgeschäft durch das Managen von Ausnahmesituationen und oft auch durch „Rettungsaktionen" bei kritischen Versorgungsengpässen geprägt.

Bezüglich der Einkaufssystematik waren vielfältige Elemente bereits erfolgreich implementiert. Beispielsweise war ein Warengruppenschlüssel etabliert. Auswertungen zum Spend waren im SAP-BW problemlos möglich. Verschiedene Elemente im Lieferantenmanagement, wie z. B. eine Lieferantenbewertung, waren geübte Praxis. Die Zusammenarbeit mit anderen Abteilungen funktionierte in der Regel reibungslos (vgl. Abb. 9.1).

Unbefriedigend waren allerdings die nicht hinreichende Abstimmung mit der Unternehmensstrategie sowie die eher aus dem Tagesgeschäft getriebene strategische Entwicklung, die somit als zu wenig nachhaltig empfunden wurde. Insgesamt konnte zu wenig Zeit in die strategische Entwicklung des Einkaufs und der Lieferantenbeziehungen investiert werden.

9.2 Tagesworkshop zur 15M-Reifegradbewertung

Als Startpunkt der strategischen Entwicklung wird eine 15M-Reifegradbewertung in Form eines Tagesworkshops durchgeführt (vgl. Abschn. 7.4). Innerhalb eines Tages wird der gesamte strategische Einkauf analysiert. Dabei werden mithilfe der 15M-Architektur die jeweiligen Aufgabenfelder des strategischen Einkaufs bei Atotech kritisch betrachtet. Es werden die bestehenden Elemente unter anderem auf ihre konzeptionelle Stärke, ihre Reichweite und ihre Umsetzung hin beurteilt. Aktuelle Verbesserungsprojekte werden dabei berücksichtigt. Ferner werden Lücken identifiziert und in Hinblick auf ihre Bedeutung priorisiert. Neben der beratenden Moderation nehmen der Head of Supply Chain Management, der Einkaufsleiter und ein strategischer Einkäufer am Workshop teil.

Beispielsweise werden im Bewertungsbereich „Lieferantenmanagement" die Funktionen „Lieferantenbewertung" und „Lieferantenrisikomanagement" besprochen. Dabei werden Verbesserungsideen identifiziert und priorisiert. Trotz guter Ideen wird die Form der Lieferantenbewertung als kurzfristig nicht verbesserungsbedürftig eingestuft. Hingegen wird im Lieferantenrisikomanagement ein wichtiges Handlungspotenzial erkannt. Am Ende eines jeden Abschnittes wird mit der vorgegebenen Bewertungssystematik der Reifegrad – meist innerhalb von 2 bis 3 Minuten – beurteilt.

Nach der Aufbereitung der Workshopergebnisse steht eine hervorragende Ausgangsbasis für die Entwicklung der Rahmenstrategie zur Verfügung, die in Abschn. 9.3 näher vorgestellt wird. Neben einer Beurteilung der Gesamtsituation sowie einer Empfehlung zur grundsätzlichen Orientierung für den strategischen Einkauf werden die Ergebnisse und Empfehlungen zu den einzelnen Modulen der 15M-Architektur detailliert aufgelistet. Darüber hinaus erfolgt eine detaillierte Reifegradbewertung.

9.3 Ableitung der Rahmenstrategie

Urlaubsbedingt ca. sechs Wochen nach dem Tagesworkshop wird ein erster ganztägiger Workshop zur Entwicklung der Rahmenstrategie veranstaltet. Es nehmen die gleichen Personen wie bei der 15M-Reifegradbewertung teil.

Die Vorgehensweise orientiert sich an der 15M-Architektur der Supply-Strategie. Da wesentliche Analysen und Beurteilungen bereits während der 15M-Reifegradbewertung erfolgt sind, konzentriert sich der Workshop weitgehend auf deren strategische Beurteilung und Konsequenz. Mit Abb. 9.2 kann die Verknüpfung zwischen Tagesworkshop und der Entwicklung der Rahmenstrategie verdeutlicht werden. In Abb. 9.3 und 9.4 findet sich das Ergebnis der Rahmenstrategie als Strategiepapier und als One-Pager zusammengefasst.

- **Basisstrategie:**[1] In der Reifegradanalyse wurden die wesentlichen Vorgaben der Unternehmensstrategie für das Supply Management gesichtet und beurteilt. Auf dieser Basis konnte in Vorbereitung zum Workshop eine geordnete Sammlung von Statements erstellt werden. Innerhalb von ca. 2 h werden die Statements diskutiert und im Hinblick auf Vollständigkeit und Priorität beurteilt. Im Nachgang des Workshops wird die so formulierte Basisstrategie mit der zuständigen Geschäftsführung besprochen und verabschiedet.

[1]Atotech orientiert sich an der Version 1 der 15M-Architektur: In Version 1 der 15M-Architektur werden die qualitativen Wertbeitragsziele des Unternehmens als Basisstrategie (Modul M01) bezeichnet und getrennt von den quantitativen Wertbeitragszielen (Modul M02) bearbeitet. In der Version 2 der 15M-Architektur werden die Wertbeitragsziele insgesamt (qualitativ und quantitativ) innerhalb von Modul N01 formuliert.

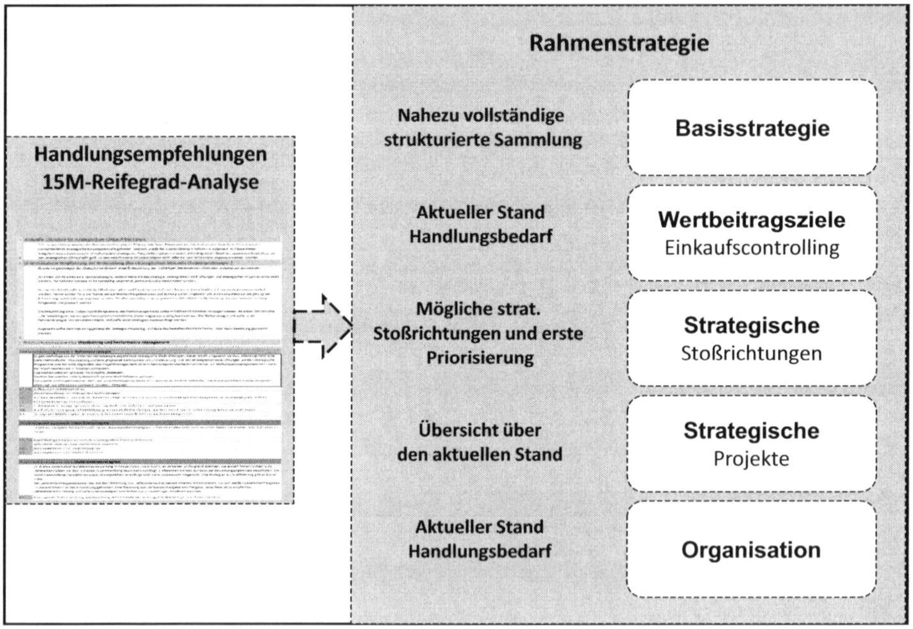

Abb. 9.2 Ableitung der Rahmenstrategie bei Atotech

- **Wertbeitragsziele:** Der aktuelle Stand der Wertbeitragsziele wurde in der 15M-Reifegradbewertung präzise erfasst und beurteilt. Bezüglich der Fortentwicklung einzelner Kennzahlen wird ein Handlungsbedarf erkannt und in die Rahmenstrategie mit aufgenommen. Allerdings wird die Priorität moderat eingeschätzt, sodass die Umsetzung zeitlich gestreckt werden soll.
- **Strategische Stoßrichtungen und strategische Projekte:** Aufbauend auf der Bestandsaufnahme der 15M-Reifegradbewertung werden mögliche strategische Stoßrichtungen diskutiert. In diesem Rahmen werden die laufenden strategischen Projekte zugeordnet und mögliche bzw. notwendige neue Aktivitäten identifiziert und andiskutiert.
  Am Ende des ersten Workshops ergibt sich eine geordnete Stoffsammlung zu strategischen Stoßrichtungen und Projekten. In den weiteren Workshops (siehe unten) werden die strategischen Stoßrichtungen und die dazugehörigen strategischen Projekte ausgearbeitet. Wie meist liegt die besondere Schwierigkeit in der Priorisierung der vielfältigen guten Ideen, insbesondere darin, an sich bedeutsame Ideen zunächst zurückzustellen.
- **Organisation und Personal:** Im Bereich Organisation und Personal wird kein herausragender Handlungsbedarf identifiziert, sodass das Thema in der Rahmenstrategie nicht aufgeführt wird.

Die Ergebnisse des Workshops werden durch den Berater aufbereitet und in einem zweiten kleinen Workshop überarbeitet und ausgearbeitet. Neben der Präzisierung der strategischen Stoßrichtungen liegt der zentrale Aufwand in der Konkretisierung der strategischen Projekte.

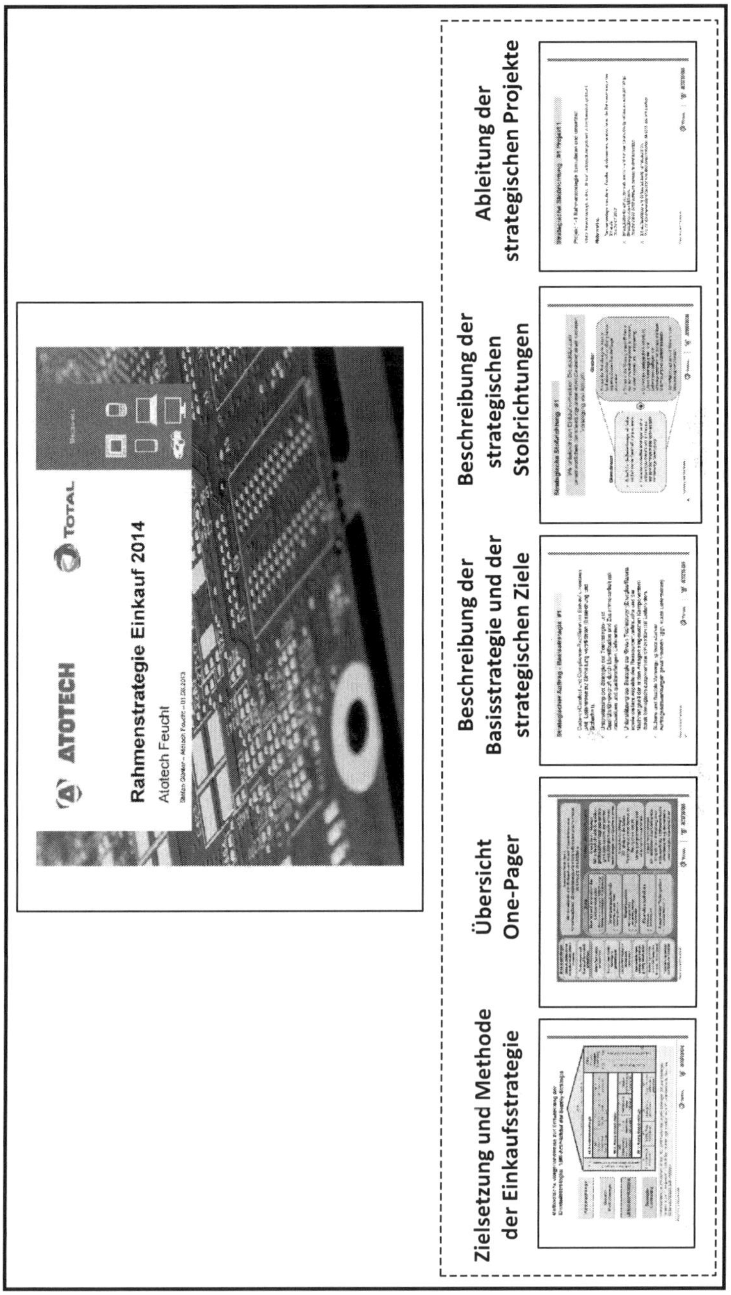

Abb. 9.3 Aufbau der Rahmenstrategie bei Atotech

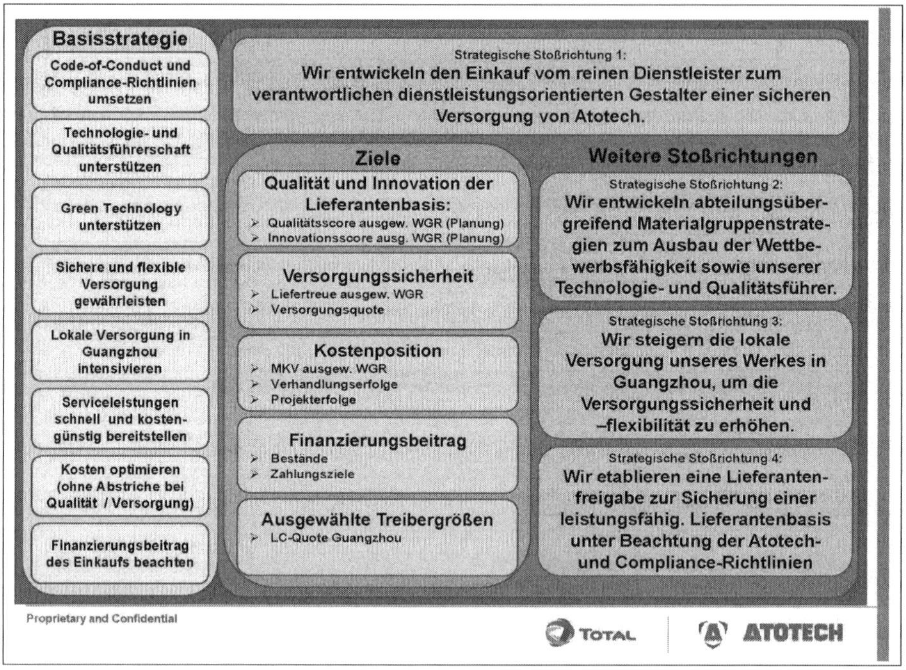

Abb. 9.4 Überblick über die Rahmenstrategie bei Atotech (One-Pager)

Ein erster Entwurf der Rahmenstrategie wird im nächsten Workshop mit weiteren strategischen Einkäufern diskutiert und fortentwickelt. Parallel dazu erfolgt die Abstimmung der Strategie mit der Geschäftsleitung. Circa 3 Monate nach dem Start wird die Rahmenstrategie finalisiert und verabschiedet.

Die Rahmenstrategie wird in einem Strategiepapier mit folgendem Aufbau dokumentiert (vgl. Abb. 9.3). Das Papier beginnt mit einer kurzen Vorstellung der 15M-Architektur als zugrunde liegender Systematik und den Zielsetzungen, die mit der Rahmenstrategie verfolgt werden. Anschließend wird die Strategie ausgeführt, zunächst als One-Pager (vgl. auch Abb. 9.4) und dann ausführlich die einzelnen Module, die Basisstrategie, die Wertbeitragsziele, die strategischen Stoßrichtungen und die strategischen Projekte. Die Marktübersicht mithilfe des Einkaufsportfolios ist vorgesehen, wird allerdings als nicht so bedeutsam eingestuft. Der zentrale Teil des Papiers beschäftigt sich mit der Beschreibung der strategischen Stoßrichtungen und einer umfassenden Dokumentation der zehn geplanten strategischen Projekte. Letztere sind über die zeitliche Struktur ihrer Bearbeitung priorisiert.

- **Strategische Stoßrichtung 1: Wir entwickeln den Einkauf vom reinen Dienstleister zum verantwortlichen dienstleistungsorientierten Gestalter einer sicheren Versorgung von Atotech.**
  In dieser strategischen Stoßrichtung steckt ein gewaltiger Kulturwandel. Der Einkauf soll neben der stark projektgetriebenen Ausrichtung der Versorgungsprozesse eine

projektübergreifende und langfristig sichere Versorgung aktiv aufbauen. Damit wird der Einkauf vom reinen Erfüllungsgehilfen der Projekte zum aktiven Gestalter der Versorgung. Der Aufbau von Marktstrategien oder die Entwicklung eines umfassenden Risikomanagements sind zwei Konkretisierungen dieser Stoßrichtung.

- **Strategische Stoßrichtung 2: Wir entwickeln abteilungsübergreifend Materialgruppenstrategien zum Aufbau der Wettbewerbsfähigkeit sowie unserer Technologie- und Qualitätsführerschaft.**
  Die bereits gestartete Vorgehensweise zur Entwicklung von Materialgruppenstrategien soll mit Nachdruck fortgesetzt werden. Mit der je spezifischen Strategie der einzelnen Materialgruppen sollen die Anforderungen der Basisstrategie sowie die zentralen Wertbeitragsziele am besten erreicht werden.
- **Strategische Stoßrichtung 3: Wir steigern die lokale Versorgung unseres Werkes in Guangzhou, um die Versorgungssicherheit und -flexibilität zu erhöhen.**
  Das Supply Management ist aufgefordert, beim neuen Produktionswerk in Guangzhou eine sichere und flexible Versorgung zu gewährleisten.
- **Strategische Stoßrichtung 4: Wir etablieren eine Lieferantenfreigabe zur Sicherung einer leistungsfähigen Lieferantenbasis unter Beachtung der Atotech- und Compliance-Richtlinien.**
  Ziel dieser strategischen Stoßrichtung ist es, die Lieferantenfreigabe vom Einzelprojekt zu lösen und damit systematischer angehen zu können. Dies ist eine der zentralen Voraussetzungen, um Materialgruppenstrategien wirkungsvoll etablieren zu können. Darüber hinaus wird in dieser Stoßrichtung ein zentraler Hebel gesehen, um die Versorgungssicherheit systematisch zu verbessern.

9.4 Strategieimplementierung

1. Durchführen der strategischen Projekte

Zur Implementierung der Strategie (vgl. Abb. 9.5) müssen die strategischen Projekte durchgeführt werden. Die Zahl der gleichzeitig angegangenen Projekte und deren Intensität sollte in Abhängigkeit der verfügbaren Kapazität vorsichtig dosiert werden.

Zwei Beispiele verdeutlichen die strategische Projektarbeit.

- **Formulierung von Materialgruppenstrategien:** Aufgrund der zentralen Bedeutung der bereits vorhandenen Erfahrung wird das Projekt bereits parallel zur Entwicklung der Rahmenstrategie mit allen strategischen Einkäufern gestartet. In einem ersten Workshop wird die Methodik (Steckbriefmethode, vgl. Kap. 4) gemeinsam entwickelt und die Strategie für eine Materialgruppe pilotiert.
  Beim nächsten Workshop soll jeder strategische Einkäufer eine Materialgruppenstrategie vorstellen. In diesem Rahmen werden dann Schwierigkeiten bei der Anwendung der Methodik besprochen und die inhaltlichen Aussagen der Strategie kritisch hinterfragt. Gerade diese Diskussionen sind sehr fruchtbar, sodass auch die weiteren Strategien in Workshops diskutiert werden sollen.

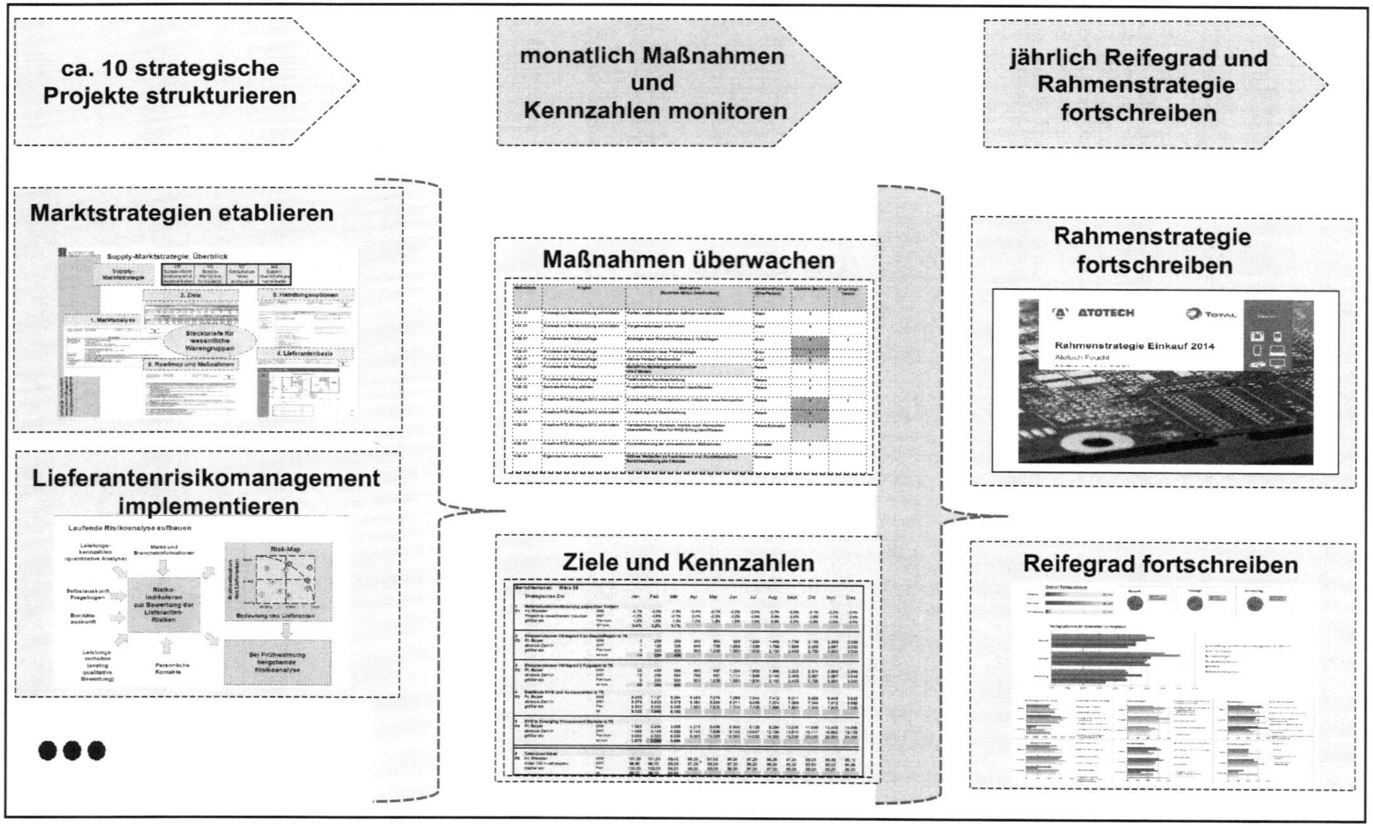

Abb. 9.5 Schritte der Strategieimplementierung bei Atotech

- **Entwicklung des Risikomanagements:** Das Risikomanagement wird gleichermaßen als sehr bedeutsam wie auch als aufwendig eingeschätzt. So soll zunächst kurzfristig eine einfache Vorgehensweise etabliert werden, indem die A-Lieferanten mit einer Frageliste nach ihrer strategischen Bedeutung und nach kritischen Risiken hinterfragt werden. Identifizierte Risiken müssen mit Maßnahmen hinterlegt und im Regelfall mit den betroffenen Fachabteilungen analysiert werden.
  Auch in diesem Projekt wurde zunächst die Methodik on the job entwickelt, pilotiert und anschließend praktiziert. Sobald sich die Vorgehensweise, insbesondere auch in der Zusammenarbeit mit anderen Abteilungen, etabliert hat, werden weitere Schritte zur Fortentwicklung des Risikomanagements folgen.

2. Monitoring von Maßnahmen und Kennzahlen
Zur Steuerung der Projekte wird ein gemeinsames integriertes Maßnahmenmonitoring aufgebaut. Hierin werden alle Maßnahmen der Rahmenstrategie, aber auch alle Maßnahmen der Materialgruppenstrategien und später auch der Lieferantenstrategien aufgenommen. Mindestens einmal im Monat werden die Maßnahmen geprüft und fortgeschrieben. Da hierbei die Kommunikation als sehr bedeutsam gesehen wird, werden die Maßnahmen im Team-Meeting gecheckt. Dieser Schritt ist intellektuell nicht anspruchsvoll, erfordert aber eine hochgradige Disziplin.

Neben dem bereits vorhandenen Controlling der Wertbeitragsziele wird – aufgrund der Priorität dieses Themas – in der Startphase von weiteren Kennzahlen abgesehen. Mittelfristig sollen hier Strategietreiber definiert und verfolgt werden.

3. Fortschreiben der Rahmenstrategie und des Reifegrades
Einmal im Jahr sollen die Rahmenstrategie sowie der Reifegrad mit einem kleinen Workshop überprüft und fortgeschrieben werden.

Zuletzt soll nochmals die Bedeutung der Kommunikation bei der Formulierung der Umsetzung der Rahmenstrategie betont werden. Dies gilt gleichermaßen für die Kommunikation gegenüber den Mitarbeitern innerhalb des Supply Managements wie auch für die Kommunikation gegenüber der Geschäftsführung sowie gegenüber den anderen Fachabteilungen.

Innerhalb eines halben Jahres wird die Entwicklung der Supply-Strategie systematisch aufgesetzt und bereits einen guten Schritt vorangetrieben.

9.5 Nachtrag: Zur Strategieentwicklung 2015 und 2016[2]

In Abschn. 9.1, 9.3 und 9.4 werden der Aufbau und die Umsetzung der Rahmenstrategie bei Atotech in den Jahren 2013 bis 2014 aufgezeigt (Redaktionsschluss 2014). In diesem Abschn. 9.5 soll die Fortentwicklung der Rahmenstrategie in den Jahren 2015 und 2016

[2]Redaktionsschluss für den Nachtrag in Abschn. 9.5 ist Oktober 2016.

vorgestellt werden. Aufgrund der Erfolge und Erfahrungen der bisherigen Rahmenstrategie, aber auch aufgrund veränderter Prioritäten in der Unternehmensstrategie und neuer Anforderungen an den Einkauf muss die Rahmenstrategie regelmäßig (z. B. jährlich) überprüft und ggf. angepasst werden. Bei Atotech wird die 2013 verabschiedete Strategie Anfang 2015 angepasst und fortgeschrieben. Im Sommer 2016 wird die Rahmenstrategie für 2017 umfangreich überarbeitet.

Strategie-Review 2015

In den Jahren 2014 und 2015 steigt markt- und konzernseitig der Kostendruck auf den Anlagenbereich bei Atotech immens an. Damit gewinnt die Kostenorientierung in der Unternehmens- und in Folge auch in der Supply-Rahmenstrategie stark an Priorität. Gleichzeitig wird die Beachtung von Compliance-Aspekten immer wichtiger.

Im Frühjahr 2015 wird die Rahmenstrategie bei Atotech erstmalig fortgeschrieben. Die grundsätzliche Ausrichtung wird beibehalten. Die wesentlichen strategischen Stoßrichtungen und Projekte werden aktualisiert, d. h., auf Basis des Erreichten werden neue Zielsetzungen formuliert. Darüber hinaus steigt die Priorität der Wertbeitragsziele „Kosten" und „Compliance" in der Rahmenstrategie. Sie sollen pointierter dargestellt, kommuniziert und verfolgt werden. Hierzu werden folgende Anpassungen in der Strategie vorgenommen:

- **Prozessmanagement:** Prozessmanagement war in der Rahmenstrategie 2013 ein Aspekt in der strategischen Stoßrichtung 1 „Verantwortlicher dienstleistungsorientierter Gestalter". Aufgrund der Bedeutung von Kosten und Compliance wird die Prozessoptimierung zu einer eigenen strategischen Stoßrichtung aufgewertet: „Wir optimieren die operativen Beschaffungsprozesse und gewährleisten Compliance." Es wird ein neuer Mitarbeiter zum Aufbau eines systematischen Prozessmanagements eingestellt, der gleichermaßen eine neue Prozessmanagementmethodik entwickeln und ausgewählte operative Beschaffungsprozesse analysieren, dokumentieren und nachhaltig optimieren soll.
- **Materialkostenveränderung:** Im Rahmen des Aufbaus eines Einkaufscontrollings wird die Ermittlung der Materialkostenveränderung automatisiert. Aufgrund einer nicht unproblematischen Datenbasis erweist sich dieses Projekt als anspruchsvoll.
- **Kostensenkungsprojekt:** Es wird ein umfangreiches Kostensenkungsprojekt initiiert, das schnelle Kosteneinsparungen realisieren soll. Hierzu wird eine umfangreiche Hebelliste erstellt, die sich aus besonders wirkungsvoll eingeschätzten Hebeln der Markt- und Lieferantenstrategie zusammensetzt. Beispielsweise werden die Möglichkeit von Preisverhandlung, von Bündelungen, von Bestandssenkungen oder die Chancen von Standardisierungsbemühungen bzw. Wertanalysen geprüft. Alle Top-Lieferanten werden mit diesen Hebeln auf Kostensenkungspotenziale hin analysiert. Erfolgsversprechende Hebel werden projektmäßig angegangen. Im Projekt werden erhebliche Quick Wins geerntet. Eher strategisch ausgerichtete Projekte bleiben allerdings hinter den Erwartungen zurück.

Strategie-Review 2016

Aufgrund der systematischen Bearbeitung im Kostensenkungsprojekt können zwar erhebliche Quick Wins geerntet werden, es wird aber deutlich, dass weitere substanzielle Kostensenkungen nur mit strategisch angelegten Projekten möglich werden. Insbesondere konnte das Kostensenkungsprojekt anhand vielfältiger Beispiele nachweisen, dass mit Abschluss der Entwicklungs- und Engineeringphase nur noch eingeschränkte Potenziale zur Materialkostensenkung bestehen. Aufgrund kleiner Stückzahlen, meist sehr spezifischer Technologien und in Folge struktureller Single- oder Dual-Sourcing-Situationen sind die klassischen Einkaufshebel nur bedingt wirkungsvoll. Insofern zielt die neue grundlegende Ausrichtung auf die Einbindung des Einkaufs in den Entwicklungs- und Engineeringprozess.

> **Strategische Ausrichtung 2017:** Entwicklung eines durchgängigen strategischen Einkaufsmanagement vom Entwicklungsprojekt bis zum operativen Einkauf mit den Zielen Kosten, Finanzen, Innovation und Qualität

In der Konsequenz ergeben sich drei herausragende Aktionsfelder, die mit der Rahmenstrategie 2017 angegangen werden sollen:

Einkaufsfrüheinbindung

Herzstück der Veränderung ist die frühzeitige Einbindung des Einkaufs in den Entwicklungs- und Engineeringprozess, damit systematisch und frühzeitig beschaffungsmarktstrategische Aspekte in Design- und Vergabeentscheidungen einfließen können. Mit den beiden folgenden Ansätzen soll die Einkaufsfrüheinbindung konkretisiert werden:

Für die Top-Materialgruppen sollen Marktstrategien in enger Zusammenarbeit zwischen Entwicklung, Engineering und Einkauf formuliert werden. Frühzeitig müssen Markt- und Kosteninformationen beispielsweise über alternative Lieferanten oder Technologien in den Designprozess einfließen. Ebenso müssen dort marktstrategische Überlegungen berücksichtigt werden, z. B. zu einer Second Source oder zur Reduzierung von Abhängigkeiten. Umgekehrt müssen Überlegungen zur Technologie-Roadmap frühzeitig an den Einkauf kommuniziert werden, um beispielsweise rechtzeitig Lieferanten zu identifizieren und zu qualifizieren. Innerhalb der strategischen Stoßrichtung „Marktstrategien etablieren" bekommt die Zusammenarbeit mit der Entwicklung und dem Engineering einen völlig neuen Stellenwert.

Für die Umsetzung der gemeinsamen Marktstrategien und allgemein für die laufende Zusammenarbeit zwischen Einkauf und Entwicklung bzw. Engineering soll der Projekteinkauf systematisch fortentwickelt werden. Insbesondere soll seitens des Projekteinkaufs auch die Lieferantenfreigabe sichergestellt und die Lieferantenfrüheinbindung in den Entwicklungs- und Engineeringprozess gestärkt werden. Es wird eine eigene strategische Stoßrichtung zum Projekteinkauf formuliert: „Wir stärken den Projekteinkauf zur Früheinbindung des Einkaufs und ausgewählter Lieferanten in den Entwicklungsprozess."

Partnerschaftsstrategien und Lieferantenfrüheinbindung

Eine Kostenoptimierung – so hat das Kostensenkungsprojekt sehr deutlich gemacht – ist gerade in den kritischen Materialgruppen nur in partnerschaftlicher Zusammenarbeit mit den Lieferanten möglich. Gemeinsam mit den Lieferanten müssen strategische Kostensenkungspotenziale erarbeitet werden. Realisierte Kostensenkungspotenziale sind fair zu teilen. Die traditionell enge Zusammenarbeit mit Lieferanten wird durch diese Strategie der Lieferantenfrüheinbindung noch zunehmen. Allerdings steigt dadurch das Risiko einer zu starken Abhängigkeit vom Lieferanten. Vor diesem Hintergrund sollen Partnerschaftsstrategien mit Top-Lieferanten aufgebaut werden, die gleichermaßen den Zusammenarbeitsprozess leistungsorientiert ausrichten und Abhängigkeiten vermeiden. Trotz der langjährigen Erfahrungen im Management von Lieferantenpartnerschaften stellen systematische Partnerschaftsstrategien Neuland dar. Es wird deshalb eine eigene strategische Stoßrichtung definiert: „Wir entwickeln und implementieren ein Partnerkonzept zur Steuerung der Zusammenarbeit mit strategischen Partnern, insbesondere für Entwicklungspartner und Single-Source-Lieferanten."

Marktstrategien Light

Die Systematik zur Entwicklung von Marktstrategien wurde sehr umfassend angelegt, mit der Konsequenz, dass nur wenige Marktstrategien für besonders wichtige Materialgruppen entwickelt wurden. Beim oben angesprochenen Kostensenkungsprojekt wurde dann deutlich, dass in den Top-Materialgruppen weitgehend nur strategische Optimierungspotenziale vorhanden sind, die schwierig zu heben sind. In den weiteren Materialgruppen existierten keine Marktstrategien, sodass die Optimierung vornehmlich über die Lieferanten erfolgen musste. Aufgrund dieser Überlegungen sollen die Marktsteckbriefe vereinfacht werden („Marktstrategien Light"). Insbesondere soll die Hebelanalyse auf eine überschaubare Zahl von Hebeln reduziert werden. Die Hebel werden stärker operationalisiert. Ziel ist es, für eine große Zahl von Materialgruppen eine einfache nachhaltige Marktstrategie zu entwickeln, mit der auch dauerhaft Kostenpotenziale gehoben werden können. Die Marktstrategien Light werden als Fortentwicklung innerhalb der bestehenden strategischen Stoßrichtung „Marktstrategien etablieren" verankert.

Die Rahmenstrategie 2017 muss als eine starke Neuausrichtung im strategischen Einkauf verstanden werden. Die Einbindung von Einkauf und Lieferanten in den Entwicklungs- und Engineeringprozess zur nachhaltigen Verbesserung der Kostenposition rückt ins Zentrum der Strategie. Gemeinsam mit Entwicklung und Engineering entwickelte Marktstrategien, der Aufbau eines Projekteinkaufs sowie die Entwicklung systematischer Partnerschaftsstrategien sind die zentralen strategischen Stoßrichtungen der Neuausrichtung des Einkaufs. Die Positionierung des Einkaufs als verantwortlicher dienstleistungsorientierter Gestalter, der Aufbau der Marktstrategien sowie der Aufbau des Prozessmanagements werden fortgeschrieben.

Strategieimplementierung – Wie geht's los? 10

In diesem Kapitel werden Tipps und Hinweise zur Implementierung der 15M-Architektur zusammengefasst. Es werden die grundsätzlichen Vorgehensweisen zur Implementierung diskutiert und darüber hinaus Informationsquellen und Schulungsangebote zur 15M-Architektur vorgestellt.

Wollen Sie die 15M-Architektur einführen? Wer sich diese Frage ernsthaft stellt, hat sich meist mit folgenden Fragen auseinanderzusetzen:

- **Fachliche Detailfragen:** Die grundlegende Architektur ist einfach und leuchtet sofort ein. Allerdings ergeben sich bei der Implementierung der einzelnen Strategiebausteine und der Module viele Detailfragen. Ebenso bekommt die Architektur durch den Anspruch auf Ganzheitlichkeit eine gewisse Mächtigkeit. Diese wird durch die Empfehlung, schrittweise vorzugehen, zwar gemildert. Aber wo soll begonnen werden?
- **Integration bewährter Ansätze des strategischen Einkaufs:** Praktisch jedes Unternehmen hat mehr oder minder viele Ansätze, Prozesse, Methoden oder Tools im strategischen Einkauf etabliert. In der Regel funktionieren etliche dieser Ansätze sehr gut und sollten mit der Einführung der 15M-Architektur keinesfalls beschädigt oder gar abgeschafft werden. Wie kann ausgehend vom aktuellen Stand der strategischen Konzepte im Einkauf die neue 15M-Architektur aufgebaut werden?
- **Fehlende Voraussetzungen:** Häufig scheinen wesentliche Voraussetzungen im Einkauf zu fehlen, um mit einer systematischen Supply-Strategie beginnen zu können. Typische Beispiele sind 1) fehlende bzw. unbekannte Unternehmens- und Wettbewerbsstrategien des Unternehmens, 2) fehlende Daten bzw. Datenqualität, 3) fehlende oder mangelhafte Systeme bzw. Systemintegration sowie 4) zu geringe Kompetenz bei Mitarbeitern in Bezug auf strategische Fragestellungen. Gleichzeitig fehlen auch die Ressourcen, diese Defizite in kurzer Zeit zu beheben. Gerade hier bietet die

© Springer Fachmedien Wiesbaden GmbH 2017

G. Heß, *Strategischer Einkauf und Supply-Strategie*,
DOI 10.1007/978-3-658-16215-3_10

15M-Architektur mit ihrem Entwicklungsansatz viele Antworten. Aber: Wie soll vorgegangen werden, wenn wesentliche Voraussetzungen für eine exzellente Strategieentwicklung fehlen?

- **Einbeziehung der Mitarbeiter in die Strategieentwicklung:** Welche Mitarbeiter sollen in die Strategieentwicklung einbezogen werden und ggf. zu welchem Zeitpunkt? Welche Mitarbeiter sollen bei der Entwicklung der Rahmenstrategie und der Marktstrategien aktiv mitwirken? Welche Mitarbeiter sollen informiert werden und zu welchem Zeitpunkt?
- **Verankerung in der Organisation:** In welcher Form soll die Strategie in der Organisation verankert werden? Aus dieser Frage ergeben sich verschiedene weitere detaillierte Fragen: Wie soll die Zusammenarbeit mit anderen cross-funktionalen Partnern im Rahmen der Strategieentwicklung gestaltet werden? Wie soll eine globale Strategie in einem divisionalisierten Konzern (schrittweise) aufgebaut werden? Wie können Entscheidungen der Supply-Strategie abteilungsübergreifend verbindlich werden? Wie kann sichergestellt werden, dass alle Abteilungen auch die erforderlichen Ressourcen zur Strategieentwicklung und -umsetzung bereitstellen?
- **Knappe Kapazität im strategischen Einkauf:** In einigen Unternehmen wird beklagt, dass für die Entwicklung von Supply-Strategien und der dazu notwendigen Methoden zu wenig Kapazität verfügbar ist. Es besteht die Angst, eine große Aktion zu starten, die dann nicht zu Ende geführt werden kann. Lösungen zu dieser Frage liegen im Kern der 15M-Architektur: Wie können die Entwicklungsgeschwindigkeit und damit die benötigte Arbeitskapazität gestaltet werden?

▶ Die Einführung der 15M-Architektur ist in der Regel sehr viel einfacher als gedacht. Planvoll loslegen und den ersten Schritt gehen, etwas später dann den zweiten Schritt …

Die Entwicklung einer Supply-Strategie ist immer auf die spezifische Situation im Unternehmen anzupassen. Allerdings gibt es verschiedene grundsätzliche Muster, wie vorgegangen werden kann. Es empfiehlt sich, ein passendes Muster auszuwählen und für das Unternehmen zu adaptieren.

Um zu zeigen, wie die 15M-Architektur im Unternehmen implementiert werden kann, wird zunächst die empfohlene „Standardvorgehensweise" vorgestellt. In diesem Rahmen werden dann auch die oben ausgeführten Fragen aufgenommen und diskutiert (Abschn. 10.1). Es kann gute Gründe geben, von der Standardvorgehensweise abzuweichen und die Strategie mit einer anderen Vorgehensweise zu implementieren. Die 15M-Architektur zielt ja gerade darauf ab, die Implementierung sehr flexibel nach den Anforderungen des Unternehmens anzugehen (Abschn. 10.2). Abschließend werden noch Informationsquellen sowie Unterstützungsleistungen rund um die 15M-Architektur vorgestellt (Abschn. 10.3).

10.1 Empfehlungen zum Standard-Implementierungsprozess

Die grundsätzliche Vorgehensweise zur Implementierung einer Supply-Strategie im Unternehmen startet mit der Entwicklung der Rahmenstrategie. In der Rahmenstrategie wird zunächst die Situation im Supply Management umfassend analysiert. Anschließend wird mit den strategischen Stoßrichtungen, der strategischen Story und den strategischen Projekten die strategische Ausrichtung definiert. Der Aufbau fehlender Strategiebausteine bzw. die Fortentwicklung verbesserungsbedürftiger Strategiebausteine werden als strategische Stoßrichtungen und daraus abgeleitete Projekte angegangen. Der Aufwand für die Entwicklung und Implementierung der Rahmenstrategie hält sich in Grenzen. Diese grundsätzliche Herangehensweise wird im Folgenden konkretisiert. Von dieser Standardvorgehensweise abweichende Vorgehensweisen werden in Abschn. 10.2 besprochen.

1. Schritt: Situations- und Potenzialanalyse mit dem 15M-Reifegradworkshop
Zunächst muss die aktuelle Situation im strategischen Einkauf des Unternehmens erfasst und analysiert werden. Hierzu werden die aktuellen Ziele, Aufgabenstellungen, Prozesse, Methoden, Systeme und Instrumente des Einkaufs identifiziert und in die 15M-Architektur eingeordnet. Dieser Schritt kann mit dem bereits ausführlich vorgestellten 15M-Reifegradworkshop (vgl. Abschn. 7.4) durchgeführt werden. Über die 15M-Systematik wird sichergestellt, dass alle relevanten Aufgabenfelder systematisch betrachtet werden. Im Ergebnis sind weiße Flecken sowie die Stärken und Schwächen im Supply Management erkannt. Verbesserungsideen sind identifiziert und (vorläufig) priorisiert. Der Reifegradscore stellt eine Kennzahl dar, anhand dessen der aktuelle Stand des Supply-Managementsystems auch quantifiziert werden kann. Folgende Details zur Implementierung können angemerkt werden:

- **Teilnahme:** Bei der Reifegradanalyse sollte der Kreis der Mitarbeiter überschaubar bleiben. Es empfiehlt sich, sich auf Führungskräfte im Einkauf sowie (bei kleinen Unternehmen) auf einige wenige Schlüsselmitarbeiter zu beschränken. Ferner kann es sinnvoll sein, die für die Prozesse und Systeme zuständige Person mit hinzuzuziehen. Insgesamt sollte ein **„Strategiekreis“** gebildet werden, der auch über die nächsten Schritte hinweg sehr kontinuierlich zusammenarbeitet.
- **Planung des Reifegrades:** Planwerte zu den einzelnen Bewertungsbereichen werden in der ersten Reifegradrunde eher schwer fallen. Empfohlen wird, nach Formulierung der Rahmenstrategie die Konsequenzen für die Entwicklung des 15M-Reifegrades zu ermitteln. Eventuell kann die Planung der Werte auf eine zweite Reifegradrunde nach einem Jahr verschoben werden.
- **Cross-funktionale Zusammenarbeit:** Die Einbeziehung weiterer Organisationseinheiten empfiehlt sich in der Regel nicht zu Beginn eines Projektes, es sei denn, dass mit einer Abteilung bereits intensiv zusammengearbeitet wird oder das Supply Management insgesamt schon sehr reif ist.

- **Scope in der Organisation:** Sollte es mehrere Organisationseinheiten geben, so kann der Reifegrad für unterschiedliche Einheiten getrennt ermittelt werden.
- **Aufwand:** Der 15M-Reifegradworkshop dauert in der Regel einen Tag. Die Erfahrung zeigt ausnahmslos, dass die Zeit gut angelegt ist.

2. Schritt: Rahmenstrategie erarbeiten
Im zweiten Schritt sollte die Rahmenstrategie entwickelt werden. Hierzu sollten (meist) ganztägige Strategieworkshops mit dem oben angesprochenen Strategiekreis durchgeführt werden. Vor und nach den Workshops gibt es für die Teilnehmer „Hausaufgaben". Bei der erstmaligen Entwicklung einer Rahmenstrategie – in nicht zu komplexen Situationen – sollte von drei bis vier Strategieworkshops ausgegangen werden. Allerdings hängt die Zahl der erforderlichen Workshops stark von der Komplexität der strategischen Situation, den Interessensgegensätzen der beteiligten Personen und auch von der Strategiekompetenz der Mitglieder im Strategiekreis ab. Die Erstellung einer Rahmenstrategie kann beispielsweise mit folgender Vorgehensweise erfolgen:

1. **Vorbereitung zum ersten Strategieworkshop:** Es wird ein Template für das angestrebte Strategiepapier aufgebaut (vgl. Abschn. 3.5). Dabei werden Ergebnisse und Fragestellungen aus dem 15M-Reifegradworkshop bereits in das Papier eingearbeitet. Soweit Teilnehmer des Strategieworkshops die 15M-Architektur noch nicht kennen, sollten diese informiert bzw. geschult werden.
2. **Erster Strategieworkshop:** Im ersten Strategieworkshop sollten die Wertbeitragsziele (N01) diskutiert werden. Dies sollte nicht so schwierig sein, da vieles im Reifegradworkshop bereits besprochen wurde. Ferner sollte im ersten Schritt noch keine 100-%-Lösung angestrebt, sondern nur eine erste strukturierte Lösung geschaffen werden. Offene Punkte können als Hausaufgaben vergeben werden. Bezüglich der Supply-Guideline (N02) und der strategischen Analyse (N03) sollte besprochen werden, welche Elemente bereits vorhanden sind und welche Analysen aktuell durchgeführt werden sollen. Soweit möglich sollte die Durchführung der Analysen als Hausaufgaben vergeben werden. Sollte eine Supply-Guideline formuliert werden, stellt dies ein eigenständiges Projekt dar, das gesondert geplant werden muss. Der Nachmittag sollte für die Entwicklung der strategischen Stoßrichtungen reserviert bleiben. Ziel wäre es, einen ersten Entwurf zu den strategischen Stoßrichtungen zu generieren sowie eine erste Stoßrichtung vertieft zu diskutieren. Auch hier sollte es Hausaufgaben geben.
3. **Hausaufgaben erledigen.** Die Ergebnisse sollten ins Strategiepapier eingepflegt werden. Ferner sollte jeder Teilnehmer die weiteren strategischen Stoßrichtungen für sich durchdenken.
4. **Zweiter Strategieworkshop:** Es sollte ein kurzer Check der Wertbeitragsziele und der strategischen Analysen sowie der damit verbundenen Hausaufgaben erfolgen. Anschließend zielt der zweite Strategieworkshop insbesondere auf die Überarbeitung und Ausarbeitung der strategischen Stoßrichtungen.

5. **Hausaufgaben erledigen:** Die Hausaufgaben, insbesondere zur strategischen Analyse, sind zu erledigen und ins Strategiepapier einzupflegen.
6. **Dritter Strategieworkshop:** Die Ergebnisse werden konsolidiert, die Lücken gefüllt und das gesamte Strategiepapier gecheckt. Offene Punkte können nachgetragen oder als Maßnahme in die Strategieumsetzung verschoben werden.
7. **Beschluss der Strategie:** Die Supply-Strategie sollte durch die Leitung Supply Management und durch deren Vorgesetzten beschlossen werden.

Als Ergebnis dieses Schrittes ist die Rahmenstrategie mit den strategischen Stoßrichtungen sowie mit strategischen Projekten und Kennzahlen definiert. Folgende weitere Aspekte sind für die Implementierung bedeutsam:

- **Top-Management-Commitment:** Wie bei jeder Strategie und bei jedem Veränderungsprozess sind das Commitment und die aktiv treibende Rolle der Führungskräfte im Supply Management von zentraler Bedeutung. Die Prioritäten bei der Terminfindung sind beispielsweise ein einfacher und für alle Mitarbeiter gut sichtbarer Indikator. Falls die Leitung bei Strategieworkshops fernbleibt, mehrfach aufgrund vermeintlich wichtigerer Termine die Workshops verschiebt oder die eigenen Hausaufgaben nicht erledigt, wird die Strategieentwicklung als unwichtiges Thema untergehen. Selbst Lippenbekenntnisse zur Bedeutung der Strategie werden den Untergang nur kurzfristig aufhalten.
- **Teilnahme und cross-funktionale Zusammenarbeit** sollte genauso wie bei der 15M-Reifegradanalyse geregelt sein. Die Kontinuität der Beteiligten ist ein zentraler Erfolgsfaktor.
- **Projektmanagement:** Die Strategieentwicklung ist ein sehr wichtiges, aber in der Regel nicht extrem komplexes Projekt. Trotzdem sollten Grundregeln des Projektmanagements eingehalten werden, mindestens eine Projektstruktur mit Maßnahmenverfolgung und klaren Verantwortlichkeiten sollte definiert werden. Es ist zu prüfen, ob ein eigenes Projektbudget erforderlich ist.
- **Umgang mit innovativen Themen:** Bei völlig innovativen strategischen Stoßrichtungen ist in der Regel nicht genügend Kompetenz im Kreis des Strategieteams vorhanden. Ferner wird die Ausarbeitung der strategischen Stoßrichtung so anspruchsvoll, dass der Rahmen der Strategieworkshops gesprengt wird. Für ein derartiges Thema sollte ein kleines Projekt gebildet werden. Dieses kann im Rahmen der Strategieentwicklung durchgeführt werden. Um allerdings den Strategieentwicklungsprozess nicht zu lange aufzuhalten, kann das Projekt „Konzeptentwicklung" im Strategiepapier definiert und in der Strategieimplementierung erarbeitet werden.
- **Priorisierung:** Bei der Entwicklung der Rahmenstrategie werden viele Verbesserungsideen identifiziert, die alle sehr wichtig sind. Trotzdem sollte mit Augenmaß beurteilt werden, wie viele Verbesserungsmaßnahmen bzw. strategische Stoßrichtungen gleichzeitig angegangen werden sollen. Grundsätzlich kann gesagt werden, dass es besser ist, wenige Projekte sehr schnell umzusetzen, als viele Projekte, die sich sehr lange hinziehen.

Zur Priorisierung ist ferner festzustellen, dass Einsteiger, die mit der Strategieentwicklung beginnen, sich meist auf Maßnahmen konzentrieren, die dem Aufbau des Supply-Managementsystems dienen, z. B. Aufbau von Markt- oder Lieferantenstrategien. Mit der Zeit verschiebt sich der Fokus in der Rahmenstrategie stärker auf strategische Wettbewerbsvorteile, z. B. Flexibilisierung der Materialversorgung.

- **Fehlende Voraussetzungen:** Fehlen Voraussetzungen für die Supply-Strategie, folgt daraus nur im extremen Ausnahmefall, dass auf eine Strategie völlig verzichtet werden sollte. Vielmehr wird man trotzdem mit eingeschränkter Qualität die Strategie entwickeln und dabei auf die Verbesserung der Ausgangssituation hinwirken. 1) Fehlen die Unternehmens- und Wettbewerbsstrategien, werden die Anforderungen des Unternehmens an das Supply Management rekonstruiert. Gegebenenfalls können diese Anforderungen mit der Geschäftsleitung abgestimmt werden. 2) Fehlende Daten erschweren zwar eine prägnante Analyse, sind aber für eine grundsätzliche Strategieempfehlung kein K.-o.-Kriterium. 3) Mangelhafte Systeme und zu geringe Mitarbeiterkapazität verlangsamen die Vorgehensweise. Es kann aber trotzdem sinnvoll sein, Excel-basierte Erfahrungen zu sammeln, bevor ein umfassendes SRM-System angeschafft wird. Beispielsweise kann für einige wenige Lieferanten eine Excel-basierte Lieferantenbewertung und -strategie entwickelt werden. Diese Erfahrung hilft bei der Auswahl und der Konfiguration des SRM-Systems.
- **Aufwand:** Der aufgezeigte Prozess mit drei bis vier Workshops und den dazwischenliegenden Hausaufgaben zieht sich in der Regel über drei bis sechs Monate hin. Von zentraler Bedeutung ist die Disziplin, die vereinbarten Hausaufgaben gut und zeitgerecht zu erledigen und zwischen den Workshops nicht zu große Pausen einzulegen.
- **Kommunikation:** Die Kommunikation parallel zur Strategieentwicklung sollte bei Mitarbeitern Ängste abbauen und Motivation für die zukünftige Umsetzung schaffen. Fallweise – zu speziellen Fragen – können (ausgewählte) Mitarbeiter in die Strategieentwicklung einbezogen werden. Eine Kommunikation jenseits des Supply Managements sollte sehr selektiv sein. Eine frühzeitige fachliche Abstimmung mit anderen Bereichen im Unternehmen ist allerdings in der Regel sehr sinnvoll.

3. Schritt: Schrittweise Umsetzung

In der Supply-Strategie sind die strategischen Stoßrichtungen definiert und mit Programmen und Projekten konkretisiert. Strategieumsetzung heißt, die Projekte auszuarbeiten und zu realisieren. Darüber hinaus müssen aber stets die Gültigkeit der Strategie und die Wirksamkeit der gewählten Programme und Projekte überprüft werden. Neue Chancen, die sich für die Strategie ergeben, müssen identifiziert und genutzt werden. Kleine Nachjustierungen, die sich hieraus ergeben, sind an der Tagesordnung. Große Änderungen der Strategie sollten in der Umsetzungsphase eher nicht oder nur ganz selten vorkommen.

Da eine Strategie niemals statisch ist, muss die Strategieumsetzung gesteuert werden. Es sind die Steuerungsprozesse zu installieren (vgl. Kap. 7). In diesem Rahmen haben sich folgende Instrumente bewährt:

- **Projektmanagement der Strategieprojekte:** Die wesentliche Aufgabe der Strategieumsetzung liegt in der Realisierung der strategischen Projekte. Diese sollten mit einem richtig dimensionierten Projektmanagement gesteuert werden.
  Der Aufbau bzw. die Fortentwicklung der weiteren Strategiebausteine (Markt-, Lieferanten-, Prozessstrategien) werden jeweils in einem Programm oder mit einem strategischen Projekt gesteuert. Für die Besonderheiten der Durchführung dieser Projekte wird auf Kap. 4 bis Kap. 6 verwiesen. Die entsprechenden Steuerungsprozesse müssen jeweils im Rahmen der Projekte mit aufgebaut werden.
- **Strategiesteuerkreis:** Der Strategiesteuerkreis sollte sich regelmäßig (z. B. einmal im Monat) treffen, um den Fortschritt der Strategieprojekte zu checken. Dabei werden sowohl die Termine wie auch die Inhalte beurteilt. Darüber hinaus kann der Strategiesteuerkreis bei entsprechender fachlicher Kompetenz die Projektleiter auch inhaltlich coachen.
  Basis für die Projektdurchsprache kann eine „einfache" Aktivitätenliste sein, in der zu den Strategieprojekten Arbeitspakete, Maßnahmen mit Verantwortlichkeit und Termin aufgelistet sind. Ferner sollte die Entwicklung der Strategietreiber überprüft werden. Sollte der Fortschritt oder die Wirksamkeit eines Projektes nicht planmäßig vorangehen, müssen die Ursachen identifiziert und die Projekte mehr oder minder intensiv nachjustiert werden.
  Darüber hinaus müssen im Strategiesteuerkreis neue Chancen und Risiken für die Strategieumsetzung erkannt und entsprechende Konsequenzen gezogen werden. So kann beispielsweise die Entscheidung, ein neues Werk in Asien zu bauen, im Supply Management zu einer Nachjustierung in der Regionalstrategie führen. Ein zweites Beispiel: Manchmal genügt schon ein Wechsel an der Spitze einer anderen Abteilung, dass strategische Projekte beschleunigt oder behindert werden.
- **Berichterstattung und Kommunikation:** Regelmäßig müssen die verschiedenen Zielgruppen über den Fortgang der Strategieumsetzung informiert werden. Hierbei ist von besonderer Bedeutung, mit erfolgreichen „Leuchtturmprojekten" den Erfolg der Strategie zu demonstrieren. Dies gilt gegenüber der Geschäftsführung, die die Ressourcen zur Verfügung stellt und ggf. den Verantwortungsbereich des Einkaufs ausweiten soll. Dies gilt ebenso gegenüber den Leitungen der anderen Abteilungen wie auch deren Mitarbeitern, die persönliche Kapazität für Supply-Management-Fragen einbringen sollen. Auch die Mitarbeiter im Supply Management müssen laufend über den Projektfortschritt informiert werden.
- **Mitarbeiterkapazität und -kompetenz:** Beim Start eines Strategieprojektes besteht häufig ein Defizit an kompetenter Kapazität, um die strategischen Projekte zu entwickeln und durchzuführen. Ebenso gibt es häufig Engpässe bei der Entwicklung von Markt-, Lieferanten- und Prozessstrategien. Insofern sind personalpolitische Maßnahmen (z. B. Schulung, Mitarbeiterentwicklung) zur Entwicklung einer ausreichenden kompetenten Mitarbeiterkapazität von herausragender Bedeutung. Dieses Thema kann schwierig und langwierig sein.

4. Schritt: Review und Fortentwicklung der Strategie
Spätestens nach einem Jahr sollte die Rahmenstrategie überprüft und fortentwickelt werden. Die Schrittfolge ist analog zu den oben beschriebenen Schritten 1 und 2.

- **15M-Reifegradworkshop:** Im 15M-Reifegradfortschritt wird der Fortschritt im Supply-Managementsystem analysiert und gemessen. Der Aufwand kann gegenüber der ersten Durchführung stark reduziert werden.
  Allerdings kann es auch sinnvoll sein, nochmals einen ganzen Tag zu reservieren, um entsprechende Verbesserungsideen vertieft zu diskutieren. Nach einem Jahr haben sich die strategischen Denkstrukturen sowie die Mitarbeiterkompetenz in der Regel gut entwickeln können. So können die angewandten Methoden fortentwickelt werden. Ferner empfiehlt es sich, ab der zweiten Runde den Reifegradscore nicht nur im Ist zu erfassen, sondern auch zu planen.
- **Überarbeiten und Vertiefen der Rahmenstrategie:** Das Strategiepapier der Rahmenstrategie wird überprüft und fortgeschrieben. Dies kann sehr schnell gehen. Allerdings bietet es sich an dieser Stelle an, ausgewählte Aspekte zu vertiefen. Wurde beispielsweise in der ersten Runde die Analyse und Steuerung der Top-Risiken nur verkürzt behandelt, könnte in der zweiten Runde ein tief gehendes Risikomanagement aufgebaut werden.
- **Fortschreibung der strategischen Stoßrichtungen und Projekte:** Die strategischen Stoßrichtungen sind nach einem Jahr meist noch gültig und valide. Sie müssen aber überprüft und ggf. nachjustiert werden. Die mit den Stoßrichtungen verknüpften Projekte müssen ebenso gecheckt, ggf. abgeändert und auf alle Fälle fortgeschrieben werden
- **Ausweitung von cross-funktionaler Zusammenarbeit und Scope:** Wenn nach einem Jahr die Supply-Strategie und die damit verbundenen Prozesse im Unternehmen etabliert sind, empfiehlt es sich, bei der Strategieentwicklung mit den anderen Abteilungen intensiver zusammenzuarbeiten. Ebenso kann der Scope ausgeweitet werden, z. B. Integration von Amerika und Asien oder Integration von Divisionen, die bisher nicht integriert waren.

Die fortgeschriebene Rahmenstrategie wird beschlossen und analog zu Schritt 3 umgesetzt. Erfahrungsgemäß nach drei bis vier Jahren hat sich der strategische Rahmen im Unternehmen stark verändert und/oder die strategischen Stoßrichtungen sind weitgehend umgesetzt und damit erschöpft. Dann ist strategische Kreativität gefragt und eine große Überarbeitung bzw. eine völlige Neuformulierung der Strategie erforderlich. Zu diesem Zeitpunkt sollte die Supply-Organisation derart an strategischer Reife gewonnen haben, dass mit angemessenem Aufwand eine hervorragende Strategie formuliert werden kann.

10.2 Alternative Vorgehensweisen

Von der in Abschn. 10.1 vorgestellten Standardvorgehensweise kann abgewichen werden. Dies ist beispielsweise empfehlenswert,

- **wenn** aktuell bereits ein Projekt zur Implementierung von Lieferantenmanagement oder Marktstrategien gestartet wurde. Dann sollte zunächst das Projekt umgesetzt werden, bevor mit dem nächsten Thema begonnen wird. Die 15M-Architektur stellt sicher, dass sich das zunächst eingeführte Lieferantenmanagement oder die vorgezogenen Marktstrategien in die Gesamtarchitektur einpassen.
- **wenn** in einem Thema offenkundig große Potenziale erkennbar sind. So können schnelle Erfolge die Position des Einkaufs stärken und weitere schwierigere Schritte fördern.
- **wenn** im Unternehmen eine große Erwartungshaltung zu einem konkreten Thema, z. B. Marktstrategien, Risikomanagement, besteht. Eine solche Aufbruchsstimmung kann sehr hilfreich sein, das Projekt erfolgreich umzusetzen und somit für weitere Themen Unterstützung zu bekommen. Auch hier hilft die 15M-Architektur, das aktuelle Thema so zu dimensionieren, dass es sich später lückenlos in die Gesamtarchitektur einfügt.
- **wenn** aufgrund externen Drucks bestimmte Themen kurzfristig entstehen müssen, z. B. ein Lieferantenmanagement oder dokumentierte Prozesse im Rahmen einer Zertifizierung bzw. erwarteter Kundenaudits. Auch hier kann der externe Druck die Umsetzung unterstützen. Diese Chance sollte genutzt werden, etwas Wertschöpfendes aufzubauen. Die 15M-Architektur gewährleistet wiederum die Integrationsfähigkeit der isolierten Lösung.

Wird mit der Implementierung eines alternativen Strategiebausteins (Markt-, Lieferanten- oder Prozessstrategie) begonnen, sollte die Implementierung analog zu den oben beschriebenen Modulen erfolgen. Darüber hinaus sind die Schnittstellen zu den anderen Strategiebausteinen zumindest in fiktiver Weise zu klären. Dies soll am Beispiel der Einführung von Marktstrategien erläutert werden. Wird mit dem Aufbau von Marktstrategien begonnen, ohne dass eine Rahmenstrategie bereits entwickelt wurde, erscheinen folgende Klärungen beispielsweise wichtig:

- **Marktstruktur:** Für die Entwicklung von Marktstrategien sollte der Warengruppenschlüssel (marktorientiert) definiert sein und die strategisch bedeutsamen Märkte und Marktsegmente festgelegt sein.
- **Verantwortungsmatrix:** Die Verantwortlichkeiten für die Märkte und Segmente sollten definiert sein (vgl. Abb. 3.7).
- **Dezentralisierungsgrad und Bündelungskonzepte:** Es soll die Form der Zusammenarbeit zwischen verschiedenen Geschäftseinheiten (Art der Bündelungskonzepte) festgelegt sein.

- **Strategische Ziele und strategische Ausrichtung:** Da keine Rahmenstrategie formuliert ist, fehlt eine explizite strategische Ausrichtung im Supply Management und damit für die Supply-Märkte. Allerdings sollten wesentliche Anforderungen an die Marktstrategien vorgegeben werden. Dies kann in Form von Zielvorgaben sein, z. B. Beitrag des Marktes zur Kostensenkung. Alternativ können qualitative Vorgaben formuliert werden, wie die beiden folgenden Beispiele zeigen: Die Marktstrategien haben explizit das Lieferanteninsolvenzrisiko zu bewerten und zu steuern. Oder: Jede Marktstrategie hat Verlagerungsmöglichkeiten nach China zu prüfen und vorzunehmen, soweit die Total Cost gesenkt werden können.
- **Unterstützung strategischer Projekte:** Es sollten die übergreifenden strategischen Projekte benannt werden, die durch die Marktstrategien unterstützt werden sollen, z. B. Einführung Kanban, Time-to-Market-Projekt.

Auch wenn der Aufbau der Supply-Strategie mit einem isolierten Strategiebaustein oder Modul beginnt, wird empfohlen, sich möglichst bald eine übergreifende Roadmap zu entwickeln. Diese kann einfach gehalten werden und muss nicht einmal außerhalb des Strategieteams kommuniziert werden. Beispielsweise kann eine verkürzte Reifegradanalyse vorgenommen werden und anschließend vorläufige strategische Stoßrichtungen definiert, priorisiert und grob-terminiert werden. Damit ergibt sich eine ein- oder zweiseitige Übersicht über das geplante Vorgehen. Diese Roadmap schafft Orientierung, unterstützt die langfristige strategische Ausrichtung, sensibilisiert frühzeitig für kritische Themen und hilft zu argumentieren, wenn bestimmte Instrumente nicht sofort umgesetzt werden. Der Aufwand für eine solche Roadmap ist überschaubar.

10.3 Informationen und Unterstützung zur 15M-Architektur

Publikationen

Die 15M-Architektur der Supply-Strategie ist so detailliert publiziert, dass eine eigenständige Umsetzung ohne Beraterunterstützung möglich ist. Die wesentlichen Publikationen sind neben dem vorliegenden Leitfaden „Strategischer Einkauf und Supply-Strategie" insbesondere

- Heß (2010) Supply-Strategie in Einkauf und Beschaffung: Hierbei handelt es sich um das Grundlagenwerk, das sich tief gehend mit den Begrifflichkeiten auseinandersetzt. Die beiden Strategiebausteine „Marktstrategien" und „Lieferantenstrategien" werden umfassender erläutert, als es in diesem Buch möglich ist. Ferner finden sich vielfältige weitere Firmenbeispiele und Fallstudien rund um die 15M-Architektur.
- Heß (2011) Supply Performance Management und Heß (2016) Den Wertbeitrag des strategischen Einkaufs strategisch steuern setzen sich umfassend mit dem Steuerungskonzept der 15M-Architektur auseinander.
- Heß (2015) Reifegradmanagement im Einkauf beschreibt die Struktur des 15M-Reifegradmanagements.

Ferner soll noch auf drei Artikelserien in der Zeitschrift Beschaffung aktuell hingewiesen werden (nähere Angaben im Literaturverzeichnis):

- 2008/2009: Heß, G., Laschinger, M., Frank, M. zur 15M-Architektur am Beispiel der E-T-A Altdorf
- 2010/2011: Heß, G.: Kennzahlen im Einkauf
- 2011/2012: Heß, G.: Performance Management im Einkauf

Weitere aktuelle Informationen finden sich auf der Homepage www.beschaffungsstrategie.de.

Die 15M-Architektur wird laufend fortentwickelt. In die Version 2.0, die in diesem Leitfaden veröffentlicht ist, sind wesentliche Projekterfahrungen und aktuelle Trends der letzten Jahre eingeflossen. Weitere Veröffentlichungen zu Einzelaspekten sind geplant.

Zweitägiger 15M-Workshop
Der zweitägige 15M-Workshop bietet einen ersten praxisnahen Überblick über die Anwendung der 15M-Architektur im Unternehmen. Der Workshop hilft in einfacher Weise, ein anwendungsorientiertes vertieftes Verständnis zur 15M-Architektur zu entwickeln. Im Workshop können Teilnehmer für ihr Unternehmen ein erstes Konzept formulieren, wie eine systematische Supply-Strategie sowie der strategische Einkauf nachhaltig entwickelt werden kann. Anwendungs- und Implementierungsfragen werden intensiv diskutiert. Der Workshop umfasst folgende Inhalte:

- **Vorstellung der 15M-Architektur der Supply-Strategie** mit vielfältigen Anwendungsbeispielen und ausführlichen Umsetzungstipps
- **Strategische Ausrichtung des Einkaufs mit der Rahmenstrategie (Strategiebaustein 1):** Entwurf einer Rahmenstrategie
- **Marktstrategie (Strategiebaustein 2):** Entwicklung einer beispielhaften Marktstrategie mit der 15M-Architektur
- **Lieferantenbewertung und Lieferantenstrategie (Strategiebaustein 3):** Entwicklung eines Lieferantenmanagementsystems mit der 15M-Architektur für die Praxis der Teilnehmer
- **Performance Management (Strategiebaustein 4):** Vorgehensweisen, wie der strategische Einkauf im Unternehmen nachhaltig fortentwickelt werden kann und wie Rahmen-, Markt-, Lieferanten- und Prozessstrategien im Unternehmen umgesetzt werden können

Nähere Informationen, z. B. zu weiteren inhaltlichen Fragen, zu den nächsten Terminen oder zur Anmeldung, finden sich auf der Homepage www.beschaffungsstrategie.de.

Coaching

Die Entwicklung des strategischen Einkaufs und der Supply-Strategie hat üblicherweise Projektcharakter. Die Formulierung der Supply-Strategie wie auch die Umsetzung in strategischen Projekten erfolgt mit Projektmanagementmethodik. Teilweise wird diese Entwicklung durch den Einkaufsleiter alleine getrieben, der in die unterschiedlichen Teilprojekte jeweils geeignete Mitarbeiter einbindet. Teilweise wird ein Projektteam zur Formulierung und Umsetzung der Supply-Strategie gebildet.

Der Coach kann die Verantwortlichen während der Strategieformulierung, der Umsetzung in den strategischen Projekten sowie im Rahmen der Steuerung des Gesamtprojektes unterstützen. Hierzu erfolgt eine regelmäßige Abstimmung, z. B. einmal im Monat. Darüber hinaus können unterschiedliche Fachaufgaben übernommen werden. Beispielsweise sind folgende Leistungen möglich:

- **Beratung bei der Konzipierung der grundsätzlichen Vorgehensweise zur nachhaltigen Entwicklung des strategischen Einkaufs:** Welche Strategiebausteine, welche Module, welche Methoden oder Instrumente sollen eingeführt werden und in welcher Reihenfolge sollte vorgegangen werden?
- **Durchführung des 15M-Reifegradworkshops mit Reifegradbewertung:** Der Coach führt den 15M-Reifegradworkshop durch, moderiert die Reifegradbewertung und erstellt sowohl die qualitative wie auch die quantitative Auswertung.
- **Unterstützung bei der Formulierung der Rahmenstrategie:** Der Coach moderiert den Prozess, achtet dabei auf die systematische Vorgehensweise, gibt wesentliche fachliche Impulse und hinterfragt die diskutierten Strategien konstruktiv-kritisch.
- **Beratung bei der Entwicklung und Implementierung einzelner Strategiebausteine, Module, Methoden oder Instrumente:** Der Coach verfügt über tief gehendes Fachwissen und umfangreiche Praxiserfahrung zu den unterschiedlichen Konzepten. So kann er die Entwicklung der jeweiligen Fachkonzepte und der damit verknüpften Implementierungsprozesse steuern bzw. zumindest wesentliche Hinweise geben. Beispielsweise kann er die Entwicklung einer angemessenen Lieferantenbewertung und -klassifizierung sowie deren Implementierung mitgestalten und mitsteuern.
- **Bereitstellung von Applikationen:** Innerhalb der Projekte ergeben sich – trotz aller Unterschiedlichkeit der Firmen und Firmensituationen – für bestimmte Strategiebausteine und Module der 15M-Architektur typische Vorgehensweisen zur Implementierung der Konzepte. Diese Vorgehenskonzepte werden Applikationen genannt. In den Applikationen sind also bewährte Vorgehensweisen zur Umsetzung von Strategiebausteinen, Modulen oder darin enthaltener Methoden sowie Instrumente zusammengefasst. Da die grundlegende Vorgehensweise in der Applikation definiert ist, muss „nur noch" eine mehr oder minder kleine firmenspezifische Anpassung erfolgen. Typische Beispiele von Applikationen sind:
  - **15M-Frame:** Workshop-Konzept zur Entwicklung der Rahmenstrategie.
  - **15M-Market:** Vorgehenskonzept zur Entwicklung von Supply-Marktstrategien (Materialgruppenstrategien) und der damit verbundenen Schulung von strategischen Einkäufern.

- **15M-Supplier:** Vorgehenskonzept zum Aufbau des Lieferantenmanagements, insbesondere von Lieferantenbewertung, Lieferantenklassifizierung und Lieferantenstrategien.
- **15M-Risk:** Vorgehenskonzept zur Entwicklung des Risikomanagements im Einkauf.
- **15M-Market-Key:** Vorgehenskonzept zur Entwicklung von Warengruppenschlüssel bzw. zur Integration von Warengruppenschlüsseln in divisionalisierten Unternehmen.
- **15M-Controlling:** Vorgehenskonzept zur Entwicklung des Einkaufscontrollings.

• **Unterstützung der Implementierung:** Die Implementierung der Konzepte kann in vielfältiger Weise unterstützt werden. Beispielsweise können Workshops zur Entwicklung von Fachkonzepten moderiert werden, Mitarbeiter zu einzelnen Fragestellungen aus dem Projekt geschult werden (z. B. zur Lieferantenbewertung) oder Mitarbeiter bei der Strategieentwicklung gecoacht werden (z. B. erstmalige Formulierung einer Markt- bzw. einer Materialgruppenstrategie). Ferner kann ein externer Partner helfen, das Projekt im Unternehmen zu verkaufen bzw. die Attention und die Akzeptanz im Unternehmen zu steigern.
• **Challenge der Fachexperten:** Der Coach kann nicht Experte zu den unterschiedlichen Beschaffungsmärkten sein. Allerdings hat er vielfältige praktische Erfahrungen zu Rahmen-, Markt- und Lieferantenstrategien, sodass er mithilfe entsprechender Fragetechnik sowie analoger Beispiele zusammen mit den Fachexperten blinde Flecken in der Strategie entlarven und neuartige Strategien entwickeln kann.
• **Geschwindigkeit:** Der Coach erhöht die Geschwindigkeit im Projekt: Sein Fachwissen und seine Erfahrung helfen, die Konzepte gleich richtig zu entwickeln. Als Externer bietet er Durchsetzungskraft und erhöht die Bedeutung des Projektes. Last, but not least bringt er zusätzliche Kapazität ins Projekt.

Schulung
Die Kompetenz der Mitarbeiter ist für den Implementierungserfolg der 15M-Architektur von zentraler Bedeutung. Dabei müssen zunächst die strategischen Konzepte der Supply-Strategie und die eingesetzten Methoden, z. B. die Marktstrategien, die Lieferantenbewertung oder die Lieferantenstrategie, verstanden werden. Darüber hinaus muss die Fähigkeit entwickelt werden, in konkreten Situationen strategische Chancen und Risiken zu erkennen und darauf aufbauend geeignete Strategien zu entwickeln und umzusetzen.

Die Empfehlung ist, bei der Entwicklung und Implementierung des Fachkonzeptes die Kompetenz der Mitarbeiter zu berücksichtigen. Die Fachkonzepte sollten zunächst in einer einfachen Version eingeführt und mit der zunehmenden Vertrautheit der Mitarbeiter schrittweise professionalisiert werden. Gleichzeitig sollten die Mitarbeiter on the job geschult werden. So sollte die Einführung der Konzepte begleitet werden, einerseits durch kleine Schulungseinheiten und andererseits durch Begleitung und konstruktive Feedbacks bei den ersten Strategieentwicklungen. Mit einem Schneeballsystem können erste Pilotanwender weitere Mitarbeiter in ihrer Entwicklung unterstützen.

Weiterbildungslehrgänge Ohm-Professional-School
Die Ohm-Professional-School der **Technischen Hochschule Nürnberg** bietet ein umfassendes Programm an berufsbegleitender Weiterbildung für Einkaufspraktiker auf Hochschulniveau. In diesem Rahmen werden Masterstudiengänge und Weiterbildungslehrgänge angeboten, die sich jeweils über eine längere Zeit erstrecken. Das Konzept orientiert sich an den Anforderungen von Praktikern, die beruflich stark eingespannt sind. Insbesondere beschränkt sich die Präsenzphase auf durchschnittlich ein Wochenende (Freitag und Samstag) pro Monat. Damit sind die Studiengänge für Teilnehmer und Teilnehmerinnen aus dem gesamten deutschsprachigen Bereich gut studierbar. Für Einkaufsprofis werden folgende Lehrgänge angeboten:

Masterstudiengang Einkauf und Logistik/Supply Chain Management
Der Masterstudiengang Einkauf und Logistik/Supply Chain Management zielt auf die umfassende Ausbildung zu allen Fragen der Supply Chain. Zwei Semester widmen sich Fragen des Einkaufs. Zwei Semester behandeln logistikorientierte Fragen.

Masterstudiengang Einkauf und Supply Management
Der Masterstudiengang Einkauf und Supply Management zielt auf die umfassende und tief gehende Ausbildung zu allen Fragen des Einkaufs. Zwei Semester geben auf Masterniveau einen Überblick zu Fragen des Einkaufs. Zwei Semester vertiefen Fragen des Einkaufscontrollings sowie der Lieferantenauswahl.

Zertifikatslehrgang Beschaffung und Supply Chain Management
Der Zertifikatslehrgang Beschaffung und Supply Chain Management zielt auf die umfassende und tief gehende Ausbildung zu allen Fragen des Einkaufs. Dauer: zwei Semester; für die Masterausbildung anrechenbar.

Zertifikatslehrgang Einkaufscontrolling
Der Zertifikatslehrgang Einkaufscontrolling zielt auf die umfassende und tief gehende Ausbildung zu allen Fragen des Einkaufscontrollings. Dauer: ein Semester; für die Masterausbildung anrechenbar.

Zertifikatslehrgang Lieferantenauswahl und Vergabemanagement
Der Zertifikatslehrgang Lieferantenauswahl und Vergabemanagement zielt auf die umfassende und tief gehende Ausbildung zu allen Fragen des Ausschreibungsprozesses. Dauer: ein Semester; für die Masterausbildung anrechenbar.

Folgende Merkmale sind für den Masterstudiengang prägend:

- Der Studiengang ist praxisorientiert. Die Anwendung der Konzepte, Implementierungsfragen und Übungen mit Fallstudien nehmen einen breiten Raum ein.

- Zum Masterstudiengang können nur Personen mit einschlägiger Praxis zugelassen werden. Damit profitieren die Teilnehmer auch von der Kompetenz der anderen Teilnehmer.
- Innerhalb dieses Rahmens ist der Teilnehmerkreis fest. Dies ermöglicht tief gehende Diskussionen, da die betrieblichen Situationen der Teilnehmer schnell bekannt sind und darauf aufbauend fundierte Gespräche möglich werden. Darüber hinaus unterstützt der feste Teilnehmerkreis die Netzwerkbildung und fördert häufig auch Freundschaften.
- Mit einer begleiteten Seminararbeit je Studienabschnitt sowie mit der Masterarbeit sollten Fragestellungen aus der eigenen Praxis bearbeitet werden. Sehr oft werden in diesem Rahmen ganz erhebliche Verbesserungsideen im Unternehmen entwickelt und umgesetzt.
- Die Qualität der Dozenten ist für die berufsbegleitende Weiterbildung von zentraler Bedeutung. Etwa die Hälfte der Dozenten sind Hochschulprofessoren mit umfangreicher Praxiserfahrung. Die andere Hälfte sind hochkarätige Praktiker mit der Fähigkeit, das Stoffgebiet systematisch zu vermitteln.

Nähere Informationen und aktuelle Entwicklungen: www.ohm-professional-school.de.

Literatur

Heß, G. (2010). *Supply-Strategien in Einkauf und Beschaffung – Systematischer Ansatz und Praxisfälle* (2. Aufl.). Wiesbaden: Gabler.

Heß, G. (2011). Supply-Performance-Management – Den Wertbeitrag im Einkauf messen und steuern. In C. Gabath (Hrsg.), *Praxishandbuch innovatives Einkaufsmanagement – Trends, Herausforderungen und Handlungsansätze* (S. 53–88). Wiesbaden: Gabler.

Heß, G. (2015). *Reifegradmanagement im Einkauf – Mit dem 15M-Reifegradmodell zur Exzellenz im Supply Management*. Gabler: Springer.

Heß, G. (2016). Den Wertbeitrag des Einkaufs strategisch steuern. *Controlling & Management Review, 60*(Sonderheft 2), 8–15.

Artikelserie zur 15M-Architektur

In Beschaffung aktuell Oktober 2008 bis März 2009

Heß, G. (2008a). Ein Bauplan für die Einkaufsstrategie. *Beschaffung aktuell, 10,* 56–59.

Heß, G., Laschinger, M., & Frank, M. (2008b). Wettbewerbsvorteile in den Beschaffungsmärkten schaffen. *Beschaffung aktuell, 11,* 47–49.

Heß, G., Laschinger, M., & Frank, M. (2008c). Lieferanten strategisch steuern und entwickeln. *Beschaffung aktuell, 12,* 36–38.

Heß, G., Laschinger, M., & Frank, M. (2009a). Rahmenstrategie: Einkauf und Beschaffung strategisch aussteuern. *Beschaffung aktuell, 2,* 42–43.

Heß, G., Laschinger, M., & Frank, M. (2009b). Die Supply-Strategie steuern. *Beschaffung aktuell, 3,* 35–37.

Artikelserie: Kennzahlen im Einkauf

In Beschaffung aktuell: Print: Vorstellung der Kennzahl, Online-Vertiefung und Ausgaben von April 2010 bis März 2011.
Überblick: Kennzahlen – Messen, managen, mitmachen, in: Beschaffung aktuell, 2010, Heft 4.
01: Materialkostenveränderung einfach, in: Beschaffung aktuell 2010, Heft 4.
02: Materialkostenveränderung extended, in: Beschaffung aktuell 2010, Heft 5.
03: Verhandlungserfolg, in: Beschaffung aktuell 2010, Heft 6.
04: Ratioerfolge mit Härtegradsystematik, in: Beschaffung aktuell 2010, Heft 7.
05: Kosten je Bestellung, in: Beschaffung aktuell 2010, Heft 8.
06: Liefertermintreue, in: Beschaffung aktuell 2010, Heft 9.
07: Lieferzeit, in: Beschaffung aktuell 2010, Heft 10.
08: Reichweite, in: Beschaffung aktuell 2010, Heft 11.
09: Reklamationsquote, in: Beschaffung aktuell 2010, Heft 12.
10: Durchschnittlicher Bestand, in: Beschaffung aktuell 2011, Heft 1.
11: Working Capital Supply, in: Beschaffung aktuell 2011, Heft 2.
12: Maverick Buying, in: Beschaffung aktuell 2011, Heft 3.

Artikelserie: Performance Management im Einkauf

In Beschaffung aktuell Mai 2011 bis August 2012.
01: Performance Management im Einkauf Teil 1: Den Wertbeitrag des Einkaufs messen und steigern, in: Beschaffung aktuell 2011, Heft 5.
02: Performance Management im Einkauf Teil 2: Den Wertbeitrag des Einkaufs bestimmen, in: Beschaffung aktuell 2011, Heft 6.
03: Performance Management im Einkauf Teil 3: Mit Treiberbäumen arbeiten, in: Beschaffung aktuell 2011, Heft 7.
04: Performance Management im Einkauf Teil 4: Kennzahlen richtig definieren, in: Beschaffung aktuell 2011, Heft 8.
05: Performance Management im Einkauf Teil 5: Strategisch denken und handeln, in: Beschaffung aktuell 2011, Heft 9.
06: Performance Management im Einkauf Teil 6: Marktstrategien formulieren und steuern, in: Beschaffung aktuell 2011, Heft 10.
07: Performance Management im Einkauf Teil 7: Lieferanten strategieorientiert steuern, in: Beschaffung aktuell 2011, Heft 11.
08: Performance Management im Einkauf Teil 8: Zielwerte im Einkauf festlegen, in: Beschaffung aktuell 2011, Heft 12.
09: Performance Management im Einkauf Teil 9: Mit Zielen motivieren, in: Beschaffung aktuell 2012, Heft 2.
10: Performance Management im Einkauf Teil 10: Mit Zielen im Einkauf incentivieren, in: Beschaffung aktuell 2012, Heft 3.
11: Performance Management im Einkauf Teil 11: Risiken steuern, in: Beschaffung aktuell 2012, Heft 5.
12: Performance Management im Einkauf Teil 12: Den Wertbeitrag nachhaltig steigern, in: Beschaffung aktuell 2012, Heft 6.
13: Performance Management im Einkauf Teil 13: Wertsteigernde Kommunikation, in: Beschaffung aktuell 2012, Heft 8.

Glossar 11

15M-Architektur der Supply-Strategie (15M-Architecture of Supply Strategy)
Die 15M-Architektur der Supply-Strategie ist ein ganzheitlicher, modular aufgebauter Ansatz zur nachhaltigen Entwicklung einer Supply-Strategie und des strategischen Einkaufs.

15M-Reifegradmanagement (15M-Maturity Management)
In der 15M-Reifegradbewertung wird der Reifegrad des strategischen Einkaufs relativ zur Idealstruktur der 15M-Architektur ermittelt. Der 15M-Reifegradscore drückt den Reifegrad des strategischen Einkaufs quantitativ mit einem Wert zwischen 0 und 100 % aus. Mit dem 15M-Reifegradmanagement werden die Entwicklung des Reifegrads im strategischen Einkauf und damit die Evolution des strategischen Einkaufs gesteuert.

Aktion (Action)
Aktionen sind Einzeltätigkeiten, die zur Umsetzung von Maßnahmen dienen oder auch für sich alleine stehen. In der Regel werden Aktionen nicht mehr zentral im Performance Management gesteuert, sondern helfen nur dem Maßnahmenverantwortlichen, seine Maßnahme zu strukturieren. Beispiel: Zur Suche nach Vorlagen von Lieferantenaudits können folgende Aktionen definiert werden: 1) Internetrecherche nach Beispielen, 2) Anfrage beim befreundeten Unternehmen A, 3) Anfrage beim befreundeten Unternehmen B, 4) Internetsuche nach kompetenten Beratern.

Aktivität (Activity)
Aktivität wird als Oberbegriff für die vier Handlungsebenen, strategisches Programm, Projekt, Maßnahme und Aktion verstanden. Aktivität bezeichnet also jede Form einer strukturierten Handlung.

© Springer Fachmedien Wiesbaden GmbH 2017

G. Heß, *Strategischer Einkauf und Supply-Strategie*,
DOI 10.1007/978-3-658-16215-3_11

Basisstrategie (Basic Strategy) (nur 15M-Architektur Version 1.0)
Die Basisstrategie definiert und konkretisiert die wesentlichen Vorgaben, die in der Supply-Strategie zu berücksichtigen sind. Die Vorgaben ergeben sich aus dem Wertesystem des Unternehmens und den Unternehmens- bzw. Wettbewerbsstrategien. Ferner kann sich das Supply Management mit einer Supply-Vision eine Leitidee zur perspektivischen Entwicklung des Supply Managements geben. Der Begriff Basisstrategie wird in der 15M-Architektur 2.0 durch den Begriff Wertbeitragsziele ersetzt.

Einkaufshandbuch (Supply Management Manual)
Im Einkaufshandbuch sind die im Einkauf gültigen Richtlinien und Regelungen zusammengefasst. Da sich ein großer Teil der Richtlinien und Regelungen direkt auf Prozesse beziehen lässt, kann ein großer Teil des Einkaufshandbuchs nach der Prozesslandkarte und den darin enthaltenen Prozessen strukturiert werden.

Einkaufsstrategie siehe Supply-Strategie

Geschäftsprozess (Business Process)
Ein Prozess (allgemein) ist eine definierte Folge von Aktivitäten zur Erstellung einer Leistung für einen externen oder internen Kunden, z. B. „Material bestellen". Geschäftsprozesse (Ebene 1) strukturieren die Leistungen in die zentralen Leistungsbereiche, z. B. Rahmenvertrag vereinbaren, Material aus einem Rahmenvertrag heraus beschaffen.

Es werden folgende Prozessarten unterschieden:

- **Primäre Prozesse im Supply Management (= Leistungsprozesse):** Primäre Prozesse erstellen die Leistungen für die Stakeholder des Supply Managements, z. B. Rahmenvertrag abschließen.
- **Sekundäre Prozesse im Supply Management (= Unterstützungsprozesse):** Sekundäre Prozesse unterstützen die primären Prozesse, bieten aber keine unmittelbare Leistung für den internen Kunden, z. B. Stammdaten anlegen und pflegen.
- **Managementprozesse im Supply Management:** Managementprozesse dienen der Steuerung des Supply Managements, z. B. Einkaufscontrolling durchführen.
- **Tertiäre Prozesse im Supply Management:** Als Tertiäre Prozesse aus Sicht des Supply Managements sollen die Prozesse bezeichnet werden, in denen das Supply Management beteiligt ist, aber keine Ownerschaft besitzt, z. B. Produkte entwickeln (= Entwicklungsprozess).

Lieferantenbewertung (Supplier Evaluation)
Die Lieferantenbewertung analysiert die Leistung des Lieferanten bzw. seinen Wertbeitrag für das Unternehmen. Hierbei ist es sinnvoll, zwischen der Bewertung der vergangenen Leistung des Lieferanten (Supplier's Performance Review) und dem Leistungspotenzial des Lieferanten (Supplier's Performance Potential) zu unterscheiden. Das Leistungspotenzial kann nochmals in die zukünftige Leistungsfähigkeit (Ability of Future Performance) und in die Leistungsrisiken (Performance Risks) eingeteilt werden.

Lieferantenbeziehungsmanagement (Supplier Relationship Management)
Das Lieferantenbeziehungsmanagement ist Teil der Lieferantenstrategie. Das Lieferantenbeziehungsmanagement entwickelt die grundlegende Basis der Zusammenarbeit mit den Lieferanten.

Lieferantenentwicklung (Supplier Development)
Die Lieferantenentwicklung ist Teil der Lieferantenstrategie. In der Lieferantenentwicklung werden die Schwächen des Lieferanten abgebaut, das Leistungspotenzial verbessert und Voraussetzungen für eine effektive und effiziente Zusammenarbeit geschaffen. Dabei kann eine Lieferantenentwicklung gleichermaßen bei neuen Lieferanten wie auch bei Bestandslieferanten erforderlich sein.

Lieferantenintegration (Supplier Integration)
Die Lieferantenintegration ist Teil der Lieferantenstrategie. Lieferantenintegration bedeutet eine meist partnerschaftliche Zusammenarbeit zur Realisierung strategischer Projekte. Diese leiten sich in der Regel aus den Unternehmens-, Wettbewerbs-, Supply- und Supply-Marktstrategien ab.

Lieferantenklassifizierung siehe strategische Lieferantenklassifizierung

Lieferantenstrategie (Supplier Strategy)
Die Lieferantenstrategie beschreibt die Strategie eines Unternehmens gegenüber **einem** Lieferanten. Abstrakt formuliert, zielt die Lieferantenstrategie darauf ab, den Wertbeitrag aus der Lieferantenbeziehung zu maximieren. Teilbereiche der Lieferantenstrategie sind Lieferantenentwicklung, Lieferantenintegration und Lieferantenbeziehungsmanagement.

Markt (Market)
Der Markt ist die zentrale strategische Steuerungsebene. Jenseits wissenschaftlicher Marktdefinitionen ist ein Markt durch Lieferanten und Produkte gekennzeichnet, die zueinander im Wettbewerb stehen.

Marktbereich bzw. Branche (Industry)
Der Marktbereich dient zur Zusammenfassung von mehreren Märkten. Marktbereiche helfen, die Beschaffungsaktivitäten zu strukturieren, z. B. um Zuständigkeiten bei strategischen Einkäufern zu definieren. Übergreifende Strategien auf Marktbereichsebene werden eher kritisch gesehen, da die Situation in den einzelnen Märkten zu unterschiedlich sein kann.

Marktsegment (Market Segment)
Innerhalb eines Marktes können Segmente bestehen. Die Segmente weisen unterschiedliche Situationsmerkmale auf, sodass innerhalb der Marktstrategie Segmentstrategien notwendig werden. Beispiel: Standardschrauben und zeichnungsgebundene Spezialschrauben.

Marktstrategie siehe Supply-Marktstrategie

Operative Werttreiber siehe Werttreiber

Performance Management (Performance Management)
Im Performance Management werden die Supply-Strategie sowie das Supply-Managementsystem (inklusive des strategischen Einkaufs) systematisch gesteuert.

Prozess (Process)
Ein Prozess (allgemein) ist eine definierte Folge von Aktivitäten zur Erstellung einer Leistung für einen externen oder internen Kunden, z. B. „Material bestellen“. In der hierarchischen Einordnung stehen Prozesse auf Ebene 2 und fassen umfassende Leistungsinhalte innerhalb eines Geschäftsprozesses zusammen, z. B. Anfrage erstellen, Anfrage durchführen, Vertrag verhandeln.

Rahmenstrategie (Framework Strategy)
Die Rahmenstrategie definiert und steuert die grundsätzliche strategische Ausrichtung im Supply Management. Sie verknüpft das Supply Management mit dem Wertesystem, den Strategien und den Geschäftszielen des Unternehmens. Sie legt die grundsätzlichen Vorgehensweisen (= strategische Stoßrichtungen) fest. Sie priorisiert und konkretisiert diese mit strategischen Programmen und Projekten. Last, but not least werden die weiteren Strategiebausteine strukturiert, insbesondere werden die Supply-Märkte sowie die Supply-Prozesse definiert und strategisch priorisiert.

Risiko (Risk)
Risiko wird als die Gefahr einer negativen Abweichung von einer Planung bzw. allgemeiner ausgedrückt von einer expliziten oder impliziten Erwartung verstanden. Bei der Möglichkeit einer positiven Abweichung soll von einer Chance gesprochen werden.

Sourcing-Strategie (Sourcing Strategy)
Die Sourcing-Strategie ist ein bedeutender Bestandteil der Supply-Marktstrategie, in dem die Lieferantenstruktur, d. h. die Struktur des Lieferantenportfolios, definiert wird. Hierzu sind die fünf Hebel des Gestaltungsfeldes Sourcing (Lieferantenbeziehung, Beschaffungsregion, Wertschöpfungsort, Netzwerksteuerung, Lieferantenzahl) aufeinander abzustimmen.

Strategie, pragmatisch ausgedrückt (Strategy)
Die Strategie umfasst die grundlegenden Entscheidungen und Maßnahmen, mit denen heute die Voraussetzungen für den zukünftigen Erfolg (in der Regel der nächsten zwei bis fünf Jahre) geschaffen werden sollen. Sie zielt auf

- Wettbewerbsvorteile in den Absatzmärkten (Wettbewerbsstrategie),
- ein Portfolio mit attraktiven Märkten (Unternehmensstrategie),
- ein Bündel an Kernkompetenzen (Kernkompetenzmanagement).

Strategietreiber siehe Werttreiber

Strategische Analyse (Strategic Analysis)
Die strategische Analyse schafft Transparenz zur strategierelevanten Ausgangssituation im Supply Management. Dabei stehen gleichermaßen die Analyse unternehmensinterner Sachverhalte (interne Analyse), das Managementsystem im Supply Management und die Analyse der Unternehmensumwelt (externe Analyse) im Fokus.

Strategische Lieferantenklassifizierung (Strategic Supplier Classification)
Die strategische Lieferantenklassifizierung (Strategic Supplier Classification) strukturiert und klassifiziert die Lieferanten in Bezug auf den Inhalt und die Intensität der Zusammenarbeit. Sie gibt damit eine erste Vororientierung, wie die Beziehung zu den einzelnen Lieferanten grundsätzlich ausgerichtet werden soll.

(Strategische) Maßnahme (Strategic Measure)
Strategische Maßnahme wird als überschaubares Bündel von Aktionen verstanden. Die Komplexität einer Maßnahme macht keine Projektmanagementmethoden erforderlich. Hierin ist die Abgrenzung zwischen Projekt und Maßnahme zu sehen. Eine Maßnahme kann ein Meilenstein eines Projektes sein oder auch für sich alleine stehen. Leitet sich die Zielsetzung der Maßnahme aus der Strategie oder aus einem strategischen Projekt ab, handelt es sich um eine strategische Maßnahme. Beispiel: Im Projekt Entwicklung eines Auditkonzeptes werden folgende Maßnahmen definiert: 1) Suche nach Vorlagen und Beispielen von Lieferantenaudits, 2) Definition der Ziele des Lieferantenaudits, 3) Strukturierung der Auditierungsthemen, 4) Definition der Auditierungsmethodik.

Strategisches Programm (Strategic Program Management)
Strategisches Programm wird als umfassendes Bündel von Projekten verstanden, mit dem ein strategisches Ziel verfolgt wird. Es stellt gleichsam die Klammer dar, um eine herausfordernde Zielsetzung nachhaltig verfolgen und kommunizieren zu können. Ferner sind die Projekte innerhalb des Programms aufeinander auszurichten. Das Programm wird im Sinne eines Multiprojektmanagements gesteuert. Beispiel: Strategisches Programm zur Steigerung der Lieferantenqualität.

(Strategisches) Projekt (Strategic Project)
Strategisches Projekt wird als einmaliges zeitlich begrenztes Vorhaben mit klarer Zielsetzung verstanden. Die Komplexität eines Projektes ist so groß, dass Projektmanagementmethoden empfehlenswert sind. Leitet sich die Zielsetzung aus der Strategie ab, handelt es sich um ein strategisches Projekt. Beispiel: Im Programm zur Steigerung der Lieferantenqualität werden folgende Projekte definiert: 1) Etablierung der Lieferantenqualität als Abteilung im Einkauf, 2) Entwicklung eines Konzeptes für die Auditierung von Lieferanten, 3) Prozessoptimierung zur Reklamationsbearbeitung bei Qualitätsproblemen von Lieferanten, 4) Schulung der strategischen Einkäufer zu Fragen der Lieferantenqualität.

Strategische Story (Strategic Story)
Die strategische Story beschreibt die großen strategischen Entwicklungsschritte, die notwendig sind, um von der Ausgangssituation zur Vision zu gelangen. Sie ist der „rote Faden", an dem sich die Strategieentwicklung, insbesondere auch die logische und zeitliche Abfolge der strategischen Stoßrichtungen, orientiert. Mit der strategischen Story wird die schrittweise Evolution des Supply Managements und der Supply-Strategie geplant und gesteuert.

Strategische Stoßrichtungen (Strategic Direction of Impact)
Eine strategische Stoßrichtung beschreibt sloganhaft eine strategische Entwicklungslinie mit besonderer Priorität. Sie sollte eine Reichweite bzw. einen Planungshorizont von drei bis fünf Jahren haben und deutlich konkreter als die Supply-Guideline bzw. die Supply-Vision sein. Es sollten je nach Unternehmensgröße drei bis fünf strategische Stoßrichtungen formuliert werden.

Supply-Guideline (Supply Guideline)
Die Supply-Guideline beschreibt eine Leitlinie für die grundsätzliche Ausrichtung im Supply Management. An der Guideline sollen sich das Denken und Handeln aller Beteiligten orientieren. Sie sollte gleichermaßen ideal und realistisch sein. Sie ist für die Mitarbeiter sinnstiftend und mobilisierend und für das Mitarbeiterteam identitätsbildend.

Supply-Leitbild (Supply Mission Statement)
Das Supply-Leitbild beschreibt die idealisierte Basis des aktuellen Denkens und Handelns, mit der die Zukunft in hervorragender Weise gemeistert werden soll.

Supply-Marktstrategie (Supply Market Strategy)
Die Supply-Marktstrategie beschreibt die Strategie eines Unternehmens auf einem Beschaffungsmarkt. Dabei werden die Märkte meist über die zu beschaffenden Leistungen abgegrenzt, z. B. Markt für Gussteile, Markt für IT-Beratungsdienstleistungen. Mit der Marktstrategie sollen die Voraussetzungen für den zukünftigen Markterfolg geschaffen werden. Für jeden strategisch bedeutsamen Markt wird eine Marktstrategie entwickelt.

Supply-Prozessstrategien (Supply Process Strategy)
Die Supply-Prozessstrategie beschreibt die Strategie eines Unternehmens zur Entwicklung eines Prozesses im Supply Management zur Steigerung der Wertbeitragsziele, d. h. insbesondere Steigerung seiner Effektivität bzw. seiner Effizienz sowie die Ausweitung seines Scopes.

Supply-Strategie (Supply Strategy)
Die Supply-Strategie ist ein in sich schlüssiges Bündel von Richtungsentscheidungen und daraus abgeleiteten Zielsetzungen und Maßnahmen zur Schaffung und Sicherung von Erfolgspotenzialen in der Versorgung des Unternehmens mit Gütern und Leistungen.

Die Erfolgspotenziale in der Versorgung stellen die Voraussetzungen dar, dass das Unternehmen zukünftig (in zwei bis fünf Jahren) erfolgreich versorgt werden kann. „Erfolgreich" kann in zwei Richtungen ausdifferenziert werden:

- **Strategiebeitrag:** Die Supply-Strategie unterstützt die Entwicklung von Erfolgspotenzialen des Unternehmens, z. B. Aufbau eines Innovationspartners zur Unterstützung der Innovationsstrategie des Unternehmens.
- **Grundwettbewerbsfähigkeit:** Jenseits der grundlegenden strategischen Ausrichtung impliziert jede Strategie auch, die grundlegende Wettbewerbsfähigkeit des Unternehmens im Auge zu behalten (= Grundwettbewerbsfähigkeit des Unternehmens). Beispielsweise muss auch der Innovationsführer seine Kostenposition kontrollieren, um mit seiner Strategie erfolgreich zu sein. In diesem Sinne trägt die Supply-Strategie dazu bei, über potenzialorientierte Maßnahmen die Grundwettbewerbsfähigkeit zu stärken, z. B. durch die Entwicklung einer günstigen Kostenposition bei wichtigen Lieferanten.

In diesem Rahmen gilt es auch, sich rechtzeitig auf neue Beschaffungsmärkte vorzubereiten bzw. sich aus obsoleten Beschaffungsmärkten zurückzuziehen.

Supply-Vision (Supply Vision)
Die Supply-Vision zeichnet ein großartiges herausforderndes Bild von der idealen Zukunft des Supply Managements. Sie ist die Leitidee, an der sich das Denken und Handeln der nächsten fünf bis zehn Jahre und somit auch die weitere Supply-Strategie orientieren. Sie sollte gleichermaßen ideal und realistisch sein. Sie ist für die Mitarbeiter sinnstiftend und mobilisierend und für das Mitarbeiterteam identitätsbildend.

Teilprozess (Subprocess)
Innerhalb von Prozessen (Ebene 2) kann es sinnvoll sein, wesentliche Teilprozesse (Ebene 3) gesondert zu steuern, z. B. Spezifikation erstellen, Long List erstellen, Short List erstellen.

Wertbeitragsziel (Value Contribution Target)
Die Wertbeitragsziele definieren und konkretisieren die wesentlichen Zielsetzungen und Vorgaben, an denen sich die Supply-Strategie zu orientieren hat. Die Wertbeitragsziele ergeben sich aus dem Wertesystem des Unternehmens, aus den Unternehmens- bzw. den Wettbewerbsstrategien sowie aus den Geschäftszielen. Es ist zwischen strategischen und operativen Wertbeitragszielen zu unterscheiden.

Werttreiber (Value Driver)
Werttreiber sind abgeleitete Zielgrößen bzw. Kennzahlen, die (frühzeitig bzw. konkretisiert) den Fortschritt bei den Wertbeitragszielen aufzeigen. Bei Werttreibern kann zwischen Strategietreibern und operativen Werttreibern unterschieden werden, je nachdem, ob der Fortschritt bei strategischen oder operativen Wertbeitragszielen abgebildet werden soll.

Stichwortverzeichnis

© Springer Fachmedien Wiesbaden GmbH 2017
G. Heß, *Strategischer Einkauf und Supply-Strategie,*
DOI 10.1007/978-3-658-16215-3

Printed in Poland
by Amazon Fulfillment
Poland Sp. z o.o., Wrocław

70882318R00161